物联网安全

肖 玮◎主编

清華大學出版社
北京

内容简介

万物互联，安全为先。本书是一本系统介绍物联网安全基础理论、关键技术和典型方法的综合性教材。内容遴选与组织注重理论知识与实战应用相结合，案例教学与问题驱动相结合，思政元素与课程内容相结合。全书分为物联网概述、物联网安全概述、物联网安全密码学基础、签名与认证、物联网感知层安全、物联网网络层安全、物联网应用层安全等章节。每章均给出本章教学要点和导入案例，结合内容设置思考讨论题，帮助理解教学内容、强化工程应用及创新能力素质提升；同时使课程思政内容，结合课程内容进行教学设计，融入情感价值观教育，使三观与知识的融合和贯通。每章末尾在给出本章小结的基础上，附以课后习题帮助学员梳理总结、强化巩固学习内容。

本书力求系统性和实行性，内容丰富，既可以作为普通高等院校物联网工程相关专业本科生的教材，也可作从事物联网安全的工程技术人员及爱好者的培训教材或参考书籍。

图书在版编目(CIP)数据

物联网安全/肖玮主编. —北京：清华大学出版社，2024.3
(清华科技大讲堂丛书)
ISBN 978-7-302-65758-3

Ⅰ. ①物… Ⅱ. ①肖… Ⅲ. ①物联网－安全技术 Ⅳ. ①TP393.4 ②TP18

中国国家版本馆 CIP 数据核字(2024)第 045292 号

责任编辑：赵　凯
封面设计：刘　键
责任校对：徐俊伟
责任印制：沈　露

出版发行：清华大学出版社
网　　址：https://www.tup.com.cn，https://www.wqxuetang.com
地　　址：北京清华大学学研大厦 A 座　　**邮　　编**：100084
社 总 机：010-83470000　　**邮　　购**：010-62786544
投稿与读者服务：010-62776969，c-service@tup.tsinghua.edu.cn
质量反馈：010-62772015，zhiliang@tup.tsinghua.edu.cn
课件下载：https://www.tup.com.cn，010-83470236
印 装 者：三河市龙大印装有限公司
经　　销：全国新华书店
开　　本：185mm×260mm　　**印　　张**：20.25　　**字　　数**：489 千字
版　　次：2024 年 3 月第 1 版　　**印　　次**：2024 年 3 月第 1 次印刷
印　　数：1～1500
定　　价：69.00 元

产品编号：099271-01

编 写 人 员

主　　编：肖　玮

参编人员：万　平　李　明　杨辉跃　徐　维　李先利
刘国松　吴书金

前　言

物联网引发了第三次信息产业革命，在国民经济和国防建设中有极广泛的应用。从物联网诞生之日起，安全攻击事件日益频发，从"万物互联"的初衷到"万物皆险"的现实，方方面面的安全问题让我们必须面对一个现实：万物互联，安全先行。

本书是一本全面系统介绍物联网安全基础理论、关键技术和典型方法的综合性教材。内容的遴选与组织注重理论知识与实战应用相结合，案例教学与问题驱动相结合，思政元素与专业内容相结合。全书分为物联网概述、物联网安全概述、物联网安全密码学基础、签名与认证、物联网感知层安全、物联网网络层安全、物联网应用层安全等章节。每章均给出本章要点和导入案例，结合内容设置思考讨论题，帮助理解教学内容、强化工程应用及提升创新能力素质；同时深挖课程思政点，结合课程内容以及教学设计，融入情感价值观教育，达到思想与知识的融合和贯通。每章末尾在给出本章小结的基础上，附以课后思考与练习帮助读者梳理总结、强化巩固学习内容。

本书力求系统性和实用性，内容丰富，既可以作为普通高等院校物联网工程相关专业本科生的教材，也可作为从事物联网安全的工程技术人员及爱好者的培训教材或参考书籍。

全书由肖玮主编，万平、李明、杨辉跃、徐维、李先利、刘国松、吴书金承担了本书的资料收集、编写、绘图和校对等工作。在编写过程中，编者参阅了国内外物联网安全的相关研究成果，具体内容已列在本书的参考文献中。在此对所参阅文献的作者表示衷心的感谢。目录中带＊的案例为重点案例，特此说明。

本书得以顺利出版，感谢陆军勤务学院领导和专家教授对本书撰写的大力支持和帮助！还要感谢清华大学出版社和本书责任编辑的大力支持与辛勤工作。

由于编者能力水平有限，加之时间较仓促，书中难免有疏漏、错误、欠妥之处，诚望广大读者不吝赐教，以便改进。

肖　玮

2023 年 9 月于重庆

目录

第1章

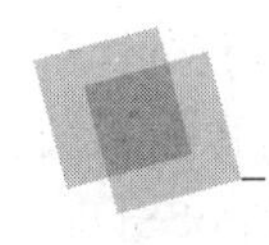

物联网概述

物联网的定义和特点

物联网的起源、发展历史和趋势

物联网的体系架构

物联网的一天

物联网的一天：每天早上，百叶窗都会在设定的时间打开，浴室的暖气会自动打开，咖啡机已经冲出了第一杯咖啡。当你离家去上班时，车库门会自动打开，家门会自动锁上，警报系统会被激活。在上班途中，智能汽车会接收有关交通堵塞的信息，并自行建议新的路线。而在公司内部，智能商品的生产工厂已经与订货系统和物流直接通信，从而相应地生产商品。所有这些联网的智能设备和机器都是物联网的一部分，简称物联网。

那么，究竟什么是物联网？物联网将给我们的生活带来什么影响？

1.1 物联网的定义

物联网(Internet of Things，IoT)是继计算机、互联网之后全球信息产业的第三次浪潮。目前，关于物联网的研究尚未成熟，物联网的定义较多，尚未统一。国内一个普遍接受的定义是于2005年由国际电信联盟(International Telecommunications Union，ITU)在《ITU互联网报告2005：物联网》给出的。

定义1：物联网是通过使用射频识别、传感器、红外感应器、全球定位系统、激光扫描器等信息采集设备，按约定的协议，把任何物品与互联网连接起来，进行信息交换和通信，以实现智能化识别、定位、跟踪、监控和管理的一种网络。定义1最早于1999年由麻省理工学院Auto-ID研究中心提出，指明物联网的本质是一种网络，是射频识别(Radio Frequency Identification，RFID)技术和互联网的结合应用；除RFID技术外，传感器技术、纳米技术、智能终端等技术将在物联网中得到更加广泛的应用。《ITU互联网报告2005：物联网》从时-空-物三维视角，认为物联网是一个能够在任何时间、任何地点，实现任意物体互联的动态网络，它包括了计算机之间、人与人之间、物与人之间、物与物之间的互联。提出了任何时刻、任何地点、任意物体之间的互联，无所不在的网络和无所不在的计算的发展远景。定义1实质是对物联网感知层、网络层和应用层功能的具体描述，为物联网三层体系架构提供了最早的理论支撑。

定义2：物联网是由具有标识、虚拟个性的物体/对象所组成的网络，这些标识和个性等信息在智能空间使用智慧的接口与用户、社会和环境进行通信。定义2出自欧洲智能系统集成技术平台(European Technology Platform on Smart Systems Integration，ETPoSSI)在2008年5月27日发布的《Internet of Things in 2020》报告。该报告分析预测了未来物联网的发展，认为RFID和相关的识别技术是未来物联网的基石，因此更加侧重于RFID的应用及物体的智能化。

定义3：物联网是未来互联网的一个组成部分，可以被定义为基于标准的和可互操作的通信协议，且具有自配置能力的、动态的全球网络基础架构。物联网中的"物"都具有标识、物理属性和实质上的个性，使用智能接口实现与信息网络的无缝整合。定义3来源于欧盟第7框架下RFID和物联网研究项目组在2009年9月15日发布的研究报告。该项目组的主要研究目的是便于欧洲内部不同RFID和物联网项目之间的组网，协调包括RFID的物联网研究活动，引导专业技术平衡发展，在项目之间建立协同机制，以使得研究效果最大化。

从上述3种定义不难看出，物联网起源于通过RFID技术对客观物体进行标识并利用网络进行数据交换这一概念，并据此不断扩充、延展、完善。

定义4：物联网是一种物、人、系统和信息资源互联的基础设施，结合智能服务，使其能够处理物理和虚拟世界的信息并作出响应。定义4来源于2014年国际标准化组织(International Organization for Standardization，ISO)/国际电工委员会(International Electrotechnical Commission，IEC)(ISO/IEC)提出的《物联网报告》。该定义与前3种定义不同的地方在于，在简要阐述物联网实现万物互联、桥接物理世界和虚拟世界基本功能的同时，更强调的是物联网的地位和作用，已成为了为社会生产和居民生活提供公共服务的物质工程设施，保证国家或地区社会经济活动正常进行的公共服务系统，社会赖以生存发展的基础物质条件。

随着物联网技术的推广应用，我国电信运营商结合国内物联网的发展特点，给出了适合于我国物联网发展的定义。中国移动认为：物联网是指通过装置在各类物体上的RFID标签、传感器、二维码等经过接口与无线网络相连，从而给物体赋予智能，可以实现人与物的沟通和对话，也可以实现物体与物体间的沟通和对话，即对物体具有全面感知能力，对信息具有可靠传送和智能处理能力的、连接物体与物体的信息网络。

我国在《2010年国务院政府工作报告》中指出，物联网是一种通过信息传感设备，按照约定的协议，把任何物品与互联网连接起来，进行信息交换和通信，以实现智能化识别、定位、跟踪、监控和管理的网络。它是互联网基础上延伸和扩展的网络。该定义在说明物联网实现万物互联功能的同时，还说明了互联网和物联网的关系，物联网是在互联网基础上延伸和扩展的网络，其核心和基础仍是互联网。

我国工业和信息化部电信研究院撰写的《物联网白皮书(2011)》中认为：物联网是通信网和互联网的拓展应用和网络延伸，它利用感知技术与智能装置对物理世界进行感知识别，通过网络传输互联，进行计算、处理和知识挖掘，实现人与物、物与物信息交互和无缝链接，达到对物理世界实时控制、精确管理和科学决策目的。

从上述定义可以看出，物联网中的“物”是指世界上包括人在内的任何物品，即“万物”；“联网”是指接入互联网。因此物联网即万物互联网，其表象是万物互联，本质还是一种网络。互联网实现的是人与人之间的信息交互、资源共享。物联网是以互联网为基础，将互联网上人与人、人与机器的交互延伸和扩展到人与物、物与物之间。所以《ITU 互联网报告2005：物联网》指出，在物联网中，一把牙刷、一个轮胎、一座房屋，甚至是一张纸巾都可以作为网络的终端，即世界上的任何物品都能连入网络；物与物之间的信息交互不再需要人工干预，物与物之间可以实现无缝、自主、智能的交互。物联网定义的发展，打破了之前的传统思维，它将钢筋混凝土、电缆、芯片、网络整合为统一的基础设施。在此意义上，基础设施更像是一块新的地球工地，世界的运转就在它上面进行，其中包括经济管理、生产运行、社会管理乃至个人生活。物联网的大规模应用将有助于提高工作效率，降低生产运行成本，促进节能减排，实现人与自然和谐发展。

1.2　物联网的发展

1.2.1　物联网的起源

关于物联网的起源，虽然流传的说法主要有以下几种，但可以肯定的是物联网起源于20世纪末。

1. 卡内基梅隆大学的可乐贩卖机

20世纪80年代，卡内基梅隆大学的校园里有一群程序设计师，他们每次敲完代码后都习惯到楼下的可乐贩卖机买上一罐冰可乐，可很多时候只能看着空空的可乐贩卖机败兴而回，这令他们十分苦恼；于是他们就把楼下的可乐贩卖机连上网络，写了段代码去监视可乐贩卖机还有多少可乐，当然还要看看是不是冰的。这通常被认为是最早的物联网设备之一。

2. 联网的面包机

1990年，美国软件和网络专家 John Romkey 和澳大利亚计算机科学家 Simon Hackett 在一次互操作技术会议上把一个烤面包机通过 TCP/IP 连接到互联网上，尽管这个烤面包机仅实现了允许用户远程打开和关闭烤面包机的两个功能，仍是实践互联网可以用来连接日常事务的第一个具体例子，这台烤面包机使得我们更接近一般意义上所认为的现代物联网设备。后来，Romkey 甚至用起重机将面包放入烤面包机，使烤面包的整个过程自动化。

3. 特洛伊咖啡壶

最广为人知的物联网起源，最早要追溯到1991年剑桥大学特洛伊计算机实验室的科学家们，他们常常要下楼去看咖啡煮好了没有，但又怕会影响工作。为了解决麻烦，他们编写了一套程序，在咖啡壶旁边安装了一个便携式摄像头，利用终端计算机的图像捕捉技术，以3帧/s的速率传递到实验室的计算机上，以方便工作人员随时查看咖啡是否煮好，这就是物联网最早的雏形。1993年，这套简单的本地“咖啡观测”系统又经过其他同事的更新，更是以1帧/s的速度通过实验室网站连接到了因特网上。没想到的是，仅仅为了窥探“咖啡煮好了没有”，全世界因特网用户蜂拥而至，近240万人点击过这个名噪一时的“咖啡壶”网站（如图1-1所示）。

4. 比尔·盖茨的《未来之路》

比尔·盖茨在1995年出版的《未来之路》(如图1-2所示)一书中多次提到"物-物互联"的设想,但是他没有使用"物联网"这样的术语。由于受当时网络应用水平的限制,比尔·盖茨朦胧的"物联网"理念并没有引起足够的重视。

图1-1　特洛伊咖啡壶

图1-2　比尔·盖茨的《未来之路》

5. 物联网之父凯文·艾什顿和他的口红补给

真正的"物联网"概念最早由英国工程师凯文·艾什顿(Kevin Ashton)于1998年在宝洁公司的一次演讲中首次提出。他也因此被称为"物联网之父"。20世纪90年代中期,艾什顿加入宝洁公司做品牌管理,负责发布玉兰油彩妆系列。当他走入零售店铺巡视时,发现一种棕色的唇膏总是处于售罄的状态,而库存却还有不少。一开始,艾什顿被告知这只是偶然的现象,但经过调查,他发现在十家店铺中,至少有四家存在同样的问题。这让艾什顿产生了灵感,如果在口红的包装中内置一种芯片,并且有一个无线网络能随时接收芯片传来的数据,零售商们就可以获知货架上有哪些商品,及时知道何时需要补货了。

如今,到底谁最先提出了物联网的概念,创造了物联网,也许并不那么重要了,但物联网已彻底改变了人们的生活方式,开创了一个更为科技赋能的时代确是事实。正如1999年社会学家内尔·格罗斯(Neil Gross)在《商业周刊》上发表的著名预测:"在下个世纪,整个地球都会蒙上一层电子皮肤。地球将利用互联网作为支架,来支持和传播它的感觉。现在,这层皮肤正在缝合。它由数百万个嵌入式电子测量设备组成:恒温器、压力表、污染探测器、照相机、麦克风、葡萄糖传感器、心电图仪、脑电图仪等。它们将监测城市和濒危物种、大气、船只、高速公路和卡车车队,以及我们的对话、我们的身体,甚至我们的梦想。"

创新精神培养

理学家德鲁克有一个观点:什么是好的创新?那种简单明了、目标明确的,才是好的创新。因为简单,所有人都听得懂,也帮得上忙,也都知道它有什么用,所以,这样的创新会发展得特别快。

从物联网的起源可以看出，物联网就是这种让人听得懂、用得上、帮人们解决实际问题的一个好创新。同时，我们也应看到，创新不只是科学家的事，每个人都可以创新。作为物联网时代的开拓者，每位当代大学生应把握创新机遇，勇于创新，通过解决当下问题创造美好的未来。

1.2.2　物联网的发展历史

从物联网概念的提出到如今物联网爆炸式的发展，物联网的发展历史可以分为如下三个阶段：①"单点入网"的概念雏形阶段；②"万物互联"的国家推动阶段；③"智能联动"的全球逐鹿阶段。

1. "单点入网"的概念雏形阶段(20世纪末至2009年)

这一阶段源于人们对美好便捷生活的向往，萌生了物联网的思想，提出了物联网的概念，验证了物联网的可行性。正如1.2.1节物联网的起源所述，这一阶段虽然通过互联网技术、无线通信技术和传感器技术等仅仅实现了单一物体(如可乐、烤面包机、咖啡、口红等)的联网，却构建起了物理世界和信息世界信息交换的桥梁，让人们对物理世界的自动感知愿望得以实现。

2000年：LG公司率先推出了"连网冰箱"计划。通过配备屏幕和跟踪器来帮助跟踪冰箱里的东西，但是它2万美元以上的价格并没有赢得消费者的喜爱。

2004年："物联网"术语在《卫报》《科学美国人》和《波士顿环球报》等主流出版物中被提及，并在媒体上传播。

2007年：第一部iPhone手机出现，它为公众提供了一种与世界和连网设备互动的全新方式。

2008年：第一届国际物联网大会在瑞士苏黎世举行。正是这一年，全球物联网设备数量首次超过了地球上人口的数量。

2009年：谷歌公司启动了自动驾驶汽车测试项目，圣裘德医疗中心发布了连网心脏起搏器。

2. "万物互联"的国家推动阶段(2009—2016年)

这一阶段，随着各种通信接入技术的不断涌现，联网物体从最初的"单点入网"不断增多，逐步发展到将人、机、物一起接入网络。中国、欧盟、美国在物联网行业的部署计划标志着物联网进入"万物互联"的国家推动发展阶段，备受各国高层关注。

1）中国

2009年8月，时任国务院总理温家宝视察无锡微纳传感网工程技术研发中心，提出建设"感知中国"中心，从此拉开了中国物联网技术发展的大幕。

2010年，我国政府将物联网列为关键技术，并宣布物联网是长期发展计划的一部分。

2011年11月，工业和信息化部印发《物联网"十二五"发展规划》。

2013年2月，国务院发布《关于推进物联网有序健康发展的指导意见》，针对物联网发展面临的突出问题及长远发展的需要，从全局性和顶层设计的角度进行系统考虑，确立了发展目标，明确了下一阶段的发展思路。9月，国家发改委、工信部、科技部、教育部、国家标准委等五部委联合下发了《2013—2015年物联网发展专项行动计划》。

2014 年 7 月，财政部和工信部下发《国家物联网发展及稀土产业补助资金管理办法》。

2015 年 5 月，国务院印发《中国制造 2025》的通知，其核心是物联网与制造业的有机结合，引发了中国物联网技术发展与应用的浪潮。

2015 年 6 月 28 日中美物联网争夺战，以中国胜利告终，标志着美国主导的世界互联网已经结束。随着中国 2015 年拿下世界物联网话语权，自此，中国站在了一个新的历史制高点。

2016 年 10 月 30 日，物联网领域规格最高、规模最大的国家级博览会——2016 世界物联网博览会，在无锡市太湖国际博览中心开幕。来自国内外的 489 家科研机构、生产企业和应用单位选送的先进技术、系统解决方案、应用案例等集中亮相，展示了当今物联网发展的重大成就。

从以上我国出台的物联网发展的相关举措来看，我国对物联网的发展非常重视，这也为我国物联网技术的发展、物联网标准体系的建立和完善、物联网应用领域的拓展以及确立我国在物联网领域的国际地位提供了有力的政策保障。

2）美国

2008 年，IBM 公司提出“智慧地球”理念后，得到奥巴马政府的响应。

2009 年 2 月，奥巴马签署生效的《2009 年美国恢复和再投资法案》提出，要在电网、教育、医疗卫生等领域加大政府投资力度，带动物联网技术的研发应用，发展物联网成为美国推动经济复苏和重塑其国家竞争力的重点。美国国家情报委员会（National Intelligence Council，NIC）发表的《2025 年对美国利益潜在影响的关键技术报告》中，把物联网列为六种关键技术之一。此间，美国国防部“智能微尘”、美国国家科学基金会“全球网络创新环境”（Global Environment for Network Innovations，GENI）等项目也都把物联网作为提升美国创新能力的重要举措。

2016 年 11 月发布的《保障物联网安全的战略原则》版本 1.0 中，美国国土安全部（Department of Homeland Security，DHS）表示，物联网制造商必须在产品设计阶段构建安全，否则可能会被起诉。随着物联网产业的发展，物联网带来的安全问题开始受到政府等的重视。

与此同时，美国政府联合思科、德州仪器、英特尔、高通、IBM、微软、谷歌等科技公司打造工业物联网与海量数据分析平台，推动工业物联网标准框架的制定。2012 年，思科公司与 AT&T 公司合作建立了无线家庭安全控制面板和物联网路由器 ISR819，同时获得“2012 年度物联网行业突出贡献奖”提名。2013 年，谷歌眼镜的发布标志着物联网和可穿戴技术的一个革命性进步。高通公司推出物联网开发平台，全面支持开发者在美国运营商 AT&T 公司的无线网络上进行相关应用开发。2014 年，亚马逊公司发布 Echo 智能扬声器，开启了智能音箱及智能家居时代。同年，由通用电气公司倡议，协同思科、英特尔等 5 家公司成立工业互联网联盟，合力推进美国物联网产业发展。2015 年，AT&T 公司成立了“移动和商业”事业部门，把车联网、物联网业务当作未来最大的利润增长点；2016 年与微软公司合作，借助微软公司在云计算、人工智能数据分析领域的技术，开发各类工业物联网应用，助力广大制造企业数字化转型。

3）日本

日本是世界上第一个提出“泛在网”战略的国家，物联网包含在泛在网的概念之中。

2009 年 3 月，日本总务省通过了面向未来三年的“数字日本创新计划”，物联网广泛应用于“泛在城镇”“泛在绿色 ICT”“不撞车的下一代智能交通系统”等项目中。2009 年 7 月，日本 IT 战略本部颁布了日本新一代的信息化战略——i-Japan，旨在让数字技术融入社会的每一个角落，强化物联网在交通、医疗、教育、环境监测等领域的应用。

2012 年，全日本总计发展物联网用户超过了 317 万，主要分布在交通、监控、远程支付(包括自动贩卖机)、物流辅助、抄表等九个领域。

4）韩国

2009 年，韩国通过了《基于 IP 的泛在传感器网基础设施构建基本规划》，将传感器网确定为新增长动力，确立了到 2012 年"通过构建世界最先进的传感器网基础设施，打造未来广播通信融合领域超一流 ICT 强国"的目标，并确定了构建基础设施、应用、技术研发、营造可扩散环境等四大领域的 12 项课题。韩国通信委员会(Korea Communications Commission，KCC)决定促进"未来物体通信网络"建设，实现人与物、物与物之间的智能通信。2009 年 10 月，韩国通过了物联网基础设施构建规划，将物联网市场确定为新的经济增长动力。

5）欧盟

2009 年 6 月，欧盟委员会递交了《欧盟物联网行动计划通告》，以确保欧洲在构建物联网的过程中起主导作用。通告提出了 14 项物联网行动计划，发布了《欧盟物联网战略研究路线图》，提出欧盟到 2010、2015、2020 年三个阶段物联网研发路线图，并提出物联网在航空航天、汽车、医药、能源等 18 个主要应用领域，以及识别、数据处理、物联网架构等 12 个方面需要突破的关键技术领域。目前，除了进行大规模的研发外，作为欧盟经济刺激计划的一部分，物联网技术已经在智能汽车、智能建筑等领域得到普遍应用。

2009 年 11 月，欧盟委员会以政策文件的形式对外发布了物联网战略，提出要让欧洲在基于互联网的智能基础设施发展上领先全球，除了通过研发计划投资 4 亿欧元、启动 90 多个研发项目提高网络智能化水平外，欧盟委员会还将于 2011—2013 年间每年新增 2 亿欧元进一步加强研发力度，同时拿出 3 亿欧元专款，支持物联网相关公司合作短期项目建设。为了加强政府对物联网的管理，消除物联网发展的障碍，欧盟制定了一系列物联网的管理规则，并建立了一个有效的分布式管理架构，使全球管理机构可以公开、公平、尽责地履行管理职能。为了完善隐私和个人数据保护，欧盟提出持续监测隐私和个人数据保护问题，修订相关立法，加强相关方对话等；执委会将针对个人可以随时断开联网环境开展技术、法律层面的辩论。此外，为了提高物联网的可信度、接受度、安全性，欧盟积极推广标准化，执委会将评估现有物联网相关标准并推动制定新的标准，确保物联网标准的制定是在各相关方的积极参与下，以一种开放、透明、协商一致的方式达成。

2015 年，欧盟成立物联网创新联盟，重构了"四横七纵"体系架构，将原有分散的 11 个物联网工作组纳入旗下，统筹不同部门的资源，协同推进欧盟物联网整体跨越式发展。2016 年欧盟投入超过 1 亿欧元支持物联网大范围示范和重点领域研究，同时组建物联网创新平台，以构建开放、可持续发展的物联网生态体系。

6）德国

2011 年，德国率先提出了工业物联网的概念。2013 年 4 月的汉诺威工业博览会上，德国政府正式确立了依靠信息物理系统(Cyber-Physical Systems，CPS)来打造"工业物联网"目标，并将这个方案称为"工业 4.0"，其目的是提高德国工业的竞争力，在新一轮工业革命中占领先机。该战略已经得到德国科研机构和产业的广泛认同。CPS 技术诞生后备受美国关注，2005 年美国国会在一份研究报告上着重介绍了 CPS 方案；2006 年 2 月，《美国竞争力计划》将 CPS 列为了重要的研究项目；2007 年 7 月，美国总统科学技术顾问委员会再次把 CPS 列为了影响未来十大关键技术的第一名。

3. “智能联动”的全球逐鹿阶段(2016 年至今)

经过前期国家层面的积极推动和部署,2016 年以后,物联网发展逐步进入了“智能联动”的全球逐鹿阶段。脱离场景联动的任何联网设备,充其量算是监测设备,仅仅实现了人们对物理世界深层次的感知需求罢了。感知的目的在于科学决策。单一人机物联网并没有任何优势,物联网感知的海量数据如何发挥价值,这才是当前物联网产业亟须思考解决的问题。因此目前物联网的研究热点是如何利用人工智能、大数据等技术,将万物互联带来的海量信息转化为“智能联动”科学决策。尽管物联网目前在军事、智慧家居、智能建筑、能源环境、消费电子与家庭、医疗与生命科学、工业、交通运输、零售业、公共安全等领域得到了广泛应用,在各个细分领域从一定程度上实现了联网设备“智能联动”,如智慧家居、零售业等,但还未打破行业领域的限制,实现更大范围的大规模智能联动。因此,如果说“万物互联”是物联网的手段,那么“智能联动”才是物联网的目的。未来,谁能实现更大范围的智能联动,谁就将是物联网产业真正的王者。为此,加速发展物联网已成国际社会的战略共识,多国纷纷都在加快研发物联网技术,谁都想成为国际上第一个拥有物联网技术的科技大国。

1.2.3 物联网的发展趋势

随着云计算、AI 等新技术与物联网的深度融合,物联网的发展变得更加全面和智能化。未来,我们认为物联网的发展主要有以下三个趋势。

1. 统一的标准体系建设迫在眉睫

物联网标准体系建设是提高物联网产品质量、支撑物联网行业高效发展的必要手段。作为国家新型基础设施建设的重要组成部分,经过多年的发展,物联网在各行业中已形成相对独立的设备描述、标识与编码以及安全与管理的国家标准。根据 GB/T 33745—2017《物联网 术语》,74 项物联网国家标准分为基础共性标准和行业应用标准。基础共性标准包括术语、系统接口、参考体系结构、感知对象信息融合、信息共享交换、物联网系统评价指标体系编制通则等共计 39 项;行业应用标准涉及 9 个领域 35 项。在上述物联网行业应用标准中,相关标准在内容上存在冗余;部分物联网行业应用标准的制定基准已更新或补充了内容,而现行标准没有及时更新版本,在面对云计算、移动互联等新领域时缺少相应规范;不同产业的物联网模块彼此较为孤立,使得标准间关联性不足,且难以满足应用服务和设计内容的要求。鉴于上述问题以及物联网关联领域广泛、设备接入方式多样,急需对通用设备、应用服务要求与监管控制技术规范形成统一的共性标准,以减少目前物联网应用场景中功能实体之间的耦合性,使后续标准对不同类型物联网应用服务产品的规范更清晰。

2. 安全风险防范是发展重点

“万物互联,安全为先”,安全仍是物联网发展的重点。随着物联网在人们生活中的大量应用,它所存在的安全风险也让人担忧。万物互联的物联网时代,一旦物联网中的某个设备出现了安全漏洞,那么整个物联网都将被威胁。美国网络安全专家、哈佛大学研究员,IBM 应急响应首席技术官施奈尔(Bruce Schneier)于 2018 年出版的《点击这里杀死所有人:超级连接世界中的安全和生存》书中描绘了一幅物联网时代的末世景象:利用计算机杀人、撞毁汽车、让发电厂瘫痪,使用生物打印机引发流行病疫情,等等。不同终端在互联的同时,也将原本由单个终端所承担的风险向网络中的其他终端“等量转移”,这使互联网时代“愈连接愈脆弱"的风险被进一步放大为物联网时代的"万物皆凶器"。为此,物联网安全备受各国高层和物联网设备制造商关注。

3. 与新技术深度融合是必然选择

1）物联网与5G

5G时代的物联网将实现真正的"万物互联"。随着5G的到来,物联网从窄带物联网、宽带物联网、中速度物联网再到大宽带物联网,传输速度从20kb/s增加到50～100Mb/s,特别适合于城市管理和工业视频监控。5G的链接密度超过每平方千米100万个,5G支持更多的物联网设备以更低的功耗接入网络,甚至可以实现100万个传感器同时连网。这不仅意味着连接区域的扩大,也意味着覆盖区域内更多的"物"可以实现连接。快递小车和无人机就是大连接物联网应用的体现。2020年,随着5G的慢慢普及,物联网开始迎来一波爆发,国家与企业都纷纷在5G和物联网的风口中寻找突破点,开启万物互联的智能世界。在2021年的世界物联网峰会上,中国工程院院士邬贺铨在题为《5G时代的物联网》的演讲中指出,"5G本身的特点,赋予了物联网高速度、低时延、大连接、高安全性的特点,同时5G也推动了物联网与人工智能、云计算、工业互联网等技术的无缝融合,促进了IT与OT技术的结合,OT就是传统产业技术,打通了数据从感知到传输、存储、处理、决策全过程,发挥了数据作为生产要素的作用,5G时代开创了物联网发展的新空间。"

2）物联网与云计算

除了人工智能,物联网与云计算的拥抱也更加紧密,两者"互相成就"。云计算为物联网所产生的海量数据提供了很好的存储、分析和处理空间,物联网则为云计算提供了落地应用,丰富了云计算的应用场景。华云数据董事长许广彬认为,云计算是实现物联网的核心。云计算与物联网的结合是互联网发展的必然趋势。一方面云计算需要走向更多行业的落地应用,另一方面,物联网也需要更大的支撑平台以满足其规模的需求。

3）物联网与大数据

物联网产业发展的关键在于大数据分析手段的应用。大数据技术在物联网中的应用,使得物联网技术发展更快速,连接范围也更广泛。

4）物联网与人工智能

"人工智能系统是复杂的,而任何复杂系统都必须具备处置意外和异常情况的能力。"英国皇家工程院院士约瑟夫·基特勒(Josef Kittler)讲述了人工智能与物联网技术在5G时代下的结合应用。约瑟夫说,人工智能必须具备处置意外和异常情况的能力,而且尤为重要。物联网与人工智能的结合应用可以助力异常情况检测。在处置意外和异常情况的流程中,物联网可以提供被检测对象的状态信息及其他附加信息,有助于更精确地进行异常检测。未来研究的关键是需要使用物联网技术构建与外部世界沟通的机制或构架,就像在交通事故发生时,能够通过物联网设备与事故附近车道车辆进行沟通并发出警告。随着跟新一代信息技术的结合,特别是跟人工智能技术的结合,已经出现了智联网。

综上,物联网要真正实现"万物互联""智能联动",与5G、人工智能、大数据、云计算等新技术深度融合是必然。

1.3　物联网的特点

从物联网传递的信息和实现的功能来看,物联网的核心是物与物以及人与物之间的信息交互。因此,物联网的基本特点可概括为全面感知、可靠传送和智能处理。

(1) 全面感知,即利用RFID、二维码、传感器等感知、捕获、测量技术随时随地对物体信息进行采集和获取。

(2) 可靠传送,即通过将物体接入信息网络,依托各种通信网络,随时随地进行可靠的信息交互和共享。

(3) 智能处理,即利用各种智能计算技术,对海量的感知数据和信息进行分析并处理,实现智能化的决策和控制。

1.4 物联网的信息功能模型

为了更清晰地描述物联网的关键环节,按照信息科学的观点,围绕信息的流动过程,抽象出与此对应的物联网信息功能模型。

1) 信息获取

信息获取包括信息感知和信息识别。信息感知是指对事物状态及其变化方式的敏感和知觉;信息识别是指能把所感受到的事物运动状态及其变化方式表示出来。

2) 信息传输

信息传输包括信息发送、传输和接收等环节,最终完成把事物状态及其变化方式从空间(或时间)上的一点传送到另一点的任务,这就是一般意义上的通信过程。

3) 信息处理

信息处理是指对信息的加工过程,其目的是获取知识,实现对事物的认知以及用已有的信息产生新的信息,即制定决策的过程。

4) 信息施效

信息施效是指信息最终发挥效用的过程,具有很多不同的表现形式,其中最重要的就是通过调节对象事物的状态及其变换方式,使对象处于预期的运动状态。

1.5 物联网的体系架构

1.5.1 三层体系架构

1. 感知层-网络层-应用层

业内普遍将物联网自底向上划分为感知层-网络层-应用层,其体系架构如图1-3所示。

感知层由各种传感器以及传感器网关技术架构组成,如温度传感器、湿度传感器、二维码、RFID标签和读写器、摄像头、GPS等感知终端。感知层的作用相当于人的眼耳鼻喉和皮肤等神经末梢,其主要功能是识别物体,采集信息。

网络层由各种私有网络、互联网、有线和无线通信网、网络管理系统和云计算平台等组成,相当于人的神经中枢和大脑。由于网络层主要承担物联网中的数据传输功能,所以也被称为“传输层”。

应用层是物联网和用户(包括人、组织和其他系统)的接口,它与行业需求结合,实现物联网的智能应用。

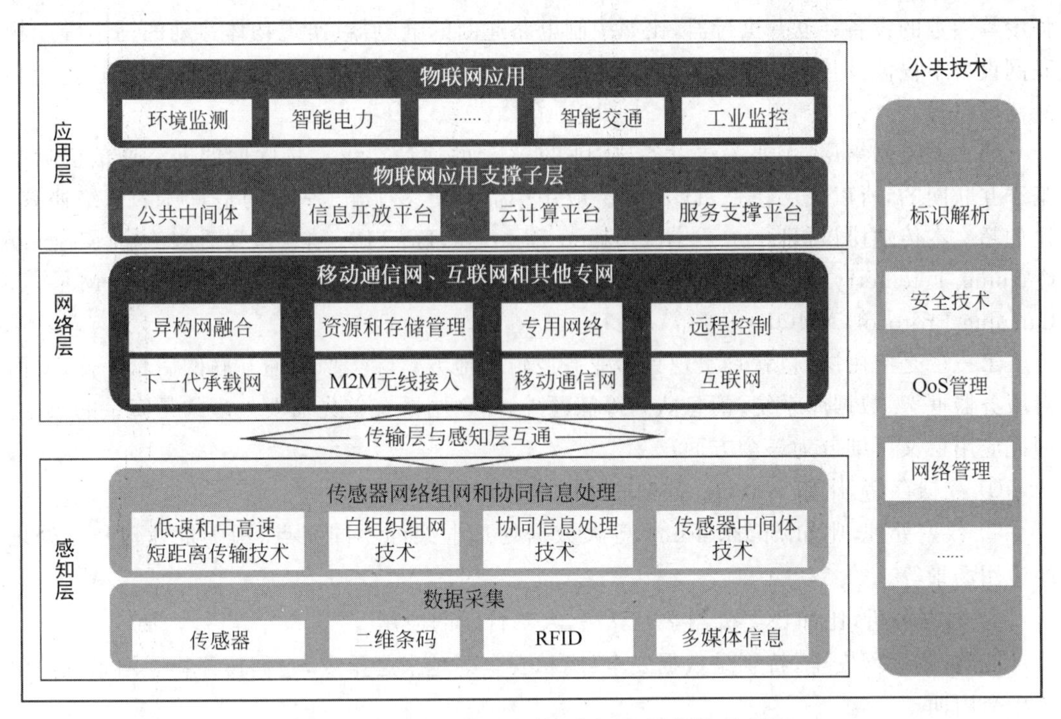

图 1-3　物联网三层体系架构(感知层-网络层-应用层)

2. 设备层-网络层-应用层

前小米生态链企业秒秒测物联网事业部总监,曾先后在诺基亚公司、微软公司担任高级工程师的郭朝斌在《物联网开发实战》专栏中将物联网自底向上划分为设备层-网络层-应用层三层,其体系架构如图 1-4 所示。

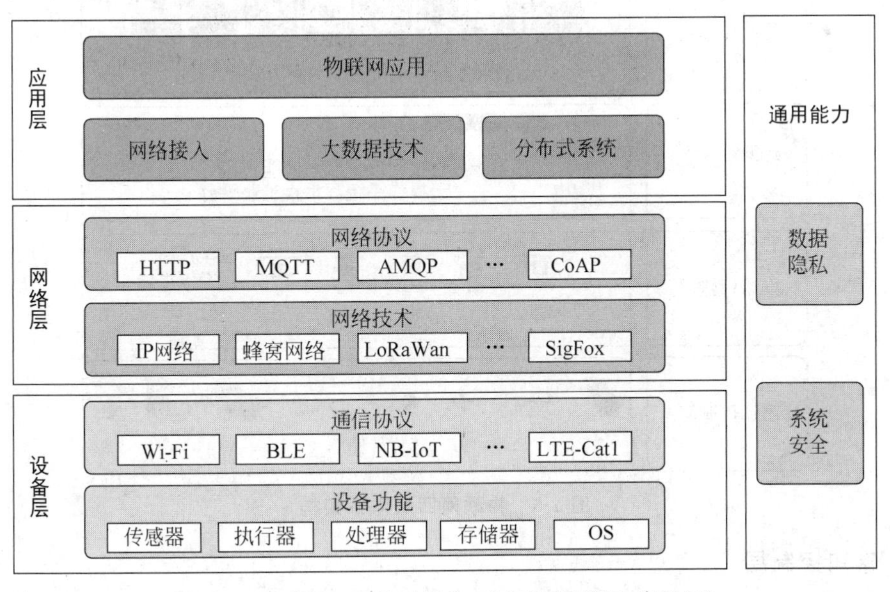

图 1-4　物联网三层体系架构(设备层-网络层-应用层)

第一层是设备层,也就是各种硬件设备。设备组件有传感器,比如测量温度、湿度、光照强度等参数的设备；也有执行器，比如控制电路通断的继电器、实现物体移动的马达等。物联网设备不仅涉及传统嵌入式系统的开发，而且也需要考虑通信技术，比如 Wi-Fi、蓝牙和蜂窝网络等。

第二层是网络层，主要关注设备与物联网平台的通信协议。物联网的网络通信仍然是基于互联网的，所以底层还是 TCP/IP。应用中需要更多了解、掌握的是具体的网络协议，比如超文本传输协议(Hyper Text Transfer Protocol，HTTP)、消息队列遥测传输(Message Queuing Telemetry Transport，MQTT)协议和高级消息队列协议(Advanced Message Queuing Protocol，AMQP)等。

第三层是应用层，也就是实现具体业务逻辑的地方。除了像普通互联网后台一样，要面对服务器框架、数据库系统、消息队列等问题外，物联网系统首先需要处理的是海量的数据。因此应用层又可细分为三个方面：

① 数据存储，比如 NoSQL 数据库和时序数据库的选择。

② 数据处理，比如 Spark、Flink 等大数据处理框架的不同特点，用于批处理和流处理的适用场景等。

③ 数据分析，比如各类机器学习算法，人工智能的应用。

此外，物联网安全，特别是数据安全、隐私安全等越来越重要，它们贯穿物联网系统的整个生命周期。

1.5.2 四层体系架构

相对三层体系架构来说，将应用层进一步细分，物联网的体系架构自底向上又可划分为四个层次：感知控制层、网络传输层、系统平台层和终端应用层，如图 1-5 所示。

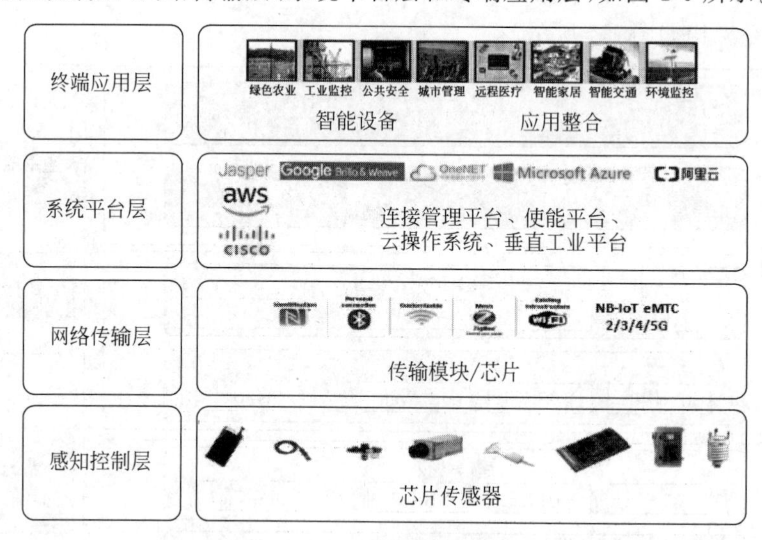

图 1-5 物联网四层体系架构

1. 感知控制层

感知控制层是实现物联网感知与控制的基础，一般包括集成在终端设备中的传感器、控制器等硬件及相应的软件系统。感知控制层的主要功能是感知和识别物体，采集和捕获信息，然后经过本地控制系统初步处理后，将信息通过网络传递出去，供云端平台进行进一步处理、分析等。发展趋势是小型化、智能化和低功耗。

2. 网络传输层

网络传输层是实现接入互联网的关键，一般包括通信网络，以及通信模组、SIM 卡等，除传输网络等通信基础设施外，还包括网络的管理中心、信息中心等，是物联网中最成熟的部分。网络传输层的主要功能是通过各类网络（蜂窝网、局域自组网、专网等），在感知控制层与系统平台层之间及时、有序、安全地传递信息。

3. 系统平台层

系统平台层提供物联网设备的操作系统、接入管理及应用开发的基础，既包括物联网的操作系统、安全软件、应用程序等，也包括远程的网络管理、终端/用户管理、数据存储及分析、应用开发服务等。系统平台层作为物联网中连接感知控制层和终端应用层的重要环节，向下要实现对终端/用户的“管、控、营”，向上要为终端应用层提供开发及运行环境、云服务等，并为各垂直行业提供通用基础服务。

4. 终端应用层

终端应用层通过将物联网技术与垂直行业应用场景相结合，实现万物互联的丰富应用。终端应用层中的终端是物联网应用的物理载体，包括应用软件、集成服务等。聚集多领域的资源和能力，整合各种信息和应用，为客户提供智能化、泛在化、一体化的服务将是物联网应用的发展趋势。

本书在后续章节中，采用较为公认的感知层-网络层-应用层的三层体系架构。

本章小结

本章辨析了国内外物联网的常用定义，介绍了物联网的特点和几种常用体系架构的基本概念，最后在介绍物联网发展历程的基础上，对物联网发展趋势进行了说明。

思考与练习

1. 以“我熟知的物联网”为题，结合自身对物联网的了解和应用体验，谈谈对物联网的认识。
2. 简述物联网的定义。
3. 简述物联网的特点、体系架构和未来发展趋势。

第2章

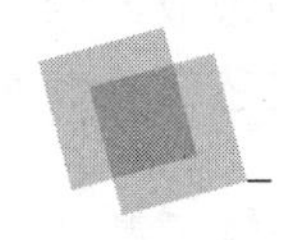

物联网安全概述

本章要点

物联网安全的基本概念(物联网安全的定义、属性、安全威胁和安全挑战)

物联网安全的法律法规

物联网安全的发展趋势

导入案例

日益频发的物联网安全问题

2007 年：时任美国副总统迪克·切尼被疑因心脏除颤器故障被暗杀。

2008 年：波兰少年用改装的电视遥控器控制有轨电车系统，导致数列电车脱轨。

2010 年："震网"病毒攻击伊朗一处秘密的核设施，将伊朗核计划至少推迟 2 年。

2011 年：伊朗俘获美国 RQ-170"哨兵"无人侦察机。

2013 年：美国黑客萨米·卡姆卡尔组成一个由一部智能手机操控的"僵尸无人机战队"。

2014 年：西班牙三大主要供电服务商超过 30%的智能电表被检测发现存在严重安全漏洞，入侵者可利用该漏洞进行电费欺诈，甚至关闭电路系统；在工业物联网领域，安全攻击事件则危害更大。

2015 年：网络安全专家在家利用笔记本电脑远程控制切诺基吉普车，甚至还把车"开进沟里"，导致该汽车生产公司在美国紧急召回 40 万辆轿车和卡车。

2016 年：第一次大规模的物联网病毒鼻祖 Mirai 暴发。

2017 年：食品药品监督管理局(Food and Drug Administration，FDA)警告 St Jude 植入起搏器和心血管仪器存在严重安全性问题。

2018 年：台积电公司生产基地被攻击事件。

2019 年：智能家居设备等十大物联网安全事件。

2020 年：物联网安全风险年终回顾：漏洞层出不穷，重者危及生命。

2021 年：以色列网络安全平台提供商 SAM Seamless Network 发布的《2021 物联网安全形势》报告指出，2021 年，在发生的 10 亿次与安全相关的攻击中，物联网设备就占据了超过九成。

2021 年：微软公司的报告揭示，有攻击者利用某个停止维护的物联网产业链基础软件漏洞，成功入侵印度电网。2021 年 11 月 25 日消息，微软公司发布一份报告，揭示了使用已停止维护软件的物联网设备面临的风险。从最新案例来看，已经有黑客利用软件中的漏洞攻击能源组织。

2022 年：Forti Guard 实验室的研究人员在 2022 年 6 月中旬发现了一种新型物联网僵尸网络“RapperBot”。这个系列的僵尸网络大量借鉴了 Mirai 的源代码，但它与其他物联网恶意软件的不同之处在于它内置的功能是暴力破解凭据并获得对安全外壳（Secure Shell，SSH）协议服务器的访问权限，而不是 Mirai 中实现的 Telnet。

查阅上述案例资料，谈谈如何理解物联网存在的安全问题和物联网安全的重要性。

2.1　物联网安全的基本概念

2.1.1　物联网安全定义

对物联网安全的理解，可以从物联网系统维度和体系架构维度来理解。

1. 系统维度

物联网安全是指物联网硬件、软件及其系统中的数据受到保护，不被破坏、更改、泄露，物联网可连续、可靠、正常地运行，物联网服务不中断。从系统维度来看，物联网安全具体包括物联网硬件安全、物联网软件安全、物联网数据安全和物联网服务安全。

1）物联网硬件安全

物联网硬件安全是指涉及物联网信息采集感知、存储、传输、分析、处理、控制和应用等过程中的各类传感器、存储设备、网络设备、处理硬件及控制硬件的安全。主要是保护这些硬件设施不受物理损坏，确保各种物联网应用能正常地提供服务。针对硬件安全，主要考虑物理威胁，如自然灾害破坏、人为拆卸和破坏等。

2）物联网软件安全

物联网软件安全是指涉及物联网信息采集、感知、存储、传输、分析、处理、控制和应用等过程中的各类硬件驱动、固件、操作系统、应用程序以及网络系统不被篡改或破坏，不被非法操作、复制或误操作，功能不会失效。

3）物联网数据安全

物联网数据安全是指保证物联网中的数据在采集、感知、存储、传输、分析、处理、控制和使用过程中的安全。数据不会被未经授权地篡改、破坏、复制、盗取、丢失和访问等。

4）物联网服务安全

物联网服务安全是指确保物联网能够正常运行并及时、有效、准确地提供服务。通过对物联网中的各种设备运行状况的监测，能够及时发现各类异常因素并能报警，及时采取修正措施保证物联网正常对外提供服务。

2. 体系架构维度

根据 1.5.1 节中描述的感知层-传输层-应用层三层体系架构，可将物联网安全划分为感知层安全、网络层安全和应用层安全，其体系架构如图 2-1 所示。

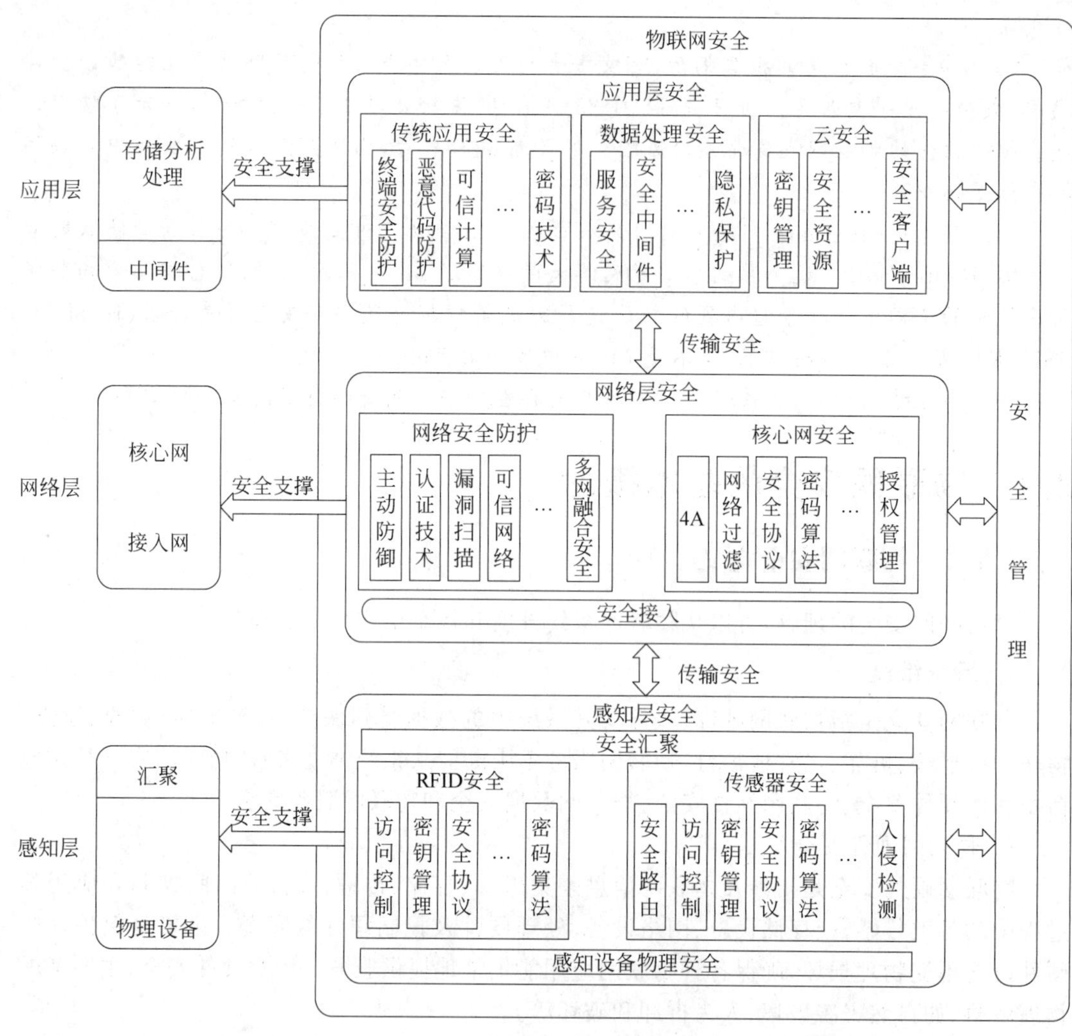

图 2-1 物联网安全体系架构

1）感知层安全

物联网感知层安全主要包括：感知层中节点运行正常，不因自身故障（如节点被捕获、被控制、功能失效或服务中断、身份伪造等）而停止工作。节点间的连接关系正常（未出现如选择性转发、路由欺骗、集团式作弊等）。能维护感知层所采集原始数据的机密性、真实性、完整性或新鲜性等属性，不因数据被非法访问、虚假数据注入、数据被篡改、数据传输被延迟等遭到破坏。感知层中的“物”不被错误地标识或被非授权地定位与跟踪等。主要包括感知设备的物理安全、RFID 安全和传感器及其网络安全。

2）网络层安全

物联网网络层安全主要包括：业务数据在承载网络中的传输安全；承载网络的安全防护终端及异构网络的鉴权认证；异构网络下终端的安全接入；物联网应用网络统一协议栈需求；大规模终端分布式安全管控等。具体包括接入网安全和核心网安全。

3）应用层安全

物联网应用层安全主要包括：传统应用安全、数据处理安全及云安全等。

2.1.2　物联网安全属性

所谓属性，是属于它的性质，是其固有的，而不是被其他实体所“强加”的。物联网以数据为中心和与应用密切相关的特点，决定了图 2-2 所示的物联网安全属性：保密性、完整性、可用性、可控性、不可否认性和可认证性。其中，保密性、完整性和可用性是基本属性；可控性、不可否认性、可认证性为扩展属性。

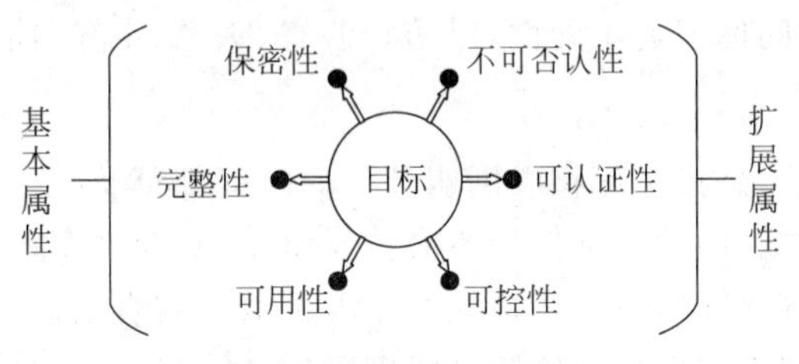

图 2-2　物联网安全属性

1. 保密性

保密性是指物联网的软件、数据或功能不泄露给非授权的实体或供其使用的特性。只有得到授权，才能使用其权限对应的软件、数据或功能，从而确保合法用户的权益。保密性用于对抗对手的主动攻击，通常保密性是物联网安全的基本要求，主要包括以下内容：

（1）对采集的数据进行加密保护，防止非授权读取、篡改、破坏等。

（2）对传输的数据进行加密保护，防止非授权译读信息，并能可靠检测出对传输系统的主动攻击和被动攻击。对不同密级的数据实施相应的保密强度和完善且合理的密钥管理。

（3）对存储的数据进行加密保护，有效防止非法者利用非法手段通过获得明文信息来达到窃取机密之目的。加密保护方式一般应视所存储的信息密级、特征和使用资源的开发程度等具体情况来确定，加密系统应与访问控制和授权机制密切配合，以达到合理共享资源。

（4）防止因电磁信号泄露带来的失密。物联网在工作时，各电子元器件会发生辐射和传导等电磁信号泄露现象，若此泄露的信号被敌方接收，经过提取处理，就可恢复出原信息而造成泄密。例如，旁路攻击。

2. 完整性

完整性是指保证物联网的硬软件、数据不被非法篡改、删除、破坏，以及不因意外事件而丢失，物联网应具备验证数据准确性、杜绝虚假信息产生的能力。完整性用于对抗对手的主动攻击。

（1）物联网硬件完整性。指物联网硬件不被非法破坏、置换、拆卸等。为防止硬件被非法拆换，对硬件必须有唯一的标志，并且能检验这种标志是否存在以及是否被修改过。例如为防内存及磁盘中的信息不被非法复制、修改、删除、插入或受意外事件的破坏，必须定期检查内存的完整性和磁盘的完整性，以确保内存磁盘中信息的真实性和有效性。

（2）物联网软件完整性。为防止软件被非法复制，对软件必须有唯一的标志，并且能检验这种标志是否存在以及是否被修改过。除此之外，还应具有拒绝动态跟踪分析的能力，以免复制者绕过该标志的检验。为防止软件被非法修改，软件应有抗分析的能力和完整性校验的手段。应对软件实施加密处理，这样，即使复制者得到了源代码，也不能进行静态分析。

(3) 操作系统的完整性。除物联网硬软件外，操作系统是确保物联网安全保密的一个基本部件。操作系统是处理器资源的管理者，其完整性控制也至关重要，如果操作系统完整性遭到破坏，也将会导致入侵者非法获取系统资源。

(4) 数据完整性。一般含两种形式：数据单元的完整性和数据单元序列的完整性。前者包括两个过程，一个过程发生在发送实体，另一个过程发生在接收实体；后者主要是要求数据编号的连续性和时间标记的正确性，以防止假冒、丢失、重发、插入或修改数据。

3. 可用性

可用性，又称有效性，是指确保物联网服务任何时间都可及时可靠地提供给合法用户的能力，确保授权用户对物联网的正常使用不会被异常拒绝，允许用户可靠而及时地访问；当物联网遭受意外攻击或破坏时，可以迅速恢复服务。对于有合法访问权并经许可的用户，不应阻止他们访问目标，即不应发生拒绝服务或间断服务。反之，要防止非法用户进入物联网访问、窃取资源、破坏系统；也要拒绝合法用户对资源的非法操作和使用。

可用性问题的解决方案主要有以下两种：

(1) 避免受到攻击。免受攻击的方法包括：关闭操作系统和网络配置中的安全漏洞；控制授权实体对资源的访问；限制对手操作或浏览流经或流向这些资源的数据从而防止带入病毒等有害数据；防止路由表等敏感网络数据的泄露。

(2) 避免未授权使用。当资源被使用、被占用或过载时，其可用性会受到限制。如果未授权用户占用了物联网有限的资源(如处理能力、网络宽带、调制解调器连接等)，则这一资源对授权用户就是不可用的。识别与认证资源的使用可以提供访问控制来限制未授权使用。然而，过度频繁地发送请求可能导致网络运行减慢或停止。

4. 可控性

可控性是指可以控制物联网的服务范围、授权范围及其对应范围内的数据流向及行为方式，对物联网实施安全监控管理，防止非法利用物联网。如对物联网中数据的访问、传播及内容进行控制。对信息及信息系统实施安全监控，对信息、信息处理过程及信息系统本身都实施合法的安全监控和检测。

5. 不可否认性

不可否认性又称抗抵赖性，是指物联网中的任何实体不能够否认其行为的特性，可以支持责任追究、威慑作用和法律行为等。信息交换的接收方应能证实所收到信息的来源、内容和顺序都是真实的。为保证信息交换的有效性，接收方收到了真实信息时应予以确认。对所收到的信息不能删除或改变，也不能抵赖或否认。对发送方而言，不能谎称从未发送过信息，也不能声称信息是由接收方伪造的。不可否认性服务通常由应用层提供，用户最可能参与为应用程序数据(如电子邮件消息或文件)提供不可否认性。在物联网底层提供不可否认性仅能提供证据证明特定的连接产生，而无法将流经该连接的数据与一个特定的实体相绑定。不可否认性就是保证出现信息安全问题后有据可查，可以追踪责任到人或到事。

6. 可认证性

可认证性又称为信源确认，是指具备对物联网中实体进行身份识别的能力，确保数据来自某个已知身份或终端，即从实体的行为能够唯一追溯到该实体的能力。一旦出现违反安全政策的事件，物联网必须提供审计手段，能够追踪到当事人。这要求物联网能识别、鉴别每个实体及其进程，能够总结他们对物联网资源的访问规律，能够记录和追踪他们的有关活动。

通常使用访问控制对物联网资源(软件和硬件)和数据(采集的、传输的、存储的、处理的)进行认证。访问控制的目标是阻止未授权使用资源和未授权公开或修改数据。访问控制运用于基于身份或授权的实体。身份可能代表一个真实用户、具有自身身份的一次处理(如进行远程访问连接的一段程序)或者由单一身份代表的一组用户(如给予规则的访问控制)。身份认证、数据认证等可以是双向的，也可以是单向的。要实现信息的可认证性，可能需要认证协议、身份证书技术的支持。

2.1.3　物联网安全威胁

无论是物联网的三层体系架构，还是四层体系架构，它们都表明，物联网是在互联网的基础上，将物理世界各种状态接入数字世界的感知部分，因此可以说物联网是互联网的延伸，在感知层之上，物联网具有互联网的全部信息安全特征。但是正是由于感知层的存在，让成熟的互联网安全机制并不能完全复制到物联网。物联网安全的内涵比互联网安全更广泛，情况更复杂，除了面临互联网安全的系列传统问题外，还面临一些特有的安全问题。

1. 互联网通用的安全问题

1）网络设备硬件安全

网络设备硬件安全是指包括机房、线路及计算机、路由器、交换机、服务器等网络设备的硬件安全，不被人为或恶意破坏，例如，以聚集离子束、在存储介质上钻孔等方式修改硬件结构。通过联合测试工作组(Joint Test Action Group，JTAG)接口访问中央处理器(Central Processing Unit，CPU)的内部寄存器和挂在CPU主线上的设备，如闪存、随机存取存储器(Random Access Memory，RAM)、片上系统(System on Chip，SoC)等内置的寄存器。

2）恶意软件

恶意软件可以说是计算机网络系统最大的威胁之一。SOUP12a将恶意软件定义为“隐蔽植入另一段程序的程序，它企图破坏数据，运行破坏性或者入侵性程序，或者破坏受害者数据，应用程序或操作系统的机密性、完整性和可用性”。人们一般关心恶意软件对应用程序和工具程序(如编辑器、编译器和内核级程序)带来的威胁；关心在被恶意软件感染的网站和服务器上的使用，尤其是那些制作垃圾邮件和其他信息的网站与服务器，这些信息企图欺骗用户泄露个人敏感信息。病毒、蠕虫、逻辑炸弹等都属于恶意程序。表2-1给出了常见恶意程序及其具体描述。

表2-1　恶意程序

恶意程序名称	具体描述
病毒	当执行时，向可执行代码传播自身副本的恶意代码；传播成功时，可执行程序被感染。当被感染代码执行时，病毒也执行
蠕虫	可独立执行的计算机程序，并可以向网络中的其他主机传播自身副本
逻辑炸弹	入侵者植入软件的程序。逻辑炸弹潜藏到触发条件满足为止，然后该程序激发一个未授权的动作

续表

恶意程序名称	具体描述
特洛伊木马	貌似有用的计算机程序，但也包含能够规避安全机制的恶意潜藏功能，有时利用系统的合法授权引发特洛伊木马程序
后门/陷门	能够绕过安全检查的任意机制：允许对未授权的功能访问
可移动代码	能够不变地植入各种不同平台，执行时有身份语义的软件(例如，脚本、宏或者其他可移动指令)
漏洞利用	针对某一个漏洞或者一组漏洞的代码
下载者	可以在遭受攻击的机器上安装其他条款的程序。通常，下载者是通过电子邮件传播的
自动路由程序	用于远程入侵到未被感染的机器中的恶意攻击工具
病毒生成工具包	一组用于自动生成新病毒的工具
垃圾邮件程序	用于发送大量不必要的电子邮件
洪流	用于占用大量网络资源对网络计算机系统进行攻击从而实现拒绝服务攻击
键盘日志	捕获被感染系统中的用户按键
Rootkit	当攻击者进入计算机系统并获得底层通路之后，使用的攻击工具
僵尸	活跃在被感染的机器上并向其他机器发射攻击的程序
间谍软件	从一个计算机上收集信息并发送到其他系统的软件
广告软件	整合到软件中的广告，结果是弹出广告或者指向购物网站

中国国家互联网应急中心(Computer Network Emergency Response Technical Team，CNCERT)于2021年5月发布的《2020年我国互联网网络安全态势综述》指出：全年捕获恶意程序样本数量超过4200万个，日均传播次数为482万次，涉及恶意程序家族近34.8万个。按照攻击目标IP地址统计，我国境内受恶意程序攻击的IP地址约5541万个，约占我国IP地址总数的14.2%。全年，我国境内感染计算机恶意程序的主机数量约534万台。2020年境外约3500个IPv6地址的计算机恶意程序控制了我国境内约5.3万台IPv6地址主机。全年通过自主捕获和厂商交换新增获得移动互联网恶意程序数量约303万个，同比增长8.5%。全年捕获联网智能设备恶意程序样本数量约341万个，同比上升5.2%。根据抽样监测，发现境内联网智能设备被控端2929.73万个，感染的恶意程序家族主要为Pinkbot、Tsunami、Gafgyt、Mirai等，通过控制联网智能设备发起的分布式拒绝服务(Distributed Denial of Service，DDoS)攻击日均3000余起。

3) 系统漏洞或缺陷

系统本身设计有漏洞。TCP/IP本身在设计上就是不安全的。一是很容易被窃听和欺骗：大多数专网上的流量是没有加密的，电子邮件口令文件传输很容易被监听和劫持。很多基于TCP/IP的应用服务都在不同程度上存在着安全问题，容易被一些对TCP/IP十分了解的人所利用，一些新的处于测试阶级的服务更容易遭受黑客攻击。根据国家信息安全漏洞共享平台(China National Vulnerability Database，CNVD)收录的物联网安全漏洞显示，2020年物联网系统安全漏洞高达593个，相比2019年增长比例高达40%，漏洞数量再创历史新高。2020年6月，以色列网络安全公司JSOF公开了19个严重影响Treck TCP/IP协议栈的零日漏洞(又名“Ripple20”)，全球数亿台(甚至更多)物联网设备可能会受到远程攻击。

4）黑客攻击

黑客非法入侵是一种行为，上述几种造成安全隐患的因素，都能成为黑客攻击的手段。大多黑客计算机技术高超，熟悉网络的运作，他们有目的地攻击或破坏计算机终端和网络，导致用户信息安全受到威胁，或计算机系统无法正常使用。

5）网络信息管理疏忽

出现计算机病毒和黑客攻击的根本原因除了自身系统存在安全漏洞外，还有网络信息管理不完善，从而让一些不法分子有机可乘，大面积的计算机瘫痪情况出现也较常见。

2. 物联网特有的安全问题

鉴于物联网非常复杂，涉及的内容远远超过传统的网络系统，影响其可靠性的因素众多，故需对物联网安全性缺陷做一些专门分析。图2-3为物联网特有的安全问题，下面对一些各层较为典型的缺陷与薄弱环节做简要介绍。

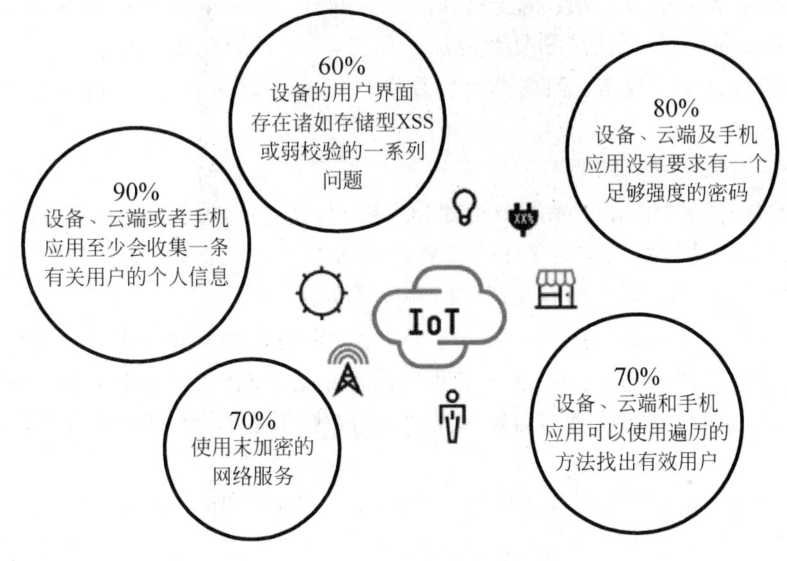

图2-3　物联网特有的安全问题

1）感知层面临的安全问题

感知层的计算能力、通信能力、存储能力、能量等都受限，不能应用复杂的安全技术。现实世界的“物”都联网，通过网络可感知及控制类似家电、交通、能源等设施，安全事故的危害巨大。在物联网的实际应用中，通常需要部署大量的传感器，以充分覆盖特定区域。对于已经部署的传感器，一般都不会进行回收或维护。因为具有数量多和一次性的特点，所以传感器必须具有较低的成本，只有这样，传感器的大规模使用才可行。而为了降低成本，传感器通常是资源受限的，因此，传感器一般体积较小，而且其能量、处理能力、存储空间、传输距离、无线电信号频率和带宽等都是受限的。

① 感知层设备易于被破坏：感知层设备常用来替代人完成一些复杂、危险和机械的工作，部署在无人看管的工作环境中。因此，攻击者很容易接触到这些设备（节点），并对其进行物理破坏，甚至可以更换设备的软硬件，达到对物联网非法操控的目的。例如，在远距离电力输送过程中，供电企业可以使用物联网来远程操控一些供电设备。由于缺乏看管，攻击者有可能使用非法装置来干扰这些设备上的传感器。假如供电设备的某些重要工作参数被

篡改，其后果不堪设想。攻击者可将物联网终端的U(SIM)卡拔出并插入其他终端。

② 感知层设备易于伪造假冒：节点结构简单，加密手段较弱，易于伪造。例如，无线传感器网络中最主要、最易出现的虫洞攻击，这种攻击通过单个节点伪造身份或偷窃合法节点身份，以多个虚假身份出现在网络的其他节点前面，使其更容易成为路由路径中的节点，吸引数据流以提高目标数据流经过自身的概率。

③ 感知层设备易受干扰：感知层信息传输主要靠无线通信方式，信号容易被窃取和干扰。物联网在信息传输中一般采用无线传输方式，暴露在空中的无线电信号很容易成为攻击者窃取和干扰的对象，这会对物联网的信息安全产生严重的威胁。例如，目前的第二代身份证都嵌入了RFID标签，在使用过程中，攻击者可以通过窃取感知节点发射的信号来获取所需要的信息，甚至是用户的隐私信息，并据此来伪造身份，其后果非常严重。又如，在目标网络中心频率发送无线电波进行欺骗式干扰或压制式干扰。

④ 感知层设备易于被控制：由于物联网节点的软、硬件结构较简单，其数据处理能力、数据存储能力较弱，因此无法采用复杂的加密算法，易于被捕获或控制。

⑤ 感知层设备易受攻击：如攻击者向物联网终端泛洪垃圾信息，可耗尽终端电量，使其无法工作。

2）网络层面临的安全问题

① 数据加密机制：由于传感器节点的物理限制，其有限的计算能力和有限的存储空间使基于公钥的密码体制难以应用于无线传感器网络中。为了节省无线传感器网络的能量开销和提高整体性能，也尽量采用轻量级的对称密码算法。

② 碰撞攻击：指通过发送额外数据包与原始数据包叠加而导致有用信息无法分离。

③ 虚假路由信息：通过欺骗，更改和重发路由信息，攻击者可以创建路由环，吸引或者拒绝网络信息流通量，延长或者缩短路由路径，形成虚假的错误消息，分割网络，增加端到端的时延。

④ 安全路由：由于每个节点都是潜在的路由器，因此更易于受到攻击。大多数路由协议都没有考虑安全的需求，使得这些路由协议都易于遭到攻击，而导致整个无线传感器网络崩溃；恶意节点随即丢失数据包，或将自己的数据包以很高的优先级进行传输，从而破坏网络的正常通信等。

⑤ 选择性地转发：节点收到数据包后，有选择地转发或者根本不转发收到的数据包，导致数据包不能到达目的地。

⑥ 拒绝服务(Denial of Service，DoS)攻击：在媒体访问控制(Media Access Control，MAC)协议中，节点通过监测邻居节点是否发送数据来确定自身是否能访问通信信道，这种载波监听方式特别容易遭到DoS攻击。DoS攻击即攻击者想办法让目标机器停止提供服务，一般采用对网络带宽进行消耗性攻击的方法。物联网节点的资源有限，所以抵抗DoS攻击的能力较弱。

3）应用层面临的安全问题

应用层的安全问题主要来自于各类新兴业务及应用的相关业务平台。恶意代码以及各类软件系统自身漏洞和可能的设计缺陷是物联网应用系统的重要威胁之一。同时由于涉及多领域多行业，物联网广域范围的海量数据信息处理和业务控制策略目前在安全性和可靠性方面仍存在较多技术瓶颈且难以突破，特别是业务控制和管理、业务逻辑、中间件、业务系统关键接口等环境安全问题尤为突出。

由于物联网设备可能是先部署后连接网络，而物联网节点又无人看守，所以如何对物联网设备进行远程签约信息和业务信息配置就成了难题。另外，庞大且多样化的物联网平台必然需要一个强大而统一的安全管理平台，否则独立的平台会被各式各样的物联网应用所淹没。

物联网各层都存在着安全缺陷和薄弱环节，需要特别指出的是，隐私泄露问题在物联网领域面临的形势非常严峻。从感知层到应用层，各层都存在着隐私泄露的环节。从研究和关注度的角度来看，隐私性和隐私保护技术一直是整个物联网技术和应用发展过程中的短板。其中一个原因是公众对于隐私的漠视。而对技术人员来说，最大的缺憾是保护隐私的各种技术尚未成熟：现有的各种系统并不是针对资源受限访问型设备而设计的，但物联网恰恰是这种类型的系统。

2.1.4 物联网安全挑战

"网络安全和信息化是相辅相成的。安全是发展的前提，发展是安全的保障，安全和发展要同步推进。"物联网产业要健康可持续发展，必须首先解决好安全问题。由于物联网实现的是万物互联，物联网传输的数据、信息涉及国家经济、社会安全及人们日常生活的方方面面，物联网安全已成为关乎国家政治稳定、社会安全、经济有序运行、人民安居乐业的全局性问题。尽管近年来我国物联网行业得到了十分迅速的发展和进步，但在研究、解决物联网安全问题时，又面临诸多挑战。

1. 缺乏严格的标准和制度体系作为指导

尽管近年来世界各国相继制定出台了一些指导、规范物联网安全的法律法规和标准，但整体呈零散之势，尚未形成严格的标准和科学的制度规范，导致整个物联网行业安全发展的过程受阻，不利于物联网实现长期、健康、可持续发展的趋势。因此，亟须从国家政府层面完成物联网安全法律法规及相关标准的顶层设计，制定一套标准化、科学化、专业化的制度标准模式，为整个物联网的安全发展提供科学有效的途径。

2. 对物联网安全问题重视不够、投入比重偏小

当前，诸多物联网公司，特别是一些初创或规模较小的单位，为尽快推出产品抢占市场，在产品设计之初往往容易忽略对潜在安全问题的深入考虑，导致日后即使发现物联网安全问题，也只能予以表面性的暂时解决，难以提供科学的应对方案进行实质性解决。总体上看就是对物联网安全问题重视不够，投入的比重偏小，忽略了行业发展的持续性问题，极其容易引发更加严重的安全风险，从而妨碍物联网的安全、稳定发展。

3. 物联网多样的安全需求与安全维护成本间的矛盾

和互联网安全相比，物联网安全的最大挑战来自于多样的安全需求与安全维护成本间的矛盾。尽管在一次次黑客攻击下备受损失的惨痛教训中，不论是国家、政府、行业还是个人都逐步认识到了物联网安全的重要性，但是安全维护是需要付出代价的，这对实现万物互联的物联网来说，将面临巨大的成本压力。例如，一个价格低至几角钱人民币的 RFID 标签，可能会需要增加几倍的成本来确保其安全性，而成本的增加将直接影响到其推广应用。无线传感器网络由于具有潜在的军事用途，常常需要比较高的安全性，但由于成本限制，节

点的计算能力、功耗和尺寸均受到制约，又难以对其实施通用的安全方法。所以，成本将是物联网安全不可回避的一个挑战。

4. 工业物联网将成为新的攻击重点

一方面，工业物联网是一种专用系统，包括机床、控制器、机器人及传感器等，制造装备、主流品牌可编程逻辑控制器的控制端接口及海量类型传感器由独立厂商生产，普遍存在通信协议、接口不兼容等问题，形成了控制与信息的"孤岛"，多年来暂未形成成熟、普适、标准的安全防护体系。因此在工业物联网环境中信息传输可能会遭到攻击、拦截，导致关键数据泄露。腾讯安全发布的《2020年公有云安全报告》中指出，工业物联网设备数据泄露、遭受攻击已成为主流安全风险，现有的工业物联网系统需解决好工业物联网设备信息安全问题。另一方面，工业物联网中普遍存在终端结构多样化的现象，终端之间的信息传输方式较为复杂，各种智能化设备间无线数据通信的安全性是工业物联网面临的主要挑战。工业物联网企业中一些涉及核电站、兵工厂等关乎国家安全的企业，或涉及智慧城市的智能楼宇自动控制、电梯系统联动与控制、城市供电与供水控制等关乎民生的领域，是某些不法分子用于威胁国家安全、影响社会稳定的攻击对象。2010年出现的第一个攻击工业物联网的震网病毒就是一个实例。根据NETSCOUT威胁情报报告，根据2019年基于物联网的攻击统计数据，物联网设备在平均上线5min后就会受到攻击。

5. 僵尸物联网展开的DoS攻击正成为一种新的攻击方式

物联网实现万物互联，把大量设备连接到互联网，小到心脏起搏器、灯泡门锁、婴儿监控设备、植入式传感器，大到城市供水、供电、供暖系统，智能工厂制造设备，无人驾驶汽车，飞机控制系统，这些设备都可能因物联网设备的日益扩散成为对攻击者有吸引力的目标。且其中一些可能还存在严重的安全问题，如弱密码、对管理系统的开放访问、默认管理凭据或弱安全配置。随着物联网设备数量的持续增加，受功耗和性能影响，它们难以像互联网终端那样及时发现漏洞、应对漏洞带来的潜在安全。因此僵尸网络攻击往往会抓住物联网中最薄弱设备的漏洞来入侵整个网络，从而控制物联网中的其他设备，并导致在线服务的中断。它们最常放置在攻击不受监控的网络上，这使得攻击者可以轻松访问网络。随着5G网络的推广，也为实现大量的DoS攻击流量提供了高速连接。近期发生的俄乌冲突中，交战双方就依托僵尸物联网频频对敌实施DDoS攻击。

2.2 物联网安全的标准和法律法规

2.2.1 物联网安全标准

物联网安全标准是保护物联网系统减轻安全威胁，实现设备完全联网入网，进行可靠数据采集、传输与利用的基础支撑，是物联网标准体系的重要组成。结合物联网的体系结构，有学者对物联网安全标准进行如下分类，形成了如图2-4所示的物联网安全标准体系架构图。

1. 基础通用类安全标准

基础通用类安全标准主要用于解决物联网安全领域概念术语统一性、参考模型兼容性和安全框架一致性的问题，以避免出现安全标准制(修)订混乱、技术安全不兼容和应用安全

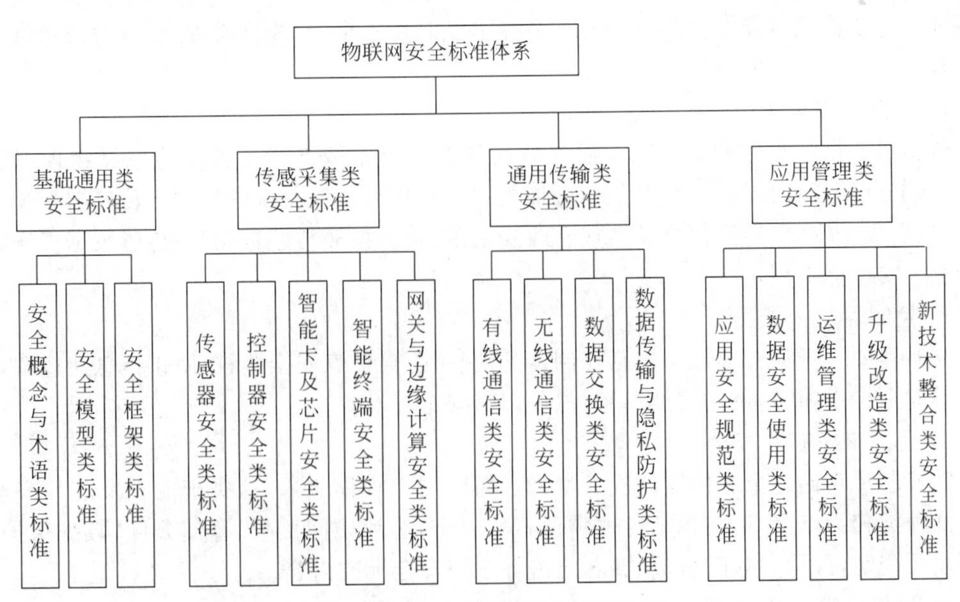

图 2-4　物联网安全标准体系架构图

框架认知不一致等现象，主要包括物联网安全概念与术语、物联网安全模型、物联网安全框架三个子类别的安全标准。

1）物联网安全概念与术语子类

物联网安全概念与术语子类标准主要是为物联网安全领域交流、使用提供一致性的语言载体，达成共同的语言认知。该子类标准的制定须注意术语专业性和通用性的平衡，既能够为专业人员交流提供准确表达的手段，又能够为更多的行业初学者提供简单易记的术语。例如，AMQP 术语，是指一个开源标准，用于不同的应用程序在任何网络和任何设备之间进行通信；MQTT 术语，是指一种发布/订阅消息协议，用于在设备相互通信的情况下使用有限的计算能力，或者在不可靠或延迟的网络连接的情况下使用等。

2）物联网安全模型子类

物联网安全模型子类标准用于提供标准化的物联网安全模型，供物联网安全实践过程中参考和应用。例如，GB/T 37044—2018《信息安全技术 物联网安全参考模型及通用要求》提出了由参考安全分区、基本安全防护措施和系统生成周期三个维度共同组成的物联网安全参考模型，同时每个维度包含了不同的阶段，为物联网其他安全标准制定以及物联网安全防护实践提供了重要参考。

3）物联网安全框架子类

物联网安全框架子类标准用于明确物联网安全功能组成要素，以及各功能要素之间的逻辑组成、层次结构、拓扑架构和影响关系，通常作为物联网感知采集、通信传输和应用管理类安全标准制定的框架参考，便于物联网安全从业者快速了解并遵循相关的物联网安全框架要求。

2. 传感采集类安全标准

传感采集类安全标准主要是为物联网感知层各类传感器、控制器、网关、智能终端以及边缘计算设备与相关嵌入式系统或软件提供相对应的技术设计、应用防护和安全操作等相关标准。包括传感器安全、控制器安全、智能卡及芯片安全、智能终端安全、网关与边缘计算安全等五个子类别的安全标准。

1）传感器安全子类

传感器安全子类标准主要用于满足或指导各类日常或严苛条件下传感器物理部署安全、感知节点信任鉴权安全（鉴权是指验证用户是否拥有访问系统的权利）、传感器量程干扰安全、电磁攻击安全、传感信息伪造或篡改安全等，也可按照传感数据量、传感数据报送频度进行相关安全标准制定。

2）控制器安全子类

控制器安全子类标准通常包括控制器防伪、短距离信息安全鉴权、防止信息伪造和重放攻击等安全标准内容，例如智能门锁、电子门禁安全标准等。

3）智能卡及芯片安全子类

随着芯片存储容量和性能的提升带来了物联网大规模应用，这类智能卡及芯片安全子类标准种类较为丰富，通常包括卡片物理芯片安全，芯片访问鉴权、存储分区、数据保护、加密模块及密钥，假冒、嗅探、重放、DoS 攻击等系列安全标准内容。

4）智能终端安全子类

智能终端是近几年迅速发展起来的具备一定计算与存储能力的物联网产品，其相关安全子类标准与嵌入式设备、智能电子设备之间存在较多的交叉，包括环境类、通信类、数据类、应用类和身份鉴别类等安全标准。

5）网关与边缘计算安全子类

网关与边缘计算节点通常部署在物联网感知层与传输层的交界，是数据汇总上传和关键反馈控制指令下达的枢纽，其安全类标准主要用于满足设备鉴权接入、信息存储、数据共享交换、协议转换、数据过滤压缩、嵌入式计算环境等安全防护需要。

3. 通信传输类安全标准

通信传输类安全标准是基于有线网络和无线网络通信提供技术与应用安全的相关标准，例如，针对武器装备类库房物联网、油库物联网、无人机自组网、机器人体域网等应用场景下的安全通信制定的传输、交换、隐私保护等相关标准。包括有线通信、无线通信、数据交换、数据传输与隐私防护四个子类的安全标准。

1）有线通信子类

有线通信子类安全标准包括传统的有线通信安全标准，例如，RS-232/RS-485 串行通信总线，以及物联网固定网络接入等安全标准，也包括新增的物联网相关的有线通信类安全标准，例如，USB 3.0 安全标准等。

2）无线通信子类

无线通信子类安全标准主要是指蓝牙、ZigBee、LoRa、NB-IoT、Wi-Fi、IPv6/6Lowpan 和 Z-Wave 技术等物联网无线通信类安全标准，这些标准通常需要包括接入鉴权、空口协议、通信协议、数据保护、密钥管理、安全审计等相关内容，同时由于技术的交叉性，这些安全标准通常按通信类型来分类。物联网数据的传输通常要跨越不同的网络类型，同时在数据流向上既有单向跨网也有双向流动，与单一网络相比面临更加严重的信息安全威胁。

3）数据交换子类

数据交换子类安全标准旨在为数据交换的起点、过程和终点提供访问鉴权、数据加解密、一致性和完整性校验、数据自毁、密钥管理等系列安全防护内容，为物联网数据交换提供安全保障。

4）数据传输与隐私防护子类

数据传输与隐私防护子类标准通常包括传输协议安全、传输算法破解、中间人攻击以及用户隐私访问控制等内容，例如，军事物联网设备应具有防止读取敏感信息、篡改位置等功能，可穿戴医疗设备安全标准应考虑防止中间人复制用户敏感隐私信息等。

4. 应用管理类安全标准

应用管理类安全标准是为物联网技术与产品的操作使用、物联网数据的业务应用、物联网全生命周期的运维管理、物联网的升级改造以及物联网与新技术的整合应用提供的系列安全类标准。包括应用安全规范、数据安全使用、物联网运维管理、物联网升级改造、新技术整合应用共五个子类的安全标准。

1）应用安全规范子类

应用安全规范子类标准是面向物联网产品设计和研发人员以及操作维护人员等制定的，包括并不仅限于为物联网数据、技术以及产品应用而制定的系列安全标准或规范，指导物联网从业人员在安全许可范围内进行各类物联网的建设和管理，目的在于通过统一的标准规范减少安全威胁和损失。

2）数据安全使用子类

数据安全使用子类标准主要是与物联网通信网络和业务系统相配套的数据类安全标准，更加倾向其业务属性，一般包括数据安全等级分类、数据访问与共享规范、数据流转与应用标准等内容，此类标准通常与数据安全交换、数据传输与隐私保护类相关联，或在同一标准中体现。

3）物联网运维管理子类

物联网运维管理子类标准包括物联网安全管理、物联网安全响应、物联网安全评估、物联网安全审计、物联网安全运营等相关标准、指南或规范，涉及物联网系统安全规划、研发上线与安全部署、漏洞预警发现与修补等内容。

4）物联网升级改造子类

物联网升级改造子类标准是指针对物联网系统进行局部改造、设备替换、技术升级、数据迁移等行为可能带来的安全风险，制定的升级改造安全评估、升级改造安全规程、数据备份与恢复等系列安全标准或指南，避免因物联网系统升级改造带来安全的不稳定性。

5）新技术整合应用子类

物联网及其关联技术的快速发展，带来了物联网新技术整合应用的普遍性，这一类安全标准属于物联网与其他新兴技术的结合部分，包括新技术自身的系列安全标准，以及它与物联网联合应用带来的集成接入、数据交互、通信传输、管理控制、外部环境等系列安全内容，既可通过新立标准规范的方式也可通过现有标准制（修）订的方式纳入物联网安全标准体系。

为加强物联网安全技术的研究和应用，国际国内均成立了相关标准化组织，国际上有影响力的组织有 ISO/IECJTC1/SC27（信息技术委员会/安全技术分委员会）、SC41（物联网及相关技术分委员会）、SC25（信息技术设备互联分委员会），ITU-TSG17（安全研究组）、SG20/Q6（物联网和智慧城市研究组/安全、隐私保护、信任和识别课题组），欧洲电信标准化协会。国内的物联网安全标准化组织主要有全国信息安全标准化技术委员会、中国通信标准化协会、车载信息服务产业应用联盟、工业互联网产业联盟等。

2018 年 12 月 28 日，全国信息安全标准化技术委员会发布的 27 项信息安全国家标准中，仅 5 项直接涉及物联网安全方面。当前物联网安全标准体系中条码、RFID 和感知终端类标准相对较多，而在网关与边缘计算安全、物联网安全管理、数据与隐私保护、物联网安全风险评估、物联网应用安全规范、物联网运维安全与安全审计等方向标准的缺口较大，在新型物联网芯片与协议，北斗、5G、边缘计算、区块链、人工智能等新技术整合类方向的安全标准十分薄弱。尽管我国制定并发布了多项物联网安全相关标准，但标准的体系化程度不足、采用率不高，未能形成广泛的影响。由此可见，加速推进物联网安全标准建设，优化完善安全标准体系，补齐安全标准薄弱项是未来物联网安全研究的一个重点问题。下文仅列出相关标准名称，详情可登录国家标准全文公开系统 https://openstd.samr.gov.cn/bzgk/gb/index 查询。

(1) GB/T 15851.3—2018《信息技术 安全技术 带消息恢复的数字签名方案 第 3 部分：基于离散对数的机制》，代替标准 GB/T 15851—1995，实施日期：2019-07-01。

(2) GB/T 28449—2018《信息安全技术 网络安全等级保护测评过程指南》，代替标准 GB/T 28449—2012，实施日期：2019-07-01。

(3) GB/T 36629.3—2018《信息安全技术 公民网络电子身份标识安全技术要求 第 3 部分：验证服务消息及其处理规则》，实施日期：2019-07-01。

(4) GB/T 36950—2018《信息安全技术 智能卡安全技术要求(EAL4+)》，实施日期：2019-07-01。

(5) GB/T 36951—2018《信息安全技术 物联网感知终端应用安全技术要求》，实施日期：2019-07-01。

(6) GB/T 36957—2018《信息安全技术 灾难恢复服务要求》，实施日期：2019-07-01。

(7) GB/T 36958—2018《信息安全技术 网络安全等级保护安全管理中心技术要求》，实施日期：2019-07-01。

(8) GB/T 36959—2018《信息安全技术 网络安全等级保护测评机构能力要求和评估规范》，实施日期：2019-07-01。

(9) GB/T 36960—2018《信息安全技术 鉴别与授权 访问控制中间件框架与接口》，实施日期：2019-07-01。

(10) GB/T 36968—2018《信息安全技术 IPSec VPN 技术规范》，实施日期：2019-07-01。

(11) GB/T 37002—2018《信息安全技术 电子邮件系统安全技术要求》，实施日期：2019-07-01。

(12) GB/T 37024—2018《信息安全技术 物联网感知层网关安全技术要求》，实施日期：2019-07-01。

(13) GB/T 37025—2018《信息安全技术 物联网数据传输安全技术要求》，实施日期：2019-07-01。

(14) GB/T 37027—2018《信息安全技术 网络攻击定义及描述规范》，实施日期：2019-07-01。

(15) GB/T 37033.1—2018《信息安全技术 射频识别系统密码应用技术要求 第1部分：密码安全保护框架及安全级别》，实施日期：2019-07-01。

(16) GB/T 37033.2—2018《信息安全技术 射频识别系统密码应用技术要求 第2部分：电子标签与读写器及其通信密码应用技术要求》，实施日期：2019-07-01。

(17) GB/T 37033.3—2018《信息安全技术 射频识别系统密码应用技术要求 第3部分：密钥管理技术要求》，实施日期：2019-07-01。

(18) GB/T 37044—2018《信息安全技术 物联网安全参考模型及通用要求》，实施日期：2019-07-01。

(19) GB/T 37046—2018《信息安全技术 灾难恢复服务能力评估准则》，实施日期：2019-07-01。

(20) GB/T 37076—2018《信息安全技术 指纹识别系统技术要求》，实施日期：2019-07-01。

(21) GB/T 37090—2018《信息安全技术 病毒防治产品安全技术要求和测试评价方法》，实施日期：2019-07-01。

(22) GB/T 37091—2018《信息安全技术 安全办公U盘安全技术要求》，实施日期：2019-07-01。

(23) GB/T 37092—2018《信息安全技术 密码模块安全要求》，实施日期：2019-07-01。

(24) GB/T 37093—2018《信息安全技术 物联网感知层接入通信网的安全要求》，实施日期：2019-07-01。

(25) GB/T 37094—2018《信息安全技术 办公信息系统安全管理要求》，实施日期：2019-07-01。

(26) GB/T 37095—2018《信息安全技术 办公信息系统安全基本技术要求》，实施日期：2019-07-01。

(27) GB/T 37096—2018《信息安全技术 办公信息系统安全测试规范》，实施日期：2019-07-01。

2.2.2 物联网安全法律法规

物联网涉及各行各业，是多种力量的整合。物联网需要国家的产业政策和立法走在前面，要制定出适合这个行业发展的政策和法规，保证行业的正常发展。为此，世界各国立法机构不断推出各种法律法规来保护物联网安全，下文将简要介绍国内外有关物联网安全的立法情况。

1. 国内物联网安全立法情况

我国政府部门早于2013年就正式将物联网的安全性列入政府工作体系中，同年出台的《国务院办公厅对于推进物联网秩序发展的指示若干意见》明确提出，将建立健全物联网安全测试、风险评价、安全预警、紧急处理等制度。2019年出台的网络安全等级保护2.0相关标准也明确了物联网安全要求。2021年9月，由工业和信息化部、中央网络安全和信息化委员会办公室、科学技术部、生态环境部、住房和城乡建设部、农业农村部、国家卫生健康委员会、国家能源局等八部门联合印发的《物联网新型基础设施建设三年行动计划(2021—2023年)》中提出了四大行动12项重点任务，明确到2023年底，构建一套健全完善的物联网标准和安全保障体系；提出依托科研机构与联盟协会，从加强物联网卡安全管理、建设面向物联网密码应用检测平台以及安全公共服务平台、打造“物联网安心产品”等方面发力，提升物联网安全技术应用水平和安全公共服务能力。同年，由工业和信息化部印发的《物联网基础安全标准体系建设指南(2021版)》提出，到2022年，初步建立物联网基础安全标准体系，研制重点行业标准10项以上，明确物联网终端、网关、平台等关键基础环节的安全要求，满足物联网基础安全保障需要，促进物联网基础安全能力提升。到2025年，推动形成较为完善的物联网基础安全标准体系，研制行业标准30项以上，提升标准在细分行业及领域的覆盖程度，提高跨行业物联网应用安全水平，保障消费者安全使用。上述文件和标准法规的相继发布，为我国物联网建设和安全标准提供了可参照的依据。

此外，随着国家对数据安全的逐步重视，为了规范数据处理活动，保障数据安全，促进数据开发利用，保护个人、组织的合法权益，维护国家主权、安全和发展利益，2021年9月1日起正式施行的《中华人民共和国数据安全法》《关键信息基础实施安全保护条例》和2021年11月1日正式施行的《个人信息保护法》是对规范物联网安全的最新相关法规。

2. 国际物联网安全立法情况

世界其他各国政府也高度重视物联网安全的法规建设，下文将以美国、欧盟、英国、日本和澳大利亚等国的情况为例做简要介绍。

1) 美国

美国政府采取了多种举措加强物联网信息安全。首先，政府多部门发布白皮书或高阶指南，提升社会各界物联网安全防范意识。2014年，美国国家标准与技术研究院(National Institute of Standards and Technology，NIST)发布《改善关键基础设施网络安全的框架》，对包含物联网在内的多种连接技术给出了网络安全最佳实践和建议。2015年，美国联邦贸易委员会发布物联网产品安全高级指南；2016年11月，美国国土安全部发布《确保物联网安全的战略原则》白皮书，向物联网设备和系统的开发商、管理者及个人提出了一组网络安全实践准则建议。保障物联网安全已演变为国土安全问题，要从工程设计阶段就认真考虑安全问题，强化安全更新与技术漏洞管控，制定安全性操作方法，根据影响优先考虑安全措施、提升透明度、谨慎接入互联网等。2017年8月1日，美国参议院提出了《物联网网络安全改进法案2017》(简称《S. 1691法案》)，旨在要求联邦政府内部的物联网设备遵循行业范围内的安全实践，包括不得出现NIST漏洞库中已知的安全漏洞，且必须支持更新等。《S. 1691法案》的目的是确保美国政府“以身作则”，防止因物联网领域缺乏安全措施使得联邦系统遭遇攻击而制定的。2019年6月，美国众议院批准了《物联网网络安全改善法令》，该法令将有望对政府部门采用的所有物联网设施制定最低的安全标准。2020年9月14日，美国众议院通过了《物联网网络安全改进法案》(以下简称法案)。鉴于物联网设备的安全性是国家安全需要重点考量的新兴网络挑战，该法案的目标是在将物联网设备引入美国联邦政府使用前必须解决网络安全问题，以提高联邦政府互联网连接设备的安全性。2020年12月4日，美国总统签署了该法案，该法案的出台显示了美国政府推动物联网安全优先发展的势头，对整个物联网行业来说也是一个崭新的开端。

另外，美国各州对物联网安全问题也有各自的立法。加利福尼亚州在2018年颁布的《物联网设施网络安全法》是世界上第一部关于物联网设施安全的法律，在立法层面上规范了对物联网设施安全性的要求。2018年脸书公司的数据泄露后，加利福尼亚州颁布了《加

州消费者隐私法》。该法案既强调个人对个人信息的控制权，又高度关注产业利益。2020年初，加利福尼亚州立法委员会颁布的《加利福尼亚州的物联网网络安全法案》(SB 327)开始实施。该法律要求所有的连接设备都具有"合理的安全功能"，目的在于保护用户数据免遭未经授权的访问、修改或公开。

上述系列法规表明，美国将在未来对物联网安全技术进行深度的创新和发展。

2）欧盟

欧盟专门提出了物联网行动计划。2009年，欧盟委员会向欧盟议会、理事会、欧洲经济和社会委员会及地区委员会递交了《欧洲物联网行动计划》(以下简称"欧洲计划")。"欧洲计划"提出要完善隐私及个人数据保护且要严格执行数据保护有关法律法规，首次从法律层面把物联网时代的信息安全问题上升到新的高度。"欧洲计划"第三条提出了"芯片沉默"的权利，即个人是否有能力在任何时间断开他与网络环境的连接。简单地说，就是个人对其个人信息是否有控制权。此外，欧盟制定了《一般数据保护条例》，并于2016年5月24日生效。该条例完善了个人数据概念、明确了数据主体的权利、设置了监督主体并加大了处罚力度。欧洲网络与信息安全局(European Network and Information Security Agency，ENISA)于2017年11月发布的《关键信息基础设施领域的物联网安全基线指南》，回顾分析了2010—2017年间发生的17起主要物联网安全事件，表明与物联网直接相关的攻击数量在过去几年大大增加。2020年11月9日，ENISA发布了《物联网安全准则》，旨在帮助物联网制造商、开发商、集成商及所有物联网供应链的利益相关者在构建、部署或评估物联网技术时作出最佳决策。2022年9月13日，根据EURACTIV、英国《金融时报》宣称，欧盟将于当周提交《网络弹性法案》提案，要求所有连接设备的基线网络安全标准和更严格的关键产品符合评估程序。企业将必须证明它们满足网络安全的基本要求，从而将攻击风险降至最低。不遵守规定的企业将被处以最高1500万欧元的罚款，或相当于上一年全球营业额的2.5%，以更高的金额为准。立法者在提案草案中表示，"智能"产品存在"网络安全水平低下"和"用户对信息的理解和获取不足，导致他们无法选择具有适当网络安全功能的产品"的问题。为了解决这些问题，欧盟委员会提出了世界上第一个为所有连接设备引入立法框架的立法，以确保这些产品在其整个生命周期内的网络安全。

3）英国

2018年10月14日，英国数字、文化、传媒和体育部(Digital，Culture，Media and Sports，DCMS)与英国国家网络安全中心(National Cyber Security Centre，NCSC)联合发布了《消费类物联网安全实践准则》，提出禁用默认密码、进行漏洞披露、保持软件更新等13个自愿行为准则。2019年5月1日，DCMS发布《消费类物联网安全监管规范的实施咨询》，推动强制实施3条基线安全措施，并要求零售商仅销售具有安全标签的消费者物联网产品。2020年1月30日，英国政府立法加强物联网安全，与英国NCSC联合制定举措，要求每台物联网设备都必须遵循以下三条规则才能够出售，旨在保护消费者，帮助他们在购买物联网产品时作出更好的决定。

① 所有物联网设备密码必须唯一，而非默认的出厂设置。

物联网设备中的一个主要安全缺陷是出厂默认密码。例如，如果一个设备的默认用户名和密码均设置为"admin"，则黑客就可以很容易地访问它。事实上，黑客会特别注意使用默认密码的设备，并专门寻找它们。这项新法规要求每个物联网设备必须附带唯一的、随机生成的密码。然后将密码打印在某个地方(可能在设备本身上),以便用户登录。而且,该设备完全不能恢复到标准的通用密码,这可以防止黑客强迫设备“记住”出厂设置的默认密码。

② 制造商必须易于联系,提供一个公开的接入点来报告漏洞。

保护设备的一个主要问题是让制造商第一时间知道存在缺陷。如果制造商很难联系,则会延迟发布修补程序来解决问题。同时,黑客在论坛上散布该问题,并造成更多损失。这项新法规要求物联网制造商必须易于联系。这使研究人员和用户可以报告设备的问题,然后可以尽快对其进行修补和修复。

③ 制造商必须告知客户设备的“寿命”,说明设备获得安全更新的最短时长。

制造商倾向于仅支持产品一段时间,然后停止为它开发更新。在此截止点之后发现的任何缺陷均不再修复。制造商现在需要让消费者知道什么时候是截止点。如果他们没有这样做,用户可能会将“过期”的物联网设备连接到互联网上,使它们成为可利用的工具。

4) 日本

日本政府2018年底至2019年初,频频针对物联网安全修法。2019年1月25日,日本国会通过《情报通信研究机构(NICT)法》修正案,修正了一般法律条款《禁止未经授权的计算机访问》,并自2019年2月20日起,由隶属于总务省的情报通信研究机构,使用默认和简易密码测试2亿件属于公民和企业物联网设备的密码安全性。主管机关总务省在2019年1月底对《电气通信事业法》进行修正,于2020年4月起要求物联网终端设备须具有防非法登录功能,例如,能切断外部控制、要求变更初期默认ID和密码、可时常更新软件等,且唯有满足标准、获得认定的设备才能在日本上市。2019年10月30日,由日本工业界和学术界组成的关键生命设备安全委员会宣布物联网设备的安全认证系统已启动,从密码设置等常见要求开始,认证了包括ATM机、付款终端、热水遥控器等诸多物联网终端设备。

5) 澳大利亚

2020年9月3日,澳大利亚政府发布《实践准则:为消费者保护物联网》,这被视为澳大利亚提升本国物联网设备安全性的第一步。

6) 加拿大

2019年6月,加拿大域名注册管制局、互联网政策及公共利益中心等组织宣布启动加强物联网安全行动计划,并发布《加强物联网安全报告》,重点针对消费性物联网终端设备,提出系列安全基准及测试评估标准,用于提升设备安全性能及协助用户作出采购决策。

【讨论】 2008年,美国麻省理工学院3名本科生找到了波士顿地铁刷卡计费系统的漏洞,掌握了可以“免费乘地铁”的技术,并计划将这一成果在“世界黑客大会”上公开。

上述学生行为遭到波士顿地铁管理部门的强烈反对,波士顿地区联邦法院裁定,禁止3名学生与黑客分享研究成果。最后,美国法院作出了被誉为“捍卫学术自由”的裁定:撤销“封口令”,3名学生可以公开谈论地铁计费系统的安全漏洞。但是,使用这种技术无疑是违法行为。

讨论:上述学生的行为是否违法?说明你的理由。

社会主义核心价值观——法治

通过美国本科生破解地铁刷卡系统的案例开展网络道德教育,将法治和规则意识渗透于实际生活中，引导学生遵守国家法律、遵守网络道德，让学生在积极探索物联网安全理论、技术和方法的同时，能遵守网络空间的基本道德规范，知法、懂法、护法，能够运用相关标准、法律法规指导课程学习实践、规范自身言行。

2.3　物联网安全的发展趋势

安全是物联网得以进一步发展和推广应用的关键，没有安全为前提，物联网不可能持续、健康发展，这是物联网发展的必然趋势！迄今为止，能够迎接物联网安全挑战、确保物联网安全的理论还不系统、技术还不成熟、方法还不完善。在物联网安全"攻"与"防"的对抗式实践过程中，物联网安全理论、技术和方法将随着相关理论的融合创新、多/跨学科综合集成、新技术的涌现、安全标准体系的不断完备而螺旋式上升。随着物联网市场的增长，安全的重要性也在增加。从2016年的9100万美元，到2021年，全球每年用于物联网网络安全措施的支出将跃升至6.31亿美元，年复合增长率为21.38%。技术增长统计数据向我们表明，物联网解决方案将在未来十年内实现繁荣。

本章小结

本章首先介绍了物联网安全的定义、属性、威胁和挑战，然后介绍了国内外物联网安全的相关标准及法律法规，最后对物联网安全的发展趋势进行了展望。

思考与练习

1. 结合你了解的物联网安全事例，谈谈物联网安全的重要性。
2. 试举几个物联网安全事件，说说它的危害。
3. 简述物联网的主要安全威胁有哪些。
4. 简述物联网的安全属性。
5. 思考可以从哪些方面推进物联网安全立法。
6. 请指出下列哪些行为违反了物联网相关法律法规，并说明理由。

(1) 为了防盗，在单位大门口安装摄像头，监测大门外的情况。

(2) 为了防盗，在自家门口安装摄像头，监测大门外的情况。

(3) 找到了一种破解校园门禁卡/修改饭卡金额的方法。

(4) 帮助考试成绩不合格的同学进入教务系统修改成绩。

第3章

物联网安全密码学基础

本章要点

密码学概论(密码发展史、密码系统、密码分类)
典型对称密码算法 AES
典型非对称密码算法 RSA
国产密码算法

导入案例

为中国革命胜利发挥重要作用的"豪密"

1929年末,中国共产党在上海的第一部秘密地下电台建立。同年12月,香港电台建立。1930年1月,上海与香港电台之间第一次通报成功,这是党历史上第一次无线电通报成功。当时使用的是一种"明码颠倒"的加密方式,香港电台很快被英国殖民政府破坏。周恩来得到电报被破译的消息后,非常震惊,立刻决定重新编制密码。周恩来提出编码思想后,汇总集体智慧,亲自动手,终于编制出了一套密码,也是中共第一部高级密码,因周恩来在党内代号是"伍豪",这套密码便被称作"豪密"。

周恩来亲自编制的这套密码,从未被敌人破译。因为在密码破译上,全世界都有一个共同的破译规律,就是寻找重复,当无法破译的时候,就把各封电报搜集在一起,然后通过重复的码来寻找规律。而一次一密的"豪密"是不会重复的。"豪密"只是一种简单的密码,是一种"底本"加"乱数"的密码。所谓的"底本"就是类似明码一样的单表代替式密码本,而"乱数"是编成的表,若干随机编排的数字。然后再加上"加减法"一样的"算法"进行加密。例如,"我在等你"的电码是"1234-2345-3456-4567",如果后面加上一组乱码"9876-8765-7654-6543",用上加法之后,则发送的时候就是"0000-0000-0000-0000"。换言之,这就好比现在的支付工具,除了要有支付密码外,还要有短信发来的"验证码",尽管支付密码是固定的,但是验证码是随机的,两个密码同时发挥作用才能成功。

周恩来创造的这套密码体制为中国革命的胜利发挥了特别的作用,一直到解放战争结束,国民党方面的专家也未能破译"豪密"。正是在它的帮助下,"龙潭三杰"才能一次次将宝

贵的情报安全传递到党中央，使得我党在对敌无线电斗争中始终掌握主动权，为党的战略布局赢得先机。

基于此背景材料，你是否对密码学产生了浓厚兴趣，那让我们开启本章的学习之旅吧！

3.1　密码学概述

密码学(Cryptography)是一种为信息安全提供解决方案的学科，是数学的一个分支，在物联网诸多应用场景中发挥巨大作用。物联网中广泛采用的加密、消息认证、数字签名等都是基于密码学的。例如，大多数物联网终端设备都处于开放的网络环境下，为确保安全性，需要利用加密算法，对物联网设备之间传输的数据进行加密，防止攻击者窃取数据，从而保证信息的保密性；通过消息认证技术，可以判断物联网设备之间传输的消息是否被篡改，从而保证信息的完整性；验证收到的消息是否真的来自发送设备，保证消息的可认证性等。Cryptography 一词来源于古希腊语的 crypto 和 graphen，意思是密写，它以认识密码变换为本质，以加密与解密基本规律为研究对象，包括密码编码学和密码分析学。其中，密码编码学是研究各种加密方案的科学；密码分析学是研究密码破译的科学。

3.1.1　密码发展史

密码技术最早源于战争需求，从某种意义上说，战争是科学技术进步的催化剂。人类自从有了战争，就面临着通信安全的需求，许多古代文明，包括埃及人、希伯来人、亚述人都在实践中逐步发明了密码系统。存于石刻或史书中的记载表明，密码技术源远流长。密码学的发展历史大致经历了四个阶段：古代加密方法、古典密码、现代密码和量子加密。

1. 古代加密方法(手工阶段)

古代加密方法大约起源于公元前 440 年，出现在古希腊战争中的隐写术，当时为了安全传送军事情报，奴隶主剃光奴隶的头发，将情报写在奴隶的光头上，待头发长长后将奴隶送到另一个部落，再次剃光头发，原有的信息复现出来，从而实现这两个部落之间的秘密通信。我国古代也早有以藏头诗、藏尾诗、漏格诗及绘画等形式，将要表达的真正意思或“密语”隐藏在诗文或画卷中特定位置，一般人只注意诗或画的表面意境，而不会去注意或很难发现隐藏其中的“话外之音”。比如，我画蓝江水悠悠，爱晚亭上枫叶愁。秋月溶溶照佛寺，香烟袅袅绕轻楼。(藏头诗)。

最早的密码技术来源于公元前 2000 年。希伯来人的一种加密方法是把字母表调换顺序，这样的字母表的每一个字母就被映射成调换顺序后的字母表中的另一个字母，这种加密方法被称为 Atbash。例如，单词 security 就被加密成 hvxfirgb，这是一种代换密码，因为一个字母被另一个字母所代替。这种代换密码被称为单一字母替换法，因为它只使用一个字母表，而其他加密方法一次用多个字母表，则称为多字母替换法。

公元前 400 年，斯巴达人发明了“塞塔式密码”，即把长条纸螺旋形地斜绕在一个多棱棒上，将文字沿棒的水平方向从左到右书写，写一个字旋转一下，写完一行再另起一行从左到右写，直到写完。解下来后，纸条上的文字消息杂乱无章、无法理解，这就是密文，但将它绕在另一个同等尺寸的棒子上后，就能看到原始的消息。

后来，朱利叶斯·恺撒发明了一种近似于 Atbash 替换字母的方法。当时，没多少人能够第一时间读懂，这种方法提供了较高的机密性。中世纪，欧洲人不断利用新的方法、新的工具和新的实践优化自己的加密方案。在19世纪晚期，密码学已经被广泛地用作军事上的通信方法。

2. 古典密码(机械阶段)

古典密码的加密方法是以单个字母为作用对象的加密法，一般是文字置换，使用手工或机械变换的方式实现。古典密码系统已经初步体现出近代密码系统的雏形，它比古代加密方法复杂，其变化较小。

图 3-1 Enigma 密码机

随着机械和电子技术的发展，电报和无线通信的出现，加密装置得到了突飞猛进的提高，转子加密机是军事密码学上的一个里程碑，这种加密机是在机器内用不同的转子来替换字母，它提供了很高的复杂性，从而很难攻破。德国的 Enigma 密码机是历史上最著名的加密机，如图 3-1 所示。这种机器有三个转子、一个线路连接板和一个反转转子。在加密开始之前，消息产生者将 Enigma 密码机配置成初始设置，操作员把消息的第一个字母输入加密机，加密机用另一个字母来代替并把这个字母显示给操作员看。Enigma 密码机的加密机制是：通过把转子旋转预定的次数，用另一个不同的字母来代替原来的字母。因此，如果操作员把 T 作为第一个字符敲入机器中，Enigma 密码机可能会把 M 作为密文，操作员就把字母 M 写下来，然后他可以加快转子的速度再输入下一个字符，每加密一个字符操作员就加快转子的速度作为一个新的设置。继续这样下去，直到整个消息被加密。然后，加密的密文通过电波传输，大部分情况是传到潜水艇。这种对每个字母有选择性地替换依赖于转子装置，因此这个过程的关键和秘密的部分(密钥)在于在加密和解密的过程中操作员是怎样加速转子的。两端的操作员需要知道转子的速度增量顺序以使得德国军事单位能够正确地通信。尽管 Enigma 密码机的装置在当时非常复杂，但还是被一组波兰密码学家攻破，从而使得英国知道了德国的进攻计划和军事行动。有人说，Enigma 密码机的破译使第二次世界大战缩短了两年。

3. 现代密码(计算机阶段)

前面介绍的古代加密方法和古典密码，对它们的研究还称不上是一门科学。直到1949年香农发表了一篇题为"保密系统的通信理论"的著名论文，该论文首先将信息论引入了密码，从而把已有数千年历史的密码学推向了科学的轨道，奠定了密码学的理论基础。该论文利用数学方法对信息源、密钥源、接收和截获的密文进行了数学描述和定量分析，提出了通用的密钥密码体制模型。需要指出的是，由于受历史的局限，20世纪70年代中期以前的密码学研究基本上是秘密地进行，而且主要应用于军事和政府部门。密码学的真正蓬勃发展和广泛应用是从20世纪70年代中期开始的。1977年美国国家标准局颁布了数据加密标准(Data Encryption standard，DES)用于非国家保密机关。该系统完全公开了加密、解密算法。此举突破了早期密码学的信息保密的单一目的，使得密码学得以在商业等民用领域广

泛应用，从而给这门学科以巨大的生命力。

在密码学发展进程中的另一件值得注意的事件是，在1976年，美国密码学家迪菲和赫尔曼在一篇题为"密码学的新方向"一文中提出了一个崭新的思想，即不仅加密算法本身可以公开，甚至加密用的密钥也可以公开。但这并不意味着保密程度的降低。因为如果加密密钥和解密密钥不一样。而将解密密钥保密就可以。这就是著名的公钥密码体制。若存在这样的公钥密码体制，就可以将加密密钥像电话簿一样公开，任何用户当他想向其他用户传送一个加密信息时，就可以从这本密钥簿中查到该用户的公开密钥，用它来加密，而接收者能用只有他所具有的解密密钥得到明文。任何第三者不能获得明文。1978年，美国麻省理工学院的李维斯特、萨英尔和阿德曼提出了RSA公钥密码体制，它是第一个成熟的、迄今为止理论上最成功的公钥密码体制。它的安全性是基于数论中的大整数因子分解，该问题是数论中的一个困难问题，至今没有有效的算法，这使得RSA公钥密码体制具有较高的保密性。关于RSA公钥密码体制将在3.3节详细介绍。

按照人们对密码的一般理解，密码是用于将信息加密而不易破译，但在现代密码学中，除了信息保密外，还有另一方面的要求，即信息安全体制还要能抵抗对手的主动攻击。所谓主动攻击指的是攻击者可以在信息通道中注入他自己伪造的消息，以骗取合法接收者的相信。主动攻击还可能篡改信息，也可能冒名顶替，这就产生了现代密码学中的认证体制。该认证体制的目的就是保证用户收到一个信息时，他能验证消息是否来自合法的发送者，同时还能验证该信息是否被篡改。在许多场合中，如电子汇款，能对抗主动攻击的认证体制甚至比信息保密还重要。在密码学的发展过程中，数学和计算机科学至关重要，数学中的许多分支如数论、概率统计、近世代数、信息论、椭圆曲线理论、算法复杂性理论、自动机理论、编码理论等都可以在其中找到各自的位置。密码学形成一门新的学科是受计算机科学蓬勃发展刺激和推动的结果。快速电子计算机和现代数学方法一方面为加密技术提供了新的概念和工具，但另一方面也给破译者提供了有力武器。计算机和电子学时代的到来给密码设计者带来了前所未有的自由，他们可以轻易地摆脱原先用铅笔和纸进行手工设计时易犯的错误，也不用再面对用电子机械方式实现的密码机的高额费用。总之，利用电子计算机可以设计出更为复杂的密码系统。

4. 量子加密

量子加密技术，是利用量子原理，进行密钥的生成、明文的混淆加密、密文的还原解密、密文的通信、反窃听等一系列加密技术。量子加密利用量子力学中测量对粒子物理状态产生不可逆影响的属性，也就是量子不可测量的特性，来确保通信密钥的安全传递。所以它不仅可以解决一次一密的密码本传输问题，还能确保在传输密钥时不会被第三方窃听和复制，是未来加密技术发展的重要方向。第一次真实的量子加密系统，是1988年在IBM的实验室开发出来的。1995年，日内瓦大学可以做到相距23km完成量子加密通信。2012年，我国潘建伟院士团队把这个数字推进到了一百千米这个级别。现在这个团队正在尝试在空间轨道上卫星和地面接收站间，实现量子加密信息的传输，距离就已经达到千千米的级别。2016年中国发射了"墨子"号量子通信卫星，并于2018年成功实现了跨洲际的量子保密信息传输。只不过实验中符合条件的光量子态数量实在太少，只有几个到十几个数位，远远不能承载信息的正文，所以到目前为止，量子加密只适合给密钥加密，离大规模应用还有一定距离。

3.1.2 密码系统

密码系统又称为密码体制，是指能完整地解决信息安全中的机密性、数据完整性、认证、身份识别及不可抵赖等问题中的一个或几个的一个系统，其目的是让人们能够使用不安全信道进行安全的通信。

1. 密码系统组成

一个完整的密码系统包括如下五个要素{明文 M，密文 C，密钥 K，加密算法 E，解密算法 D}，示意图如图 3-2 所示。

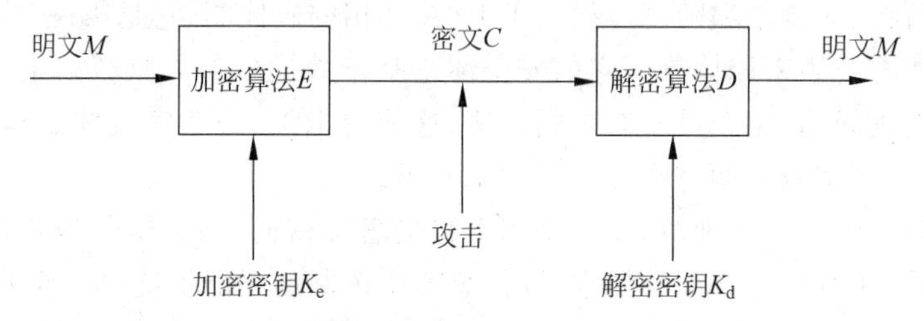

图 3-2 密码系统组成

(1) 明文：是加密输入的原始信息，通常用 m 表示。全体明文的集合称为明文空间，通常用 M 表示。

(2) 密文：是明文经过加密变换后的结果，通常用 c 表示。全体密文的集合称为密文空间，通常用 C 表示。

(3) 密钥：是参与信息变换的参数，通常用 k 表示。全体密钥的集合称为密钥空间，通常用 K 表示。

(4) 加密算法：是将明文变成密文的变换函数，即发送者加密消息时所采用的一组规则，通常用 E 表示。

(5) 解密算法：是将密文变成明文的变换函数，即接收者解密消息时所采用的一组规则，通常用 D 表示。

加密：是将明文 M 用加密算法 E 在加密密钥 K_e 的控制下变换成密文 C 的过程，表示为 $C=E_{K_e}(M)$。

解密：是将密文 C 用解密算法 D 在解密密钥 K_d 的控制下变换成明文 M 的过程，表示为 $M=D_{K_d}(C)$，并要求 $M=D_{K_d}(E_{K_e}(M))$，即用加密算法得到的密文用一定的解密算法总能够恢复成为原始的明文。

【思考】

思考 1. 密码系统哪些要素是必须保密的？哪些要素是可以公开的？

思考 2. 加密/解密算法能否公开？请说明你的理由。

2. 密码系统的设计要求

1883 年 2 月，巴黎 HEC 商学院的德国籍语言学家和教授奥古斯特·柯克霍夫(August Kerckhoffs)在《军事科学报》(Journal of Military Science)上发表了一篇文章，提出了“柯克霍夫原则”，奠定了现代密码学的基础，而他也因此被世人誉为“计算机安全之父”。柯克霍夫原则明确了密码系统的设计要求，显示了密钥在密码系统中的重要性，而这一原则最早被应用于电报加密。

表述1：密码系统中的算法即使为密码分析者所知，也无助于用来推导出明文和密文。

表述2：即使密码系统的任何细节已为人所知，只要密钥没有泄露，它也应该是安全的。

表述3：密码系统应该就算被所有人知道系统的运作步骤，仍然是安全的。

美国数学家、信息论的创始人克劳德·艾尔伍德·香农(Claude Elwood Shannon)提出的香农公理是对柯克霍夫原则的又一诠释：敌人知道系统。

在密码学中通常假定加密密钥和解密算法是公开的，密码体制的安全性只系于密钥的安全性，这就要求加密算法本身要非常安全。如果提供了无穷的计算资源，依然无法攻破，则称这种密码体制是无条件安全的。除了一次一密之外，无条件安全是不存在的，因此密码系统应尽量满足以下两个条件：

(1) 破译密码的成本超过密文信息的价值；

(2) 破译密码的时间超过密文信息有用的生命周期。

如果满足上面两个条件之一，则密码系统可被认为是安全的。

3. 密码设计原则

1949年，信息理论的创始人香农发表论文：Common Theory of Secrecy System证明了如下原则。

1) 混淆

混淆是指明文与密钥以及密文之间的统计关系尽可能复杂化，使破译者无法推导出相互间的依赖关系，从而加强隐蔽性。实现混淆的典型方法：替代。

2) 扩散

扩散是让明文中的每一位(包括密钥中的每一位)直接和间接影响输出密文中的许多位，或者让密文中的每一位受制于输入明文以及密钥中的若干位，以便达到隐蔽明文的统计特性。即明文中任何一点小变动都会使得密文有很大的差异。实现扩散的典型方法：换位。

3.1.3 密码分类

密码除了隐写术以外可以分为古典密码和现代密码两大类，如图3-3所示。古典密码一般是以单个字母为作用对象的加密法，现代密码则以明文的二元表示作为基础的加密法。

1. 古典密码

古典密码可细分为替代密码和换位密码。

1) 替代密码

替代密码是指先建立一个替换表，加密时将需要加密的明文依次通过查表，替换为相应的字符，明文字符被逐个替换后，生成无任何意义的字符串，即密文，替代密码的密钥就是其替换表。即明文中的每一个字符(比特、字母、比特组合或字母组合)被映射为另一个字符，简单地说，就是将一个符号替换成另一个符号来形成密文。该操作主要达到非线性变换的目的。

根据密码算法加解密时使用替换表数量的不同，替代密码又可分为单表替代密码和多表替代密码。

① 单表替代密码。

单表替代密码的密码算法加解密时使用一个固定的替换表。单表替代密码又可分为一般单表替代密码、移位密码、仿射密码、密钥短语密码。

② 多表替代密码。

多表替代密码的密码算法加解密时使用多个替换表。多表替代密码有弗吉尼亚密码、希尔密码、一次一密钥密码、Playfair 密码。

2）换位密码

换位密码是一种早期的加密方法，不是用其他字母来代替已有字母，而是重新排列文本中的字母，类似于拼图游戏，所有的图块都在一个框中，只是排列的位置不同。换位加密法一般是利用几何图形（正方形、矩形），按一个方向填写构造明文，按另一个方向读取形成密文。即明文中字符的位置被重新排序，这是一种线性变换，对它们的基本要求是不丢失信息（即所有操作都是可逆的）。

例如，将明文：Youmustdothatnow 按图 3-4 逐行排列，按列读取得到密文：tuhosaYuttmdnoow。

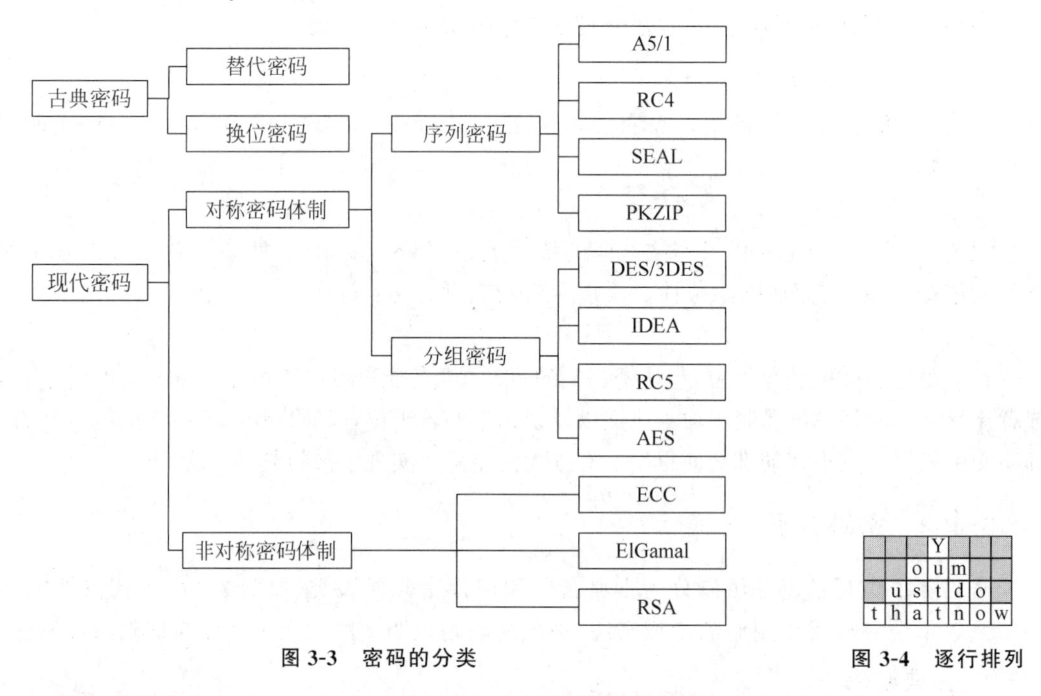

图 3-3　密码的分类

图 3-4　逐行排列

替代和换位是加密算法的基本操作，所有加密算法都是基于这两个操作。

2. 现代密码

按密钥特征对现代密码进行分类，可以分为对称密码算法和非对称密码算法。

1）对称密码算法

对称密码算法也称为对称密码体制、传统密码算法，是指加密和解密使用相同密钥，或加密密钥能够从解密密钥中推算出来的密码算法。在大多数的对称密码算法中，加密密钥和解密密钥是相同的，所以也称这种加密算法为秘密密钥算法或单密钥算法。按明文加密方式分，对称密码算法可以分为流（序列）密码和分组密码。

① 流（序列）密码。

流（序列）密码是将明文流以一个元素（一般是一个字母或一个比特）作为基本的处理单

元,加密过程中是在密钥的控制下,将密钥流(密钥的二进制位)与等长的明文的二进制位进行模2运算输出密文,在解密过程中将密钥流与密文进行逐位模2运算输出明文(模2运算详见附录)。典型的流(序列)密码有A5/1和RC4算法。目前,A5/1算法在很多应用中已经被分组密码所替代,基于软件实现的流密码RC4算法的应用仍较为广泛。

② 分组密码。

分组密码是将明文分为固定比特长度的分组,在密钥的控制下,用固定加密算法对一组一组明文分组进行加密,再输出对应的一组一组密文;最后一组明文长度小于分组长度时,应对最后一组进行填充。一个分组的比特数就称为分组长度。分组密码共有5种工作模式:电码本模式、密文分组链接模式、密文反馈模式、输出反馈模式和计数器模式。典型的分组密码算法有:DES、TDES/3DES(Triple DES,三重数据加密标准)、高级加密标准(Advanced Encryption Standard,AES)、国际数据加密算法(International Data Encryption Algorithm,IDEA)和RC5。其中,DES算法因安全问题,已退出了历史舞台,但其算法思想仍具有研究价值,是密码学研究的入门级算法。TDES/3DES因效率问题,使用领域越来越少,逐步被AES算法取代。

分组密码的加解密速度快、安全性好并得到许多密码芯片的支持,可用于数据加密、数字签名、认证和密钥管理,在计算机通信和信息系统安全领域有广泛的应用。一般而言,分组密码比流(序列)密码的应用范围更广,绝大部分的基于网络的常规加密应用都使用分组密码。

对称密码算法的安全性主要取决于以下两个因素:

① 加密算法必须足够强大,不必为算法保密,仅根据密文就能破译出消息是不可行的。

② 对称密码算法的安全性依赖于密钥的保密,泄露密钥就意味着任何人都可以对发送或接收的消息解密,所以密钥必须保密并保证有足够大的密钥空间,且要求基于密文和加密/解密算法能破译出消息的做法是不可行的。

对称密码算法的密钥长度相对较短,计算量小,加密、解密处理速度快,具有很高的数据吞吐率(硬件加密可达到每秒几百兆字节,软件加密也可以达到每秒兆字节的吞吐率),效率高,适合大数据的加密。密文与明文的长度相同或扩张较小,是目前用于信息加密的主要算法。

由于在使用对称密码算法时,每对收发双方都需要使用唯一密钥。当发送方需要与多人通信时,发送方所拥有的密钥数量将呈几何级数增长,密钥的分发、传输和管理成为了用户负担。密钥是对称密码算法的关键,如何才能把密钥安全地送到接收方,是对称密码算法的突出问题。在使用中客户端不能直接存储对称密码算法的密钥,因为被反编译之后,密钥就泄露了,数据安全性就得不到保障,所以在实际使用中,通信双方在每一次通信中都使用一个一次性密钥,并用公钥对这个密钥进行加密,这样就免去了频繁的密钥维护以及更新过程,即使是密钥被窃取或者发生损坏,那么也只影响一次的通信过程,可以将受攻击的损失降到最低。因此,对称密码算法在分布式网络系统上使用较为困难,主要是体现在密钥传输、管理困难,使用成本较高。

2) 非对称密码算法

为解决对称密码算法中如何安全地分发、管理和传输密钥的问题,1976年,两位美国计算机学家Whitfield Diffie和Martin Hellman提出了一种崭新构思,可以在不直接传递密钥的情况下,完成加解密,这就是"Diffie Hellman密钥交换算法"。这个算法启发了其他科学家。人们认识到,加密和解密可以使用不同的规则,只要这两种规则之间存在某种对应关系即可,这样就避免了直接传递密钥。这种新的加密模式被称为“非对称密码算法”,也叫公开密钥密码体制、双密钥密码体制。非对称密码算法基于数学问题求解的困难性,而不再是基于替代和换位方法。非对称密码算法的设计必须遵循“三公”原则,即公钥公开、密文公开和算法公开。典型的非对称密码算法有椭圆曲线密码(Elliptic Curve Cryptography,ECC)算法、RSA 算法和 ElGamal 算法。

非对称密码算法使用具有配对关系的两个不同密钥,一个可公开,称为公钥;另一个只能被密钥持有人自己秘密保管,且不能基于公钥推导出,称为私钥。用公钥对明文加密后,仅能使用与之配对的私钥解密,才能恢复出明文,反之亦然。因为公钥加密的信息只有私钥解得开,那么只要私钥不泄露,明文就是安全的。

3) 对称密码算法和非对称密码算法的混合使用

非对称密码算法虽然解决了对称密码算法的密钥分发问题,但存在密钥生成和加解密速度较慢,同等安全强度下,需要的密钥位数多、即密钥的长度大等问题,常用于小块数据加密。因此在实际应用中,一般将对称密码算法和非对称密码算法混合使用,即用对称密码算法加密明文,应用非对称密码算法加密对称密码算法的密钥,如应用于军队后勤管理系统、核应急安全数据通信系统的数据加密和汽车防盗等。如图 3-5 所示,当用户 A 想与用户 B 构建通信联系时,可按照如下步骤交换获得对称密钥 K。

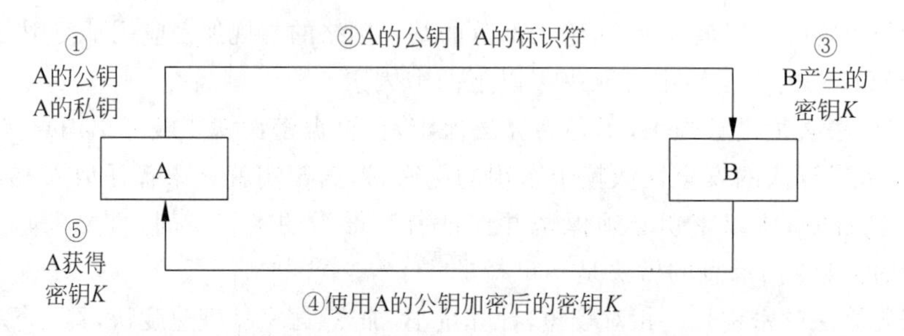

图 3-5 基于非对称密码算法的对称密码算法密钥分发

① 用户 A 用非对称密码算法产生一个公私钥对,其中$\{e,n\}$为公钥,$\{d,n\}$为私钥。

② 用户 A 将公钥$\{e,n\}$及其标识符发送给想要构建通信联系的用户 B。

③ 用户 B 生成对称密码算法的密钥 K。

④ 用户 B 使用用户 A 的公钥$\{e,n\}$对密钥 K 进行加密,发送给用户 A。

⑤ 因为只有用户 A 掌握了公钥$\{e,n\}$对应的私钥$\{d,n\}$,故用户 A 将解密获得密钥 K。至此用户 A、用户 B 都获得了对称密码算法的私钥 K 作为会话密钥用于通信。

3.2 典型对称密码算法 AES

3.2.1 AES 算法的数学基础

1. 有限域

有限域亦称伽罗瓦域,是仅含有限个元素的域,它是伽罗瓦于 18 世纪 30 年代研究代数方程根式求解问题时引出的,在近代编码、计算机理论、组合数学等各方面有着广泛的应用。通常用 GF(p^n)表示 p^n 元的有限域。

有限域 GF(2^n)——包含 2^n 个元素。

(1) 加法、减法、乘法、除法都不能脱离该域。

(2) 乘法逆元：对于 GF 中的任意元素 a(除 0 外)，GF 中存在一个元素 a^{-1} 使 $a \cdot a^{-1}=1$，这样的 a^{-1} 被称为乘法逆元。

【思考】

整数集合是不是一个有限域？

答：不是。因为整数集合中不是所有元素均有乘法逆元。实际上，只有元素 1 和 −1 有乘法逆元。

2. 既约多项式

既约多项式又被称为不可约多项式，其特点是不能再进行因式分解了。在 AES 算法中选用的既约多项式是 $m(x)=x^8+x^4+x^3+x+1$。该多项式可以被其他既约多项式替代。

关于既约多项式的选择。在参考文献[1]中列举了 30 个既约多项式，上式位列这 30 个既约多项式的第一个。

3. 多项式表示

{57}=01010111 的多项式表示为 $x^6+x^4+x^2+x+1$，其中{}内的数字表示字节。

4. GF(2^8)的运算

1) 加法/减法

有限域 GF(2^8)上的加法/减法即为二进制数的按位异或。

课堂练习：

$$\{57\}+\{83\}=\{D4\}$$

$$(x^6+x^4+x^2+x+1)\oplus(x^7+x+1)=x^7+x^6+x^4+x^2$$

2) 乘法

对于一个 8 位的二进制数 $A=a_7a_6a_5a_4a_3a_2a_1a_0$ 来说，有如下结果：

① $a_7=0$ 时，$\{02\}\cdot A=a_6a_5a_4a_3a_2a_1a_0 0$；

② $a_7=1$ 时，$\{02\}\cdot A=(a_6a_5a_4a_3a_2a_1a_0 0)\oplus(00011011)$；

③ $\{03\}\cdot A=A\oplus(\{02\}\cdot A)$。

3) 模运算

模运算定义是：如果 a 是一个整数，n 是一个正整数，定义 $a \bmod n$ 为 a 除以 n 的非负余数。其数学符号为“mod”。例如，11mod4=4，−11mod7=3 等。模运算就像普通的运算一样，它是可交换、可结合、可分配的，具有如下性质：

① $(a \bmod n \pm b \bmod n) \bmod n=(a \pm b) \bmod n$　(3-1)

② $(a \bmod n \times b \bmod n) \bmod n=(a \times b) \bmod n$　(3-2)

③ $[(a\times b) \bmod n+(a\times c) \bmod n] \bmod n=[a\times(b+c)] \bmod n$　(3-3)

④ $a^b \bmod n=(a \bmod n)^b \bmod n$　(3-4)

式(3-1)的证明：

令 $a=k_1\times n+r_1$，$b=k_2\times n+r_2$

$\therefore a \bmod n=r_1$，$b \bmod n=r_2$

$(a\pm b) \bmod n=((k_1\pm k_2)\times n+(r_1\pm r_2)) \bmod n$

$$=(r_1 \pm r_2)\bmod n$$
$$=(a\bmod n \pm b\bmod n)\bmod n$$

式(3-2)的证明：

令 $a=k_1\times n+r_1, b=k_2\times n+r_2$

$\therefore a\bmod n=r_1, b\bmod n=r_2$

$$(a\times b)\bmod n=(k_1\times k_2\times n^2+(k_1\times r_2+k_2\times r_1)\times n+r_1\times r_2)\bmod n$$
$$=(r_1\times r_2)\bmod n$$
$$=(a\bmod n\times b\bmod n)\bmod n$$

式(3-3)的证明：

令 $a=k_1\times n+r_1, b=k_2\times n+r_2, c=k_3\times n+r_3$

$\therefore a\bmod n=r_1, b\bmod n=r_2, c\bmod n=r_3$

$$[a\times(b+c)]\bmod n$$
$$=((k_1\times(k_2+k_3)\times n^2+(k_1\times(r_2+r_3)+r_1\times(k_2+k_3))\times n+ r_1\times(r_2+r_3))\bmod n$$
$$=(r_1\times(r_2+r_3))\bmod n$$
$$=(r_1\times r_2+r_1\times r_3)\bmod n$$
$$=(a\bmod n\times b\bmod n+a\bmod n\times c\bmod n)\bmod n$$
$$=[(a\times b)\bmod n+(a\times c)\bmod n]\bmod n$$

式(3-4)的证明：

设 $a\bmod n=r$

$$\therefore a^b\bmod n=(a\times a\times\cdots\times a)\bmod n$$
$$=(a\bmod n\times a\bmod n\times\cdots\times a\bmod n)\bmod n$$
$$=r^b\bmod n$$
$$=(a\bmod n)^b\bmod n$$

3.2.2 AES算法概述

1. 产生的背景

在AES算法之前，美国广泛使用的是1972年由IBM公司研发的DES算法。由于DES算法破译的不断发展，DES算法的安全性与应用前景面临非常大的挑战。随后推出的TDES/3DES是DES算法的一个更安全的变形，但由于需要进行三重DES，速度较慢。因此，美国需要设计一个不用保密的、公开的、免费的分组密码算法，用来保护21世纪政府、金融等核心部门的敏感信息，并期望用这个新算法取代渐进没落的DES算法，成为新一代数据加密标准。

因此美国对AES算法的要求有以下三点：

(1) 安全方面：至少和3DES算法一样安全。

(2) 速度方面：比3DES算法快。

(3) 成本方面：免费使用。

1997年4月15日，NIST发起征集AES算法的活动，并专门成立了AES算法工作组。1997年9月12日，联邦政府发布了征集AES算法候选算法的通知。截至1998年6月15

日，NIST 共收到 21 个提交的算法。1998 年 8 月 10 日，NIST 召开第一次 AES 算法候选会议，公布了 15 个候选算法。1999 年 3 月 22 日，NIST 召开第二次 AES 算法候选会议，公开了 15 个 AES 算法候选算法的讨论结果，并从里面选了 5 个算法进一步讨论。2000 年 10 月 2 日，在进一步分析与讨论这 5 个算法后，正式公布由比利时密码学家 Joan Daemen 与 Vicent Rijmen 设计的 Rijndael 算法成为 AES 算法。同时，NIST 发表了一篇 16 页的报告，总结了选择 Rijndael 算法作为 AES 算法的原因：

（1）不管用反馈模式还是用无反馈模式，Rijndael 算法在普遍计算环境的硬件与软件实现上性能一直保持优秀；

（2）Rijndael 算法的密钥建立时间非常短，灵敏性好；

（3）Rijndael 算法的内部循环结构易于并行处理，运算容易，极低的内存需求让它特别适合在存储器有限的环境里使用；

（4）Rijndael 算法能抵抗强力与时间选择攻击。

此外，由于在 AES 算法的选拔过程中，参加者必须提交密码算法的详细规格书、以 ANSIC 和 Java 编写的实现代码以及抗密码破译强度的评估等材料，这就彻底杜绝了隐蔽式安全性。

2. 特点

1）安全性好

AES 算法中，每轮使用不同的常数消除了密钥的对称性，使用了非线性的密钥扩展算法消除了相同密钥的可能性，能够抵抗线性攻击。加密和解密使用不同的变换，从而消除了弱密钥和半弱密钥存在的可能性。因为 AES 算法的密钥长度可变，针对 128/192/256 位的密钥，密钥量分别为 $2^{128}/2^{192}/2^{256}$，足以抵抗穷举搜索的攻击。尽管 AES-128 密钥的弱化版本已经受到了攻击，Niels Ferguson 等在 2000 年实现了对加密 7 轮的 AES-128 的攻击，但迄今为止尚未出现对完整 AES 算法的成功攻击。实践证明 AES 算法能抵抗穷举攻击、线性攻击、差分攻击、相关密钥攻击、插值攻击等。

2）对资源需求小

AES 算法不需要特殊的硬件加解密，所需要的软件资源少，因此非常适合应用在资源紧张的感知设备、智能终端、智能卡等物联网设备中，例如，物联网网络设备路由器、手机等智能终端、信息管理系统、无人机数据链传输、汽车防盗系统、校园卡和公交卡等的数据加密中。图 3-6 和图 3-7 分别给出了某无线路由器安全设置和手机无线局域网络（Wireless Local Area Networks，WLAN）热点上网的信息加密就是采用 AES 算法的实例。

3）执行效率高

由于 AES 算法效率较高，因此适用于对效率有要求的实时数据加密通信。比如在使用虚拟专用网络（Virtual Private Network，VPN）或者代理进行加密通信时，既要保证数据的保密性，又要保证不能有高的延迟，所以通常会使用 AES 算法进行通信加密。例如，ZigBee 技术中，为确保 MAC 帧的完整性、机密性、真实性和一致性，其 MAC 层使用 AES 算法进行加密，并且生成一系列的安全机制。在无人机数据链传输过程中，为了解决军事的数据安全问题，也常采用 AES 算法对其数据进行加解密。

4）适应性强

AES 算法适应性强，广泛适用于不同的 CPU 架构，在不同软件或硬件平台上均易

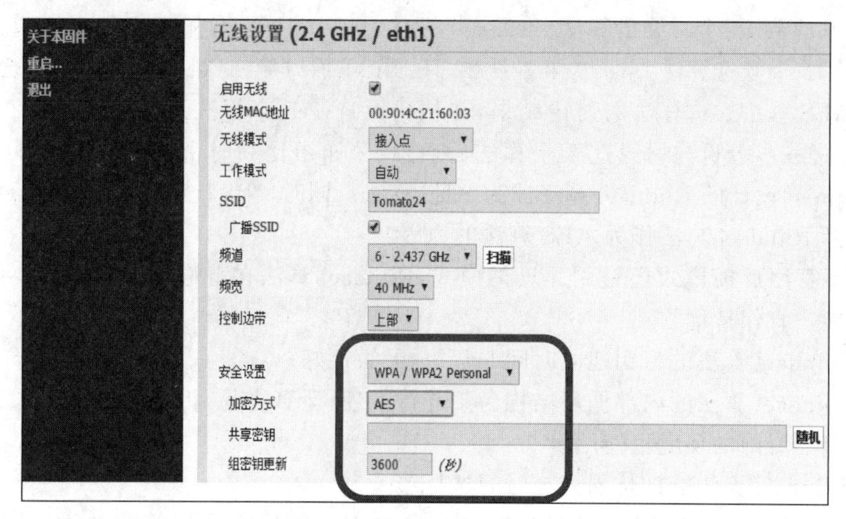

图 3-6　某无线路由器安全设置

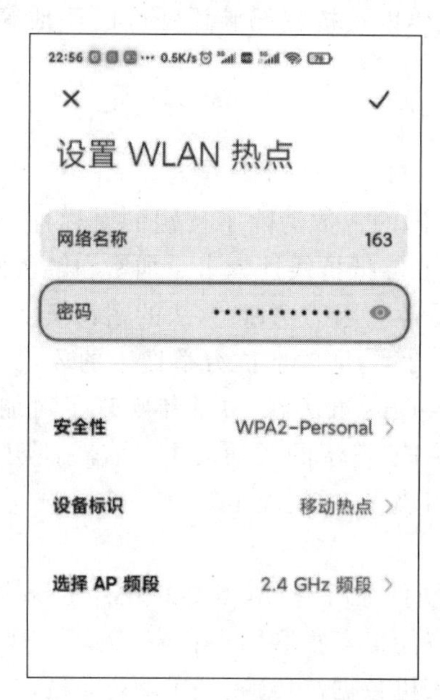

图 3-7　手机 WLAN 热点参数设置

实现。因此在各行各业中被广泛应用，除了逐渐取代 DES 算法在 IPSec、SSL 和 ATM 中的应用外，而且在远程访问服务器、移动通信、卫星通信、财政保密等方面也得到广泛使用。

3.2.3　AES 算法原理

AES 算法是一种典型的对称密码算法、分组密码算法，分组长度为 128 位，而密钥长度可以为 128、192 或 256 位，对应的迭代轮数分别为 10 轮、12 轮或 14 轮，分别被记作 AES-128 算法、AES-192 算法和 AES-256 算法。这里的“位”是指二进制的位数。“轮”是指加密过程中需要循环进行的所有步骤。AES 算法的整个加密过程就是进行若干次轮的循环迭代。AES 算法系列相关参数如表 3-1 所示。

表 3-1　AES 算法相关参数

AES	密钥长度(32 位比特字)	分组长度(32 位比特字)	加密轮数
AES-128	4	4	10
AES-192	6	4	12
AES-256	8	4	14

整个加密过程包括初始变换、轮变换、密钥变换三大变换。本书将以 AES-128 算法为例进行说明,算法流程如图 3-8 所示。AES-128 算法每次变换处理的基本单位是一个 4×4 矩阵,该矩阵的每个元素是一个 8 位二进制数(为阅读方便,一般书写为十六进制数)。AES-192 算法和 AES-256 算法的原理与 AES-128 算法一样,只是每次加解密的数据和密钥大小分别为 192 位和 256 位。AES 算法的解密算法与加密算法类似(称为逆加密算法),主要区别在于轮密钥要逆序使用,四个基本运算都有对应的逆变换,在此不再赘述。

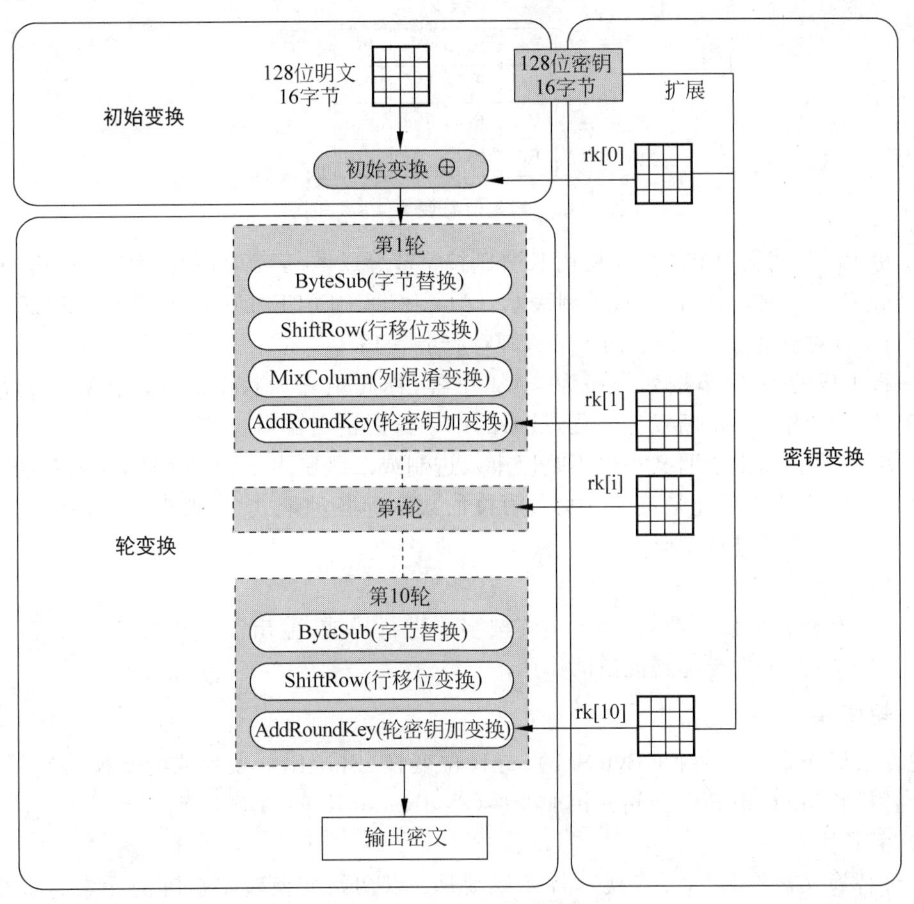

图 3-8　AES-128 算法流程

1. 初始变换

初始变换是将明文转化为明文矩阵,其流程如图 3-9 所示。

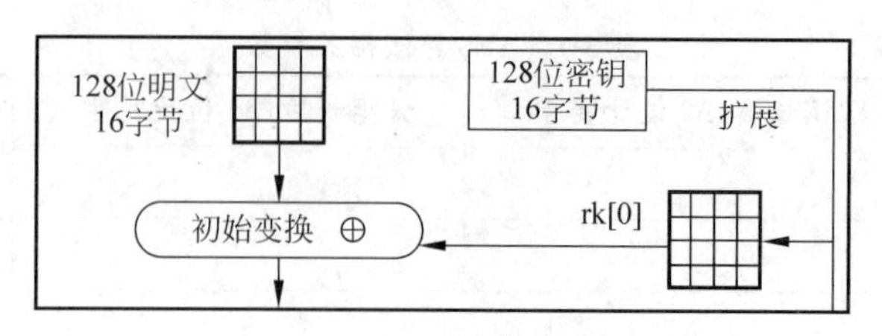

图 3-9 初始变换示意图

1）明文转化为 4×4 矩阵

AES 算法处理的基本单位是字节，因此首先需将输入的 128 位明文和 128 位密钥转换成以字节为基本单位的 4×4 矩阵。

具体变换如图 3-10 所示。

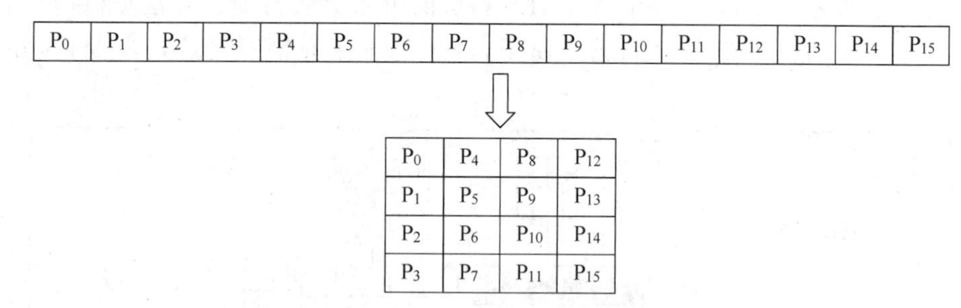

图 3-10 输入信息变为 4×4 矩阵

① 将 128 位明文 P 和 128 位密钥 K 分别按字节分成 16 字节，分别记为 $P=P_0P_1\cdots P_{15}$ 和 $K=K_0K_1\cdots K_{15}$。例如，P 的十六进制表示：ABABCDCDEFEF0101ABABCDCDEFEF0101，前两个字符 AB 对应字节 P_0，最后两个字符则对应字节 P_{15}。

② 将生成的 16 字节按列排序为 4×4 矩阵，称此矩阵为状态矩阵。在算法的每一轮中，状态矩阵的内容将不断发生变化，最后的结果作为密文输出。

在实际应用中，由于明文一般不是以十六进制或二级制表示的。因此，还需对明文进行编码处理。鉴于明文可能是英文、中文、阿拉伯数字等各种形式，一般选择 Unicode 字符集的 UTF-8 编码方式进行编码。

2）矩阵异或

将明文和密钥变换得到的 4×4 矩阵按字节进行异或，输出一个新的 4×4 矩阵。初始变换在 AES 算法中主要起到混淆的作用。

2. 轮变换

轮变换又包括字节替换(ByteSub)、行移位变换(ShiftRow)、列混淆变换(最后一轮无列混淆替换)(MixColumn)和轮密钥加变换(AddRoundKey)四个步骤。

1）字节替换

字节替换又被称为“S 盒变换”，替换规则是：以初始变换输出矩阵的元素为最小处理单位，把字节的高 4 位作为行值，低 4 位作为列值，以该行列值为索引从 S 盒(如表 3-2 所示)的对应位置取出元素作为输出。经过字节替换后的输出仍是一个 4×4 矩阵。

S 盒变换是 AES 算法中唯一的非线性变换，体现在输入位和输出位之间的相关性很低，且输出值不是输入值的线性数学函数，这是保障 AES 算法安全的关键。优点是可查表完成，计算速度快。

表 3-2　S 盒

	y															
x	0	1	2	3	4	5	6	7	8	9	A	B	C	D	E	F
0	63	7C	77	7B	F2	6B	6F	C5	30	01	67	2B	FE	D7	AB	76
1	CA	82	C9	7D	FA	59	47	F0	AD	D4	A2	AF	9C	A4	72	C0
2	B7	FD	93	26	36	3F	F7	CC	34	AS	E5	F1	71	D8	31	15
3	04	C7	23	C3	18	96	05	9A	07	12	80	E2	EB	27	B2	75
4	09	83	2C	1A	1B	6E	SA	A0	52	3B	D6	B3	29	E3	2F	84
5	53	D1	00	ED	20	FC	B1	5B	6A	CB	BE	39	4A	4C	58	CF
6	D0	EF	AA	FB	43	4D	33	85	45	F9	02	7F	50	3C	9F	A8
7	51	A3	40	8F	92	9D	38	F5	BC	B6	DA	21	10	FF	F3	D2
8	CD	0C	13	EC	5F	97	44	17	C4	A7	7E	3D	64	5D	19	73
9	60	81	4F	DC	22	2A	90	88	46	EE	B8	14	DE	5E	0B	DB
A	E0	32	3A	0A	49	06	24	5C	C2	D3	AC	62	91	95	E4	79
B	E7	C8	37	6D	8D	D5	4E	A9	6C	56	F4	EA	65	7A	AE	08
C	BA	78	25	2E	1C	A6	B4	C6	E8	DD	74	1F	4B	BD	8B	8A
D	70	3E	B5	66	48	03	F6	0E	61	35	57	B9	86	C1	1D	9E
E	E1	F8	98	11	69	D9	8E	94	9B	1E	87	E9	CE	55	28	DF
F	8C	A1	89	0D	BF	E6	42	68	41	99	2D	0F	BO	54	BB	16

【练习】

初始变换中某明文的十六进制数为{EA}，请写出该字节经字节替换后的输出是什么。

2）行移位变换

行移位变换的具体步骤如图 3-11 所示。经过字节替换的输出矩阵 $\boldsymbol{S}$ 的第 0 行不变，第 1 行循环左移 1 字节，第 2 行循环左移 2 字节，第 3 行循环左移 3 字节，形成新的矩阵 $\boldsymbol{S}'$，$S'_{i,j}$ 表示行移位变换输出矩阵 $\boldsymbol{S}'$第 i 行、第 j 列元素，$i\in[0,3]$，$j\in[0,3]$。行移位变换属于置换，是一种线性变换，本质上是把数据打乱重排，起到扩散的作用。

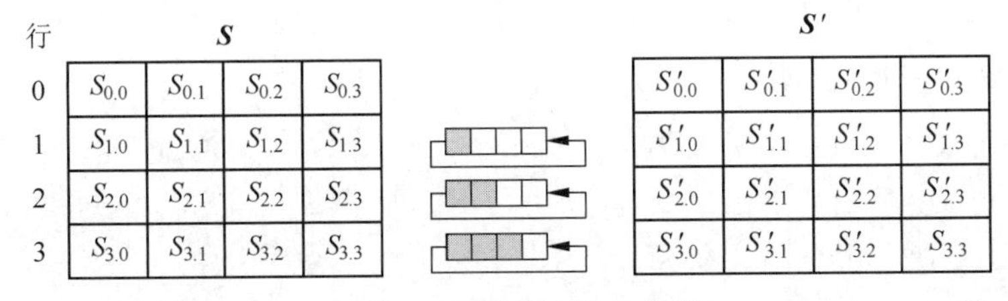

图 3-11　行移位变换示意图

3）列混淆变换

列混淆变换是通过矩阵相乘来实现的，具体方式是：行移位变换的输出矩阵 $\boldsymbol{S}'$与固定系数矩阵 $\boldsymbol{C}$ 做乘法后模多项式 x^4+1。计算过程如下：

根据有限域 GF(2^8)上多项式的表示规则，行移位变换输出矩阵 $\boldsymbol{S}'$第 j（$j\in[0,3]$）列的 4 个元素（$S'_{0,j}$，$S'_{1,j}$，$S'_{2,j}$，$S'_{3,j}$）可以表示为多项式 $S'_{0,j}+S'_{1,j}\cdot x+S'_{2,j}\cdot x^2+S'_{3,j}\cdot x^3$，它经过列混淆变换后的输出记为（$b'_{0,j}$，$b'_{1,j}$，$b'_{2,j}$，$b'_{3,j}$），表示为多项式 $b_{3,j}\cdot x^3+b_{2,j}\cdot x^2+b_{1,j}\cdot x+b_{0,j}$，由式(3-5)计算获得。符号{}内的数表示字节。

$$b_{3,j}\cdot x^3+b_{2,j}\cdot x^2+b_{1,j}\cdot x+b_{0,j}$$

$$=((S'_{0.j}+S'_{1.j}\cdot x+S'_{2.j}\cdot x^2+S'_{3.j}\cdot x^3)\cdot c(x))\mathrm{mod}(x^4+1) \tag{3-5}$$

其中，$c(x)=\{03\}x^3+\{01\}x^2+\{01\}x+\{02\}$。

$$\begin{aligned}
&(S'_{0.j}+S'_{1.j}\cdot x+S'_{2.j}\cdot x^2+S'_{3.j}\cdot x^3)\cdot c(x)\\
&=(S'_{3.j}\cdot x^3+S'_{2.j}\cdot x^2+S'_{1.j}\cdot x+S'_{0.j})\cdot(\{03\}x^3+\{01\}x^2+\{01\}x+\{02\})\\
&=(S'_{3.j}\cdot\{03\})x^6+(S'_{3.j}\cdot\{01\}+S'_{2.j}\cdot\{03\})x^5+\\
&(S'_{3.j}\cdot\{01\}+S'_{2.j}\cdot\{01\}+S'_{1.j}\cdot\{03\})x^4+\\
&(S'_{3.j}\cdot\{02\}+S'_{2.j}\cdot\{01\}+S'_{1.j}\cdot\{01\}+S'_{0.j}\cdot\{03\})x^3+\\
&(S'_{2.j}\cdot\{02\}+S'_{1.j}\cdot\{01\}+S'_{0.j}\cdot\{01\})x^2+\\
&(S'_{1.j}\cdot\{02\}+S'_{0.j}\cdot\{01\})x+S'_{0.j}\cdot\{02\}
\end{aligned} \tag{3-6}$$

由于 $x^i\,\mathrm{mod}(x^4+1)=x^{i\,\mathrm{mod}4}$，所以有式(3-7)～式(3-9)成立。

$$((S'_{3.j}\cdot\{03\})x^6)\mathrm{mod}(x^4+1)=(S'_{3.j}\cdot\{03\})x^2 \tag{3-7}$$

$$((S'_{3.j}\cdot\{01\}+S'_{2.j}\cdot\{03\})x^5)\mathrm{mod}(x^4+1)=(S'_{3.j}\cdot\{01\}+S'_{2.j}\cdot\{03\})x \tag{3-8}$$

$$\begin{aligned}
&((S'_{3.j}\cdot\{01\}+S'_{2.j}\cdot\{01\}+S'_{1.j}\cdot\{03\})x^4)\mathrm{mod}(x^4+1)\\
&=(S'_{3.j}\cdot\{01\}+S'_{2.j}\cdot\{01\}+S'_{1.j}\cdot\{03\})
\end{aligned} \tag{3-9}$$

所以

$$\begin{aligned}
&b_{3.j}\cdot x^3+b_{2.j}\cdot x^2+b_{1.j}\cdot x+b_{3.j}\\
&=((S'_{0.j}+S'_{1.j}\cdot x+S'_{2.j}\cdot x^2+S'_{3.j}\cdot x^3)\cdot c(x))\mathrm{mod}(x^4+1)\\
&=(S'_{3.j}\cdot\{02\}+S'_{2.j}\cdot\{01\}+S'_{1.j}\cdot\{01\}+S'_{0.j}\cdot\{03\})x^3+(S'_{3.j}\cdot\{03\}+\\
&\quad S'_{2.j}\cdot\{02\}+S'_{1.j}\cdot\{01\}+S'_{0.j}\cdot\{01\})x^2+(S'_{3.j}\cdot\{01\}+S'_{2.j}\cdot\{03\}+\\
&\quad S'_{1.j}\cdot\{02\}+S'_{0.j}\cdot\{01\})x+\\
&\quad(S'_{3.j}\cdot\{01\}+S'_{2.j}\cdot\{01\}+S'_{1.j}\cdot\{03\}+S'_{0.j}\cdot\{02\})
\end{aligned} \tag{3-10}$$

把式(3-10)写成矩阵形式，即式(3-11)。

$$\begin{bmatrix}02&03&01&01\\01&02&03&01\\01&01&02&03\\03&01&01&03\end{bmatrix}\begin{bmatrix}S_{0.0}&S_{0.1}&S_{0.2}&S_{0.3}\\S_{1.0}&S_{1.1}&S_{1.2}&S_{1.3}\\S_{2.0}&S_{2.1}&S_{2.2}&S_{2.3}\\S_{3.0}&S_{3.1}&S_{3.2}&S_{3.3}\end{bmatrix}=\begin{bmatrix}S'_{0.0}&S'_{0.1}&S'_{0.2}&S'_{0.3}\\S'_{1.0}&S'_{1.1}&S'_{1.2}&S'_{1.3}\\S'_{2.0}&S'_{2.1}&S'_{2.2}&S'_{2.3}\\S'_{3.0}&S'_{3.1}&S'_{3.2}&S'_{3.3}\end{bmatrix} \tag{3-11}$$

所以，系数矩阵 $\boldsymbol{C}=\begin{bmatrix}02&03&01&01\\01&02&03&01\\01&01&02&03\\03&01&01&03\end{bmatrix}$

上述矩阵乘法和加法都是定义在基于有限域 GF(2^8)上的二元运算上，并不是通常意义上的矩阵乘法和加法，而是模 $m(x)=x^8+x^4+x^3+x+1$ 上的加法和乘法。其中，$m(x)$是AES算法设计者选的有限域 GF(2^8)上的不可约多项式(也称为既约多项式)，是指不能写成两个次数较低的多项式之乘积的多项式。有限域 GF(2^8)上加法计算规则等价于两个字节的异或。由式(3-11)可知，只需计算系数{01}、{02}和{03}这 3 个数的有限域 GF(2^8)上的乘法，即($C_{i,j}$ · $S'_{i,j}$)mod$m(x)$的值，其中 $C_{i,j}$ 表示系数矩阵 $\boldsymbol{C}$ 中的元素。计算规则如下：

① 计算乘以{01}。

字节{01}表示成二进制数为 00000001，对应的有限域 GF(2^8)上的多项式就是 1。对于任何 $S'_{i,j}$ 有式(3-12)成立。

$$(\{01\} \cdot S'_{i,j}) \bmod m(x) = S'_{i,j} \tag{3-12}$$

② 计算乘以{02}。

计算({02} · $S'_{i,j}$)mod$m(x)$需两步完成：第一步需计算{02} · $S'_{i,j}$，第二步需计算({02} · $S'_{i,j}$)mod$m(x)$。

步骤一：计算{02} · $S'_{i,j}$。

由于字节{02}表示成二进制数为 00000010，对应的有限域 GF(2^8)上的多项式就是 x。{02} · $S'_{i,j}$ 相当于字节 $S'_{i,j}$ 对应的多项式乘 x，相当于 $S'_{i,j}$ 表示二进制数左移一位，即 $S'_{i,j}$ 对应的多项式的系数不变、次数加 1。

步骤二：计算({02} · $S'_{i,j}$)mod$m(x)$。

步骤一计算得到的结果，如果多项式次数小于 8，即对应的二进制数最高位为 0，相当于({02} · $S'_{i,j}$)$<m(x)$，所以({02} · $S'_{i,j}$)mod$m(x)$={02} · $S'_{i,j}$。

步骤一计算得到的结果，如果多项式次数等于 8，即对应的二进制数最高位为 1，就需要mod$m(x)$。此时多项式一定小于 $2m(x)$，所以 mod$m(x)$的余式就相当于{02} · $S'_{i,j}$ − $m(x)$的结果。已知有限域 GF(2^8)上的减法也是进行异或运算。由于{02} · $S'_{i,j}$ 只涉及 8 位二进制数，因此只需与 $m(x)$的后 8 位二进制数 00011011(十六进制数就是 0x1b)进行异或运算即可。

综上，对于任何 $S'_{i,j}$，({02} · $S'_{i,j}$)mod$m(x)$相当于先把字节 $S'_{i,j}$ 表示的二进制数左移 1 位。移位后，若最高位 $a_7=1$，则将该二进制数的后 8 位与{1b}进行异或运算得到结果；若最高位 $a_7=0$，取后 8 位就是结果。数学表述如下：

令 $S'_{i,j}$ 表示的二进制数 $S'_{i,j}=a_7a_6a_5a_4a_3a_2a_1a_0$：

当 $a_7=0$ 时，$\{02\} \cdot S'_{i,j}=a_6a_5a_4a_3a_2a_1a_0 0$；

当 $a_7=1$ 时，$\{02\} \cdot S'_{i,j}=(a_6a_5a_4a_3a_2a_1a_0 0) \oplus (00011011)$。

③ 计算乘以{03}。

因为在有限域 GF(2^8)上，{03}={01}⊕{02}，所以有式(3-13)成立。

$$(\{03\} \cdot S'_{i,j}) \bmod m(x) = (\{02\} \cdot S'_{i,j} \oplus \{01\} \cdot S'_{i,j}) \bmod m(x) \tag{3-13}$$

【例】 计算下列矩阵经过列混淆后的值。

$$\begin{bmatrix} 87 & F2 & 4D & 97 \\ 6E & 4C & 90 & EC \\ 46 & E7 & 4A & C3 \\ A6 & 8C & D8 & 95 \end{bmatrix}$$

解：

第一步：根据式(3-11)有如下等式成立。

$$\begin{bmatrix} 02 & 03 & 01 & 01 \\ 01 & 02 & 03 & 01 \\ 01 & 01 & 02 & 03 \\ 03 & 01 & 01 & 03 \end{bmatrix} \begin{bmatrix} 87 & F2 & 4D & 97 \\ 6E & 4C & 90 & EC \\ 46 & E7 & 4A & C3 \\ A6 & 8C & D8 & 95 \end{bmatrix} = \begin{bmatrix} S'_{0.0} & S'_{0.1} & S'_{0.2} & S'_{0.3} \\ S'_{1.0} & S'_{1.1} & S'_{1.2} & S'_{1.3} \\ S'_{2.0} & S'_{2.1} & S'_{2.2} & S'_{2.3} \\ S'_{3.0} & S'_{3.1} & S'_{3.2} & S'_{3.3} \end{bmatrix}$$

所以 $S'_{0.0}=\{02\}\cdot\{87\}+\{03\}\cdot\{6E\}+\{01\}\cdot\{46\}+\{01\}\cdot\{A6\}$。

第二步：计算{02}·{87}。

① 将{87}转化为二进制，{87}=(1000 0111)。

② 判断(1000 0111)最高位的情况。

③ 因为 $a_7=1$，所以{02}·{87}=(0000 1110)⊕(0001 1011)=(0001 0101)。

第三步：计算{03}·{6E}。

① 将{6E} 转化为二进制，{6E}=(0110 1110)。

② 按如下规则计算：$\{03\}\cdot A=A\oplus(\{02\}\cdot A)$。

③ 计算{02}·{6E}。

因为{6E}二进制数的最高位为0，所以{02}·{6E}=(1101 1100)。

④ 计算{03}·{6E}={6E}⊕({02}·{6E})=(1011 0010)。

第四步：继续计算如下。

$$\begin{array}{rl} & \{02\}\cdot\{87\}=(0001\ 0101) \\ & \{03\}\cdot\{6E\}=(1011\ 0010) \\ & \{01\}\cdot\{46\}=(0100\ 0110) \\ \oplus & \{01\}\cdot\{A6\}=(1010\ 0110) \\ \hline & (0100\ 0111) \end{array}$$

所以 $S'_{0.0}=\{02\}\cdot\{87\}+\{03\}\cdot\{6E\}+\{01\}\cdot\{46\}+\{01\}\cdot\{A6\}=\{47\}$。

其余元素按上述计算，最后结果为

$$\begin{bmatrix} 47 & 40 & A3 & 4C \\ 37 & D4 & 70 & 9F \\ 94 & E4 & 3A & 42 \\ ED & A5 & A6 & BC \end{bmatrix}$$

4）轮密钥加变换

将列混淆变换后的结果与轮密钥进行异或运算，其结果作为后续变换的输入。其中，轮密钥是参与本轮运算的密钥。从图3-8可知，除初始密钥外，AES算法参与运算的每一轮的密钥都是由上一轮的密钥变换而来的。由图3-12所示的轮密钥加变换示意图可知，虽然轮密钥加变换非常简单，却能影响矩阵中每一位。

47	40	A3	4C
37	D4	70	9F
94	E4	3A	42
ED	A5	A6	BC

列混淆变换输出的4×4矩阵

⊕

AC	19	28	6A
77	FA	D1	5C
66	DC	29	00
F3	21	41	6A

本轮密钥4×4矩阵

=

EB	59	8B	1B
40	2E	A1	C3
F2	38	13	42
1E	84	E7	D6

轮密钥加变换输出4×4矩阵

图3-12　轮密钥加变换示意图

3. 密钥变换

密钥变换是以初始密钥的 4×4 矩阵为变换对象，以矩阵列为最小单位生成的，具体包括以下四个步骤：密钥排列、置换、与轮常量异或、生成下一轮密钥的其他列。下文以 AES-128 算法第二轮密码生成为例进行说明。密钥变换的目的是产生 AES 算法参与运算的每一轮密钥。因为 AES-128 算法内部其实不只执行一轮加密，而是一共执行了 11 轮加密，所以 AES 算法会通过一个简单快速的混合操作，根据初始密钥依次生成后面 10 轮的密钥，每一轮的密钥都是依据上一轮生成的，所以每一轮的密钥都是不同的。因此密钥变换又称为密钥扩展。尽管很多人抱怨说这种方式太简单了，经实践和理论证明这其实已经足够安全了。

1）密钥排列

① 按列将输入的 128 位密钥转换为 4×4 矩阵。

② 把初始密钥 $rk_{[0]}$ 最后一列的第一字节放到最后一字节的位置上，其余字节依次向上移动一位，经过密钥排列后的这一列称为排列列。示意图如图 3-13 所示。

2）置换

把排列列经过一个 S 盒替换后，排列列就会被映射为一个崭新的列，称这个崭新的列为置换列。示意图如图 3-14 所示。

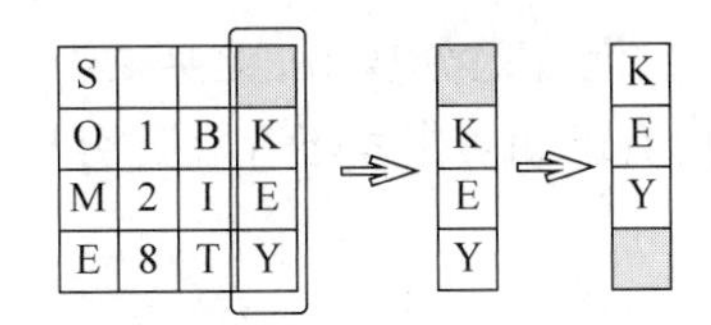

图 3-13 排列列生成示意图

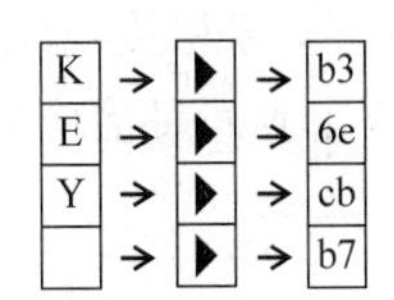

图 3-14 置换列生成示意图

3）与轮常量异或

把置换列和轮常量异或生成第二轮密码的最后一列。轮常量如表 3-3 所示，共四字节。轮常量的主要作用有：一是增加密钥编排中的非线性；二是消除 AES 算法中的对称性。这两种属性都是抵抗某些分组密码攻击所必要的。

表 3-3 轮常量

轮 数	轮 常 量	轮 数	轮 常 量
第 1 轮	01 00 00 00	第 6 轮	20 00 00 00
第 2 轮	02 00 00 00	第 7 轮	40 00 00 00
第 3 轮	04 00 00 00	第 8 轮	80 00 00 00
第 4 轮	08 00 00 00	第 9 轮	1B 00 00 00
第 5 轮	10 00 00 00	第 10 轮	36 00 00 00

4）生成下一轮密钥的其他列

用第二轮密钥的最后一列和初始密钥的第一列异或得到第二轮密钥的第一列；用第二轮密钥的第一列和初始密钥的第二列异或得到第二轮密钥的第二列；用第二轮密钥的第二列和初始密钥第三列异或得到第二轮密钥的第三列。至此，第二轮密钥 4×4 矩阵的四列就全部生成完毕。其过程如图 3-15 所示。$rk_{[1]}$ 表示第二轮密码。

后续轮密钥按上述过程生成，只是在与轮常量异或时轮常量有所不同而已。

$rk_{[1]}$的第 1 列=$rk_{[1]}$的最后 1 列 ⊕ $rk_{[0]}$的第 1 列

$rk_{[1]}$的第 2 列=$rk_{[1]}$的第 1 列 ⊕ $rk_{[0]}$的第 2 列

$rk_{[1]}$的第 3 列=$rk_{[1]}$的第 2 列 ⊕ $rk_{[0]}$的第 3 列

图 3-15　生成下一轮密钥的其他列

辩证法中的对立统一规律

世界上任何事物的内部和事物之间都包含矛盾的两个方面，矛盾的双方既对立又统一，事物的运动发展在于自身的矛盾运动。密码学自诞生起就体现了矛盾的对立统一性，密码学作为一门学科包含密码编码学和密码分析学，也就是“攻”与“防”两个对立的方面，这对矛盾不断促进了密码学的发展。世上没有单一性质的、绝对的事物。这一规律也体现于密码学中。

3.2.4　针对 AES 算法的攻击

目前，针对 AES 算法的攻击主要有功耗分析攻击、故障注入攻击、差分-代数分析攻击、不可能差分攻击、零相关线性攻击、子空间路径攻击、混合差分攻击、交换攻击、折回镖攻击和中间相遇攻击等。目前而言，针对 AES 算法的所有已知攻击均不存在比穷尽密钥搜索更快的攻击。

3.3　典型非对称密码算法 RSA

3.3.1　RSA 算法的数学基础

1. 素数

素数又叫质数，是在大于 1 的自然数中只能被 1 和其自身整除的数。每个自然数都可以唯一地分解成有限个素数的乘积，素数因此构成了自然数体系的基石。2300 多年前，古希腊数学家欧几里得在《几何原本》中证明了素数有无穷多个，并提出一些素数可写成“2^p-1”（其中 p 也是素数）的形式。

【梅森素数】

由于这种特殊形式的素数具有独特数学性质，许多著名数学家以及无数数学爱好者对它情有独钟。其中，17 世纪的法国数学家、法兰西科学院奠基人梅森在这方面有过重要贡献。为了纪念梅森，数学界就将“2^p-1”型的素数称为“梅森素数”。梅森素数貌似简单，但当指数 p 值较大时，其素性检验的难度就会很大。正如梅森推测：“一个人，使用一般的验证方法，要检验一个 15 位或 20 位的数字是否为素数，即使终生的时间也是不够的。”享有“数学英雄”美誉的瑞士数学家及物理学家欧拉 1772 年在双目失明的情况下，以顽强毅力靠心算证明了 $2^{31}-1$ 是第 8 个梅森素数；该素数有 10 位，堪称当时世界上已知的最大素数。在“手算笔录年代”，人们历尽艰辛，共计才找到 12 个梅森素数。随着计算机时代的到来，大大加快了梅森素数的探究步伐。1996 年初，美国数学家及程序设计师沃特曼编制了一个梅森素数计算程序，并把它放在网页上免费使用。这一计算程序就是著名的互联网梅森素数大搜索(Great Internet Mersenne Prime Search，GIMPS)项目，也是全球首个基于互联网的网格计算项目。目前，全球有近70万人参与该项目，动用了超过180万核中央处理器联网来寻找梅森素数(如图3-16所示)——这在数学史上前所未有，在科学史上也极为罕见。

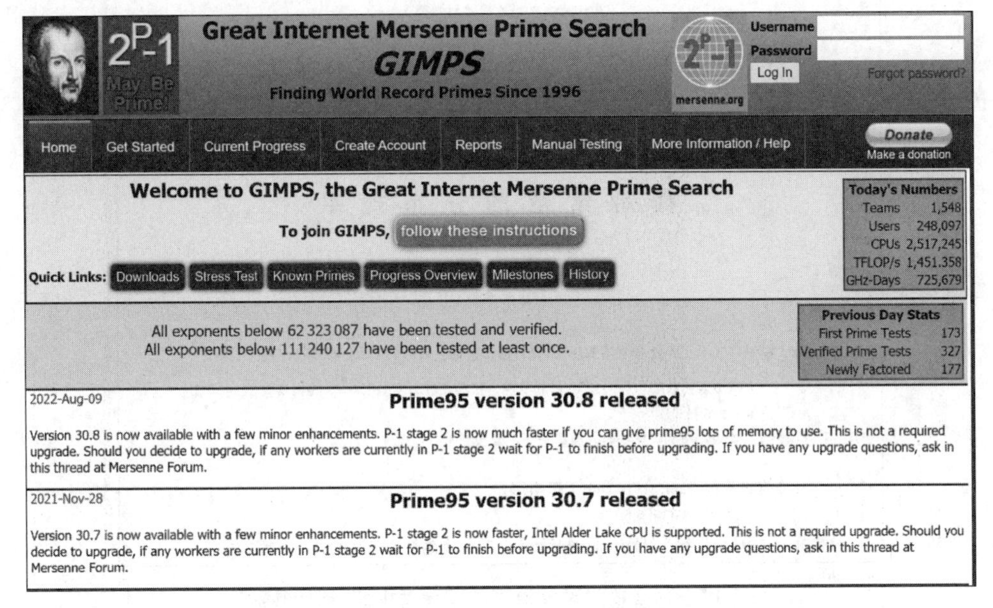

图3-16　GIMPS项目

用因式分解法可以证明，若 2^p-1 是素数，则指数 p 也是素数；反之，当 p 是素数时，2^p-1 却未必是素数。前几个较小的梅森数大都是素数，然而梅森数越大，梅森素数也就越难出现。目前仅发现五十几个梅森素数。2019年，一位名叫帕特里克·罗什的美国人利用GIMPS项目，成功发现第51个梅森素数 $2^{82589933}-1$；该素数有24862048位，是迄今为止人类发现的最大素数。如果用普通字号将它打印下来，其长度将超过100千米！是否存在无穷多个梅森素数是未解决的著名难题之一。

寻找梅森素数最新的意义是：它促进了分布式计算技术的发展。从最新的17个梅森素数是在因特网项目中发现这一事实，可以想象到网络的威力。分布式计算技术使得用大量个人计算机去做本来要用超级计算机才能完成的项目成为可能，这是一个前景非常广阔的领域。它的探究还推动了快速傅里叶变换的应用。

梅森素数在实用领域也有用武之地，现在人们已将大素数用于现代密码设计领域。其原理是：将一个很大的数分解成若干素数的乘积非常困难，但将几个素数相乘却相对容易得多。在这种密码设计中，需要使用较大的素数，素数越大，密码被破译的可能性就越小。

课程思政

由于梅森素数的探究需要多种学科和技术的支持，也由于发现新的“大素数”所引起的国际反响，使得对于梅森素数的研究能力已在某种意义上标志着一个国家的科技水平，而不仅仅是代表数学的研究水平。我国数学家及语言学家周海中于 1992 年在《梅森素数的分布规律》一文中关于梅森素数分布的研究成果被国际上命名为“周氏猜测”，如图 3-17 所示。通过向学生介绍我国数学家的成就，激发学生的爱国热情和民族自豪感，以及学好该课程的信心和动力。

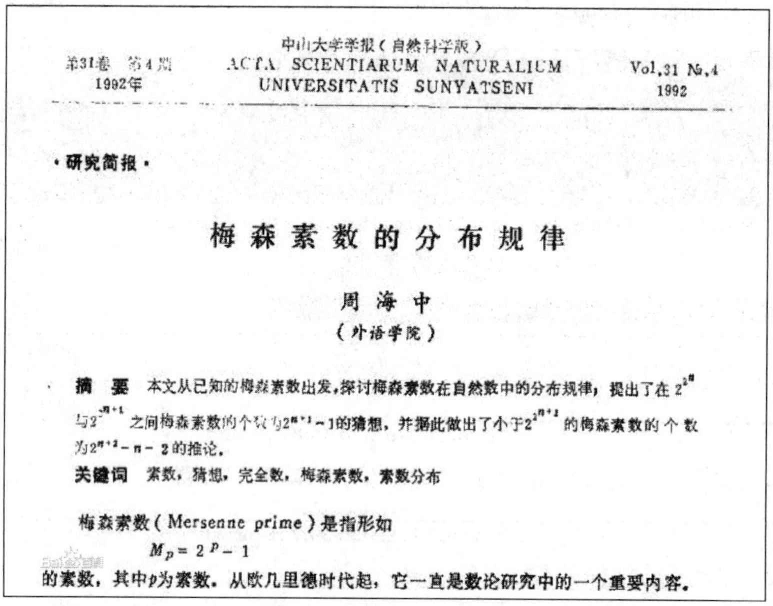

第31卷 第4期 1992年 中山大学学报（自然科学版） ACTA SCIENTIARUM NATURALIUM UNIVERSITATIS SUNYATSENI Vol.31 №.4 1992

·研究简报·

梅森素数的分布规律

周海中

（外语学院）

摘　要　本文从已知的梅森素数出发，探讨梅森素数在自然数中的分布规律，提出了在 2^{2^n} 与 $2^{2^{n+1}}$ 之间梅森素数的个数为 $2^{n+1}-1$ 的猜想，并据此做出了小于 $2^{2^{n+1}}$ 的梅森素数的个数为 $2^{n+2}-n-2$ 的推论。

关键词　素数，猜想，完全数，梅森素数，素数分布

梅森素数（Mersenne prime）是指形如

$$M_p = 2^p - 1$$

的素数，其中 p 为素数。从欧几里德时代起，它一直是数论研究中的一个重要内容。

图 3-17　我国数学家及语言学家周海中和“周氏猜测”

2. 互质

互质又被称为互素，若 $N(N\geqslant 2)$ 个整数的最大公因数是 1，则称这 N 个整数互质。互质的主要性质有：

(1) 任意两个质数构成互质关系，比如 13 和 61。

(2) 一个数是质数，另一个数只要不是该数的倍数，两者就能构成互质关系，比如 3 和 10。

(3) 如果两个数之中，较大的那个数是质数，则两者构成互质关系，比如 97 和 57。

(4) 1 和任一自然数都是互质关系，比如 1 和 99。

(5) p 是大于 1 的整数，则 p 和 $p-1$ 构成互质关系，即相邻的两个自然数是互质数，比如 57 和 56。

(6) p 是大于 1 的奇数，则 p 和 $p-2$ 构成互质关系，即相邻的两个奇数是互质数，比如 17 和 19，17 和 15。

3. 大素数因子分解理论

已知两个大的质数，计算其乘积是很简单的。但反过来，已知两个大质数的乘积，将其分解为两个质数是非常困难的，即因其计算量非常大，目前还没有算法在较短时间内能有效求解该问题。表 3-4 给出了在现有计算机算力下，完成大整数因子分解需要的时间。但随着量子计算机的发展，这一分解时间将大幅缩短。

表 3-4　完成大数分解需要的时间

整数 n 的十进制位数	因子分解的运算次数	所需计算时间(每微秒一次)
50	1.4×10^{10}	3.9 小时
75	9.0×10^{12}	104 天
100	2.3×10^{15}	74 年
200	1.2×10^{23}	3.8×10^{9} 年
300	1.5×10^{29}	4.0×10^{15} 年
500	1.3×10^{39}	4.2×10^{25} 年

4. 欧拉定理

如果数 x 和数 n 互质,那么 $x^{\phi(n)}=1\bmod n$。其中,$\phi(n)=(p-1)(q-1)$是 n 的欧拉函数值,表示小于 n 的素数的个数,即在小于或等于 n 的正整数中与 n 互质的数的个数,其中,p 和 q 都是素数。

5. gcd(a,b)最大公因数

gcd(a,b)表示两个正整数 a,b 的最大公因数($a>b$ 且 $a\bmod b$ 不为 0)。gcd(a,b)的计算方法主要有欧几里得算法。

6. 欧几里得算法

给定整数 a,b,且 $b>0$,重复使用带余除法,即用每次的余数为除数去除上一次的除数,直至余数为 0。最后一个不为 0 的余数就是 a 和 b 的最大公因数 gcd(a,b)。

【例】 求 gcd{224,34}。

解:

gcd{224,34}余数 20

=gcd{34,20}余数 14

=gcd{20,14}余数 6

=gcd{14,6}余数 2

=gcd{6,2}余数 0

=2

所以 gcd{224,34}=2。

7. 同余关系

若两个自然数对于一个给定的模数有相同的余数,则称这两个数具有同余关系。例如 $7\equiv4\bmod3$,即 7 和 4 被 3 除的余数相同,都为 1,则 7 和 4 具有同余关系。

3.3.2 RSA 算法概述

RSA 算法是 1977 年由罗纳德·李维斯特、阿迪·萨莫尔和伦纳德·阿德曼一起提出的。1987 年 7 月首次在美国公布,当时他们三人都在麻省理工学院工作实习。RSA 就是他们三人姓氏开头字母拼在一起组成的。2002 年,RSA 算法的三位发明人因此获得图灵奖。RSA 算法的安全性是基于大数分解的难题,其公钥和私钥是一对大素数的函数,虽然迄今为止还没有从理论上证明破解 RSA 算法的难度等价于分解两个大素数之积,但 RSA 算法能抵抗到目前为止已知的所有密码攻击,已成为公钥密码的国际标准,一直是最广为使用的非对称密码算法。如表 3-4 所示，这种算法的密钥越长，它就越难破解。根据已经披露的文献，目前被破解的最长 RSA 密钥是 768 位二进制。也就是说，长度超过 768 位的密钥，还无法破解(至少没人公开宣布)。1024 位的 RSA 密钥基本安全，2048 位的密钥极其安全。

只要有网络的地方，就有 RSA 算法。例如，网络服务器端生成公钥和私钥。在浏览器向服务器索取网页时，服务器将公钥存放在网页中发送给用户 A。用户 A 在发送消息给服务器的时候用公钥给明文加密，再将密文发送给服务器。在 A 的发送过程中，如果密文被黑客 B 截获，B 无法破解 A 发送的密文。因为经 RSA 算法公钥加密的密文必须由私钥解密，虽然 B 可以获得服务器分发的公钥，但是经公钥加密的密文不能由公钥解密。服务器收到 A 发送的密文后，用私钥将其解密，将处理结果用私钥加密后再发送给 A。这时就可能存在风险，如果服务器返还给 A 的密文被 B 截获，虽然 B 无法解密 A 发出的密文，但是 B 有公钥，可以解密服务器发出的密文。通过将服务器发出的密文解密，B 可以得到对自己有潜在价值的信息，这样就有可能对 A 产生不利影响。

为了避免服务器返回的密文被 B 截获并用公钥破解，A 也可以主动利用 RSA 算法生成密钥对，将生成的公钥做好起止标记放在明文的某个位置，用服务器分发的公钥给这个新的明文加密后再发送给服务器；服务器收到密文后用自己的私钥解密，按照起止标记提取出 A 分发的公钥，用此公钥给处理结果加密，将密文返回给 A。虽然 B 可以截获此密文但是无法破解，因为此密文不是用服务器的私钥加密。当 A 收到服务器返回的密文后，用自己保存在网页中的临时私钥将密文解密得到明文，这样就保证了通信的安全性。

他们的名字无人知晓，他们的功绩永世长存。密码学背后默默付出的英雄们！

目前我们能了解到的密码学进展，都是军方、保密机构允许公开的。在密码学这个特殊的行业，有很多默默工作、不计个人名利的英雄们。他们并不是没有机会像 RSA 算法三位发明人一样获得图灵奖的殊荣，而是出于国家民族安全需要，暂不能将他们的研究成果公开。或许只能等他们的研究成果彻底过时，官方才会公布资料；或许他们永远无法被人知晓。据相关资料记载，事实上，早在李维斯特、萨莫尔和阿德曼三人独立发明 RSA 概念的几年之前，RSA 的理念实际上已被英国政府通信总部(Government Communications Headquarters，GCHQ)的克利福·柯克斯(Cliff Cocks)提出。因为英国 GCHQ 的工作是保密的，甚至在机密的加密技术领域内也绝非广为人知。因此，学术界最终认定 RSA 算法的发明人仍是李维斯特、萨莫尔和阿德曼，因此他们在 2002 年获得图灵奖。这并没有在任何程度上削弱李维斯特、萨莫尔和阿德曼三人成就的意思，只是希望后人们永远记住密码学背后默默奉献的英雄们！他们的名字可能无人知晓，但他们的功绩将永世长存。推荐电影《暗算》和书籍《红军破译科长曹祥仁》。

3.3.3 RSA 算法原理

RSA 算法可分为密钥生成、加密、解密三部分。

1. 密钥生成

在RSA算法中，须生成两个密钥，一个是可以公开的密钥，一般称为“公钥”；另一个是不能公开的密码，一般称为“私钥”。RSA算法密钥生成包括以下五步：

(1) 选取两个互质的大素数 p 和 q，且 p 和 q 均需保密，比如 p 和 q 选择100～200位十进制数或更大的素数。

(2) 按式(3-14)计算其欧拉函数：

$$\phi(n)=(p-1)(q-1) \tag{3-14}$$

$$n=p\times q \tag{3-15}$$

式中，n 表示一个十进制数，n 转换为二进制的位数即为RSA算法密钥的位数，一般取1024位，重要场合取2048位。使用中称“多少位RSA算法”中的“位”就是指密钥的二进制位数。因此，p 和 q 具体的长度是由 n 确定的。

(3) 选一个公开的整数 e，满足 $1<e<\phi(n)$，且 $\gcd\{\phi(n),e\}=1$，实际中 e 一般取65537。

(4) 计算整数 d，满足 $d\times e\equiv 1\bmod\phi(n)$。其中符号≡表示同余关系，所以有式(3-16)成立。

$$d=[k\phi(n)+1]/e \tag{3-16}$$

式中，k 为整数。式(3-16)具体推导如下。

由同余关系可知，$d\times e\equiv 1\bmod\phi(n)$ 可表示为 $(d\times e)\bmod\phi(n)=1\bmod\phi(n)$。由于 $\phi(n)$ 为两个大素数的欧拉函数，所以 $(d\times e)\bmod\phi(n)=1\bmod\phi(n)=1$，表示该式 $(d\times e)$ 除以 $\phi(n)$ 的余数为1，所以 $(d\times e)=k\phi(n)+1$，即 $d=[k\phi(n)+1]/e$，且 d 和 e 互质。

(5) 确定 $\{e,n\}$ 为公开密钥，$\{d,n\}$ 为秘密密钥。

2. 加密

(1) 将明文进行分组，使得每个分组对应的十进制数小于 n，即分组长度小于 $\log_2 n$。

(2) 分别对每个明文分组按式(3-17)进行如下加密运算：

$$c_i=m_i^e \bmod n \tag{3-17}$$

式中，m_i 表示第 i 个分组的明文，$m_i<n$(这里假设 m_i 以十进制数表示)；c_i 表示 m_i 加密后的密文。

3. 解密

将密文 c_i 按式(3-18)进行如下计算，得到对应的分组明文 m_i。

$$m_i=c_i^d \bmod n \tag{3-18}$$

将所有明文分组依次排序，即解密出对应的明文。

【例】 在RSA公钥密码体制中，设 $p=7,q=13,e=5$。当明文 $m=10$ 时，求 d 和相应的密文。

1) 密钥生成

(1) 计算欧拉函数。

$$n=p\times q=7\times 13=91$$

$$\phi(n)=(p-1)(q-1)=6\times 12=72$$

(2) 计算 d。

$d=[k\phi(91)+1]/e=(72k+1)/e=29$，$k$ 为整数。

(3) 确定公钥和私钥。

确定{5,91}为公钥，{29,91}为私钥。

2) 加密

$$c=m^e \bmod n=10^5 \bmod 91=82$$

3) 结果验证

$$m=c^d \bmod n=82^{29} \bmod 91=?$$

其中，82^{29} 是一个非常大的数，已经超出计算机所允许的整数取值范围，那如何才能计算出来呢？这里要运用到 3.2.1 节学习过的模运算性质，通过快速指数法来计算：

$$(a \bmod n \times b \bmod n) \bmod n=(a \times b) \bmod n$$

$$a^b \bmod n=(a \bmod n)^b \bmod n$$

【快速指数法】

$82^{29}\text{mod}91$

$=(82\times 82^{28})\text{mod}91$

$=(82\text{mod}91\times 82^{28}\text{mod}91)\text{mod}91$

$=(82\times(82^2)^{14}\text{mod}91)\text{mod}91$

$=(82\times 6724^{14}\text{mod}91)\text{mod}91$

$=(82\times((6724\text{mod}91)^{14})\text{mod}91)\text{mod}91$

$=(82\times(81^{14}\text{mod}91)\text{mod}91$

$=(82\times(81^2)^7\text{mod}91)\text{mod}91$

$=(82\times(6561^7\text{mod}91))\text{mod}91$

$=(82\times(6561\text{mod}91)^7\text{mod}91)\text{mod}91$

$=(82\times 9^7\text{mod}91)\text{mod}91$

$=(82\times 9)\text{mod}91$

$=10$

注：当 $a<n$ 时，$a \bmod n=a$，所以 $82\text{mod}91=82$。

由于 RSA 算法的计算量较大，在实际应用中很少用于大块的数据加密，通常在混合密码系统中用于加密会话的密钥，或用于数字签名和身份认证等短消息加密。

3.3.4 针对 RSA 算法的攻击

1. 共模攻击

在存在密钥统一生成的中央机构的情况下，为了节约资源等原因，中央机构往往会选择同一个整数 n，并利用 n 给不同的用户产生各自的公钥-私钥对：(e_1,d_1)，(e_2,d_2)，…，(e_i,d_i)，则第 i 个用户的公钥和私钥分别为(e_i,n)和(d_i,n)。此时，任意一个用户都可以使用自己的公钥-私钥对计算出所有用户公用的 $\phi(n)$，进而计算出任意其他用户的私钥(d_i,n)，从而解密他们的密文。

共模攻击的另一种情况是对于一个外部的攻击者，在不知道任意一个公钥对应私钥的情况下的攻击方法。假如有一个系统内部的广播消息，使用两组或以上的公钥加密，分别发送给对应的系统用户。外部的攻击者在监听到两个密文(这两个密文加密的消息是相同的)的情况下,可以使用扩展欧几里得算法高效地恢复出加密的消息。假设两个密文分别被公钥(e_1,n)和(e_2,n)加密成如式(3-19)所示的形式:

$$\begin{aligned} c_1 &= m^{e_1} \bmod n \\ c_2 &= m^{e_2} \bmod n \end{aligned} \tag{3-19}$$

此时,假设e_1和e_2互素,则攻击者可以使用扩展欧几里得算法计算出$s_1e_1+s_2e_2=1$。然后通过式(3-20)所示过程恢复出明文m:

$$c_1^{s_1} \cdot c_2^{s_2} \bmod n = m^{s_1e_1+s_2e_2} \bmod n = m \tag{3-20}$$

2. 小指数攻击

小指数攻击存在两种形式,分别是小私钥指数d攻击和小公钥指数e攻击。

1) 小私钥指数d攻击

小私钥指数d攻击,即选择一个较小的d,虽然可以加快解密速度,但是这也使RSA加密参数的选择极其容易遭受穷举d攻击。即使当选择d的长度约为$\lambda/2$时(λ为p和q的长度),依然存在某些攻击方法来恢复出d。

2) 小公钥指数e攻击

当公钥中的e值过小时,尤其是选择$e=3$时,RSA加密算法存在更多的攻击点。例如,当使用e来加密一个长度小于$|n|/3$的消息时,即根据式(3-16)计算密文$c=m^e \bmod n$。由于m的长度小于$|n|/3$,因此c在数值上小于n,即在加密过程中没有进行任何模运算。此时消息m可以直接通过计算c的实数立方根得出。

小公钥指数e攻击需要限定加密消息长度小于$|n|/3$,利用中国剩余定理,该攻击可以将攻击的消息扩展到任意长度。由于共模攻击的存在,中央机构给三个用户分别选择了三组不同的大素数(p_1,q_1)、(p_2,q_2)和(p_3,q_3),根据式(3-15)产生了对应的n_1、n_2和n_3,但是却使用了同样的$e=3$。运用上述三个不同的公钥$(n_1,3)$、$(n_2,3)$和$(n_3,3)$对消息m加密,可以得到三份密文:

$$\begin{aligned} c_1 &= m^3 \bmod n_1 \\ c_2 &= m^3 \bmod n_2 \\ c_3 &= m^3 \bmod n_3 \end{aligned}$$

此时,如果攻击者得到这三份密文c_1、c_2和c_3及对应的公钥$(n_1,3)$、$(n_2,3)$和$(n_3,3)$,可以利用中国剩余定理解密消息m。具体过程如下:

令$n=n_1\times n_2\times n_3$,则可以得到一个密文$c$,即

$$\begin{aligned} c &= c_1 \bmod n_1 \\ c &= c_2 \bmod n_2 \\ c &= c_3 \bmod n_3 \\ c &= m^3 \bmod n \end{aligned} \tag{3-21}$$

由于$m<n$,且$m^3<n$,因此有$c=m^3$,即明文m可通过计算密文c的实数立方根直接获得。因此抵抗小指数攻击最简单的办法就是e和d都取较大的值。

综上,因为RSA算法密钥的产生受素数产生技术的限制,所以也有它的局限性。

(1) 密钥的产生受素数产生技术的限制,因而难以做到一次一密,分组长度太大。

(2) 为保证安全性,n 至少需要 600bit。但这样做的代价是运算量很高,加解密速度比对称密码算法慢几个数量级。随着大整数素因数分解算法的改进和计算机计算能力的提高,对 n 的长度要求在不断增加,因此不利于实现数据格式的标准化。

3.4 国产密码算法

3.4.1 国产密码概述

国产密码算法简称国密算法,是由国家密码管理局认定的拥有自主知识产权的密码算法。2013 年斯诺登事件曝光,美国国家安全局(National Security Agency,NSA)曾与加密技术巨头——RSA 公司签订秘密交易,交易中 NSA 可以获取 RSA 加密算法中的后门,这一事件标志着加密算法的自主性缺失成为国家信息安全的威胁。我国自 2002 年以来就不断推动研发国密算法,并于 2012 年批准 SM2、SM3、SM4 等密码学算法作为行业标准。目前已经公布的国密算法包括 SSF33、SM1、SM2、SM3、SM4、SM7、SM9 以及祖冲之(ZUC)密码等算法,其中 SM1、SM4、SM7、ZUC 密码是对称密码算法; SM2、SM9 是非对称密码算法; SM3 是哈希算法。

3.4.2 祖冲之密码算法

祖冲之密码算法,是一种基于线性返回移位寄存器设计的密码算法,于 2012 年 3 月成为密码行业标准,于 2016 年 10 月成为国家标准,2018 年 4 月以补篇形式进入,由 ISO 及 IEC 联合制定国际标准 ISO/IEC 18033—4,是中国第一个成为国际密码标准的密码算法,广泛应用于无线通信领域,我国 4G 入网检测已要求手机终端全部支持祖冲之密码算法。

祖冲之密码算法共有三层: 线性反馈移位寄存器、比特重组和非线性函数。线性反馈移位寄存器定义在素数域上,增加了线性复杂度,提高了算法安全性; 比特重组也使攻击变得困难; 非线性函数使用 S 盒、异或等运算,降低了能耗和硬件门电路数目。

祖冲之密码算法的软硬件实现是近年来信息安全领域的热点,高通公司研究人员在高通 700MHzHexagonDSP 上实现了祖冲之密码算法,其性能如表 3-5 所示。Lei Wang 等给出了基于现场可编程门阵列(Field Programmable Gate Array,FPGA)的几种优化硬件实现,其性能如表 3-6 所示。可见祖冲之密码算法在软硬件实现上都有优异的性能。

表 3-5 祖冲之密码算法软件实现性能

长度/Byte	128	256	512	1024	1500	2048	4096
速度/bit/轮	0.3989	0.5460	0.6694	0.7547	0.7865	0.8060	0.344

表 3-6 祖冲之密码算法硬件实现性能

序号	频率/MHz	面积/m^2	吞吐量/Mbps	吞吐量/Mbps
1	126	311	2016	6.5
2	108	356	2456	9.7
3	222.4	575	7111	12.3

3.4.3 国密算法与国际加密算法对比

1. SM1 与 AES 算法

SM1 算法是国家密码管理局审批的密码算法，其分组长度和密钥长度都是 128bit，但该算法不公开，仅固化在加密芯片中。SM1 算法安全性和软硬件实现性能与 AES 算法相当，表 3-7 给出 SM1 与 AES 算法的相关对比。

表 3-7 SM1 与 AES 算法对比

项　目	SM1 算法	AES 算法
计算结构	基于椭圆曲线	Rijndael 结构
存储空间长度	128bit	128/192/256bit
加密解密速度	约几十兆 bps	约 50Mbps

2. SM4 与 DES 算法

SM4 算法是我国自主设计的分组对称密码算法，是无线局域网标准的分组数据算法，密钥长度和分组长度为 128bit。SM4 算法在计算过程中加入了非线性变换，安全性高于 3DES 算法。表 3-8 给出了 SM4 与 DES 算法的相关对比。

表 3-8 SM4 与 DES(3DES)算法对比

项　目	SM4 算法	DES(3DES)算法
计算轮数	32 轮	16 轮
分组长度	128bit	64bit
密钥长度	128bit	64bit
加密解密速度	约几十兆 bps	约 50Mbps
性能	硬件、软件实现均快	硬件实现较快，软件实现较慢
安全性	较高	较低(3DES 较高)

3. SM2 与 RSA 算法

SM2 算法由国家密码管理局于 2010 年 12 月 17 日发布，全称为椭圆曲线算法。RSA 算法的安全性基于素数分解问题，其复杂度是亚指数级的，SM2 算法基于离散对数问题，目前数学上还找不到亚指数级的算法求解该问题，所以同等安全性要求下 SM2 算法需要的密钥长度更短。SM2 与 RSA 算法对比如表 3-9 所示。

表 3-9 SM2 与 RSA 算法对比

项　目	SM2 算法	RSA 算法
计算结构	基于椭圆曲线	基于可逆模幂运算
复杂度	指数级	亚指数级
加密解密速度	约几兆 bps	约 0.1Mbps
性能	硬件、软件实现均快	硬件实现较快，软件实现较慢
相同安全性所需公钥位数	较少(160 位的 SM2 与 1024 位的 RSA 安全性相近)	较多

国密算法相比于国际加密算法其安全性和执行速度具有一定的优势。国密算法与国际加密算法相比，每组算法执行占用内存大小相当，作为我国拥有自主知识产权的加密算法，能够在不依赖别国技术的情况下保障信息安全。

本章小结

本章首先从密码学的基本概念出发，介绍密码学的历史、密码系统、密码技术的分类等基本知识。随后，分别介绍了物联网实际应用中的典型对称密码算法 AES 算法和非对称密码算法 RSA 算法的基本原理。最后，在此基础上介绍了几种国产密码算法。

思考与练习

1. 红蓝军通过对称密码通信需要多少个密钥？

2. 简述密码系统的组成。哪些要素是必须保密的？哪些要素是可以公开的？

3. 试分析下例中的哪部分是密钥 K，加密算法 E，解密算法 D。

密文：KCOCUQNFKGT

明文：IAMASOLDIER

4. 对称密码体制和非对称密码体制有什么区别？

5. Alice 生成了一个公钥和一个私钥。不幸的是，她后来把私钥弄丢了。试回答如下问题：

(1) 其他人能发送给她加密信息吗？

(2) 她能解密以前收到的消息吗？

(3) 她能对文档进行数字签名吗？

(4) 其他人能验证她以前签过名的文件吗？

6. 假设在下列算力条件下：

(1) 每台计算机每秒可尝试 10^{20} 个密钥；

(2) 共有 10^{100} 台计算机；

(3) 所有的计算机可运转 10^{20} 年。

如果依然要保证无法通过暴力破解遍历整个密钥空间，则对称密码的密钥需要达到多少 bit？请从下列选项中选出正确的答案。

A. 只要 512bit 就够了

B. 至少需要 1024bit

C. 至少需要 4096bit

D. 至少需要 10000bit

E. 100000bit 也不够

注：*这里假设的算力是远远超过实际情况的。相比之下，超级计算机"京"每秒可执行 10^{16} 次浮点运算，宇宙中所有粒子的总数为 10^{87} 个左右，宇宙的年龄为 10^{11} 年左右。*

7. AES 算法中 S 盒的作用是什么？若 S2 的输入为 110101，其输出是什么？

8. 说明 RSA 算法中密钥产生和加解密的过程。如何寻找大素数？

9. 柯克霍夫原则是(　　)。

A. 密码系统的任何细节已为人悉知，该密码系统不可用

B. 密码系统的任何细节已为人悉知，该密码系统仍可用

C. 密码系统的任何细节已为人悉知，只要密钥未泄露，它也应该是安全的

D. 密码系统的任何细节已为人悉知，密钥泄露了也是安全的

第4章

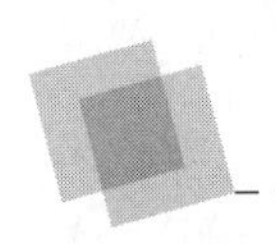

签名与认证

本章要点

中间人攻击
哈希函数
数字签名
数字证书
身份认证

导入案例

物联网接入设备身份验证

在任何一个物联网系统中，终端设备在连接云平台（服务器）的时候，云平台（服务器）都需要对设备的身份进行验证，验证这是一个合法的设备之后才允许接入。那么，云平台（服务器）是如何验证的呢？如果在使用中合法接入设备被黑客冒充怎么办？这就需要使用到本章要学习的相关内容：中间人攻击、数字签名、数字证书，及其中涉及的哈希函数。

4.1 中间人攻击

4.1.1 中间人攻击原理

中间人攻击是指攻击者使用技能和工具将自己置于终端设备和服务器之间，并与通信的两端分别创建独立的联系，拦截通信双方的通信并插入新的内容，使通信双方认为他们正在通过一个秘密的连接与对方直接通话，但事实上整个对话都被攻击者完全控制。也就是说，攻击者试图在通信双方都不知情的情况下，分别获取或篡改双方之间传递的消息并将其转发给双方。大多数情况下，中间人攻击发生在局域网中。中间人攻击原理示意图如图 4-1 所示。

中间人攻击一般有两种模式：监听模式和篡改模式。监听模式主要是指攻击者对通信两端的通信内容进行监听并转发数据，主要针对无数据加密或弱数据加密的通信。在物联网中常见的为无线监听方式，用以获取明文数据。篡改模式是指攻击者可篡改通信两端的

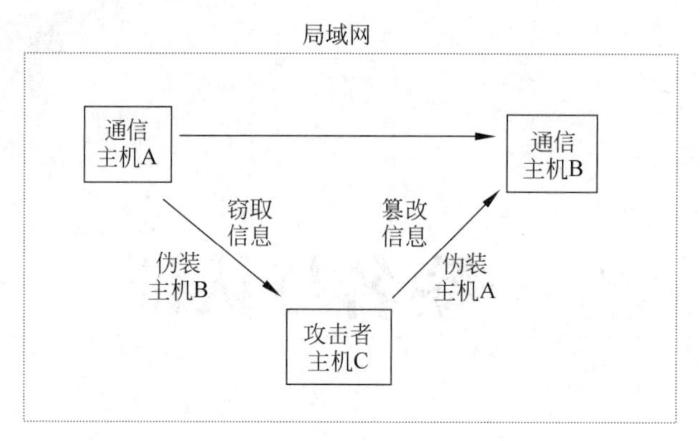

图 4-1 中间人攻击原理示意图

通信内容,通过中间人攻击可以解密超文本传输安全协议(Hyper Text Transfer Protocol Secure,HTTPS)数据,获取使用 HTTPS 通信的明文数据。中间人攻击可以通过嗅探、数据包注入、域名系统(Domain Name System,DNS)欺骗、会话劫持和安全套接层(Secure Socket Layer,SSL)证书伪造等方式造成损害。

2017 年 9 月,物联网安全研究公司 Armis 在官网上公布了一种新型物联网攻击手段 BlueBorne,因其利用 8 个蓝牙传输协议漏洞对设备进行空中攻击和传播,所以 Armis 的研究人员将其称为 BlueBorne。该漏洞影响了 53 亿台设备,涉及 Android、iOS、Windows 和 Linux 操作系统。攻击者利用 BlueBorne 获取物联网终端设备的控制权限,建立一个"中间人"连接,实现在不需要与受害者进行任何交互的情况下,轻松获取设备的关键数据和网络访问权限。

4.1.2 中间人攻击实例

基于 RSA 等公钥密码算法的通信密钥方案看上去无懈可击,却存在最致命的问题,那就是中间人攻击。所谓中间人攻击就是服务器端传递给客户端的公钥可能被攻击者替换,这样安全性就荡然无存了。本节将结合图 4-2 用实例说明 RSA 公钥密码算法在传递 AES 算法的密钥过程中是如何遭遇中间人攻击的,具体步骤如下:

(1) 客户端向服务器端发起 RSA 公钥请求,期望获取服务器端的 RSA 公钥用于后续通信加密,攻击者劫持了这一请求。

(2) 攻击者生成 RSA 密钥对,冒充服务器端将生成的公钥 $RSA_{攻}$ 发送给客户端;同时,冒充客户端向服务器端发起 RSA 公钥请求。

(3) 客户端收到攻击者发来的公钥 $RSA_{攻}$,将其当作服务器端的公钥 $RSA_{服}$ 用于密钥 $A_{客}$ 的加密,并将生成的密文 $C_{客}$ 发送给服务器端,实际上发送给了攻击者。

服务器端将攻击者误认为是客户端,响应其请求将生成的公钥 $RSA_{服}$ 发送给客户端,实际是发送给了攻击者。

(4) 攻击者用其私钥 $RSA_{攻}$ 解密密文 $C_{客}$ 得到密钥 $A_{客}$;同时,冒充客户端用服务器端的公钥 $RSA_{服}$ 将密钥 $A_{攻}$ 加密,生成密文 $C_{攻}$ 后发送给服务器端。

(5) 服务器端接收到密钥 $A_{攻}$ 加密的密文 $C_{攻}$ 后,将其当作是客户端发来的信息,用自己的私钥 $RSA_{服}$ 解密出密钥 $A_{攻}$。

客户端使用 AES 算法,通过密钥 $A_{客}$ 加密明文 $D1$ 后发送给服务器端,实际上是发送

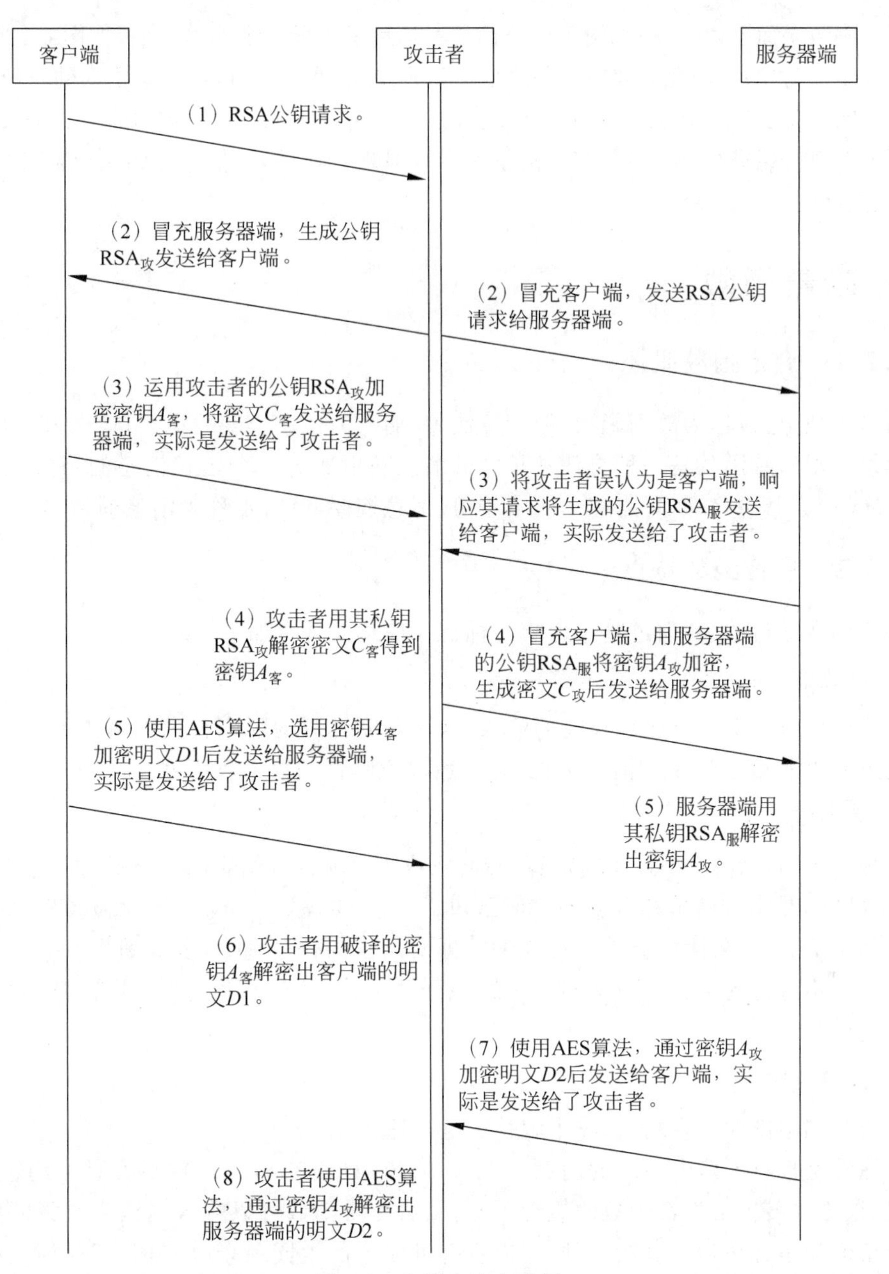

图 4-2　中间人攻击实例

给了攻击者。

(6) 攻击者使用 AES 算法,通过密钥 $A_{客}$ 解密出明文 $D1$,客户端相当于泄露了隐私。

(7) 服务器端将攻击者误认为是客户端,使用 AES 算法选用密钥 $A_{攻}$ 加密明文 $D2$ 并发送给客户端,实际上是发送给了攻击者。

(8) 攻击者使用 AES 算法,通过密钥 $A_{攻}$ 即可解密出服务器端的明文 $D2$。

至此,客户端和服务器端的明文 $D1$ 和 $D2$ 均被攻击者成功破解,这就是中间人攻击,公开密钥算法的所有网络通信都会存在中间人攻击。例如,在 TLS/SSL 协议中,客户端无法确认服务器端的真实身份。例如,当客户端访问某网站时,接收到一个服务器端发来的公钥,但公钥只是一串数字而已，客户端无法确认公钥是不是真正属于这个网站，是否像图 4-2 所示遭遇中间人攻击被替换了，因此需要有一种手段去辨别公钥的真伪和认证公钥主人的身份，其中一个解决方案就是公钥基础设施(Public Key Infrastructure，PKI)。PKI 技术的核心是数字证书，数字证书是对公钥进行的数字签名。后续本章将围绕 PKI 技术，依次介绍生成 PKI 需要的哈希函数、数字签名和数字证书。

4.2 哈希函数

4.2.1 哈希函数概述

哈希函数，也被称为散列函数、散列算法，其输入为任意长度的消息，输出为某一固定长度的消息。即哈希函数是一种将任意长度的消息映射成为一个定长消息的函数，数学上记为 $h=H(x)$。其中，h 称为消息 x 的哈希值、消息摘要，有时也称为消息的指纹。

4.2.2 哈希函数特点

哈希函数的目的是"通过哈希值唯一标识原信息"，具有如下性质。

1. 压缩性

哈希函数将一个任意比特长度的输入 x，映射成为短的固定长度的输出 $h=H(x)$，通常情况下 h 的长度远远小于消息 x 的长度，所以说哈希函数具有压缩性。

2. 单向性

也称为正向计算简单性-反向计算困难性、或不可逆性。给定哈希函数和任意消息输入 x，计算 $H(x)$是十分简单和容易的。但已知 $H(x)$，要找到一个消息输入 x，使得它的哈希值恰好等于 $H(x)$，在计算上是不可行的。即对给定的任意值 h，求解满足 $h=H(x)$的 x 在计算上是不可行的。它是明文到密文的不可逆映射，只有加密过程，没有解密，且加密不需要任何密钥。

3. 抗碰撞性

在介绍抗碰撞性概念之前，先了解什么是碰撞性。

碰撞性是指对于两个不同的消息 x 与 x'，如果 $H(x)=H(x')$，则表明 x 与 x'发生了碰撞，也被称冲突。由哈希函数的概念可知，虽然哈希函数可以输入的消息是无限的，但可能的哈希值却是有限的。显然，不同的消息有可能会产生同一个哈希值，即碰撞是存在的，但概率很低，且不可能被人为找到这个碰撞。以经典哈希算法 MD5 为例，发生碰撞的概率是 $1/2^{128}$，这个数字到底是多少呢？以太阳的表面积是 6 万亿平方千米，一个原子的截面积大约是 1nm^2 为例进行计算，假设把一个原子放在 56 个太阳中任意一个的表面，这个概率是在这 56 个太阳上随意指定一点，正好点中这个小的原子的概率。对 SHA-1 算法来说，这个概率就更低了。(MD5 算法和 SHA-1 算法于 2004 年被我国王小云院士及团队破解了)。

抗碰撞性是指哈希函数难以被人为发现碰撞的性质。任何安全的哈希函数都要求具有抗碰撞性，具体包括弱抗碰撞性和强抗碰撞性两种。

① 弱抗碰撞性(弱无碰撞性)：给定定义域中的元素 x，找出定义域中的另一个元素 $x'\neq x$，使其满足 $H(x)=H(x')$是非常困难的，在计算上不可行的。即要人为找到和某消

息具有相同哈希值的另外一条消息是不可能的。弱抗碰撞性也被称为目标抗碰撞性(Target Collision Resistance,TCR)。

② 强抗碰撞性(强无碰撞性):找到定义域中的两个不同的元素 x 与 x',满足 $H(x)=H(x')$ 是非常困难的,在计算上是不可行的。即要人为找到哈希值相同的两条不同的消息是不可能的。强抗碰撞性蕴含着弱抗碰撞性。对于一般的哈希函数而言,如果没有明确指出,通常所说的抗碰撞性是指强抗碰撞性。

4. 高灵敏性

这是从二进制比特位角度出发的,指的是 1 比特位的输入变化会造成 1/2 的比特位发生变化。实际上任意两个消息 x 与 x' 如果略有差别,它们的哈希值 $H(x)$ 和 $H(x')$ 会有很大的不同。如果修改明文 x 中的某个比特,就会使输出比特串中大约一半的比特发生变化,即雪崩效应。理想状态下,每一比特输入的改变,都会引起输出的每个比特 50%概率的改变。构造理想又稳定的雪崩效应是哈希函数的重要设计目标。因此攻击者不能指望通过对明文消息的稍微改变就可以得到一个相似的哈希值。

5. 快速性

不管消息有多长,计算该消息的哈希值所花费的时间必须短。如果不能在非常短的时间内完成计算,哈希函数就没有存在的意义了。

4.2.3 常用哈希算法

常用哈希算法主要有:MD4 算法、MD5 算法、SHA-1 算法和 SHA-2 系列算法。

1. MD4 算法

MD4(RFC1320)算法是国际著名密码学家、麻省理工学院的罗纳德·李维斯特(RonaldL. Rivest)教授在 1990 年设计的,MD 是信息摘要(Message Digest)的缩写。它适用在 32 位字长的处理器上用高速软件实现,是基于 32 位操作数的位操作来实现的。(RFC(Request for Comments)是一系列以编号排定的文件。文件收集了有关互联网相关信息,以及 UNIX 和互联网社区的软件文件。RFC 文件是由互联网协会(Internet Society,ISOC)赞助发行。基本的互联网通信协议都在 RFC 文件内有详细说明。RFC 文件还额外加入许多在标准内的论题,例如,对于互联网新开发的协议及发展中所有的记录。因此几乎所有的互联网标准都被收录在 RFC 文件之中。)

1991 年,DenBoer 和 Bosselaers 发表文章指出 MD4 算法的短处,他们以及其他人很快发现了攻击 MD4 版本中第一步和第三步的漏洞。科学家 Dobbertin 演示了如何利用一部普通个人计算机在几分钟内找到 MD4 完整版本中的冲突,这个冲突实际上是一种漏洞,它将导致对不同内容进行加密却可能得到相同的加密结果。因此,MD4 算法就此被淘汰掉了。

2. MD5 算法

MD5(RFC1321)算法是罗纳德·李维斯特于 1991 年对 MD4 算法的改进版本,解决了 MD4 算法的安全性缺陷。MD5 算法对输入仍以 512 位分组,其输出与 MD4 算法相同,是 4 个 32 位字的级联,共 128bit。MD5 算法比 MD4 算法复杂,计算速度要慢一些,但更安全,在抗分析和抗差分攻击方面表现得更好。MD5 算法成为应用非常广泛的一种哈希算法,它本身也存在理论漏洞，但在后续多年的研究及应用过程中，人们却一直没有找到能够在可接受的时间及计算能力范围内迅速破解该算法的技术，因而理论上的瑕疵并没有影响 MD5 算法的广泛应用。

3. SHA-1 算法

SHA-1 算法是以 MD4 算法为基础设计的，由美国 NIST 和 NSA 设计为与数字签名算法(Digital Signature Algorithm，DSA)一起使用，对长度小于 2^{64} 位的输入，SHA-1 算法产生 160 位的哈希值。SHA 是英文 Secure Hash Algorithm(安全哈希运算)的首字母缩写，因此抗穷举性更好。SHA-1 算法设计是基于和 MD4 算法相同的原理，并且模仿了该算法。因此 SHA-1 算法背后也是 NSA 的背景。

DSA 是 Schnorr 和 ElGamal 签名算法的变种，被美国 NIST 作为数字签名标准(Digital Signature Standard，DSS)。

MD5 和 SHA-1 两大算法是目前国际电子签名及许多其他密码应用领域的关键技术，广泛应用于金融、证券等电子商务领域。其中，SHA-1 算法更是被认为是现代网络安全不可动摇的基石。2004 年 8 月 17 日，时任山东大学的王小云教授在国际密码学会议(Crypto'2004)宣布其团队已经将 MD5 算法和 SHA-1 算法破解了。

勇攀科学高峰，为国争光

在参加过 2004 年 8 月 17 日美国加州圣巴巴拉召开的国际密码学会议(Crypto'2004)的专家们看来，"一觉醒来，一切都变了"。时任山东大学的王小云教授在 Crypto'2004 上做的破译 MD5. HAVAL-128. MD4 和 RIPEMD 算法的报告，令整个密码学界醍醐灌顶，令在场的国际顶尖密码学专家都为之震惊。MD5 密码算法，运算量达到 2^{80}。即使采用现在最快的巨型计算机，也要运算 100 万年以上才能破解。但王小云和她的研究小组用普通的个人计算机，几分钟内就找到了有效结果。该次会议的总结报告中这样写道："我们该怎么办？MD5 被重创了，它即将从应用中淘汰。SHA-1 仍然活着，但也见到了它的末日。现在就得开始更换 SHA-1 了。"《崩溃！密码学的危机》，美国《新科学家》杂志用这样夸张的标题概括王小云教授里程碑式的成就。对于学术界来说，这个巨大震撼源于被王小云破解的、被普遍视为"坚不可摧"的两大算法。

当哈希函数的两大支柱算法遭受重创后，2007 年，美国 NIST 向全球密码学者征集新的国际标准密码算法，王小云放弃参与设计新国际标准密码算法，转而设计国内的密码算法标准。时至今日，王小云也为自己的选择而自豪，祖国的需要就是她做科研的重要动力。2005 年，王小云和国内其他专家设计了我国首个哈希函数算法标准 SM3。如今，SM3 已为我国多个行业保驾护航，审批的密码产品达千余款，多款产品在全国范围内大范围使用，受 SM3 保护的智能电网用户 6 亿多，含 SM3 的 USB Key 出货量过 10 亿张，银行卡过亿张。

科研之外，王小云就是致力于培养出更多"可以和世界上最顶尖的密码学家对话的学生"。"中国目前还是要做厚度积累，学科发展需要一批批研究者来累积。一个人的研究时间太有限，也就几十年。培养出更多优秀的学生，才可以不断地延续下去，使中国密码学始终走在世界前列。"

通过王小云院士破译世界顶级密码的故事，激发学生的学习动力、责任感以及爱国、不怕失败和勇于创新的精神。

4. SHA-2 算法

2002 年，NIST 发布了修订版 FIPS 180-2（FIPS 180-2 是美国联邦信息处理标准(Federal Information Processing Standards Publication)发布的基于哈希算法的一个标准），给出了三种新的 SHA 版本，哈希值长度依次为 256 位、384 位和 512 位，分别称为 SHA-256、SHA-384 和 SHA-512。这些算法被统称为 SHA-2。SHA-2 同 SHA-1 算法类似，都使用了同样的迭代结构和同样的模运算与二元逻辑操作。在 2008 年发布的修订版 FIP PUB 180-3 中，增加了 224 位版本。2005 年，NIST 宣布了逐步废除 SHA-1 算法的意图，计划到 2010 年逐步转而依赖 SHA-2 算法的其他版本。2015 年，NIST 颁布了 FIPS 180-4，增加了两个算法 SHA-512/224 和 SHA-512/256，SHA-1 和 SHA-2 算法在 RFC6234 中也有描述，基本上也是复制 FIPS180-3 中的内容，但增加了 C 语言代码实现。

目前应用广泛相对安全的是 SHA-2 算法。阿里云、华为云的数字签名的摘要算法均采用最新 SHA 系列算法，如图 4-3 所示。

加密算法分类	通用密码算法	国密算法
对称密码算法	AES、DES、3DES	SM1、SM4、SM7
非对称密码算法	RSA（1024-4096）	SM2
摘要算法	SHA1、SHA256、SHA384	SM3

(a) 华为云中使用的摘要算法

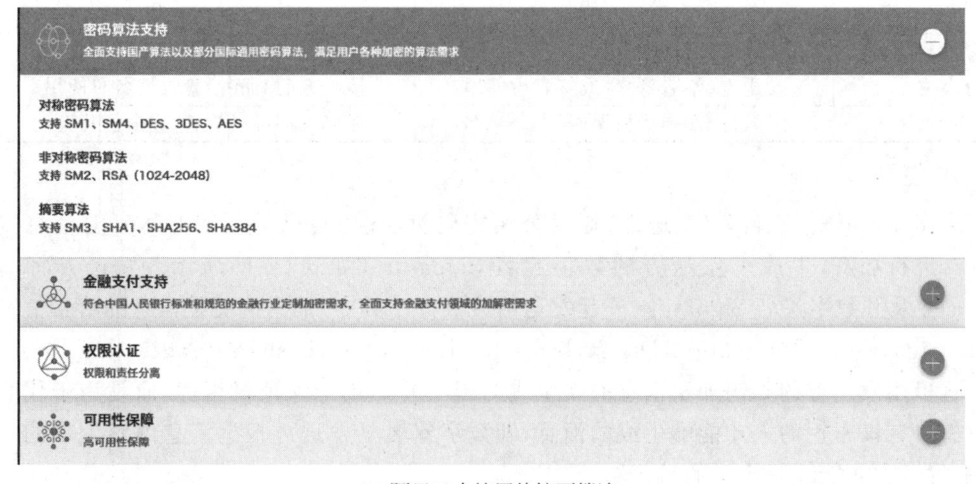

(b) 阿里云中使用的摘要算法

图 4-3　华为云、阿里云的数字签名的摘要算法

4.3 数字签名

4.3.1 数字签名概述

数字签名是非对称密码体制用于验证签名者身份的一种技术。数字签名又被称为数字签字、电子签名、电子签章等，主要用于在网络环境中模拟日常生活中的手工签字或印章。与传统签字与印章不同，每个消息的数字签名都是不同的，即一次一签，否则签名就会被获取并复制到另一个文件中。在 ISO 7498-2 标准中对数字签名的定义是：数字签名是指附加在数据单元上的一些数据，或是对数据单元所进行的密码变换，这种数据或变换允许数据单元的接收者用以确认数据单元来源和数据单元的完整性，并保护数据，防止被人（例如接收者）伪造。美国电子签名标准（DSS，FIPS186-2）对数字签名的解释是：利用一套规则和一个参数对数据计算得到结果，用此结果能够确认签名者的身份和数据的完整性。

数字签名的基础是公钥密码体制，主要有签名和验证两个环节，如图 4-4 所示。表 4-1 给出了数字签名和公钥密码体制中密钥使用方式的对比。

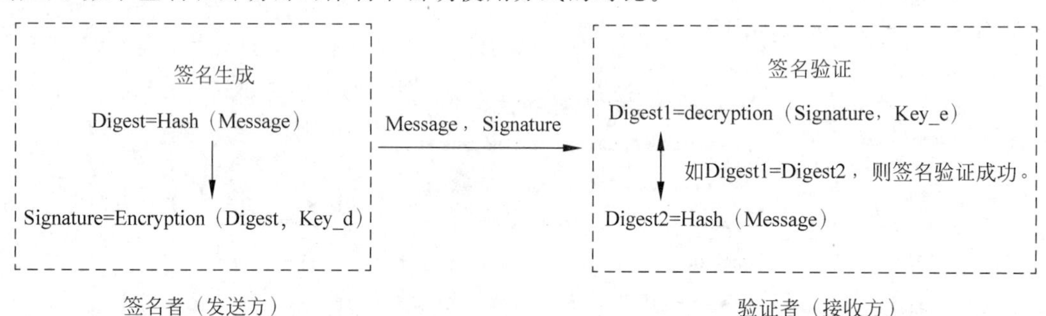

图 4-4 数字签名生成和验证示意图

表 4-1 数字签名和公钥密码体制中密钥使用方式

项　　目	私　　钥	公　　钥
公钥密码体制	接收方解密时使用	发送方加密时使用
数字签名	发送方（签名者）生成签名后使用	接收方（验证者）验收签名时使用
密钥持有方	个人持有，须严格保密	任何人都可以持有，完全公开

1. 签名

由图 4-4 可知，签名者（发送方）通过公钥密码算法、用自己的私钥 key_d 对消息摘要 Digest 进行加密，生成了发送方的数字签名 Signature，如式（4-1）所示。发送方将消息 Message 及其数字签名 Signature 一起发送给接收方。其中，消息摘要是消息的哈希值。

$$\text{Signature} = \text{Encryption}(\text{Digest}, \text{key\_d}) = \text{Encryption}(\text{hash}(\text{Message}), \text{key\_d}) \quad (4\text{-}1)$$

这里用发送方的私钥加密消息摘要生成的密文并非用于保证机密性，而是用于代表一种只有持有该密钥的人才能够生成的消息，即数字签名是发送方根据消息内容生成的一串“只有发送方才能计算出来的数值”。

【思考】 为什么发送方（签名者）生成数字签名时是用自己的私钥对消息摘要加密，而不是直接对消息加密？

2. 验证

验证者(接收方)收到消息及发送方的数字签名后进行以下步骤。

(1) 用发送方的公钥 key_e 解密收到的数字签名,即得到消息摘要 Digest1;

(2) 将收到的消息用与发送方相同的哈希函数生成消息摘要 Digest2;

(3) 比较消息摘要 Digest1 和消息摘要 Digest2:若相同,则数字签名有效,表明消息在传输过程中没有被篡改或伪造,且该消息确实是发送方发出的;若不相同,则数字签名无效,表明消息在传输过程中被篡改或伪造。

所以数字签名要实现的并不是防止篡改或伪造,而是识别篡改或伪造。且必须确保步骤(1)使用的公钥必须真正属于发送者,否则数字签名验证将无效。

4.3.2 数字签名功能

数字签名只能保证消息的完整性、不可否认性和实现发送方的身份认证,但不能保障消息的保密性。比如消息在传输过程中,遭受了窃听攻击,利用数字签名是检测不出来的。

1. 保证消息传输的完整性

因为数字签名可以提供一项用以确认消息完整性的技术和方法,可认定消息是未经篡改或伪造的。数字签名技术是将摘要消息用发送方的私钥加密,与原文一起传送给接收方。接收方只有用发送方的公钥才能解密被加密的摘要消息,然后用哈希函数对收到的原文产生一个摘要消息,与解密的摘要消息对比。如果相同,则说明收到的消息是完整的,在传输过程中没有被修改,否则说明消息被修改过,因此数字签名能够验证消息的完整性。

2. 保证信息传输的不可否认性

由于只有发送方拥有自己的私钥,所以他无法否认消息非发送方发出,从而保证了消息的不可否认性,防止抵赖行为发生。

3. 实现发送者身份认证

因为数字签名不仅和发送的消息有关,还是用发送方的私钥加密产生的,唯有与发送方私钥对应的公钥才能解密。发送方的私钥是发送方身份的重要表征,故可确认消息来源的真伪和发送方身份的合法性,实现对发送者身份的认证。

4.3.3 数字签名特性

1. 数字签名是可信的

由于发送方的公钥是公开的,因此任何人都可以方便地用其验证数字签名的有效性。

2. 数字签名是不可伪造的

除了合法的签名者之外,鉴于哈希函数的单向性和抗碰撞性,任何其他人伪造其签名是困难的。这种困难是指实现时计算上是不可行的。

3. 数字签名是不可复制的

由于消息的数字签名与消息本身有关,即一个消息一个签名。因此对一个消息的数字签名不能通过复制变为另一个消息的数字签名。如果一个消息的数字签名是从别处复制的,则任何人都可以发现消息与数字签名之间的不一致性,从而可以拒绝数字签名的消息。

4. 数字签名的消息是不可改变的

经数字签名的消息是不能被篡改的。因为数字签名是和消息本身有关,如被数字签名的消息一旦被篡改了,则任何人都可以发现消息与签名之间的不一致性。

5. 数字签名是不可抵赖的

签名者不能否认自己的签名。由于消息的数字签名不仅与消息本身有关,还和发送方的私钥有关,私钥是发送方身份的重要标识。

4.3.4 数字签名执行方式

数字签名的执行方式有两类,即直接方式和具有仲裁的方式。

1. 直接方式

直接方式是指数字签名的执行过程只有通信双方参与,并假定双方有共享的秘密密钥或接收一方知道发送方合法的公钥。直接方式的数字签名的弱点是数字签名的有效性取决于发送方密钥的安全性。如果发送方想对已发出的消息予以否认,就可以声称自己的密钥被盗或已丢失,自己的数字签名是他人伪造的。可采取某些行政手段,虽然不能完全避免,但可在某种程度上减弱这种威胁。

2. 具有仲裁的方式

为了解决直接方式存在的问题,提出了具有仲裁的数字签名方式。和直接方式的数字签名一样,具有仲裁方式的数字签名也有很多实现方案,这些方案都按以下方式运行:发送方 X 利用其私钥对发送给接收方 Y 的消息进行数字签名后,将消息及其签名先发给仲裁者 A,A 对消息及其签名验证完后,再连同一个表示已通过验证的指令一起发往接收方 Y。此时由于 A 的存在,X 无法对自己发出的消息予以否认。在这种方式中,仲裁者起着重要的作用并应取得所有用户的信任。

4.3.5 数字签名攻防

由于数字签名的安全性是建立在消息哈希值的相关特性上,因此针对数字签名的攻击实质主要是针对哈希函数的攻击,主要有以下两种:

第一种攻击:找出一个 $x \neq x'$,使得 $H(x)=H(x')$。例如,在一个使用哈希函数的数字签名方案中,假设 s 是签名者对消息 x 的一个有效签名,表示为 $s=\mathrm{sig}(H(x))$,其中符号 sig 表示利用公钥密码体制获得的一个数字签名。攻击者可能会寻找一个与 x 不同的消息 x',使得 $H(x)=H(x')$。如果找得到,则攻击者就可以伪造对消息 x' 的签名,这是因为 s 也是对消息 x' 的有效签名。但哈希函数的弱无碰撞性可以抵抗这种攻击。

第二种攻击:同样一个应用哈希函数的签名方案中,攻击者可能会寻找两个不同的消息 x 与 x',使得 $H(x)=H(x')$,然后说服签名者对消息 x 签名,得到 $s=\mathrm{sig}(H(x))$。由于 $s=\mathrm{sig}(H(x'))$,所以攻击者得到了一个对消息 x 的有效签名。但哈希函数的强无碰撞性可以抵抗这种攻击。

哈希函数的另一种常见的攻击方法是生日攻击,感兴趣的读者可以参阅生日攻击的相关资料。为防止生日攻击,通常的方法就是增加哈希值的比特长度,一般最小的可接受长度为 128bit。常见的哈希函数,如 MD5 和 SHA 算法分别具有 128bit 和 160bit 的消息摘要。

4.4 数字证书

由 4.3.1 节所述数字签名的生成和验证环节可知，用发送方数字签名能准确识别消息篡改的前提是，接收方必须从真正的发送者（没有被其他人伪装的发送者）那里得到没有被篡改的公钥。那么，如何才能确认接收方得到的公钥一定是发送方的真正公钥呢？例如，4.1.2 节中基于非对称密码算法的对称密码算法密钥分发方法容易受到中间人攻击，当攻击者实现对信道的控制后，可在不被通信双方察觉的情况下解密所有信息。出现中间人攻击的根本原因是现有非对称密码算法和对称密码算法都无法验证公钥的来源及其合法性，本节的数字证书就能解决这个问题。

4.4.1 数字证书概述

所谓数字证书是一种为公钥合法性提供证明的电子文件，是由认证机构（Certification Authority，CA）对公钥进行的数字签名构成的。认证机构就是能够认定“公钥属于此人”并能够生成数字签名的个人或组织。认证机构可以是国际性组织和政府所设立的组织，也可以是通过提供认证服务来盈利的一般企业或个人成立的认证机构。目前国内认证机构由国家密码管理局管理，基本上每个省都有一个认证机构，用来签发省内的数字证书和提供相关应用。数字证书拥有者凭借此电子文件，可向物联网系统或其他合法用户表明身份，获得对方信任。最简单的数字证书包含一个公开密钥、名称以及证书授权中心的数字签名。

4.4.2 数字证书结构

数字证书均采用 X.509 国际标准，该标准是由国际电信联盟电信标准部（International Telecommunication Union Telecommunication Standardization Sector，ITU-T）制定的，格式如图 4-5 所示，包含如下信息。

① 版本号
② 序列号
③ 签名算法
④ 颁发者名称
⑤ 证书有效期
　　开始日期
　　终止日期
⑥ 主体名称
⑦ 主体公钥信息
　　公钥算法
　　主体公钥
⑧ 颁发者唯一身份信息（可选）
⑨ 主体唯一身份信息（可选）
⑩ 扩展信息（可选）
⑪ 证书颁发机构的数字签名

图 4-5 数字证书的 X.509 国际标准

① 版本号：所遵循的 X.509 标准的版本。

② 序列号：唯一标识证书且由证书颁发机构颁发的编号。

③ 签名算法：证书颁发机构用来对数字证书进行签名的特定公钥算法的名称。

④ 颁发者名称：实际颁发该证书的证书颁发机构的标识。

⑤ 证书有效期：数字证书保持有效的时间段，并包含开始日期和终止日期。

⑥ 主体名称：数字证书所有者的姓名。

⑦ 主体公钥信息：与数字证书所有者关联的公钥以及与该公钥关联的特定公钥算法。

⑧ 颁发者唯一身份信息：可以用来唯一标识数字证书颁发者的信息。

⑨ 主体唯一身份信息：可以用来唯一标识数字证书所有者的信息。

⑩ 扩展信息：与证书的使用和处理有关的其他信息。

⑪ 证书颁发机构的数字签名：使用证书算法标识符字段中指定的算法以及证书颁发机构的私钥进行的实际数字签名。

图 4-6 给出了某网站和某浏览器的 X.509 数字证书信息。

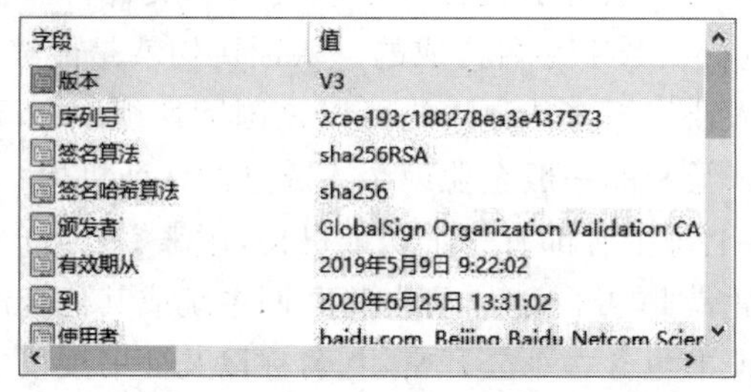

(a) 某网站的 X.509 数字证书信息

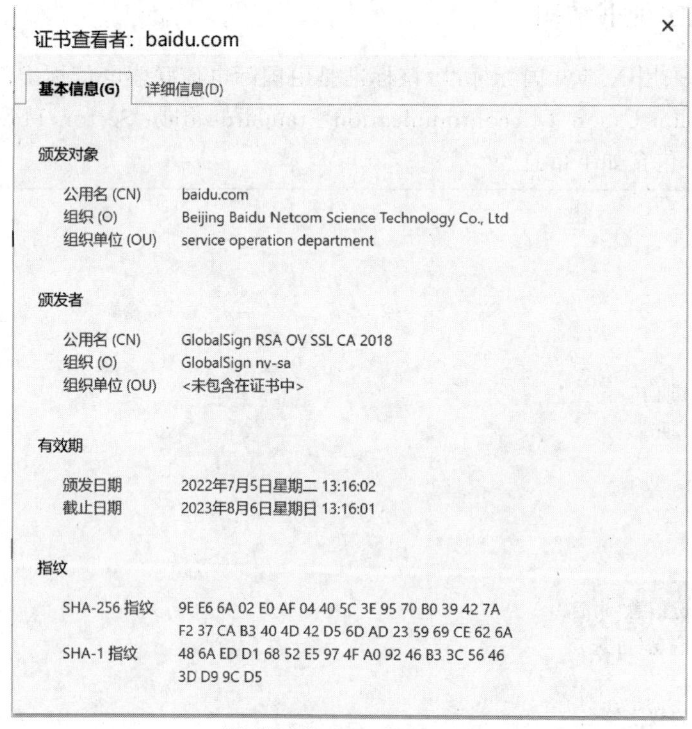

(b) 某浏览器的 X.509 数字证书信息

图 4-6 某网站和某浏览器的 X.509 数字证书信息

4.4.3 数字证书应用场景

数字证书的基本用途是验证公钥的来源和真伪。下面结合服务器端 A 和客户端 B 进行信息交互，客户端 B 需要借助认证机构颁发的数字证书验证服务器端 A 公钥真伪等的实际应用来说明数字证书的用途，分为数字证书生成和公钥验证两个环节。

1. 数字证书生成

(1) 服务器端 A 运用公钥密码算法生成公钥、私钥对，把公钥 Puk_A 发送给认证机构；

(2) 认证机构用自己的私钥 Pri_CA 给公钥 Puk_A 的哈希值加密，生成公钥 Puk_A 的数字签名 Sig(Hash(Puk_A)，Pri_CA)；

(3) 认证机构把服务器端的公钥 Puk_A、数字签名 Sig(Hash(Puk_A)，Pri_CA)，附加一些服务器信息(如服务器 ID 等)和认证机构的信息整合在一起生成数字证书，颁布给服务器端 A。

2. 公钥验证

(1) 客户端 B 要向服务器端 A 发送加密消息，从服务器端 A 处获得其数字证书，该数字证书包含了服务器端 A 的公钥 Puk_A 和认证机构对该公钥的数字签名；

(2) 客户端 B 用认证机构的公钥 Puk_CA 对数字证书中的数字签名进行验证。如果验证成功，就相当于确认了证书中包含的公钥 Puk_A 的确是服务器端 A 的。至此，客户端 B 得到了服务器端 A 的合法公钥。

4.5 身份认证

4.5.1 身份认证概述

身份认证是指通过一定的手段，完成对用户身份真实性和有效性的确认，一般通过验证被认证对象的属性来达到确认的目的。身份认证的目的是验证消息的发送者是真的而非冒充的，包括信源和信宿，即确认当前所声称为某种身份的用户，确实是该身份的用户。

4.5.2 身份认证方式

在物联网应用领域，身份认证的方式有很多，比较常见的有静态密码、动态口令、短信码、数字证书、生物特征等。

1. 静态密码

静态密码这种方式最为常见，比如各个物联网应用所使用的各节点用户注册后的密码登录场景，即通过用户名＋密码组合的方式来确认用户的身份。该方式原理简单，但存在以下问题：①密码一般较短且容易猜测，不能抵御密码猜测或暴力破解。②部分密码系统以明文形式传送到验证服务器，容易被截获。③维护成本高，密码要经常更换，难以记忆。④密码输入时容易被偷窥，且用户无法及时发现。⑤如用户在多个应用中使用相同的账户名和密码，容易受到“撞库”攻击。

2. 动态口令(软令牌)

动态口令是指通过客户端应用随机生成一组动态口令作为用户身份鉴别的依据。通常在后端依赖时间同步和令牌生成算法的一致性来保障动态口令的校验。该方式是一次一密,无须记忆,使用便捷,已成为互联网的主流身份认证技术。但信息传输依赖网络,有网络延迟的风险。安全性依赖第三方安全保障,如手机、网络等。

3. 短信码

短信码在物联网移动应用中尤为常见,尤其是实施网络实名制之后,很多互联网应用默认使用手机号和短信码的组合来验证用户身份。

4. 数字证书

数字证书主要利用非对称密码算法生成公钥和私钥密钥对,通过数字签名和加密通信服务保障和验证用户身份,详见4.4节。

5. 生物特征

此类身份认证方式目前业界正大范围使用,最常见的如人脸识别、指纹识别、虹膜识别、步态识别等。在使用生物特征技术进行身份认证的诸多物联网应用场景下,如人脸识别的门禁系统、移动支付等应用,如何做好个人信息的隐私保护是一项极具挑战性的工作。

4.6 案例——HTTPS中的安全性分析

4.6.1 HTTP简介

HTTP是用于从万维网服务器传输超文本到本地浏览器的传输协议。它可以使浏览器更加高效,使网络传输减少。它不仅保证计算机正确快速地传输超文本文档,还能确定传输文档中的哪一部分,以及哪部分内容首先显示(如文本先于图形)等。HTTP是客户端浏览器或其他程序与Web服务器之间的应用层通信协议。在因特网上的Web服务器上存放的都是超文本信息,客户机需要通过HTTP传输所要访问的超文本信息。HTTP包含命令和传输信息,不仅可用于Web访问,也可以用于其他因特网/内联网应用系统之间的通信,从而实现各类应用资源超媒体访问的集成。

在浏览器地址栏中输入的网站地址被称作统一资源定位符(Uniform Resource Locator,URL)。就像每家每户都有一个门牌地址一样,每个网页也都有一个因特网地址。当在浏览器的地址栏中输入一个URL或是单击一个超链接时,URL就确定了要浏览的地址。浏览器通过HTTP,将Web服务器上站点的网页代码提取出来,并翻译成漂亮的网页。

由于用HTTP传输的数据是明文的,很容易被中间人窃取或攻击、对数据进行伪造或篡改等再发往服务器端;且服务器端接收到数据后,也无法判断数据的来源是否准确,无法准确地保证数据的机密性、完整性和数据来源的可靠性(即通信实体身份的真实性)。其安全威胁主要体现在以下三方面:

1. 容易被窃听

HTTP传输的数据是明文。黑客很容易通过嗅探技术截获报文,由于数据没有加密,内容可以被黑客所理解。比如,用户输入了登录某物联网终端的登录密码,那么黑客窃听了此密码后,就可以为所欲为了!

2. 容易被篡改

黑客可以在截获 HTTP 报文后，对报文进行修改，然后再发送到目的地。比如，用户想要通过手机等移动终端转账给家人，而黑客在信息传输过程中将收款人修改成了自己，那么将会造成用户出现损失！

3. 容易被伪造身份

黑客可以伪造 HTTP 报文，假装自己是用户真正想要访问的网站，然后与用户进行通信。比如，用户通过手机等移动智能终端访问购物网站购物，而黑客冒充自己就是网站，用户就可能在此假购物网站上买东西，造成损失！

4.6.2 HTTPS 简介

由于 HTTP 的不安全性，在 HTTP 的基础上设计了 HTTPS。HTTPS 不是一种全新的协议，它是建立在 SSL/TLS 传输层安全协议之上的一种 HTTP，相当于 HTTPS＝HTTP＋SSL/TLS，可保护用户计算机与网站服务器端之间数据传输的完整性、机密性。从开放系统互连（Open System Interconnect，OSI）参考模型上看主要是在应用层和传输层直接多了一个 SSL/TLS 协议。SSL/TLS 作为一种安全的加密协议，它在不安全的基础设施之上提供了安全的通信通道，如图 4-7 所示。

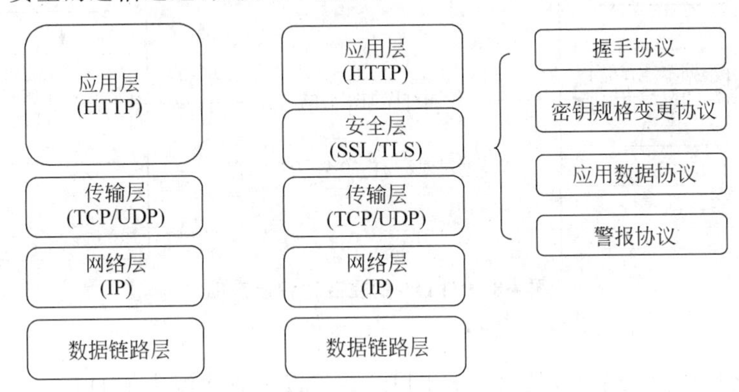

图 4-7　HTTP 和 HTTPS 的对比

运用 HTTPS 进行数据传输的整体过程分为数字证书验证和数据传输阶段，具体过程如图 4-8 所示。

1. 数字证书验证阶段

（1）客户端（如浏览器）向服务器端发起 HTTPS 请求。

（2）服务器端返回浏览器 HTTPS 证书。

（3）客户端按 4.4.3 节所述方法验证 HTTPS 证书是否合法，如果不合法则警告提示。

2. 数据传输阶段

（1）当证书验证合法后，在客户端本地生成随机数。

（2）客户端通过服务器端的公钥加密随机数，并把加密后的随机数传输到服务器端。

（3）服务器端通过私钥对随机数进行解密。

（4）服务器端通过客户端传入的随机数构造对称密码算法，对返回结果内容进行加密

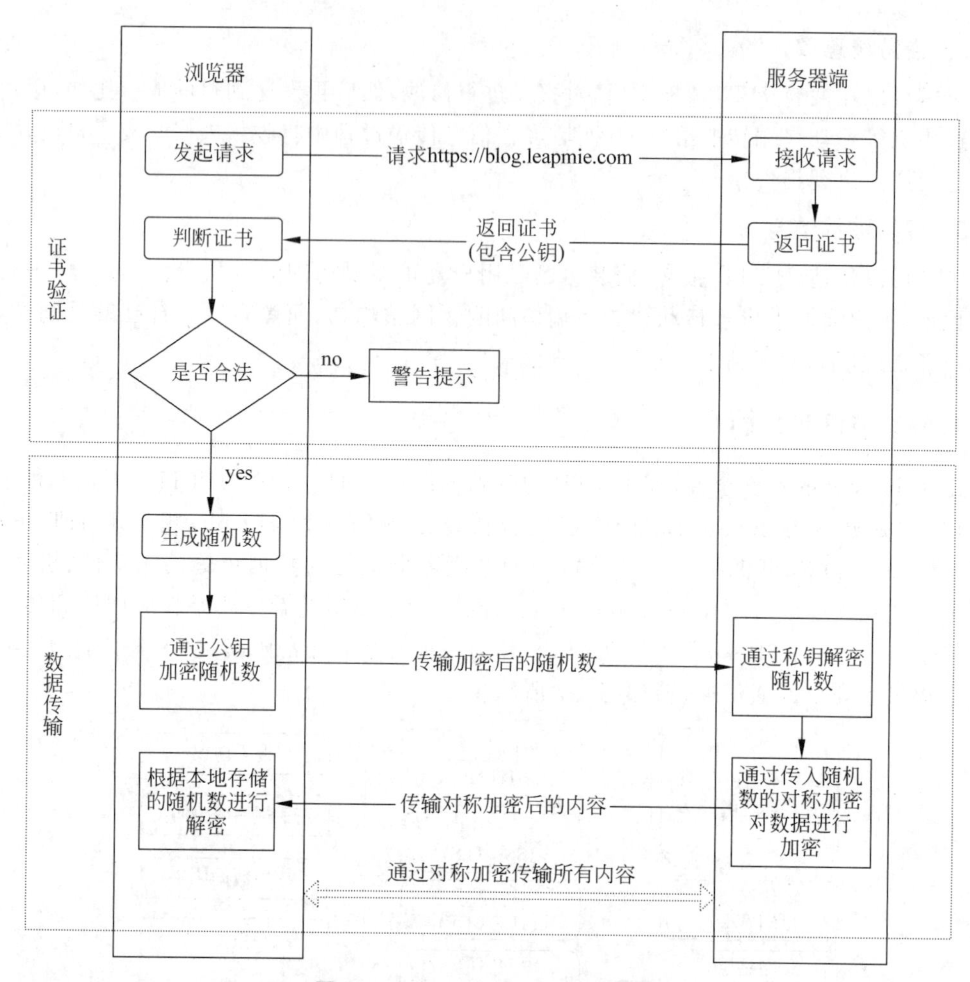

图 4-8　HTTPS 的交互过程示意图

后传输。

HTTPS 之所以是安全的，是因为 HTTPS 通过以下方法解决了 HTTP 的安全性问题：

（1）数据机密性：HTTPS 传输的不再是明文，而是采用对称密码算法加密后的密文，因此黑客即使截获了报文，也无法理解报文的内容，保证了报文的机密性。

（2）数据完整性：HTTPS 通过哈希算法得到报文的一个摘要，如果黑客篡改了报文内容，那么重新生成的消息摘要将发生变化，接收方校验后就知道数据不再完整、被篡改了，从而保证了报文的完整性。

（3）身份真实性：HTTPS 通过数字证书来验证通信实体的身份，而黑客因为没有相应的数字证书，一旦冒充真实的通信实体就将被识破，从而保证了通信实体身份的真实性。

下文将围绕上述策略详细分析 HTTPS 的安全性。

4.6.3　HTTPS 的数据保密性

HTTPS 的数据保密性是通过数据加密来实现的。在 HTTPS 的数据传输阶段，通信双方客户端与服务器端共用一个密钥，使用对称密码算法对传输的数据进行加密。如果密钥只有通信双方持有，保证不泄露，那就可以保证传输数据的机密性和完整性。但在实际使用过程中，仍面临对称密码算法密钥的安全传递问题。例如当客户端与服务器端进行信息交互时，服务器端须将共享密钥传输给客户端，这个密钥在传输过程中如何保证不被截取、篡改？

鉴于非对称密码算法成功解决了对称密码算法密钥安全传输的问题，且安全性比对称密码算法要高，但是存在计算量大、加密速度慢、不适用大数据加密的问题，HTTPS 在数据加密阶段将非对称密码算法和对称密码算法混合使用，使用非对称密码算法对通信双方进行身份验证和对称密码算法的密钥(此密钥一般称为“会话密钥”)传递。由于对称密码算法的密钥只需用非对称密码算法传递一次，而在后续大量、多次的数据通信中仅使用对称密码算法进行数据加密，因此非常高效，即使用非对称密码算法传输对称加密算法的密钥，用对称加密算法传输实际数据。

具体过程如图 4-9 所示。

(1) 服务器端首先对外公布其公钥。

(2) 客户端利用此公钥加密会话密钥传递给服务器端。

(3) 服务器端通过私钥解密得到会话密钥。至此，服务器端和客户端运用非对称密码算法成功完成了会话密钥传递。

(4) 客户端和服务器端利用会话密钥加密大量通信数据。

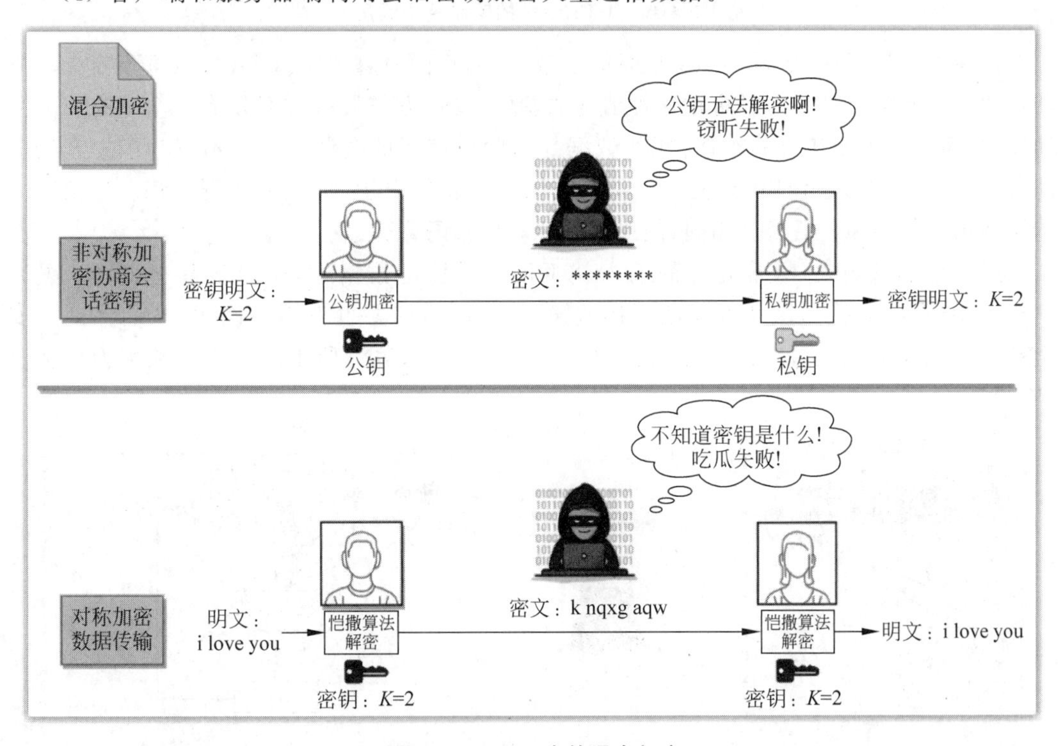

图 4-9　HTTPS 中的混合加密

4.6.4　HTTPS 的数据完整性

虽然运用对称密码算法和非对称密码算法的混合加密能有效防止 HTTPS 传输的数据被窃听，保证了其机密性，但在传输过程中数据仍面临被篡改的风险。鉴于 4.2 节所述哈希函数的特点，HTTPS采用哈希算法用于解决数据传输过程中容易被篡改的问题。如图4-10所示，发送方除了发送消息外，还利用哈希算法计算得到该消息的一个摘要，并将此摘要一并发送。接收方收到数据后，利用同样的哈希算法再次得到数据的摘要，并将其与发送方发送的摘要进行比对校验，如果二者不一致，则说明数据被篡改了，反之则没有。

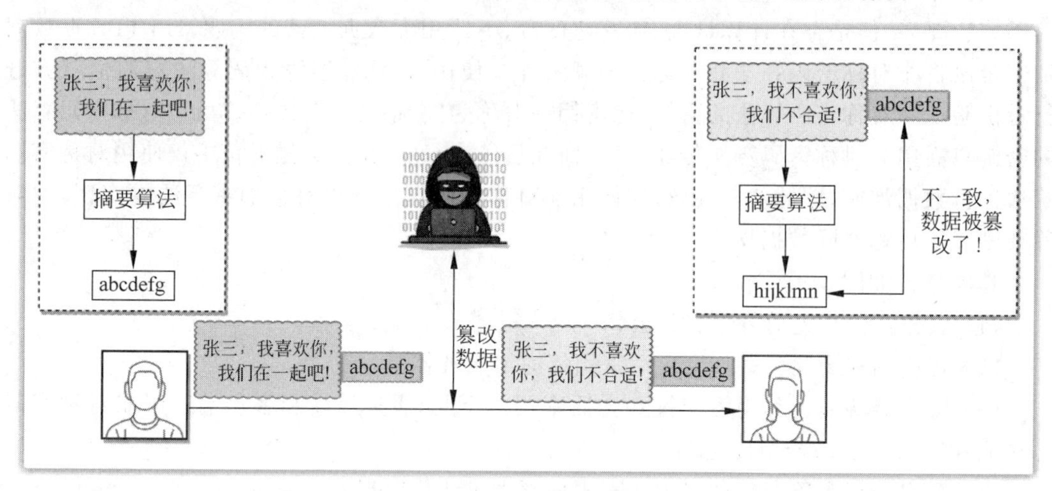

图4-10 HTTPS中的哈希算法运用

但在上述过程中，如果黑客不仅篡改了数据，而且同时篡改了摘要，接收方不就无法判断数据是否被篡改了。为了防止这种情况的发生，发送方与接收方必须有一个只有双方才知道的、而黑客不能知道的东西，比如数据加密阶段使用的会话密钥。不过为了提升安全性，HTTPS中一般不使用会话密钥，而是使用一个新的密钥，称之为鉴别密钥。通信双方鉴别密钥的传递和会话密钥相同，使用的是非对称密码算法。

引入鉴别密钥后，哈希算法的输入就不仅仅是传输数据了，还包括鉴别密钥。黑客由于不知道鉴别密钥，因此就无法再伪造输入，篡改后摘要也就不正确了，从而保证了安全性。如图4-11所示，数据和鉴别密钥级联后经过哈希算法所生成的摘要被称为报文鉴别码。

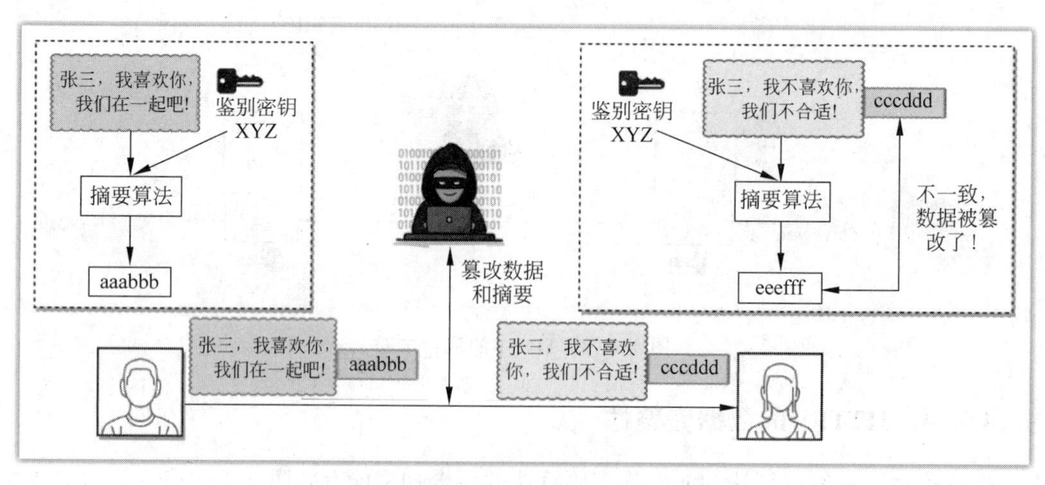

图4-11 运用报文鉴别码防止报文被篡改

为了进一步提升安全性，实际上客户端和服务器端将使用不同的会话密钥和鉴别密钥，也就是一共需要四个密钥：

（1）用于从客户端发送到服务器端的数据的会话密钥；

（2）用于从服务器端发送到客户端的数据的会话密钥；

（3）用于从客户端发送到服务器端的数据的鉴别密钥；

（4）用于从服务器端发送到客户端的数据的鉴别密钥。

4.6.5　HTTPS 的数据可认证性

虽然运用混合加密保证了数据机密性、用数字签名（哈希算法）保证了数据完整性。但在通信双方使用非对称密码算法传递会话密钥和鉴别密钥时，由于公钥在传输过程是明文传输的，存在公钥被窃听、替换、篡改，导致公钥真假难辨的问题。一种典型的攻击方式就是中间人攻击。为了解决上述问题，HTTPS 使用数字证书来验证公钥的真伪。

由 4.4.3 节数字证书的生成可知，数字证书专门用于验证通信实体的身份，需要向认证机构申请。通过数字证书解决中间人攻击的具体过程如图 4-12 所示。

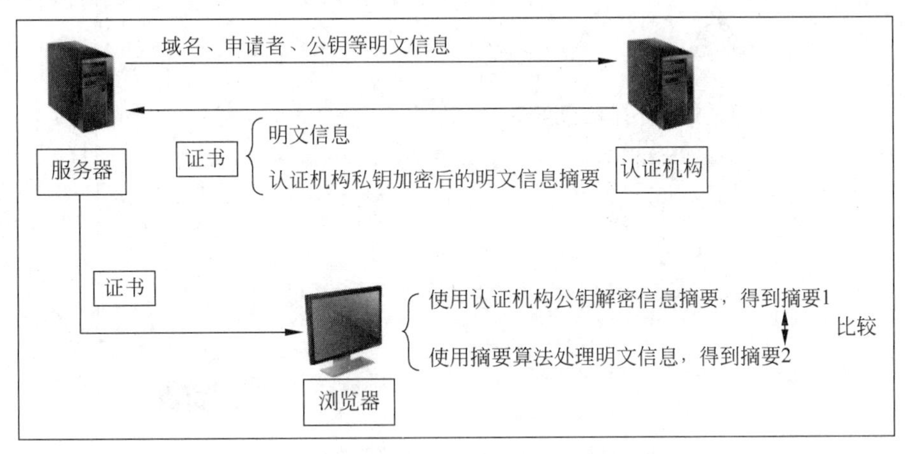

图 4-12　数字证书解决中间人攻击的过程

（1）服务器端（一般为正规网站）首先生成一对公钥和私钥，然后将域名、申请者、公钥等信息整合在一起，生成 .csr 文件，并将此文件发给认证机构。

域名（Domain Name），又称网域，是由一串用点分隔的名字组成的因特网上某一台计算机或计算机组的名称，用于在数据传输时对计算机的定位标识（有时也指地理位置）。由于 IP 地址具有不方便记忆并且不能显示地址组织的名称和性质等缺点，人们设计出了域名，并通过 DNS 来将域名和 IP 地址相互映射，使人更方便地访问互联网，而不用去记住能够被机器直接读取的 IP 地址数串。

CSR 是 Certificate Signing Request 的英文缩写，即证书请求文件，也就是证书申请者在申请数字证书时由加密服务提供者（Cryptographic Service Provider，CSP）在生成私钥的同时也生成 CSR，证书申请者只要把 CSR 文件提交给证书颁发机构后，证书颁发机构使用其根证书私钥签名就生成了证书公钥文件，也就是颁发给用户的证书。

（2）认证机构收到申请后，会通过各种手段验证申请者的信息，如无异常，则使用哈希算法得到.csr中明文信息的一个摘要,再用认证机构自己的私钥对这个摘要进行加密,生成一串密文,这个密文即为数字签名。数字证书即包含此数字签名和.csr中明文信息。认证机构把这个数字证书返回给申请人。

(3)为了防止中间人攻击,客户端要求服务器端发送其数字证书,并进行验证。

(4)客户端在验证证书时,把证书里的签名以及明文信息分别取出来,然后会用自身携带的认证机构的公钥去解密签名,得到摘要1,再利用哈希算法得到明文信息的摘要2,对比摘要1和摘要2,如果一样,说明该证书是合法的,即证书里的公钥是正确的,否则说明证书不合法。

细心的读者可能会问,浏览器如何得到认证机构的公钥呢?万一此公钥也是被伪造的呢?为了防止套娃,实际计算机操作系统、物联网终端中会内置这些认证机构的公钥,因而无须担心认证机构公钥被伪造的问题。比如,浏览器一旦发现一个网站数字证书无效,就会生成如图4-13所示的提示界面,提醒如果用户强制访问,则存在一定的风险。

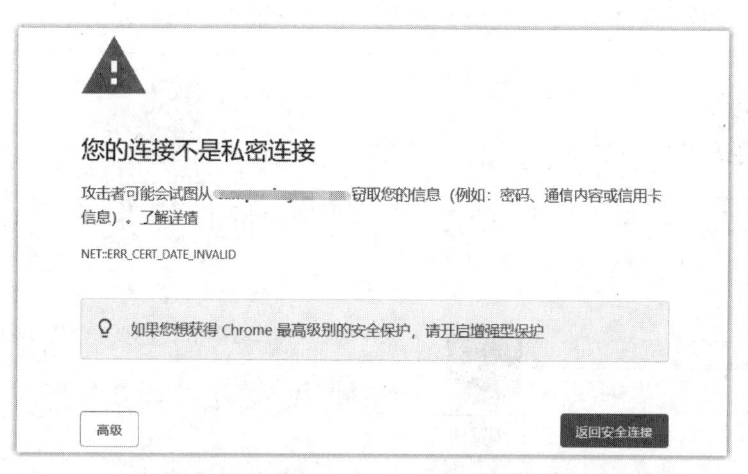

图4-13 网站数字证书无效的提醒界面

下面,对HTTPS的安全性进行小结。

(1)HTTPS通过混合加密算法解决传输数据容易被窃听的问题,确保数据的机密性,此过程需要协商会话密钥。

(2)HTTPS通过哈希算法解决传输数据容易被篡改的问题,确保数据的完整性,此过程需要协商鉴别密钥。

(3)HTTPS通过数字证书解决身份容易被伪造的问题,确保数据来源的可认证性,此过程需要客户端验证服务器端的数字证书。

本章小结

本章围绕解决物联网通信中常见的中间人攻击问题,介绍了用以解决中间人攻击问题的数字签名、数字证书和哈希函数,最后,结合HTTPS实例分析了其安全性。

思考与练习

1. 简述数字签名的生成过程。

2. 简述哈希函数的特点。

3. 比较常用身份认证方式的特点和适用场合。

4. 集团军1要生成一段消息的数字签名,需要使用(　　);集团军2要验证集团军1的数字签名,需要使用(　　)。

A. 集团军1的公钥　　B. 集团军1的私钥

C. 集团军2的公钥　　D. 集团军2的私钥

第5章

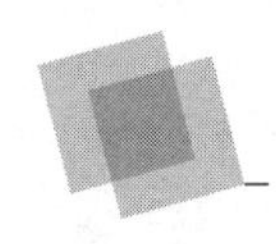

物联网感知层安全

物联网感知层安全概述

RFID 安全

无线传感器网络安全

物联网终端安全

RFID 安全问题

2003 年，一位黑客在网站上公布了他攻入一家以无源 RFID 系统作为门禁的公司的方案。该黑客窃取数据之后，破解了 RFID 的安全机制与编码规则，仿制出可用于出入公司的门禁卡。

2005 年，一所大学的研究小组经过 2 年的研究，破解了一种 RFID 的安全机制与编码规则，写出它的模拟软件，并仿真了标签与读写器的工作过程。另外有一份报告称：一名学生已经破解了超过 1.5 亿个安装有 RFID 的汽车钥匙和超过 600 万个购买汽油钥匙扣的密码。解密计算过程只花了 15 分钟。

2006 年意大利举行的学术会议上，有研究者提出病毒可能感染 RFID 芯片。通过伪造沃尔玛、家乐福超级市场里的 RFID 电子芯片，将正常的电子标签替换成恶意标签，即可进入它们的数据库及 IT 系统中发动攻击。

2007 年 RSA 安全大会上，一家名为 IOActive 的公司展示了一款 RFID 克隆器，这款设备可以通过复制信用卡来窃取密码。

2011 年 3 月，业内某安全专家破解了一张英国银行发行的、利用 RFID 来存储个人信息的新型生物科技护照。

2011 年 9 月，黑客通过破解北京公交一卡通，给其非法充值，获取非法利益 2200 元。从此，敲响了整个 RFID 行业的警钟。

上述案例表明，RFID 作为物联网感知的一项关键技术，其应用越来越广泛，其安全问题逐步成为了社会讨论的热点。讨论的焦点主要集中在RFID技术是否存在安全问题？这些安全问题是否需要解决？又该如何解决？

5.1 物联网感知层安全概述

5.1.1 物联网感知层简介

由物联网体系架构可知，位于物联网最底层的感知层可视为物联网的神经末梢，负责采集物理世界的状态信息即感知数据。感知数据是物联网应用的主要数据来源，发挥着关键作用。诸多物联网安全事件表明由于感知节点数量庞大、终端类型结构多样、数据多源异构，直接面向世间万“物”，物联网感知设备及感知层网络是物联网应用中的薄弱点，经常被攻击者利用进而发动攻击，因此有必要采取相应措施对感知层设备及感知层网络进行保护。感知层网络及感知层设备的安全与否决定了物联网应用能否正常运行。感知层安全防御技术对物联网的安全应用有着重要意义。

物联网感知层的任务是感知外界信息，完成物理世界的信息采集、捕获和识别。感知层的主要设备包括：RFID标签及其读写器、各类传感器（如温度、湿度、红外、超声、速度等传感器）、图像捕捉装置（摄像头）、全球定位系统装置、激光扫描仪等。这些设备收集的信息通常具有明确的应用目的，例如，公路摄像头捕捉的图像信息直接用于交通监控；使用手机摄像头可以和朋友聊天以及与他人在网络上面对面交流；使用导航仪可以轻松了解当前位置以及前往目的地的路线；使用RFID技术的汽车无匙系统，可以自由开关车门。各种感知器在给人们的生活带来便利的同时，也存在各种安全和隐私问题。例如，使用摄像头进行视频对话或监控，在给人们生活提供方便的同时，也会被具有恶意企图的人利用，从而监控个人的生活，窃取个人的隐私。近年来，黑客通过控制网络摄像头窃取并泄露用户隐私的事件偶有发生。因此本章围绕物联网感知层的安全威胁及防护技术，重点介绍感知层中RFID安全、无线传感器网络（Wireless Sensor Networks，WSN）安全和物联网终端安全。

5.1.2 物联网感知层的安全需求

1. 保密性

避免信息在传递过程中被不法分子截取不仅是保障整个感知层信息安全的基础，更是前提。物联网中各传感节点之间发送的数据信息应该只能由该网络中的簇节点或者其他拥有存储与转发能力的节点所接收与处理，任何不属于此网络的攻击节点都应该无法破获此信息。所以，必须有一套完整的信息安全机制来保证网络中信息的安全，其中最常用且有效的策略莫过于一个良好的密钥管理机制与加解密算法。这可借鉴互联网安全中的相关措施，最大限度地降低可能遇到的部分安全问题，保护信息的保密性，增强整个系统的健壮性。

2. 完整性

感知层数据在传输过程中，会面临比互联网信息传输过程中更多样化的攻击类型，数据的增加与减少都会影响信息的完整性，从而进一步威胁整个物联网的安全。为了应对这类问题，设计人员常常通过在数据帧中增加校验的方式来缓解。目前有多种校验数据的方式，最常用的是在传输的数据帧中为数据添加摘要或者是数字签名。这种方式可判断数据在传输过程中是否发生变化，当以此来甄别数据是否合法时，只需判断它是否能够通过摘要的校验即可。

3. 可用性

可用性确保授权用户和服务在请求数据和设备时，能够迅速得到响应。在很多物联网应用中，如军事物联网、车联网、医用物联网等，用户通常以实时方式请求服务，如果无法及时传送所请求的数据，则无法进一步安排和提供服务，甚至威胁生命安全和社会基本次序。因此，可用性也是物联网的一个重要安全要求。可用性所面临的最严重的威胁之一是拒绝服务攻击，应使用可用性保障技术（如安全高效的路由协议等）以确保物联网的可用性。

4. 新鲜性

新鲜性是指感知层间流动的数据信息都必须是感知节点在最新时间段内生成的。换句话说，节点间每次通信时的信息内容都要发生一定变化（即使传输的基本信息不变，标识信息产生的时间戳也是变化的），以防止攻击者使用旧数据重复发送（如重放攻击）导致数据新鲜性的问题。

5.1.3 物联网感知层的安全威胁

根据物联网感知层的功能和应用特征，可以将物联网感知层的安全威胁概括如下。

1. 物理捕获

感知设备存在于户外，且被分散安装，因此容易遭到物理攻击，其信息易被篡改，进而导致安全性丢失。RFID标签、二维码等的嵌入，使接入物联网的用户不受控制地被被动扫描、追踪和定位，这极大可能会造成用户的隐私信息泄露。RFID技术是一种非接触式自动识别技术，它通过无线射频信号自动识别目标对象并获取相关数据，识别工作无须人工干预。由于RFID标签设计和应用的目标是降低成本和提高效率，大多采用“系统开放”的设计思想，安全措施不强，因此恶意用户（授权或未授权的）可以通过合法的读写器读取RFID标签的数据，进而导致RFID标签的数据在被获取和传输的过程中面临严重的安全威胁。另外，RFID标签的可重写性使标签中数据的安全性、有效性和完整性也可能得不到保证。

目前试图通过网络安全技术防止感知层设备被物理捕获俘获是不可能的，但可以在设备被俘获后，使攻击者从设备获取有用信息的难度增大。这方面的技术包括芯片封装技术、芯片管理技术、抗侧信道攻击技术等。

2. 拒绝服务攻击

物联网感知层节点为节省自身能量或防止被木马控制而拒绝提供转发数据包的服务，造成网络性能大幅下降。感知层接入外在网络（如互联网等），难免会受到外在网络的攻击。目前，最主要的攻击除非法访问外，就是拒绝服务攻击。感知节点由于资源受限，计算和通信能力较低，因此对抗拒绝服务攻击的能力比较弱，可能会造成感知层网络瘫痪。

目前，资源受限的物联网终端设备基本没有什么能力能够应对拒绝服务攻击。但是，休眠却是一种最有效的方法。物联网终端设备可设置合理的休眠机制，定期醒过来检查侦听有没有需要执行的任务。如果有任务，则执行完任务然后再休眠，如果没有任务，则在醒过来一段时间（相对休眠时间，通常为很短的时间）后，再进入下一轮休眠。在拒绝服务攻击下，物联网终端设备侦听不到需要执行的任务，其功耗仅仅在侦听阶段消耗，受影响较小。

因此,休眠虽然是芯片技术的一种管理策略,不是传统意义的网络安全技术,但在非实时物联网终端的抗拒绝服务攻击方面非常有效。例如,一个物联网抄表终端,平时需要抄报、传输数据的机会很少,因此可以每分钟休眠 59s,醒过来侦听 1s。如果在这 1s 的清醒期内没有任务,则继续休眠 59s,然后再醒 1s。当后台服务器需要发送抄表指令时,这种指令的传输需要每秒钟发送不少于 2 次,保证抄表终端在侦听期间能接收到指令,而且需要持续至少 1min,保证在终端醒过来时仍然在发送指令。这样,抄表指令能正常执行,而拒绝服务攻击在 1min 内也只能影响抄表终端 1s 的资源浪费。不过该方法仅适合非实时物联网,对实时性要求较高的物联网应用,如军事物联网、工业物联网、医用物联网、车联网并不适用。

3. 木马病毒

由于安全防护措施的成本、使用便利性等因素的存在,某些感知节点可能不会采取安全防护措施或者采取很简单的信息安全防护措施,这可能会导致假冒和非授权服务访问问题的产生。例如,当物联网感知节点的操作系统或者应用软件过时,系统漏洞无法及时修复时,物体标识、识别、认证和控制就易出现问题。

应对木马病毒攻击,对于类似手机、iPad 和各种智能终端等性能较强、资源较多的超级感知层节点,可以参考电脑应对木马病毒攻击的方式,如安装杀毒软件,定期扫描系统、及时更新病毒库、更新系统补丁,查杀病毒等。对于类似二维码、RFID 等资源较贫瘠的感知层节点,它们难以本地识别并处理木马和病毒,只有依靠物联网中性能较强的中继节点进行识别和杀毒。

4. 数据泄露

物联网通过大量感知设备收集的数据种类繁多、内容丰富。且为方便部署,经常使用无线通信。由于无线通信的开放特性,如果保护不当,将存在隐私泄露,数据被冒用、篡改、盗取的问题。如果对感知节点所感知的信息不采取安全防护措施或者安全防护强度不够,则这些信息可能会被第三方非法获取。这种数据泄露在某些时候可能会造成很大的危害。

应对数据泄露,即对数据内容的机密性保护,相应的技术方法是数据加密技术。将传输中的数据进行加密,即使攻击者实施了窃听,数据遭受泄露,所获得的密文对掌握数据内容也没有帮助,这实际上保护了数据内容的机密性。例如,要传输的原始数据为 data,而实际传输的数据为对应的密文 $c=E_{\mathrm{k}}(\mathrm{data})$。当攻击者通过信道窃听获得密文 c 后,如果没有解密密钥,则不能恢复原始数据 data,仅获得密文 c 并不能得到数据 data 的内容。这样,通过简单的数据加密技术就可以实现对数据内容的机密性保护。

5. 节点妥协攻击

攻击者通过节点妥协攻击能够捕获或者控制物联网中的节点或设备,节点捕获攻击通过替换实体节点,或者篡改节点或设备的硬件信息实现。一旦节点被成功妥协,节点内保存的重要信息(组内通信密钥、频段密钥、匹配密钥等)都会泄露给攻击者。攻击者进一步将妥协节点相关的重要信息复制到恶意节点,并将恶意节点伪装成合法节点连接到物联网。因此,这种攻击也可称为节点复制攻击。节点妥协攻击可能对网络产生极其严重的影响。

应对节点妥协攻击的原则是只要攻击者不能获得终端内的秘密信息即可。同样可以使用对芯片的安全防护技术达到这一安全目标。

6. 恶意代码注入攻击

恶意代码注入攻击是一种物理攻击，是指攻击者通过向物联网中的感知节点或设备的内存中注入恶意代码进而达到控制节点和设备的目的。由于物联网设备联网的便捷性，因此允许设备可以提供不安全的应用程序编程接口(Application Programming Interface，API)，让应用程序开发者和其他用户可以用API来连接和交流；同时，很容易受到未授权实体的恶意代码注入攻击。所以，不安全的软件API和硬件接口是物联网设备中这种攻击的主要来源。注入的恶意代码不仅能执行特殊的功能，还能赋予攻击者进入物联网系统的权限，甚至控制整个物联网系统。

为减少这类攻击，在代码初始运行之时，如果认证机制足够，那么就可以建立一个基于信任的安全引导链。这样，需要用定制硬件来替代内建的处理器，从而提高安全性引导支持。

7. 数据伪造攻击

攻击者伪装成物联网系统中的一个合法节点，对要攻击的目标节点发送伪造的数据。要攻击的目标节点可以有多个，例如，通过广播形式发送伪造数据的行为，就可以同时针对多个目标进行攻击。

应对数据伪造攻击的方法有很多。一种方法就是使用身份认证与数据传输同时进行，在完成身份验证后决定接收或丢弃数据。为了其他安全因素，此时所传输的数据应该有其他安全保护措施。例如，对数据进行加密处理，甚至在加密处理过程中还添加了其他辅助信息，如身份标识、计数器等。另一种方法是加密技术。由于伪造的数据不能正确执行加密算法，因此接收端可以根据解密后的数据格式判断数据是否合法。需要注意的是，当物联网中所传输的数据不具有固定格式时，如温湿度数据，则无法通过解密后的数据格式来判断是否合法，需要在数据中添加辅助信息，例如发送方或接受方的身份标识。这样，通过解密后验证身份标识那部分数据的格式是否正确，就可以判断数据是否合法，从而可避免数据伪造攻击。

8. 数据篡改攻击

攻击者截获正常传输的数据，进行非法篡改，如数据注入、数据删除、数据替换等，然后发给目标接收设备。在接收到错误数据后，物联网作出错误的反馈指令或者提供错误的服务，进一步影响物联网应用和网络的效率。例如，2014年5月，美国一个网络安全公司发布了一份最新的研究报告，指出网络黑客已经能够轻松入侵并操控城市交通信号系统以及其他道路系统，涉及范围涵盖纽约、洛杉矶、华盛顿等美国大城市。黑客能够通过改变交通灯信号、延迟信号改变时间、改变数字限速标记，从而导致交通拥堵甚至车祸，研究者Cesar Cerrudo表示，目前根本没有任何方法能够防止交通控制设备被入侵。

应对数据篡改攻击需要数据完整性保护技术。数据完整性保护技术的原理是对数据的任意非法篡改，接收方都能检测到。一种常用的方法是数字签名和消息认证码技术，这两种技术都是基于哈希函数来实现。但这不是实现数据完整性保护的唯一手段，正确使用加密方法也可以保护数据完整性。

9. 重放攻击

物联网环境中，攻击者可以使用恶意节点或恶意设备向目的主机发送已经通过认证的合法身份信息欺骗目的主机，使得恶意节点或恶意设备获得物联网的信任。重放攻击通常发生在认证过程，以破坏认证的有效性为目的。例如，英国埃塞克斯郡的艾平森林区，一辆特斯拉 Model S 汽车在深夜时分遭到盗贼的重放攻击，然后被盗了。

应对重放攻击需要提供数据的新鲜性。数据的新鲜性是指传输的数据携带一种表明数据在时间上是有效的，或在行为上是有效的标签。如果数据接收时间与发送时间差小于预先设置的最大误差，则在时间上有效；如果数据不是最新接收的数据，而是之前发送的任何数据，则在行为上有效。但标注数据新鲜性的标签需要受到安全保护，否则攻击者可以非法篡改，使其失去提供新鲜性的作用。例如，发送数据时添加时间戳 T，数据格式为 $T \| E_k(T \| \mathrm{data})$，则收信方解密后验证时间戳是否在可允许的范围之内即可。不难看出，在加密数据之外还有一个时间戳 T，这个数据不是必需的，但可以方便验证，如果时间戳不合法，则直接将数据忽略，无须执行解密算法，因为执行解密算法的功耗要明显大于执行时间戳合法性检验所需功耗。如果物联网终端没有时钟，则可以使用一个计数器值 Ctr 实现消息新鲜性保护，每次发送数据时将计数器的值 Ctr 递增，然后发送 $\mathrm{Ctr} \| E(\mathrm{Ctr} \| \mathrm{data})$。接收方检查 Ctr 是否比本地记录的值大，以确定数据是否新鲜。同样，放在加密算法之外的部分用于方便验证，放在加密算法之内的部分用于保护数据不受攻击者非法篡改。

10. 密码分析攻击和侧信道攻击

密码分析攻击可以使用获取的密文或明文推断加密算法中使用的加密密钥。密码分析攻击的效率十分低下。为了提高效率，攻击者提出一种改进的攻击方式——侧信道攻击。侧信道攻击是指利用分析电路运行的时间消耗、功率消耗或电磁辐射之类侧信道泄漏，探查电路运行规律的攻击手段。即攻击者对物联网的加密设备实施一些技术能够获得物联网用来加解密数据的加密密钥。例如，在受到最小信号干扰的环境下，攻击者能通过中断路由器 Wi-Fi 信号来检测出用户在键盘上的击打记录，然后利用这些数据盗取用户的密码。另一种典型的侧信道攻击是时间攻击，攻击者通过分析执行加密算法需要的时间信息进而获得加密密钥。例如，在密钥算法中，能够通过时间片的分析，对应得到加解密程序中的循环指令的周期；进一步通过该周期和算法分析，能够推算出密钥的可能结果或规律。侧信道攻击的有效性远高于密码分析攻击的数学方法，因此给密码设备带来了严重的威胁。当前防止侧信道攻击的方法及装置多为对电路进行外部隔离或外部加干扰，但这类方法及装置往往容易通过硬件设备拆解方式破除保护层。

11. 窃听攻击和干扰攻击

物联网中的大多数设备和节点通过无线网络进行通信，无线网络通信存在固有的漏洞，通过无线链路传递的信息容易遭受非授权用户的窃听。采用相关安全加密算法和密钥管理机制能够有效抵抗窃听攻击。

干扰攻击是指发送噪声数据或噪声信号对无线链路中传输的信息进行干扰，从而使感知层采集的数据不能及时传输到应用层，或因数据的频繁重传导致感知层节点能量消耗过快而失效。利用屏蔽技术或调频技术可以减少电磁干扰。

12. 睡眠剥夺攻击

物联网中的多数设备和感知节点采用电池作为能源供给，电量十分有限。为了延长设备和节点的生存周期，物联网中的设备或节点被设计成遵循特定睡眠机制以降低能源消耗。然而睡眠剥夺攻击能够破坏这种特定的睡眠机制，让节点或设备一直处于唤醒状态，直到其电源耗尽而关机。

应对睡眠剥夺攻击的主要思路是延长设备或节点的存活周期,能源补充策略可以作为备选方案,设备或节点能够通过外界环境补充能源,例如太阳能。除此之外,需要在物联网环境中研究抵抗睡眠剥夺攻击的安全占空比机制。

13. 女巫攻击

女巫攻击又称为 Sybil 攻击。攻击者可以通过伪造许多虚假身份或假冒其他设备的身份发送假的数据信息。实施这种攻击无须使用多个真实的物联网设备,可以使用一台计算机另加一个视频模块,用计算机设备伪造或假冒身份制造信息,由视频模块发送伪造的身份和数据,这样一台设备就可以伪造和假冒许多设备,造成网络数据混乱。

应对女巫攻击需要对设备身份进行认证,使得伪造和假冒的身份都不能通过身份认证过程。但是,如果攻击者掌握了一个物联网设备的合法身份标识和密钥,则假冒这个身份是可能的。从接收和处理数据的平台来说,如果发现从同一身份标识发来的信息内容差距很大,则可以通过对终端设备的行为分析发现异常。这种方法不是普通的密码技术,而且在资源受限的物联网终端设备上实现也有一定难度。

5.1.4 物联网感知层的安全机制

针对物联网感知层面临的安全威胁,目前采用的物联网安全保护机制主要有以下五种。

1. 物理安全机制

感知节点数量庞大,直接面向世间万“物”。感知层安全技术的最大特点是“轻量级”,不管是密码算法、各种通信协议,还是硬软件设计、硬软件资源,都要求不能复杂。“轻量级”安全技术的结果是感知层的安全等级比网络层和应用层要“弱”,如一些低成本的 RFID 标签和二维码具有价格低、安全性差等特点。受资源和成本限制,这种安全机制主要通过牺牲部分标签的功能来实现。

2. 认证授权机制

认证授权的目的是保证未授权的设备和应用不能接入物联网,网络中传输的数据均是合法的,设备和应用请求的数据也是合法的。但在物联网中实现对每个数据和设备的识别与认证是一项非常艰巨的任务,因为物联网中存在大量不同类型的设备,产生的数据类型也是多种多样的。因此,设计有效的机制对设备或数据进行认证在物联网中起到关键作用。主要包括内部节点间的认证授权管理和节点对用户的认证授权管理。

3. 访问控制机制

访问控制机制旨在保护用户对于节点自身信息的访问控制和对节点所采集数据信息的访问控制,以防止未授权的用户对感知层进行访问。常见的访问控制机制包括强制访问控制、自主访问控制、基于角色的访问控制和基于属性的访问控制。

4. 加密机制和密钥管理

加密机制和密钥管理是所有安全机制的基础,是实现感知信息隐私保护的重要手段之一。密钥管理需要实现密钥的生成、分配、更新和传播。

5. 安全路由机制

安全路由机制的目的是保证当物联网遭受攻击时,仍能正确地进行路由发现、构建,主要包括数据保密和鉴别机制、数据完整性和新鲜性校验机制、设备和身份鉴别机制以及路由消息广播鉴别机制。

5.2　RFID 安全

随着 RFID 标签应用的日益广泛，其安全问题日益突出。一方面，由于 RFID 标签的存储资源及计算能力有限，复杂的加密算法往往无法在 RFID 标签上使用；另一方面，由于读写器通过开放的无线通信环境与 RFID 标签进行交互，在用户不知情的情况下，其通信容易受到窃听、篡改、重放等攻击，导致数据加密困难，数据安全、用户隐私问题日益严重。例如，在超市中粘贴在一个昂贵商品上的 RFID 标签可能被改写为一个便宜的商品的信息。在军事领域，敌人可以在仓库出入口秘密安装一个读写器，通过掌握部队的物资调度和流转等信息进而推测出部队的兵力及其部署情况。

为了更好地认识、发现、解决 RFID 安全问题，本节将在介绍 RFID 的基本概念、安全属性、安全假设的基础上，将重点对 RFID 安全威胁及其安全解决方案进行探讨。

5.2.1　RFID 概述

RFID 即射频识别，俗称 RFID 标签，是一种非接触式的自动识别技术，它通过射频信号自动识别目标对象并获取相关数据，可快速进行物品追踪和数据交换，无须人工干预。由于 RFID 标签具有成本低、耐磨损、识别速度快、读取距离大、使用寿命长、可动态修改数据等优点，因此广泛应用于资产跟踪、供应链管理、库存管理、高速公路 ETC 系统、门禁、仓储物流、银行卡等诸多领域，成为了物联网感知层应用最广泛的一项技术。比如，将 RFID 标签附着在一辆正在生产中的汽车，厂家可以追踪此车在生产线上的进度；将 RFID 标签附着在物资上，仓库可以实时追踪物资所在位置，加快物资出入库；RFID 标签也可以附着于牲畜与宠物上，方便对牲畜与宠物的识别；基于 RFID 的身份识别卡可以使员工得以进入所住的建筑部分，汽车上的射频应答器也可以用来征收收费路段与停车场的费用。

1. RFID 系统组成

一套完整的 RFID 系统通常由三类实体构成：RFID 标签、读写器和后台服务器，如图 5-1 所示。

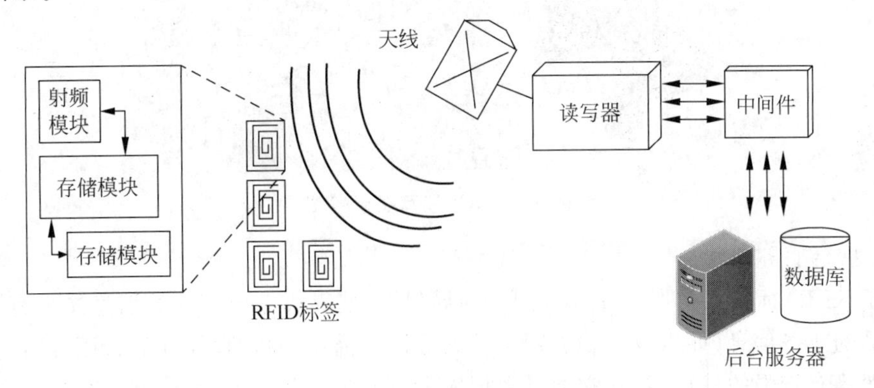

图 5-1　RFID 系统

（1）RFID标签

RFID标签由芯片、天线及载体组成。其中，芯片用来存储标签ID等特定信息，天线主要是用来与读写器通信、接收和发送信息和指令，既可以内置于读写器中，也可以通过同轴电缆与读写器的射频输出端口相连。载体用来安装和保护芯片和天线。

根据能量来源不同，可将RFID标签分为被动标签、半被动标签和主动标签三类。被动标签内部没有电源，它通过接收读写器的电磁波信号驱动其内部电路，从而向读写器回传信号。因此，被动标签成本较低且体积较小，在市场上有广泛的应用。与被动标签不同，半被动标签提供内部电源。当收到读写器的询问信号时，半被动标签可以使用内部电源驱动标签工作，具有更高的效率。主动标签内含有电池来支持其通信，它可以主动触发通信并具有100m以上的读取距离，但其成本相对较高。

根据工作频率不同，又可将RFID标签分为低频标签、高频标签、超高频标签和微波标签。低频标签的工作频率范围为30～300kHz，典型的工作频率有125kHz和133kHz。此类标签一般为无源标签，其阅读距离通常小于1m。主要适合廉价、省电、近距离、低速及数据量少的识别应用，如动物识别、自动化生产等。高频标签的工作频率范围为3～30MHz，典型的工作频率为15.36MHz。此类标签的工作方式与低频标签类似，但其传输速度有所提高。典型应用有无线IC卡、电子身份证、电子车票等。超高频标签的工作频率范围为850～910MHz。微波标签的工作频率为2.54GHz。这两种标签存储数据量大、阅读距离远且具有较高的阅读速度，但更容易受到周围无线信号的干扰。目前，低频和高频标签技术已经在物联网中得到了广泛的应用。由于具有低成本及可远距离识别等优势，超高频标签技术将成为未来应用的主流。

（2）读写器

读写器通常由射频模块、控制单元和耦合单元组成，一般有较好的内部存储和处理能力，复杂的计算，比如各种加密操作也可以在读写器中执行。读写器可通过有线或无线的方式和后台服务器相连，通过天线与RFID标签进行无线通信以实现对RFID标签的识别和读写。读写器是RFID系统中最重要的基础设施，可设计为手持式或固定式。典型读写器示意图如图5-2所示。

图5-2 典型读写器示意图

（3）后台服务器

由于RFID标签在数据存储和处理上的局限性，使得标签内存储的消息非常有限，因此关于物品的业务信息（如生成日期、型号、编码等详细描述）通常存储在后台服务器。后台服务器一般具有较强的处理能力，它通过数据库管理它所拥有的读写器和标签的信息。一般地，由于读写器和后台服务器的数据处理和存储能力都比较强，它们之间可以使用各种密码技术或通信协议，因此在考虑RFID系统安全时，通常假设读写器和后台服务器之间的通信信道是安全的。

2. RFID系统工作原理

RFID系统的工作原理主要分为以下四步。

(1) 读写器通过天线发出一定频率的射频信号(即电磁波)。

(2) RFID标签进入读写器的工作区域后，对于无源或被动RFID标签，通过天线接收到的读写器发出的射频信号，激励起足够的感应电流激活标签，推动标签内部电路工作；标签随即通过天线响应载有数据的射频信号。

对于有源或主动RFID标签，由标签主动发送某一频率的带有产品信息的射频信号。

(3) RFID响应的这些微弱的射频信号再被读写器接收。

(4) 读写器读取信息并解码后，送至后台服务器进行有关数据处理。

3. RFID系统的认证模式

RFID系统的认证模式一般采用3次握手的认证协议，下面以被动RFID标签为例进行说明，如图5-3所示。

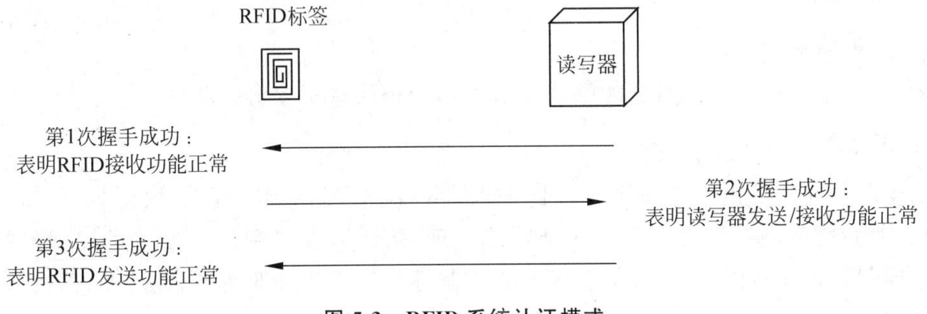

图5-3　RFID系统认证模式

读写器向RFID标签发送身份认证请求信息，验证RFID标签是否是合法的。

第1次握手，当RFID标签接收到该信息后，表明RFID标签的接收功能正常。RFID标签向读写器发送身份认证请求信息的应答消息。

第2次握手，当读写器接收到该应答信息后，表明读写器发送和接收功能都正常。读写器向RFID标签发送应答消息的确认信息。

第3次握手，当读写器接收到该确认信息后，表明RFID标签的发送功能是正常的。通过3次握手就能表明双方的收发功能均正常，也就是说，可以保证RFID标签和读写器建立的连接是可靠的。但是，在RFID系统的这种认证过程中，属于同一应用的所有RFID标签和读写器共享同一密钥，所以3次握手的认证协议具有一定的安全隐患。

5.2.2　RFID安全需求

RFID系统除了需要保证RFID标签和读写器之间无线传输信道上信息的安全，还需要保护RFID标签或读写器上的数据及其自身的隐私信息不被泄露。因此，一个安全的RFID系统除了有物联网基本安全需求外，还有其特有的安全需求：隐私性和时效性。

1. 机密性

机密性是指任何未经授权的实体均无法读取 RFID 标签或读写器的内部秘密数据，也无法读取 RFID 标签和读写器之间传输的秘密信息。机密性对于电子钱包、公交卡等包含敏感数据的 RFID 标签非常关键，但对一些 RFID 广告标签和普通物流标签则不必要。

2. 完整性

完整性是指 RFID 标签内部数据及与读写器之间的通信数据不能被非法篡改，或者即使被篡改也能够被检测到。数据被篡改会导致欺骗的发生，因此大多数 RFID 应用都需要保证数据完整性。

3. 可用性

可用性是指 RFID 系统的合法用户能够正常访问和使用系统内的信息，攻击者无法阻止合法用户获得他所需的信息。对于 RFID 系统而言，由于空中接口反射信号微弱和防冲突协议的脆弱性等原因，可用性受到破坏或降级的可能性较大。但对一般民用系统而言，通过破坏空中接口获利的可能性比较小，而且由于无线信号很容易被定位，因此这种情况较难发生。但在公众场合，RFID 标签的可用性则很容易通过屏蔽、遮盖、撕毁手段等被破坏，因此也应在系统设计中加以考虑。

4. 不可否认性

RFID 标签或 RFID 读写器能够确保节点不会否认它所发出的消息。

5. 可控性

这里的可控性是指通过各种技术手段控制 RFID 信号的读写范围、读写频率等，实现对 RFID 标签数据流向及行为方式的安全监控管理，防止被非法利用。如通过控制射频信号的频率控制其工作范围等，通过加密等方式控制标签响应信号即使被非法读写器读入，也不能正确解码。

6. 可认证性

可认证性是指在 RFID 系统中进行信息交互的都是合法用户，从而拒绝非法用户的任何请求，和合法用户的非法请求等。对于 RFID 系统而言，真实性主要是要保证读写器、RFID 标签及其数据是真实可信的，要预防伪造和假冒的读写器、RFID 标签及其数据。如果 RFID 标签没有存放敏感数据，则对读写器的真实性要求不高，但由于标签数据要被送到后台系统中进一步处理，虚假数据可能导致较大的损失，因此要求标签及其数据是真实的。

7. 隐私性

隐私性一般可分为信息隐私、位置隐私和交易隐私。信息隐私是指用户相关的非公开信息不能被获取或被推断出来。位置隐私是指携带 RFID 标签的用户不能被跟踪或定位。交易隐私是指 RFID 标签在用户之间的交换，或者单个用户新增某个标签、失去某个标签的信息不能被获取。与个人无关的物品，如动物标签等没有隐私性的要求。低频标签通信距离近，隐私性需求不强，但高频、超高频和微波标签对隐私性有一定的要求。对于不同的国家及不同的人而言隐私性的重视程度也不相同。但重要的政治和军事人物都需要较强的隐私性。隐私性决定了哪些信息可以放在 RFID 标签中。

8. 时效性

时效性有时也被称为新鲜性。RFID标签和读写器能够确保接收到的数据的实时性。时效性属性是保障RFID能够抵抗重放攻击的基本属性。

5.2.3 RFID安全假设

为更好地对RFID安全问题进行研究，学者们通常进行了如下假设。

1. 信道安全的假设

由于标签-读写器的通信信道一般采用无线通信方式，读写器-后台服务器的后端网络通信信道一般采用有线方式连接，因此一般假设标签-读写器之间的通信信道是不安全的；读写器-后台服务器之间的通信信道的数据通过某种访问措施来保证安全，因此是安全的信道，如图5-4所示。

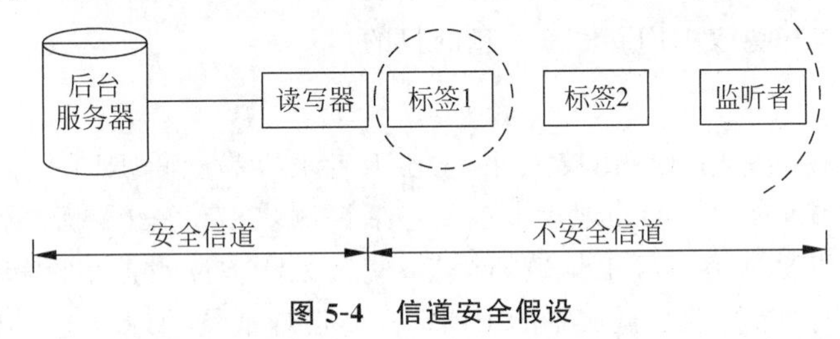

图5-4 信道安全假设

2. 抗干扰能力的假设

按照工作频率的不同，RFID标签可以分为低频、高频、超高频和微波4种。低频和高频的RFID标签一般采用电磁耦合原理，而超高频及微波RFID标签一般采用电磁发射原理，不同频率的RFID标签特点不同、应用场景也不同。由无线电信号的物理特性可知，对于超高频远距RFID标签，由于RFID标签与读卡器之间的通信距离更远，因此更容易受到无线信号的干扰。表5-1给出了不同工作频段RFID标签的特点。

表5-1 不同工作频段RFID标签的特点

频段	特点	适用场合
低频(30～300kHz)	不易受干扰、读取距离短	工具识别、动物芯片、汽车防盗器
高频(3～30MHz)	易受干扰，感应距离较长、读取速度较快，可同时间辨识多个标签	门禁系统、图书馆管理、产品管理
超高频及微波(＞300MHz)	极易受干扰，读取距离较远、传输速率较快	铁路车厢监控

3. 用于安全的硬件资源假设

RFID标签得以广泛应用的一个重要原因是其制造成本低，目前一枚RFID标签的成本可以控制在10美分内，折合人民币在几毛钱内，未来RFID标签价格有望降到5美分。受成本限制，RFID标签内部拥有逻辑门的数量非常有限，仅能进行简单的逻辑处理，因此可分配用于安全模块的逻辑门数就更有限了，一般不超过5000门。按一个逻辑门对应一位二进制数换算，相当于一个RFID标签可用于安全数据的容量为5000bit，约5字节数据。

4. 数据传输的假设

为保证 RFID 系统的正常工作，确保每个 RFID 标签能够传输可靠的数据，数据传输量一般不超过 500bit，读取时间不超过 1s。

5. 抵抗数据篡改能力的假设

物理攻击下，RFID 标签内部数据一定会泄漏。

6. 读写功能的假设

可以限制写入设备向 RFID 标签内存写数据。

5.2.4 RFID 安全威胁

RFID 安全威胁主要源于对标签或读写器的攻击、对标签-读写器前端无线通信信道的攻击和对读写器-后台服务器后端网络通信信道的攻击，以达到盗取 RFID 标签数据、扰乱 RFID 标签读写过程和篡改 RFID 标签信息的目的。

1. 物理攻击

由于 RFID 标签的应用规模比较大，因此攻击者很容易获得 RFID 标签并对其加以分析或破坏。一般来说，对标签的物理攻击主要包括探测攻击、电磁干扰、故障分析和功率分析等非破坏攻击，和通过小刀等工具破坏标签，使其无法被读写器识别和读取的破坏性攻击。一般的 RFID 标签，特别是低成本的 RFID 标签很难抵抗物理攻击。因此，假设在物理攻击下，RFID 标签内部的数据均会泄漏。但该攻击手段成本过高，对攻击者的吸引力很小。

2. 窃听攻击

窃听攻击是指攻击者未经授权而使用无线电接收设备监听并获取 RFID 标签和读写器之间无线通信信道上的数据。如果 RFID 标签和读写器之间传输的数据未经保护，那么攻击者可以直接获得标签和读写器的信息，从而导致用户的信息遭到泄露。

3. 中间人攻击

被动的 RFID 标签在收到来自读写器的查询信息后会主动响应，发送证明自己身份的信息，因此攻击者可以伪装成合法的读写器靠近标签，在标签携带者不知情的情况下进行读取，并将从标签中读取的信息直接或者经过处理后发送给合法的读写器，以达到各种非法目的。在攻击过程中，攻击者通过各种技术手段插入或修改标签与读写器之间的通信信息，而不被标签或读写器所察觉，标签和读写器都认为攻击者是正常通信流程中的另一方。应对中间人攻击的方法是在信息交换的两个方向上都提供数据源认证服务。

4. 假冒攻击

假冒攻击包含两类：一类是假冒合法读写器获取 RFID 标签的信息；另一类是假冒合法 RFID 标签干扰其他标签和读写器间的正常通信。要成功实施此类攻击，通常需要掌握相关通信协议和秘密信息。在进行攻击时，攻击者需要接收并读取加密消息，然后将虚假信息反馈给标签或读写器。

5. 克隆攻击

克隆攻击经常被归类为假冒攻击。然而，二者在本质上是不一样的。假冒攻击是非法标签或非法读写器通过某种手段(不限于克隆)使其自身具有合法身份,从而参与 RFID 系统的数据通信,而克隆攻击利用 RFID 标签在认证过程中的漏洞将合法 RFID 标签上的数据复制到由攻击者所控制的新标签上。克隆标签可以以合法身份在 RFID 系统中执行攻击者的各种攻击计划,危害性比假冒攻击更大。例如,只使用用户标识(User ID,UID)字段作为验证数据的 RFID 标签,就可以轻松实现克隆攻击。克隆攻击典型的应用场景就是手机复制门禁卡。

6. 篡改攻击

篡改攻击是攻击者利用技术手段修改 RFID 的空中接口数据(如无线电频段,调制解调方式,数据编码方式,以及协议)和标签数据等。例如,作为 RFID 的典型应用,公交卡、饭卡和购物卡等卡中均记录有金额、消费记录等信息,通过特定的工具就可以篡改卡片中的金额。

7. 拒绝服务攻击

拒绝服务攻击的目的是破坏标签和读写器之间的正常通信。攻击者可以通过驱动多个标签发射信号或设计专门的标签攻击防冲突协议,对读写器的正常工作进行干扰。这样读写器将无法区分不同的标签,进而导致系统服务中断,使得合法的标签无法与读写器正常通信。对于需要动态刷新标签身份标识(ID)的一类协议,容易遭受此类攻击。但这种攻击手段对 RFID 系统本身并不产生破坏,只是干扰系统的通信,且它不可能在公开场合长时间实施,系统恢复较快,所以拒绝服务攻击是所有攻击中危害最小的攻击手段。

8. 重放攻击

当读写器向标签发出认证请求后,攻击者截获了合法标签对该认证消息的响应信息;当下一次读写器再次发出认证请求时,攻击者把截获的合法标签的响应信息发送给读写器,从而通过读写器对它的身份认证。比如作为典型的 RFID 的应用,汽车遥控钥匙本身也是一张 RFID 卡,使用的频段是 433MHz/315MHz。采用 HackRF 设备就可以在汽车遥控钥匙开锁的过程中记录下交互的数据,进行逆向解析;对应上频段和波形之后,进行数据重放,就可以远程开启汽车。解决重放攻击的有效方式是在标签响应消息中添加响应时间信息,同时在读写器中增加对时间信息时效性的验证。例如标签在 t_1 时刻的信息不足以用来在 t_2 时刻 ($t_2>t_1$)识别认证该标签。

9. 病毒攻击

RFID 标签本身不能检测它所存储的数据是否有病毒,攻击者可以事先把病毒代码写入标签中,然后让合法的读写器读取其中的数据,这样病毒就有可能植入系统中。当病毒或者恶意程序入侵后台服务器的数据库后,可能会迅速传播并摧毁整个系统。

10. 屏蔽攻击

屏蔽攻击是指用机械的方法来阻止读写器对 RFID 标签进行读取。例如,使用法拉第网罩或护罩阻挡某一频率的无线电信号,使读写器不能正常读取标签。攻击者还有可能通过电子干扰手段来破坏 RFID 标签读取设备对 RFID 标签的正确访问。

11. 略读攻击

略读攻击实质是一种非法访问攻击,是指在标签所有者不知情、或没有得到所有者同意的情况下读取存储在 RFID 标签上的数据。它可以通过一个特别设计的读写器与标签进行交互来得到标签中存储的数据。这种攻击之所以会发生,是因为一些标签在不需要认证的情况下也会广播其所存储的数据内容。

12. 演绎攻击

演绎攻击也称为推理攻击。任意一个标签的用户,或者能获取标签信息的攻击者,他们通过数据信息演绎来推算出其他标签的信息,甚至可以计算出整个后台服务器中数据库的信息,这种情况也时常出现在系统管理者身上,因为他们具有某些标签的权限,从而获得其他未经许可的信息。

13. 非法跟踪攻击

非法跟踪攻击的原理是攻击者通过远程识别标签,掌握标签的位置等敏感信息,从而给犯罪活动提供更加便利的目标及相关条件。特别是针对一些对位置信息敏感的物联网应用,如军事侦查,军用物资的存储、运输等,非法跟踪攻击的危害将更大。

5.2.5 RFID 安全机制

为了在复杂、异构的物联网环境下实现 RFID 系统安全的目标,学者们提出了两大类安全解决方案:一是基于访问控制的安全机制,一是基于哈希函数的安全机制。因此,设计安全、高效和低成本的 RFID 安全机制仍是物联网安全领域须研究的一个极具挑战性的课题。

1. 基于访问控制的安全机制

(1) 封杀标签法

封杀标签法从物理上使标签丧失功能、不能再次使用,从而阻止信息泄露和相关设备对标签的非法跟踪,是一种不可逆的操作。封杀标签法最初是由标准化组织 Auto-ID Center 提出的,用于在零售环节中通过禁用标签来保护消费者隐私。封杀标签法对应 Kill 命令。目前,该 Kill 命令仅在部分类型的标签中使用。通过输入个人识别密码(Personal Indentification Number,PIN)码来触发 Kill 命令,命令启动后,标签的所有信息都被破坏且该标签将永久停用,以确保客户的隐私安全。因此,PIN 码需要被很好地保护,以防攻击者利用获得的 PIN 码来破坏标签的正常使用。PIN 码最早是用于保护手机 SIM 卡的一种安全措施。

(2) 阻塞标签法

阻塞标签法利用称为阻塞器的特殊标签防止隐私区标签被读写器扫描。首先,在标签中加入一个比特,称之为隐私位。隐私位为"0"表示该标签可被公开扫描,隐私位为"1"表示标签是秘密的,无法被扫描。因此,标识符以"1"开头的标签被称为隐私区标签。当读写器发送请求时,阻塞器通过模拟各种可能的标签序列号发送伪造消息给读写器,从而阻止读写器获得真正的标签序列号。需要访问受保护标签时,只要去除阻塞器即可。例如,在商品生产出来到购买之前,即在仓库、运输、货架的时候,标签的隐私比特设置为 0,任何时候都可以扫描它。当消费者购买了使用 RFID 标签的产品,销售终端将隐私比特设置为 1。

(3) 法拉第网罩法

法拉第网罩法通过屏蔽电磁波信号来保护 RFID 标签的隐私信息。具体做法如下:将带有标签的物体放入金属网或金属箔制成的法拉第笼中,由于无线电波无法穿透法拉第笼,从而使得 RFID 标签无法与外界联系，即阻止标签和读写器通信。然而，攻击者可能利用这个原理屏蔽物品以防止物品被读写器扫描，从而达到盗取物品的目的。此外，当物品较多时，大规模地使用该方法也不太便利。因此，该方案更适用于标签偶尔被使用的场景。如果每件产品都使用一个网罩，成本也较高。

(4) 主动干扰法

主动干扰法的原理是标签用户通过某种设备，主动广播无线电信号用于阻止或破坏附近的读写器。该方法可能干扰附近合法的 RFID 用户，甚至阻塞附近其他无线电信号。

(5) 加密法

加密法的原理是通过对标签端和读写器端的输入或输出数据进行加密，来保证 RFID 系统的安全性。既可以使用对称密码算法来加密数据，也可以使用非对称密码算法来加密数据。在标签中使用密码算法会增加硬件成本。由于多数 RFID 的硬软件资源受限，所以要求用于 RFID 标签数据的加密算法都应是轻量级的。

(6) 物理不可克隆函数(Physical Unclonable Functions，PUF)技术

由于在标签中使用密码算法会增加硬件成本，麻省理工学院的 Srini Devadas 教授及其团队于 2005 年提出了基于 PUF 的方法来保证标签的安全性。PUF 技术是一种硬件安全技术，它利用固有的设备变化来对给定的输入产生不可克隆的唯一设备响应。由于硅加工技术的不完善，所生产的每一块集成电路在物理上都是不同的，主要表现为不同的路径延迟、晶体管阈值电压、电压增益或其他方式。虽然这些变化在不同集成电路之间可能是随机的，但一旦知道，它们是确定的和可重复的。PUF 技术就是利用集成电路的这种内在差异，为每片集成电路生成一个唯一的加密密钥，从而在大大减小计算、存储和通信开销的情况下，抵御物理克隆攻击的发生。PUF 具有鲁棒性、可计算性、唯一性、不可预测性和防篡改性等属性，可应用于认证及密钥生成等领域。

(7) 休眠进制

让标签处于睡眠状态，而不是禁用，以后可使用唤醒口令将其唤醒。困难在于唤醒口令需要和标签相关联，于是这就需要一个口令管理系统。但是当标签处于睡眠时，不可能直接使用空中接口将特定的标签和特定的唤醒口令相连接，因此需要另外一种识别技术，类似条形码，以标识用于唤醒的标签，这显然是不太理想的。

2. 基于哈希函数的安全机制

为了解决 RFID 系统中的安全和隐私性问题，早期学者们提出了多种基于哈希函数的 RFID 认证协议，典型的有哈希锁协议、随机哈希锁协议、哈希链协议、基于哈希的 ID 变化、分布式 RFID 询问-应答认证协议和低成本鉴析协议(Low-cost Authentication Protocol，LCAP)等，这类协议由于简单且对系统硬件资源的需求不高，因此适合在无源 RFID 认证中使用。表 5-2 给出了几种协议的对比图。

表 5-2　RFID 安全认证协议的抗攻击能力对比

安全认证协议	防窃听攻击	防演绎攻击	防拒绝服务攻击	防重放攻击	防假冒攻击	防跟踪攻击
哈希锁	否	否	是	否	否	否
随机哈希锁协议	是	是	否	否	否	是
哈希链协议	是	是	否	否	否	是

续表

安全认证协议	防窃听攻击	防演绎攻击	防拒绝服务攻击	防重放攻击	防假冒攻击	防跟踪攻击
基于哈希的 ID 变化	是	是	否	是	否	是
分布式 RFID 询问-应答认证	是	是	是	否	是	是
LCAP	是	是	是	否	是	是

(1) 哈希锁协议

哈希锁协议是一种完善的抵制标签未授权访问的安全与隐私技术。整个方案只需要采用哈希散列函数给 RFID 标签加锁,成本很低。

认证过程如图 5-5 所示。

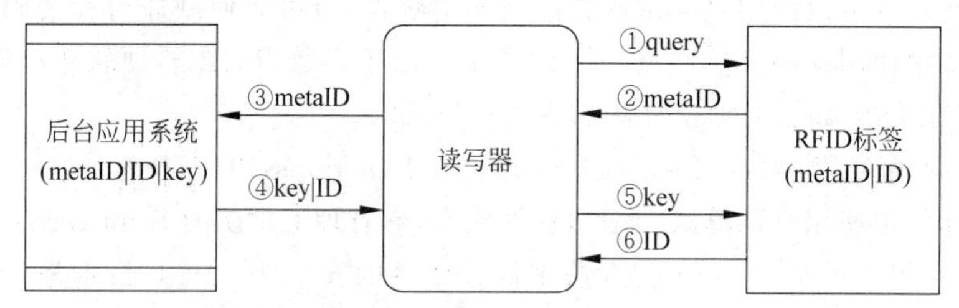

图 5-5 哈希锁协议原理

① 当 RFID 标签进入读写器的识别范围内,读写器向它发送 query 消息请求认证。

② RFID 标签接收到读写器的请求命令后,将 metaID 代替真实的标签 ID 发送给读写器,metaID 是由哈希函数映射标签密钥 key 得来,metaID=Hash(key),跟真实标签 ID 对应存储在 RFID 标签中。

③ 当读写器收到 metaID 后通过计算机网络传输给后台应用系统。

④ 因为后台应用系统的数据库存储了合法标签的 ID、metaID、key,metaID 也是由 Hash(key)得来。当后台应用系统收到读写器传输过来的 metaID,查询数据库有无与之对应的 ID 和 key,如有就将对应的标签 ID 和 key 发给读写器,如果没有就发送认证失败的消息给读写器。

⑤ 读写器收到后台应用系统发送过来的标签 ID 与 key 后,自己保留标签 ID,然后将 key 发送给 RFID 标签。

⑥ RFID 标签收到读写器发送过来的 key 后利用哈希函数运算 Hash(key),对比是否与自身存储的 metaID 值相同,如果相同就将标签 ID 发送给读写器,如果不同就认证失败。

⑦ 读写器收到 RFID 标签发送过来的 ID 与后台应用系统传输过来的 ID 进行对比,若相同则认证成功,否则认证失败。

哈希锁协议待改进的地方:哈希锁协议没有实现对标签 ID 和 metaID 的动态刷新,并且标签 ID 是以明文的形式发送传输,不能防止假冒攻击、重放攻击以及跟踪攻击,以及此协议在数据库中搜索的复杂度是呈 $O(n)$线性增长的,还需要 $O(n)$次的加密操作,在大规模 RFID 系统中应用不理想,所以哈希锁并没有达到预想的安全效果,但是提供了一种很好的安全思想。

（2）随机哈希锁协议

RFID标签内存储了标签ID与一个随机数产生程序，RFID标签接到读写器的认证请求后将（Hash($\mathrm{ID}_i \parallel R$），$R$）一起发给读写器。其中，$\mathrm{ID}_i$ 表示数据库中存储的第 i 个标签ID（$1 \leqslant i \leqslant n$），$n$ 表示数据库所有标签的总数，R 是由随机数程序生成的一个随机数，符号"$\parallel$"表示连接，$\mathrm{ID}_i \parallel R$ 则表示标签ID和随机数 R 的连接。在收到RFID标签发送过来的数据后，读写器在数据库中查询所有的标签，分别计算是否有一个 ID_j 满足 $\mathrm{Hash}(\mathrm{ID}_j \parallel R) = \mathrm{Hash}(\mathrm{ID}_i \parallel R)$。如果有，则将 ID_j 发给RFID标签，RFID标签收到 ID_j 后与自身存储的 ID_i 进行对比作出判断。

其认证过程如图5-6所示。

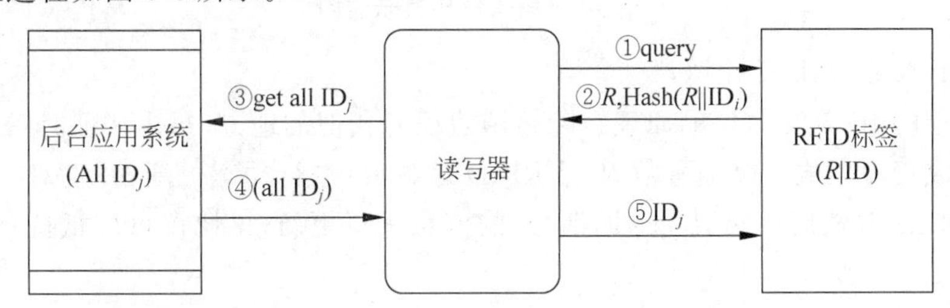

图5-6　随机哈希锁协议原理图

① 当RFID标签进入读写器的识别范围内，读写器向它发送query消息请求认证。

② RFID标签接收到读写器的信息后，利用随机数程序产生一个随机数 R，然后利用哈希函数对（$R \parallel \mathrm{ID}_i$）进行映射求值，$\mathrm{ID}_i$ 是RFID标签自身存储的标识，得到 $\mathrm{Hash}(\mathrm{ID}_i \parallel R)$，然后RFID标签将（Hash($\mathrm{ID}_i \parallel R$），$R$）整体发送给读写器。

③ 读写器向后台应用系统数据库发送获得存储的所有标签 ID_j 的请求。后台应用系统接收到读写器的请求后将数据库中存储的所有标签 ID_j 都传输给读写器。

④ 此时读写器收到的数据有RFID标签发送过来的（Hash($\mathrm{ID}_i \parallel R$），$R$）与后台应用系统传输过来的所有标签 ID_j，读写器进行运算，求出是否能在所有标签 ID_j 中找到一个 ID_j 满足 $\mathrm{Hash}(R \parallel \mathrm{ID}_j) = \mathrm{Hash}(\mathrm{R} \parallel \mathrm{ID}_i)$，若有则将 ID_j 发送给RFID标签，没有则认证失败。

⑤ RFID标签收到读写器发送过来的 ID_j，验证是否满足与自身存储的 ID_i 相等，若相等则认证成功，否则认证失败。

待改进的地方：标签 ID_i 与 ID_j 仍然是以明文的方式传输，不能预防重放攻击和跟踪攻击。当攻击者获取标签的ID后还能进行假冒攻击，在数据库中搜索的复杂度是呈 $O(n)$ 线性增长的，也需要 $O(n)$ 次的加密操作，在大规模RFID系统中应用不理想，所以随机哈希锁协议也没有达到预想的安全效果，但是促使RFID的安全协议越来越趋于成熟。

（3）哈希链协议

Okubo等提出了基于密钥共享的询问应答安全协议——哈希链协议，该协议具有完美的前向安全性。与上述两个协议不同的是该协议通过两个哈希函数 H 与 G 来实现，其认证过程如图5-7所示。H 的作用是更新密钥和产生秘密值链，G 用来产生响应。每次认证时，标签会自动更新密钥；并且RFID标签和后台应用系统共享一个初始密钥（k_t，1）。例如，攻击者截获 $H(k_t,1)$ 后就可以进行重放攻击。所以哈希链协议也不算一个完美的安全协议。

待改进的地方：每一次标签认证时，都要对标签的ID进行更新，增加了安全性，但是也增加了协议的计算量，成本也相应增加。同时哈希链协议是一个单向认证协议，还是不能避免重放攻击和假冒攻击。

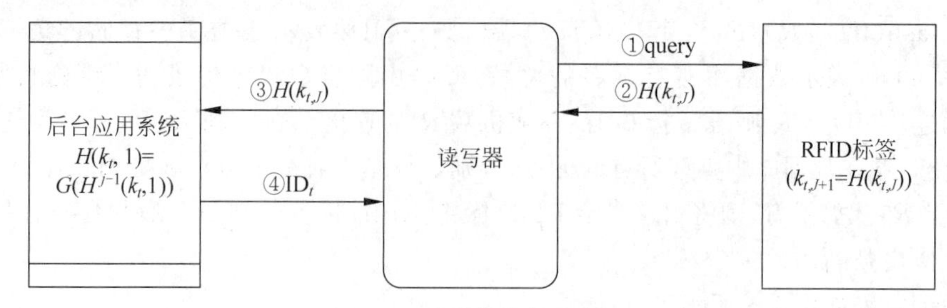

图 5-7 哈希链协议示意图

(4) 基于哈希的 ID 变化协议

基于哈希的 ID 变化协议的原理跟哈希链协议有相似的地方，每次认证时 RFID 系统利用随机数生成程序生成一个随机数 R 对 RFID 标签 ID 进行动态更新，并且对 TID(最后一次回话号)和 LST(最后一次成功的回话号)的信息进行更新，该协议可以抵抗重放攻击，其认证过程如图 5-8 所示。

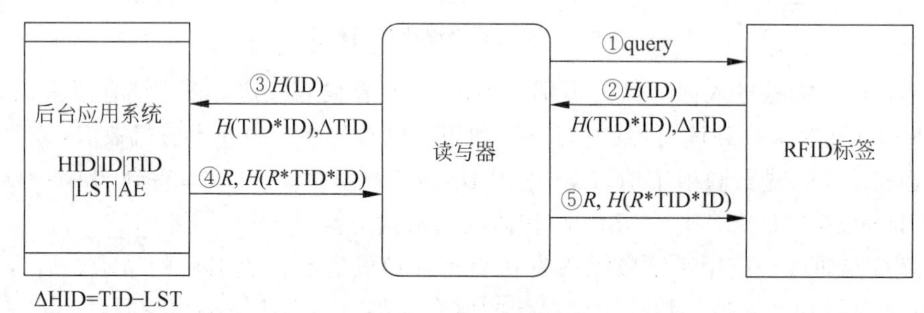

图 5-8 基于哈希的 ID 变化协议示意图

待改进的地方：该协议的弊端是后台应用系统更新标签 ID、LST 与标签更新的时间不同步，后台应用系统更新是在第 4 步，而标签的更新是在第 5 步，而此刻后台应用系统已经更新完毕，此刻如果攻击者在第 5 步进行数据阻塞或者干扰，导致 RFID 标签收不到(R，$H(R*\mathrm{TID}*\mathrm{ID})$)，就会造成后台存储标签数据与 RFID 标签数据不同步，导致下次认证的失败，所以该协议不适用于分布式 RFID 系统环境。

(5) 分布式 RFID 询问-应答认证协议

该协议是 Rhee 等基于分布式数据库环境提出的询问-应答的双向认证 RFID 系统协议，其示意图如图 5-9 所示。当 RFID 标签进入读写器的识别范围后，读写器向其发送 query 消息以及读写器产生的秘密随机数 R_{R}，请求认证。RFID 标签接到读写器发送过来的请求后，生成一个随机数 R_{T}，并计算出 $H(\mathrm{ID}\parallel R_{\mathrm{R}}\parallel R_{\mathrm{T}})$，其中，ID 是标签的 ID，$H$ 为标签和后台应用系统共享的哈希函数。然后，RFID 标签将($H(\mathrm{ID}\parallel R_{\mathrm{R}}\parallel R_{\mathrm{T}})$，$R_{\mathrm{T}}$)发送给读写器。读写器收到该信息后，向其中添加之前自己生成的随机数 R_{R}，并将($H(\mathrm{ID}\parallel R_{\mathrm{R}}\parallel R_{\mathrm{T}})$，$R_{\mathrm{T}}$，$R_{\mathrm{R}}$)一同发给后台应用系统。后台应用系统收到读写器发送来的数据后，检查存储的标签 ID 中是否有一个 ID_j $(1\leqslant j\leqslant n)$满足 $H(\mathrm{ID}_j\parallel R_{\mathrm{T}})=H(\mathrm{ID}\parallel R_{\mathrm{R}}\parallel R_{\mathrm{T}})$)，若有，则认证通过，并把 $H(\mathrm{ID}_j\parallel R_{\mathrm{T}})$发送给读写器。读写器把接收到的 $H(\mathrm{ID}_j\parallel R_{\mathrm{T}})$发送给 RFID 标签进行验证，若 $H(\mathrm{ID}_j\parallel R_{\mathrm{T}})=H(\mathrm{ID}\parallel R_{\mathrm{T}})$，则认证通过，否则认证失败。

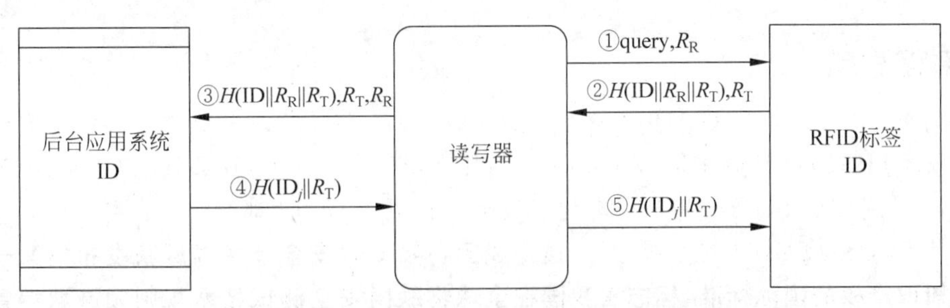

图 5-9　分布式 RFID 询问-应答认证协议示意图

待改进的地方：该协议跟基于哈希的 ID 变化协议一样，虽然目前为止还没有发现明显的安全缺陷和漏洞，但成本太高，因为一次认证过程需要两次哈希运算，读写器和 RFID 标签都需要内嵌随机数生成函数和模块，不适合小成本 RFID 系统。

(6) LCAP

LCAP 是基于标签 ID 动态刷新的询问-应答双向认证协议。与前几种协议不同的是它每次执行之后都要动态刷新标签的 ID。其示意图如图 5-10 所示。

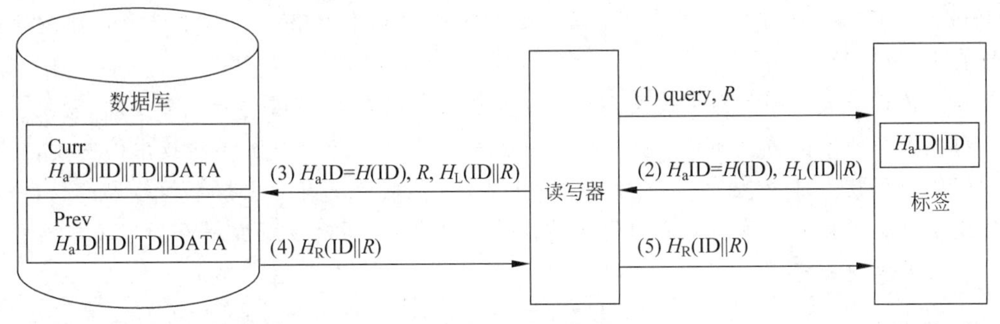

图 5-10　LCAP 示意图

当标签进入读写器的识别范围后，读写器通过向它发送 query 消息以及读写器产生的一个秘密的随机数 R，请求认证。标签收到读写器发送过来的认证信息后，利用哈希函数计算出 H_aID=H(ID)和 H_L(ID‖R)，其中，ID 为标签的 ID，H_L 表示哈希函数映射值的左半部分，即 H(ID‖R)的左半部分；之后标签将(H_aID，H_L(ID‖R))一起发送给读写器。读写器收到上述消息后，在其中添加之前发送给标签的秘密随机数 R，将消息(H_aID，H_L(ID‖R)，R)发送给后台数据库。后台数据库收到读写器发送过来的数据后，检查数据库存储的 H_aID 是否与读写器发送过来的一致。若一致，则利用哈希函数计算 R 和数据库存储的 H_aID 的 H_R(ID‖R)，H_R 表示哈希函数映射值的右半部分，即 H(ID‖R)的右半部分，同时后台数据库更新 H_aID 为 H(ID⊕R)，ID 更新为 ID⊕R，并将之前存储的数据中的 TD 数据域设置为 H_aID=H(ID⊕R)，然后将 H_R(ID‖R)发送给读写器。读写器收到 H_R(ID‖R)后将其转发给标签。标签收到 H_R(ID‖R)后验证其有效性，若有效，则认证成功。

待改进的地方：通过对以上流程的分析不难看出，LCAP 存在与基于哈希的 ID 变化协议一样的不足，就是标签 ID 更新不同步，后台数据库更新在第 4 步，而标签更新是在它更新之后的第 5 步，如果攻击者攻击导致第 5 步不能成功，就会造成标签数据不一致，进而导致认证失败以及下一次认证的失败。因此该协议不适用于分布式数据库 RFID 系统。

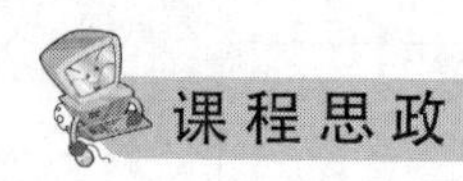

课程思政

2020 年 12 月 8 日从 WAPI 产业联盟获悉，我国自主研发的一项物联网安全测试技术(TRAIS-P TEST)由 ISO/IEC 发布成为国际标准，编号为：ISO/IEC 19823-16：2020，标准全称是：《信息技术 安全服务密码套件一致性测试方法 第 16 部分：用于空中接口通信的密码套件 ECDSA-ECDH 安全服务》。**这是我国在物联网安全技术领域获发布的又一项拥有自主知识产权的国际标准，标志着我国在全球物联网安全测试技术规则领域取得首个突破，也是我国加强关键领域自主知识产权创造储备战略背景下的又一重要成果。**该标准是 TRAIS-P(ISO/IEC 29167-16：2015)国际标准的测试标准，它规范了 RFID 安全密码套件一致性测试方法。该标准发布后，将从技术到产品测试两个层面共同构成国际标准体系，用于保护有源 RFID 产品和系统安全，为全球 RFID 系统提供强健的空口安全连接能力。

西电捷通公司、无线网络安全技术国家工程实验室、国家商用密码检测中心、国家信息技术安全研究中心、中国通用技术研究院、国家无线电监测中心检测中心、天津市无线电监测站等十余家单位全程参与了标准开发工作，西电捷通公司是主要技术贡献者。至此，我国在 ISO 国际标准方面贡献技术并作出必要专利声明的标准共 26 项，其中涉及网络安全的标准占 12 项。

通过该标准成为国际标准的案例进行爱国强国意识教育，希望学生刻苦钻研，激发学员学术科技报国的家国情怀和科技强军的使命担当。让学生产生对科学和技术的热爱，也希望他们体会到技术进步、技术领先对国家的重要性，了解到没有自主技术和知识产权，一个国家是难以真正强大。我们为祖国的发展和强盛而自豪，同时要树立提升国家民族科技实力的责任感和使命感。

*案例

传感器竟成“窃听器”

2020 年国际四大信息安全会议之一的“网络与分布式系统安全会议”上，一项来自浙江大学、加拿大麦吉尔大学、多伦多大学学者团队的最新研究成果显示：部分智能手机 App 可在用户不知情且无须系统授权的情况下，利用手机内置的加速度传感器来采集手机扬声器所发出声音的振动信号，实现对用户语音的窃听。其原理主要是由于声音信号是一种由振动产生的、可以通过介质传播的声波，手机扬声器发出的声音会引起手机的震动，而加速度传感器可以灵敏地感知这些震动，因此攻击者可以通过它来捕捉手机震动进而破解其中所包含的信息。在关键字检测任务中，这种窃听攻击识别用户语音中所携带关键字的平均准确率达到了 90%。

手机加速度计可以收集语音信息，这意味着攻击者可以从用户的手机中窃取多种隐私数据。比如，攻击者也许可以从语音信息中提取用户的家庭住址、信用卡信息、身份证号、用户名密码等一系列重要信息；通过窃听手机地图的语音导航系统，攻击者也许能提取出一些跟位置有关的关键字，推断出用户目前的位置以及目的地；通过窃听用户手机播放的音乐和视频，攻击者可以推断出用户在这些方面的偏好。因此，这种攻击方式对用户隐私安全具有很大威胁。

从上述案例可以看出，“传感器数据”亟待重新审视。现行的法律法规对个人敏感信息的保护，主要是针对证件号码、金融账户等具体的个人敏感信息。由于加速计数据本身并不属于个人敏感信息，攻击者可以利用计步软件等必须用到加速计的App"合理"地对加速计数据进行收集，因此采集加速计数据这种行为本身并不违法。这就意味着，这种攻击方式目前仍处于法律法规的灰色地带。

为有效防御此类攻击，相关专家建议首先应该从技术层面加大对移动设备物理层安全的研究投入，了解各类传感器的实际数据采集能力以及它们可能造成的隐私问题，对可能存在的各类攻击做到心中有数。然后依此重新设计智能手机操作系统中各类传感器的权限使用机制，从技术的角度尽可能地降低数据被滥用的可能性。此外，还应当从法律法规上细化对敏感信息的定义和使用规范。除了对证件号码、银行账户、通信记录和内容等具体的个人敏感信息进行保护外，还应对可能包含这些信息的原始传感器数据进行保护，规范和限制这类数据的采集和使用方式。

那么作为普通消费者，我们目前有机会防止自己的手机被窃听吗？在各大手机厂商提出进一步的解决方案之前，消费者能够采取的最有效也最便捷的防御方式，就是通过耳机来接听电话或语音信息。手机中的加速度计与耳机间存在着物理隔离，使加速度计无法监测到耳机发出的振动，所以通过耳机播放的声音是不会被这种攻击窃听的。

5.3 无线传感器网络安全

无线传感器网络的安全技术研究是当前的热点和富有挑战性的一项课题，特别是无线传感器网络在军事与公共安全领域的应用中，安全性要求很高。

5.3.1 无线传感器网络概述

1. 无线传感器网络的定义

无线传感器网络是大量的静止或移动的传感器以自组织和多跳的方式构成的网络，其目的是协作地感知、采集、处理和传输网络覆盖地理区域内感知对象的监测信息，并报告给用户。

2. 无线传感器网络基本结构

无线传感器网络的基本结构如图5-11所示，一般包括传感器节点、汇聚节点（或称为基站）和管理节点（用户）。

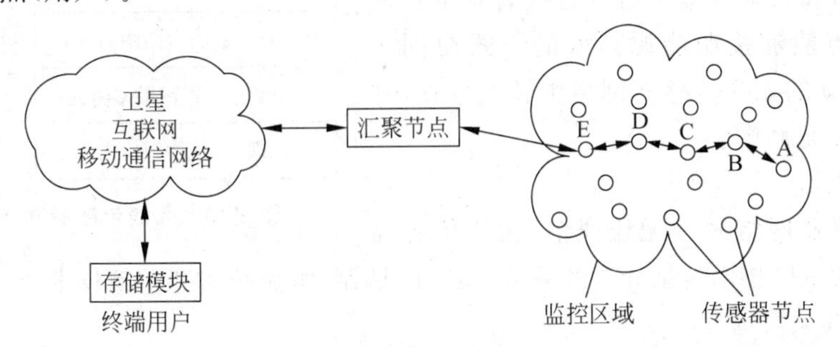

图5-11 无线传感器网络基本结构

首先，大量的传感器节点被随机地部署在目标监测区域，通过自组织和多跳的方式构成网络。传感器节点采集到的监测区域数据沿着其他传感器节点逐条进行传输；在传输过程中，监测区域数据可能被多个节点处理，经过多条路由至汇聚节点，最后通过互联网或卫星到达管理节点。

（1）传感器节点

传感器节点一般由数据采集模块、数据处理与控制模块、通信模块和电源模块四部分组成，如图5-12所示。

① 数据采集模块：信息采集、数据转换。

② 数据处理与控制模块：控制、数据处理、网络协议。

③ 通信模块：无线通信，交换控制信息和收发采集数据。

④ 电源模块：提供能量。

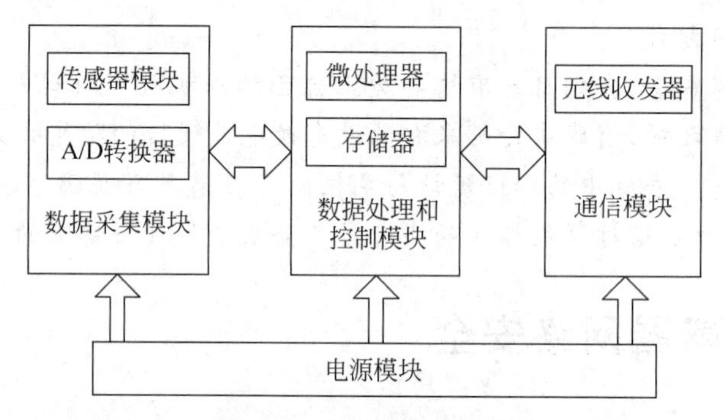

图5-12 传感器节点结构

（2）汇聚节点

汇聚节点既可以是一个具有增强功能的传感器节点，有足够的能量提供给更多的内存与计算资源，也可以是没有监测功能仅带有无线通信接口的特殊网关设备。

【思考】 无线传感器网络和物联网的异同？

3. 无线传感器网络的协议栈

无线传感器网络协议栈如图5-13所示，包括物理层、链路层、网络层、传输层和应用层，与互联网协议栈的五层协议相对应。此外，无线传感器网络协议栈还包括能量管理平台、移动管理平台、任务管理平台和安全管理平台。这些管理平台使得传感器节点能够按照能源高效的方式协同工作，在节点移动的无线传感器网络中转发数据，并支持多任务和资源共享。

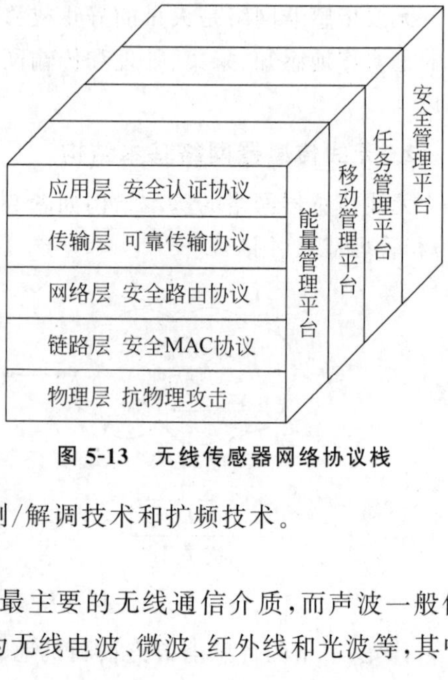

（1）物理层

无线传感器网络属于无线通信，无线传感器网络物理层的主要技术包括介质和频段的选择、调制/解调技术和扩频技术。

图5-13 无线传感器网络协议栈

① 介质和频段选择

无线通信的介质包括电磁波和声波。电磁波是最主要的无线通信介质，而声波一般仅用于水下的无线通信。根据波长的不同，电磁波分为无线电波、微波、红外线和光波等，其中无线电波在无线网络中使用最广泛。无线电波的传播特性与频率相关。

② 调制和解调技术

调制和解调技术是无线通信系统的关键技术之一。通常信号源的编码信息(即信源)含有直流分量和频率较低的频率分量,称为基带信号。基带信号往往不能作为传输信号,因而要将基带信号转换为相对基带频率而言频率非常高的带通信号,以便于进行信道传输。通常将带通信号称为已调信号,而基带信号称为调制信号。

调制技术通过改变高频载波的幅度、相位或频率,使其随着基带信号幅度的变化而变化。解调是将基带信号从载波中提取出来以便预定的接收者(信宿)处理和理解的过程。

根据原始信号所控制参量的不同,调制分为幅度调制(Amplitude Modulation,AM)、频率调制(Frequency Modulation,FM)和相位调制(Phase Modulation,PM)。

③ 扩频技术

扩频又称为扩展频谱,它的定义如下:扩频通信技术是一种信息传输方式,其信号所占有的频带宽度远大于所传信息必需的最小带宽;频带的扩展是通过一个独立的码序列来完成,用编码及调制的方法来实现,与所传信息数据无关;在接收端用同样的码进行相关同步接收、解扩和恢复所传信息数据。

扩频技术按照工作方式的不同,可以分为以下四种:直接序列扩频(Direct Sequence Spread Spectrum,DSSS)、跳频扩频(Frequency Hopping Spread Spectrum,FHSS)、跳时扩频(Time Hopping Spread Spectrum,THSS)和宽带线性调频扩频(Chirp Spread Spectrum,Chirp-SS,简称 Chirp 扩频)。

直接序列扩频:利用高速率的扩频码序列在发射端扩展信号的频谱,而在接收端用相同的扩频码序列进行解扩,把展开的扩频信号还原成原来的信号。

跳频扩频:利用整个带宽(频谱)并将其分割为更小的子通道。发送方和接收方在每个通道上工作一段时间,然后转移到另一个通道。发送方将第一组数据放置在一个频率上,将第二组数据放置在另一个频率上,以此类推。

跳时扩频:是使发射信号在时间轴上跳变。首先把时间轴分成许多时片。在一个帧内哪个时片发射信号由扩频码序列进行控制。可以把跳时理解为:用一定码序列进行选择的多时片的时移键控。

宽带线性调频扩频:如果发射的射频脉冲信号在一个周期内,其载频的频率作线性变化,则称为线性调频。

(2) 链路层

无线传感器网络链路层主要负责多路数据流、数据结构探测、媒体访问和误差控制,从而确保通信网络中可靠的点-点与点-多点连接。然而,无线传感器网络节点协同工作与面向应用的性质,以及无线传感器网络节点的物理约束(如能量和处理能力约束)决定了完成这些功能的方式。

多跳自组织无线传感器网络 MAC 层协议需要实现两个目标:①基于感知区域内密集布置节点的无线多跳通信,需要建立数据通信连接以获得基本的网络基础设施。②为了使无线传感器网络节点公平有效地共享通信资源,需要对共享媒体的访问进行管理。无线传感器网络的 MAC 协议必须具有固定能量保护、移动性管理和失效恢复策略。

考虑现有的 MAC 层协议的解决方案,主要包含以下几种访问方式:

① 基于网络时分多址(Time Division Multiple Access,TDMA)的媒体访问。

② 基于混合 TDMA/FDMA 的媒体访问,FDMA 为频分多址(Frequency Division Multiple Access)。

③ 基于载波监听(Carrier Sense Multiple Access with Collision detection,CSMA)媒体访问技术。一般基于自动重发请求(Automatic Repeat reQuest,ARQ)的误差控制,主要采用重新传送恢复丢失的数据包/帧。虽然其他无线网络的数据链路层利用了基于 ARQ 的误差控制方案,但由于无线传感器网络节点能量与处理资源的不足,无线传感器网络应用中 ARQ 的有效性受到了限制。另外,前向纠错(Forward Error Correction,FEC)方案具有固有的解码复杂性,需要无线传感器网络节点消耗大量处理资源。因此,具有低复杂度编码与解码方式的简单误差控制码可能是无线传感器网络中误差控制的最佳解决方案。

(3) 网络层

网络层负责对传输层提供的数据进行最优路由。大量的传感器节点散布在无线传感器网络的监测区域中,因此需要设计一套最优的路由协议(能量最高效、路径最短、时延最小、可靠性最好等)来供采集数据的传感器节点和汇聚节点之间的通信使用。

(4) 传输层

传输层用于维护无线传感器网络中的数据流,是保证通信服务质量的重要部分。当无线传感器网络需要与其他类型的网络连接时,例如,汇聚节点与任务管理节点之间的连接就可以采用传统的 TCP 或者用户数据协议(User Datagram Protocol,UDP)协议。但是在无线传感器网络的内部是不能采用这些传统协议的,这是因为传感器节点的能源和内存资源都非常有限,它需要一套代价较小的协议。

(5) 应用层

根据应用的具体要求的不同,不同的应用程序可以添加到应用层中,它包括一系列基于监测任务的应用软件。

管理平台包括能量管理平台、移动管理平台和任务管理平台。这些管理平台用来监控无线传感器网络中能量的利用、节点的移动和任务的管理。它们可以帮助传感器节点在较低能耗的前提下协作完成某些监测的任务。能量管理平台可以管理一个节点怎样使用它的能量。例如,一个节点接收到一个邻近节点发送过来的消息之后,就把自己的接收器关闭,避免收到重复的数据。同样,一个节点的能量太低时,它会向周围节点发送一条广播消息,以表示自己已经没有足够的能量来转发数据,这样它就可以不再接收邻居节点发送过来的需要转发的消息,进而把剩余能量留给自身消息的发送。移动管理平台能够记录节点的移动。任务管理平台用来平衡和规划某个监测区域的感知任务,因为并不是所有节点都要参与到监测活动中,在有些情况下,剩余能量较高的节点要承担多一点的感知任务,这时需要任务管理平台负责分配与协调各个节点任务量的大小,有了这些管理平台的帮助,节点可以以较低的能耗进行工作,可以利用移动的节点来转发数据,可以在节点之间共享资源。

4. 无线传感器网络的应用

无线传感器网络具有众多不同类型的传感器,可以探测包括地震、电磁、温度、湿度、噪声、光强度、压力、土壤成分、移动物体的大小、速度和方向等周边环境中多种多样的物理量和化学量。基于微机电系统(Micro Electromechanical System,MEMS)的微传感技术和无线网络技术，为无线传感器网络赋予了广阔的应用前景。这些潜在的应用领域可以归纳为：军事、航空、反恐、防爆、救灾、环境、医疗、保健、家居、工业、商业等领域。典型的军事应用如下。

(1) 智能微尘

"智能微尘"是一个由具有计算能力的低成本、低功耗(相当于手机使用功率的1/1000)的超微型传感器(一些传感器只有阿司匹林药片那么大，但绝大部分传感器的体积相当于一个传呼机)所组成的网络，该网络可以监测周边环境的温度、光亮度和振动程度，它甚至还可以察觉到周围是否存在辐射或有毒的化学物质。"智能微尘"使用微电子机械系统技术设计，能够通过飞机散播到敌方公路、阵地上。以电池驱动的"智能微尘"能够感应到敌方的活动，并能够把得到的信息传送回总部，用于侦察附近敌方部队的活动。智能微尘示意图和实物图如图5-14所示。

图5-14 智能微尘示意图和实物图

(2) "热带树"和"远程战场监视传感器系统"

通过在敌方阵地附近的道路、桥梁、港口等关键地区部署各种类型的传感器，可以了解敌方动向，以及武器装备的部署情况。分布式传感器在军事领域的应用已有几十年的历史。早在越南战争期间，美军就使用了当时被称为"热带树"的无人值守无线传感器网络来对付北越的"胡志明小道"，如图5-15所示。"热带树"在越战中的成功应用，促使许多国家战后纷纷研制和装备各种无人值守的地面传感器系统(Unattended Ground Sensors，UGS)。美军的远程战场监视传感器

图5-15 胡志明小道

系统(Remotely Monitories Battle Area Sensors System,REMBASS)项目已经为UGS的成功使用进行了验证。REMBASS使用了远距离监视传感器。由人工放置在敌人可能经过的道路,这些传感器可以对敌人的活动引起的信号作出响应,记录诸如地面震动、声音、红外和磁场变化等物理量。

(3) 无人值守地面传感器群

"无人值守地面传感器群"项目由美国陆军于2001年提出,其主要目标是使基层部队指挥员具有在他们所希望部署传感器的任何地方灵活地部署传感器的能力,并且能详尽地收集战场各种精确信息,比如丛林地带的地面坚硬度和干湿度,为更准确地制定战斗行动方案提供情报依据。部署的方式依赖于需要执行的任务,指挥员可以将三种传感器进行最适宜的组合来满足任务需求。无人值守地面传感器作为美军未来战斗系统的一部分,主要分为战术UGS和城区UGS两种类型。战术UGS主要包括情报侦察监视UGS和化学、生物、辐射和核UGS;城区UGS也称为城市地形军事行动先进传感器系统,用于城区环境下的态势感知和部队保护,以及在城市地形军事行动环境中对已清理区域内滞留部队的保护。

(4) 传感器组网系统

"传感器组网系统"项目由洛克希德·马丁公司开发。传感器组网系统可以实现传感器工作自动化,同时通过管理和协调不同传感器,可在动态环境下获得、综合并生成高质量的数据。传感器组网系统的核心是一套实时数据库管理系统。该系统可以利用现有的通信机制对从战术级到战略级的传感器信息进行管理,而管理工作只需通过一台专用的商用便携机即可完成,不需要其他专用设备,该系统以现有的带宽进行通信,并可协调来自地面和空中的监视传感器以及太空监视设备的信息,并且该系统可以部署到各级指挥单位。

(5) 沙地直线

在美国国防高级研究计划局的资助下,美国俄亥俄州开展了"沙地直线"项目开发,这是一种无线传感器网络系统,能够散射"电子绊网"到整个战场以侦测运动的高金属含量目标,这种能力意味着一个特殊的军事用途,如侦察和定位敌军坦克和其他车辆。在"沙地直线"项目的基础上,美军进一步进行了超大规模无线传感器网络的研究。美军在2004年12月进行了史上最大规模的无线传感器网络试验。在名为"ExScal"的网络中1300m×300m的地域内部署了1200个网络节点,成功检验了网络稳定性、网络冗余配置等方面的研究成果。

(6) 目标定位网络嵌入式系统

目标定位网络嵌入式系统技术是美国国防高级研究计划局主导的一个战场应用实验项目,它将实现系统和信息处理的融合。项目短期目标是建立包括10~100万个计算节点的可靠、实时、分布式应用网络。这些节点包括连接传感器和控制器的物理和信息系统部件。基础嵌入式系统技术节点采用现场可编程门阵列(Field Programmable Gate Array,FPGA)模式。该项目应用了大量的微型传感器、微电子、先进传感器融合算法、自定位技术和信息技术方面的成果。该项目的长期目标是实现传感器信息的网络中心分布和融合,显著提高作战态势感知能力。该项目成功验证了无线传感器网络技术能够准确定位敌方狙击手,它采用多个廉价音频传感器来协同定位敌方射手并标示在所有参战人员的个人计算机中,三维空间的定位精度可达到1.5m,定位延迟仅为2s,甚至能显示出敌方射手采用跪姿和站姿射击的差异。

(7) 全资产可视化系统

利用无线传感器网络对军事装备、弹药等物资进行管理与调配,实现物资管理的"可视化”,从而可以在战场瞬息万变的情况下缩短供应时间,提高战场保障效率。比如,在油库安装无线传感器网络节点设备,对油料进行监控,当油料缺少时报告系统油库缺油,然后由工作人员及时补充油料,此举可以大大减少人力的支出,缩短了时间。在伊拉克战争期间,美军在后勤保障上应用了大量无线传感器网络,战争结束后,美军军方进行数据统计,发现未使用无线传感器网络的物资调配要比使用无线传感器网络的物资调配多浪费30%人力和25%的时间。因此美军反思了后勤保障体系的缺陷,提出了全资产可视性计划,命名为全资产可视化(Total Asset Visibility,TAV)系统。全资产可视化系统是基于信息化作战的需要,通过构建军队资产信息网络系统,为军队各级指挥员和资产使用管理人员(用户)及时准确地提供全部资产的有关位置、运动和状况的全面信息,以及识别部件、人员、装备和补给品的管理能力。该系统是随着信息化和高科技战争后勤保障对资产管理提出的新需求而阐释的一种新概念。依托该系统,美军可以在几秒内计算出数月内后勤保障的准确情况,包括物资的消耗状况以及后勤保障需求。该系统不仅可以对后勤资源实施全面监控,还能对部队机动、军事交通运输、伤员后送等保障活动进行全程动态跟踪。

5.3.2 无线传感器网络特点

1. 多跳路由

由于传感器节点的无线传输范围有限,两个无法直接通信的节点往往会通过多个中间节点的转发来实现通信。传感器节点需要传输的数据从一个节点跳到另一个节点,直到抵达目的节点。图5-16给出了直接传输模式和多跳传输模式的示意图。

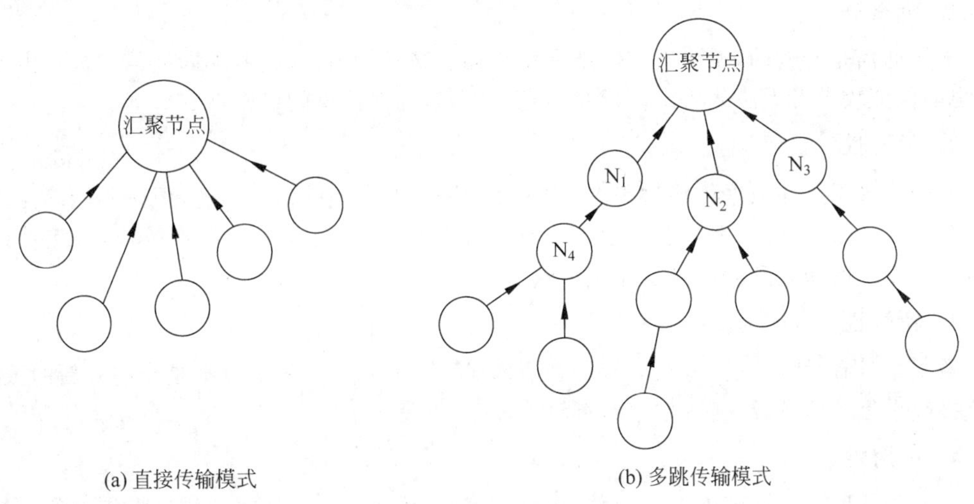

图5-16 传感器节点多跳

2. 每个节点兼具路由器和主机两种功能

(1) 作为主机,节点需要运行面向用户的应用程序;

(2) 作为路由器,节点需要运行相应的路由协议,根据路由策略参与分组转发和路由维护工作。

3. 网络拓扑结构动态变化

由于传感器节点容易失效、无线信道的相互干扰、节点发送功率的变化、地形对无线信号的影响等各种因素的影响,无线传感器网络的拓扑结构随时可能产生变化,因此无线传感器网络的拓扑结构具有动态变化性。

4. 分布式控制方式

无线传感器网络没有专门的控制中心,它把网络的控制功能分散配置到各节点,网络的建立和调整是通过各节点的有机配合实现的。各节点没有重要和次要之分,所有节点地位平等,是一个对等式网络,能防止一旦控制中心被破坏而引起全网瘫痪的危险,提高了网络的抗毁性。

5. 使用广播式信道

由于无线传感器网络采用广播式的链路类型,即使是可靠的信道,节点之间也会产生碰撞,冲突的存在会导致信号传输失败,信道利用率降低。在密集型的无线传感器网络中,这是个尤为重要的问题。

6. 节点数量较大

由于无线传感器网络通常需要覆盖很广泛的地理区域,单个节点的通信范围有限,为获取监测目标的精确信息,节点的部署比较密集,因此,无线传感器网络中的节点数量巨大,可以达到成千上万,甚至更多。

5.3.3 无线传感器网络安全需求

在传统信息安全需求的基础上,无线传感器网络又具有一些特殊的安全需求。

1. 机密性

无线通信是开放的,无法确定网络中是否存在窃听行为,这就要求即使信号被攻击者截获,也能保证攻击者无法分析出所截获信息的内容,确保信息的机密性。

2. 完整性

机密性确保了在数据传输过程中,攻击者无法获取真实的信息内容,但是不能确保接收者收到的数据是正确的,因为恶意的中间节点可以截获、篡改和干扰信息的传输,完整性则可以确保发出的和收到的消息是完全一致的。

3. 新鲜性

数据是具有时效性的,传感器节点必须确保发出的和收到的信息都是当前最新的数据,杜绝接收重复的信息,以确保数据的新鲜性,防止重复攻击。

4. 可用性

无线传感器网络的可用性是指当无线传感器网络被攻击者伪造的信号干扰而处于部分或全部瘫痪状态时,还能够按照原有的工作方式向合法用户提供信息访问服务。

5. 鲁棒性

无线传感器网络是动态的,节点的失效或新添加、环境因素、人为破坏、自然灾害等,都会导致网络拓扑的变化,鲁棒性可使无线传感器网络受到的影响最小化,不会使整个网络瘫痪。

6. 访问控制

访问控制是指网络能够认证访问者身份的合法性。传感器节点因物理访问而无法使用防火墙；类似非对称密码体制的数字签名和公钥证书等传统网络方法受资源限制，也无法使用防火墙。

5.3.4 无线传感器网络安全脆弱性

1. 分布的开放性

传感器节点必须分布于待感知的事件的周围，一般是部署在恶劣的环境、无人区域或敌方阵地，无人值守或监管，容易被物理地直接访问，并因成本因素一般不具备防拆装的能力，安全无法保证，节点易失效。例如我国渔民屡屡打捞到外国的海洋探测装置。

2. 网络的动态性

网络的动态性包含两层含义：一是网络规模的变化，节点数量增减是常态。二是网络拓扑结构动态变化。无线传感器网络节点随机部署在目标区域，一般具有大量而密集的节点分布特征，因缺少固定基础设施，没有中心管理点，各节点是否存在直接连接，连接又能维持多久均是未知的。因此，网络规模可变化，节点增减是常态，拓扑结构动态性强。

3. 资源的有限性

由于受到应用和成本的限制，传感器节点的硬件资源极其有限，而这种硬件资源的有限性决定了无线传感器网络存在着以下几方面的限制，表5-3给出了相关单片机的资源分配图。

(1) 能量有限。能量是限制传感器节点能力、寿命最主要的约束性条件，现有的传感器节点一般都是通过电池供电，为了减小体积，电池一般采用纽扣电池，电池容量十分有限，且传感器的使用环境决定了传感器基本不可能重新充电。这就决定了无线传感器网络的首要设计目标是能源的高效利用，这也是传感器网络和传统网络最重要的区别之一。

(2) 计算能力有限。传感器节点的CPU一般只具有8bit～8MHz的处理能力。这种有限的处理能力决定了传感器节点基本不可能进行复杂的计算。因此，轻量级的密码算法是无线传感器网络的一个重要研究方向。

(3) 存储能力有限。传感器节点一般包括三种形式的存储器：RAM、程序存储器、工作存储器。RAM用于存放工作时的临时数据，一般不超过2KB；程序存储器用于存储操作系统、应用程序以及安全函数等；工作存储器用于存放获取的传感器信息，这两种存储器一般也只有几十KB。

(4) 通信能力有限。为了节约信号传输时的能量消耗，传感器节点收发模块的传输功率一般为10～100mW，传输的范围也局限于100m～1km。

(5) 安全性有限。传感器节点一般布置在敌对或者无人看管的区域，传感器节点的物理安全没有很多保证，攻击者很容易攻占节点，且节点没有防篡改的安全部件，攻击者一旦获取传感器节点就很容易获得和修改存储在传感器节点中的密钥信息以及程序代码等。由于信道的脆弱性和广播特性，攻击者不需要物理基础网络部件，恶意攻击者可以轻易地进行网络监听和发送伪造的数据报文。

4. 通信的不可靠性

无线传感器网络采用无线通信方式。无线通信的广播属性，因缺少基础设施和难以控制的通信环境，往往表现出通信的开放性和不可靠性，为敌方实施攻击提供了便利，主要包括监听无线信道、窃听通信数据、篡改传感器节点内容等。

表 5-3 相关单片机的资源分配

型号 STC8 系列是 STC 价格最低/功耗最低/速度最快的 8051 单片机 绝大部分指令 1 个时钟完成	工作电压（V）	Flash 程序存储器 10 万次 字节	内部大容量扩展 SRAM 字节	强大的双 DPTR 可增可减	EEPROM 10 万次 字节	I/O 口最多数量	串行口 可掉电唤醒	SPI	I²C	定时器/计数器（T0-T4 外部管脚也可掉电唤醒）	RTC 实时时钟 万年历	16 位高级 PWM 定时器 互补对称死区	45 路 15 位增强 PWM 满足舞台灯光控制要求	传统 PCA/CCP/PWM 定时器 可当外部中断并可掉电唤醒	掉电唤醒专用定时器	触摸按键 LED 直接驱动自动扫描显示	ADC 高速 15 路 测电池电压专用通道 工作电压 PWM 可当 D/A 使用	比较器 也可作外部掉电检测	内部低压检测供电电压 复位/中断/查询	看门狗 复位定时器	内部高可靠复位 可选复位门槛电压	内部高精准时钟 36 MHz 以下可调 追频	可对外输出时钟及复位	程序加密后传输让您的客户自己升级程序	可设置下次更新程序需口令	支持 RS485 下载	支持 USB 下载 硬件或软件模拟	全速 USB	MDU16 硬件 16 位乘除法器单元	本身就可在线仿真	部分封装 LQFP64 QFN64〈8×8mm〉 LQFP48 QFN48〈6×6mm〉 LQFP44 用 LQFP48 取代 LQFP44 LQFP32 QFN32〈4×4mm〉 TSSOP20 QFN20〈3×3mm〉 SOP16 用 TSSOP20 取代 SOP16 SOP8 DFN8〈3×3mm 优先推荐〉												主力产品供货信息
																															LQFP64	QFN64	LQFP48	QFN48	LQFP44	LQFP32	QFN32	TSSOP20	QFN20	SOP16	SOP8	DFN8	
STC8G1K08	1.9-5.5	8K	1K	2	4K	6	1	有	有	2	-	-	-	-	有	-	-	-	有	有	4级	有	是	有	是	是	软	-	有	是											0.65	0.7	现货
STC8G1K17	1.9-5.5	17K	1K	2	IAP	6	1	有	有	2	-	-	-	-	有	-	-	-	有	有	4级	有	是	有	是	是	-	-	有	-											0.75	0.8	
STC8G1K08A	1.9-5.5	8K	1K	2	4K	6	1	有	有	2	-	-	-	3	有	-	10位	-	有	有	4级	有	是	有	是	是	软	-	有	是											0.75	0.8	现货
STC8G1K17A	1.9-5.5	17K	1K	2	IAP	6	1	有	有	2	-	-	-	3	有	-	10位	-	有	有	4级	有	是	有	是	是	-	-	有	-											0.85	0.9	
STC8G1K08	1.9-5.5	8K	1K	2	4K	18	2	有	有	3	-	-	-	3	有	-	10位	有	有	有	4级	有	是	有	是	是	软	-	-	是								1.15	1.20	1.30			现货
STC8G1K17	1.9-5.5	17K	1K	2	IAP	18	2	有	有	3	-	-	-	3	有	-	10位	有	有	有	4级	有	是	有	是	是	-	-	-	-								1.30	1.35	1.40			
STC8G2K16S2	1.9-5.5	16K	2K	2	48K	45	2	有	有	5	-	-	8	3	有	-	10位	有	有	有	4级	有	是	有	是	是	软	-	有	是			¥1.6	¥1.8									现货
STC8G2K32S2	1.9-5.5	32K	2K	2	32K	45	2	有	有	5	-	-	8	3	有	-	10位	有	有	有	4级	有	是	有	是	是	软	-	有	是			¥1.8	¥2.0									
STC8G2K32S4	1.9-5.5	32K	2K	2	32K	45	4	有	有	5	-	-	45	3	有	-	10位	有	有	有	4级	有	是	有	是	是	软	-	有	是			¥2.0	¥2.2		¥2.0							

续表

型号 STC8系列是STC价格最低/功耗最低/速度最快的8051单片机 绝大部分指令1个时钟完成	工作电压(V)	Flash程序存储器 10万次 字节	内部大容量扩展SRAM 字节	强大的双DPTR可增可减	EEPROM 10万次 字节	I/O口最多数量	串行口 可掉电唤醒	SPI	I²C	定时器/计数器(T0-T4外部管脚也可掉电唤醒)	RTC实时时钟 万年历	16位高级PWM定时器 互补对称死区	45路15位增强PWM满足舞台灯光控制要求	传统PCA/CCP/PWM定时器 可当外部中断并可掉电唤醒	掉电唤醒专用定时器	触摸按键 LED直接驱动自动扫描显示	ADC高速15路专测电池电压工作电压通道 PWM可当D/A使用	比较器 也可作外部掉电检测	内部低压检测供电电压 复位/中断/查询	看门狗 复位定时器	内部高可靠复位 可选复位门槛电压	内部高精准时钟 36MHz以下可调 追频	可对外输出时钟及复位	程序加密后传输让您的客户自己升级程序	可设置下次更新程序需口令	支持RS485下载	支持USB下载 硬件或软件模拟	全速USB	MDU16 硬件16位乘除法器单元	本身就可在线仿真	部分封装 LQFP64　QFN64〈8×8mm〉 LQFP48　QFN48〈6×6mm〉 LQFP44　用LQFP48取代LQFP44 LQFP32　QFN32〈4×4mm〉 TSSOP20　QFN20〈3×3mm〉 SOP16　用TSSOP20取代SOP16 SOP8　DFN8〈3×3mm优先推荐〉												主力产品供货信息
																															LQFP64	QFN64	LQFP48	QFN48	LQFP44	LQFP32	QFN32	TSSOP20	QFN20	SOP16	SOP8	DFN8	
STC8G2K60S4	1.9-5.5	60K	2K	2	4K	45	4	有	有	5	-	-	45	3	有	-	10位	有	有	有	4级	有	是	有	是	是	软	-	有	是			¥2.2	¥2.4		¥2.2							
STC8G2K64S4	1.9-5.5	64K	2K	2	IAP	45	4	有	有	5	-	-	45	3	有	-	10位	有	有	有	4级	有	是	有	是	是	软	-	有	是			¥2.2	¥2.4		¥2.2							
STC8H1K08	1.9-5.5	8K	1K	2	4K	17	2	有	有	3	-	8	-	-	有	-	10位	有	有	有	4级	有	是	有	是	是	软	-	-	是								0.90	0.95				
STC8H1K17	1.9-5.5	17K	1K	2	IAP	17	2	有	有	3	-	8	-	-	有	-	10位	有	有	有	4级	有	是	有	是	是	-	-	-	-								1.15	1.20				现货
STC8H1K16	1.9-5.5	16K	1K	2	12K	29	2	有	有	5	-	8	-	-	有	-	10位	有	有	有	4级	有	是	有	是	是	软	-	-	是						¥1.4	¥1.4						
STC8H1K24	1.9-5.5	24K	1K	2	4K	29	2	有	有	5	-	8	-	-	有	-	10位	有	有	有	4级	有	是	有	是	是	软	-	-	是						¥1.5	¥1.5						
STC8H1K28	1.9-5.5	28K	1K	2	IAP	29	2	有	有	5	-	8	-	-	有	-	10位	有	有	有	4级	有	是	有	是	是	软	-	-	是						¥1.6	¥1.6						

续表

型号 STC8系列是STC价格最低/功耗最低/速度最快的8051单片机 绝大部分指令1个时钟完成	工作电压(V)	Flash程序存储器 10万次 字节	内部大容量扩展SRAM 字节	强大的双DPTR可增可减	EEPROM 10万次 字节	I/O口最多数量	串行口 可掉电唤醒	SPI	I²C	定时器/计数器(T0-T4外部管脚也可掉电唤醒)	RTC实时时钟 万年历	16位高级PWM定时器 互补对称死区	45路15位增强PWM满足舞台灯光控制要求	传统PCA/CCP/PWM定时器 可当外部中断并可掉电唤醒	掉电唤醒专用定时器	触摸按键 LED直接驱动自动扫描显示	ADC高速15路 专测电池电压工作电压通道 PWM可当D/A使用	比较器 也可作外部掉电检测	内部低压检测供电电压 复位/中断/查询	看门狗 复位定时器	内部高可靠复位 可选复位门槛电压	内部高精准时钟 36MHz以下可调 追频	可对外输出时钟及复位	程序加密后传输让您的客户自己升级程序	可设置下次更新程序需口令	支持RS485下载	支持USB下载 硬件或软件模拟	全速USB	MDU16 硬件16位乘除法器单元	本身就可在线仿真	部分封装 LQFP64 QFN64〈8×8mm〉 LQFP48 QFN48〈6×6mm〉 LQFP44 用LQFP48取代LQFP44 LQFP32 QFN32〈4×4mm〉 TSSOP20 QFN20〈3×3mm〉 SOP16 用TSSOP20取代SOP16 SOP8 DFN8〈3×3mm优先推荐〉												主力产品供货信息
																															LQFP64	QFN64	LQFP48	QFN48	LQFP44	LQFP32	QFN32	TSSOP20	QFN20	SOP16	SOP8	DFN8	
STC8H8K32U	1.9-5.5	32K	8K	2	32K	60	4	有	有	5	-	8	-	-	有	-	12位	有	有	有	4级	有	是	有	是	是	硬	有	有	是	¥2.9	¥3.1	¥2.4										
STC8H8K64U	1.9-5.5	64K	8K	2	IAP	60	4	有	有	5	-	8	-	-	有	-	12位	有	有	有	4级	有	是	有	是	是	硬	有	有	是	¥3.4	¥3.6	¥2.9										送样中
STC8H3K32S4	1.9-5.5	32K	3K	2	32K	43	4	有	有	5	-	8	-	-	有	-	12位	有	有	有	4级	有	是	有	是	是	软	-	有	是			¥2.2	¥2.4									
STC8H3K64S4	1.9-5.5	64K	3K	2	IAP	43	4	有	有	5	-	8	-	-	有	-	12位	有	有	有	4级	有	是	有	是	是	软	-	有	是			¥2.4	¥2.6									
STC8G1K08T	1.9-5.5	8K	1K	2	4K	16	1	有	有	3	-	-	-	3	有	16	10位	有	有	有	4级	有	是	有	是	是	软	-	-	是								1.40					
STC8G1K17T	1.9-5.5	17K	1K	2	IAP	16	1	有	有	3	-	-	-	3	有	16	10位	有	有	有	4级	有	是	有	是	是	-	-	-	-								1.50					内部测试中
STC8H2K32T	1.9-5.5	32K	2K	2	32K	44	4	有	有	5	有	8	-	-	有	16	12位	有	有	有	4级	有	是	有	是	是	软	-	有	是			¥2.7	¥2.9									
STC8H2K64T	1.9-5.5	64K	2K	2	IAP	44	4	有	有	5	有	8	-	-	有	16	12位	有	有	有	4级	有	是	有	是	是	软	-	有	是			¥2.9										

在一个无线传感器网络中，可能有成百上千个传感器节点协同工作，而同时可以有几十个或上百个传感器在发送数据包，因此容易导致数据通信冲突或延迟。且无线传感器网络传输一位消息和执行 8000～10 000 条指令所消耗的能量相当。为提高无线传感器网络的存活性，一般采用低速率、低功耗的无线通信技术以节约能量开销，这使得无线传感器网络的通信范围、通信带宽十分有限，容易面临干扰、丢包、碰撞、延迟等一系列通信不可靠问题。

5. 标准的不统一性

虽然无线传感器网络有 IEEE 802.15.4、IEEE 802.15.4C、ZigBee 及 IEEE 1451 等相关标准，但没有形成统一的无线传感器网络通信标准，导致产品的互操作性和易用性较差。路由协议、节点行为管理、密钥管理技术不实用，导致无线传感器网络难以大规模使用。

无线传感器网络的上述特点和安全脆弱性，给其安全问题研究带来了困难。目前无线传感器网络的安全性不强，其安全方面表现出“易攻难守”的特点，很多问题有待于进一步地研究和解决。

【思考】

为什么说物联网感知层具有易攻难守的特点？你是否联想到了“弱国无外交”“落后就要挨打”？如何规避风险？这对你的人生成长有何启迪？

5.3.5 无线传感器网络安全攻击和防御

目前，无线传感器网络可能受到的攻击手段和防御方法如表 5-4 所示。本节将逐一介绍。

表 5-4 无线传感器网络遭受的攻击手段和防御方法

网络层次	攻击手段	防御方法
物理层	阻塞攻击	扩频通信、休眠策略
	物理破坏	增加物理损害感知机制，对敏感信息在合适存储区进行加密存储
	假冒攻击	数字签名，公钥基础设施
链路层	耗尽攻击	限制网络发送速度；对过度频繁的请求不予理睬； 限制同一个数据包的重传次数等
	非公平竞争攻击	使用短包策略和非优先级策略
	碰撞攻击	纠错编码技术、信道监听和重传机制
	确认欺骗攻击	不完全数据链路层确认消息的路由算法
网络层	汇聚节点攻击	加强路由信息的安全级别； 增加对汇聚节点地理位置信息的加密强度； 增加汇聚节点的冗余度和灵活多样选择机制
	伪造路由攻击	对路由信息加签名、加计数值或加时间戳
	黑洞攻击	认证、多径路由、采用基于地理位置的路由协议
	怠慢和贪婪攻击	身份认证、冗余路径
	女巫攻击	身份认证、资源探测法
	虫洞攻击	安全等级策略、采用基于地理位置的路由协议
	方向误导攻击	出口过滤、认证、监测机制
	流量分析攻击	“迷惑”攻击者

续表

网络层次	攻击手段	防御方法
传输层	异步攻击	身份认证
	泛洪攻击	客户端谜题、入侵检测机制
	Hello 泛洪攻击	认证
应用层	感知数据的窃听、篡改、重放、伪造	加密、消息鉴别、认证、安全路由、安全数据聚集、安全数据融合、安全定位、安全时间同步
	节点不合作	信任管理、入侵检测

1. 物理层攻击

物理层协议负责频率选择、载波频率产生、信号探测、调制和数据加密。无线传感器网络使用基于无线电的介质,所以容易发生干扰攻击,而且节点往往部署在不安全的地区,节点的物理安全得不到充分保障,因此无线传感器网络在物理层容易遭受如下攻击。

(1) 阻塞攻击

阻塞攻击本质是一种干扰攻击,攻击原理如图 5-17 所示,是利用无线网络的开放性,通过一个强大的干扰源,如扩散的无线电信号,用噪声信号干扰正常节点通信所使用的无线电波频率,达到使无线传感器网络瘫痪的目的。一种典型实施方法:攻击者只需要在节点数为 N 的网络中随机布置 $K(K \gg N)$个攻击节点,使它们的干扰范围覆盖全网,就可以使整个无线传感器网络瘫痪。

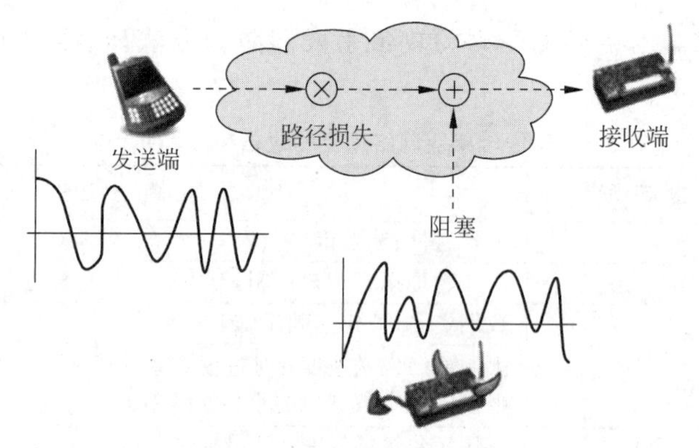

图 5-17 阻塞攻击示意图

针对阻塞攻击的常用防御方法有:

① 扩展频谱通信。对于物理层的阻塞攻击可以使用扩频通信技术来防止。扩展频谱通信,简称扩频通信,是一种信息传输方式,其信号所占有的频带宽度远大于所传信息必需的最小带宽,图 5-18 给出了直接序列扩频示意图。图中,(a)表示原始信号。(b)是用待传输的数据信息与伪随机序列异或,用来扩展传输信号的带宽,使其信号功率谱密度下降。(c)表示当扩频后的信号在传输过程中受到噪声干扰,导致信号失真。(d)表示接收端对信号解扩后,噪声功率谱密度下降,信号功率谱密度上升,原始信号将从噪声干扰中恢复处理。可见,原始信号若经过扩频后传输,可以提高其抗噪声能力。

典型的扩频技术码分多址(Code Division Multiple Access,CDMA)是第二次世界大战期间因战争的需要而研究开发的,其初衷是防止敌方对己方通信的干扰,后来由美国高通公司更新成为商用蜂窝电信技术。其原理是将原数据信号的带宽扩展,再经载波调制并发送

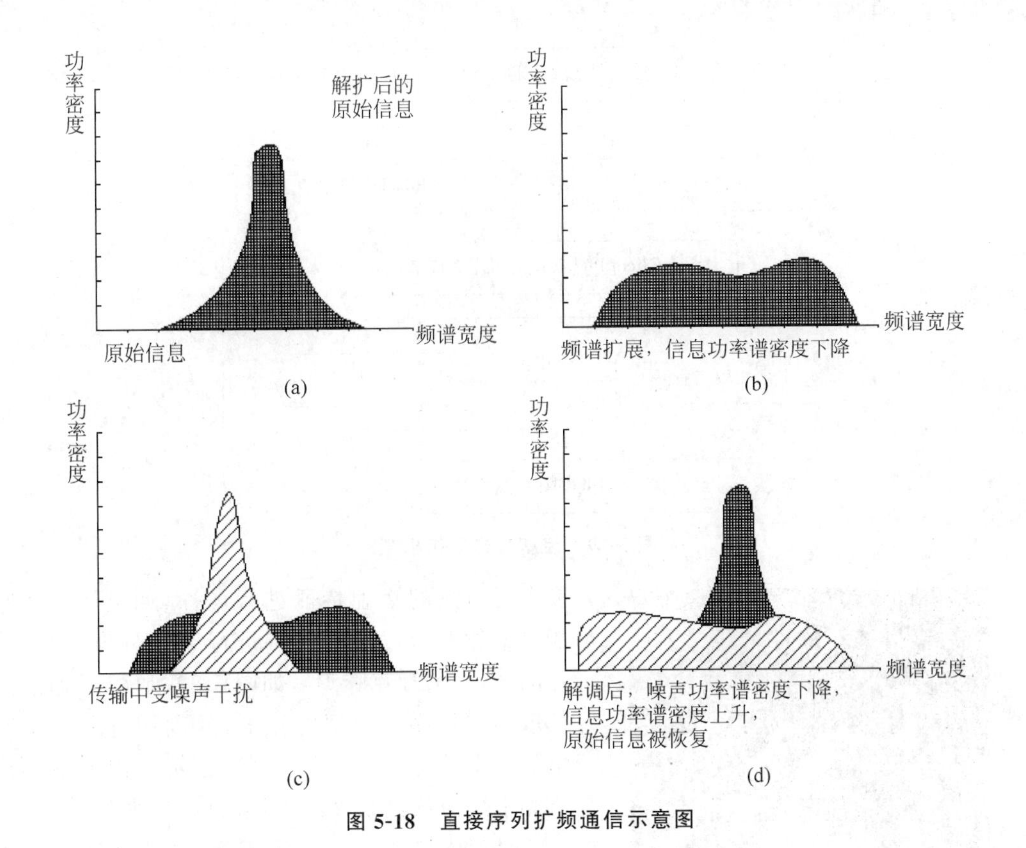

图 5-18 直接序列扩频通信示意图

出去。接收端使用完全相同的伪随机码，与接收的带宽信号作相关处理，把宽带信号解扩来实现通信。CDMA 可以在一定程度上实现抗干扰通信，但在资源有限的无线传感器网络中，CDMA 可能会导致较高的通信开销。

② 休眠策略。被攻击节点附近的节点觉察到阻塞攻击之后进入睡眠状态，保持低能耗。然后定期检查阻塞攻击是否已经消失，如果消失则进入活动状态，同时向网络通报阻塞攻击的发生。

此外，上海交通大学科研团队提出一个防御框架，该团队设计的阻塞攻击防御框架结构如图 5-19 所示，主要包括 4 个子模块，分别为攻击者推断模块、频谱分配模块、Client Puzzle 协议产生模块、客户端抵御阻塞模块，其核心思想是：当一个阻塞攻击事件出现时，客户端抵御阻塞模块会将这个事件上报给数据库的攻击者推断模块，而后攻击者推断模块根据频道分配情况更新相关次级用户是攻击者的推测概率。当一个次级用户向数据库查询可用频谱信息时，根据该次级用户的推测概率，数据库使用频谱分配模块分配相应的频谱资源以及使用 Client Puzzle 协议产生模块生成相应难度的 Client Puzzle（对应得到这些频谱资源所需要付出的代价）。当攻击过于严重时，次级用户也可以通过客户端抵御攻击模块，使用一些扩频技术（FHSS/DSSS）来缓解攻击带来的危害。该研究成果于 2016 年发表在网络领域顶级期刊 IEEE JSAC 中。

（2）物理破坏攻击

因为传感器节点往往分布在一个很大的区域内，所以要保证每个节点的物理安全是不现实的，敌人很可能俘获一些节点，对它们进行物理上的分析和修改，如借助相关的仪器仪

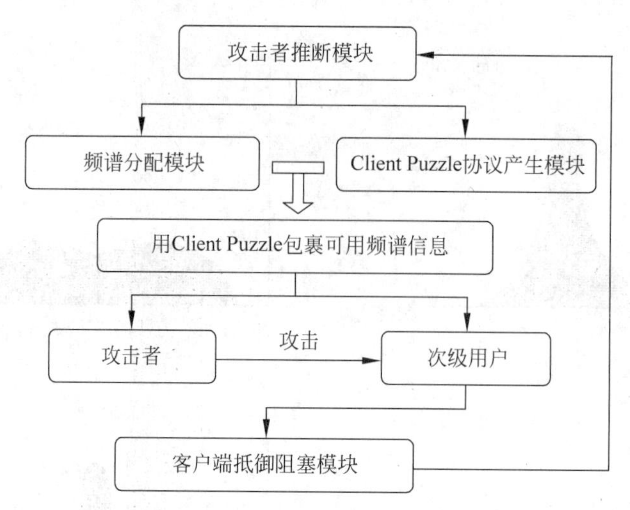

图 5-19　阻塞攻击防御框架

图 5-20　通过探针物理破坏节点芯片示意图

表等对节点的物理特征进行窥探(如电压、时钟、能量辐射等),以及对节点进行破坏行为(如对芯片的剖片、物理克隆等),如图 5-20 所示,从而达到获取内部程序或数据的目的,并利用它来干扰网络的正常功能,甚至可以通过分析其内部敏感信息和上层协议机制,破解网络的安全外壳。

针对无法避免的物理破坏,需要无线传感器网络采用更精细的控制保护机制。

① 增加物理损害感知机制。节点能够根据它收发数据包的情况、外部环境变化和一些敏感信号的变化,判断是否遭受物理侵犯。例如,当传感器节点上的位移传感器感知自身位置被移动时,可以把位置变化作为判断它可能遭到物理破坏的一个要素。节点在感知到被破坏以后,可以采取相应的策略,如销毁敏感数据、脱离网络、修改安全处理程序等,这样攻击者就不能正确地分析系统的安全机制,从而保护了网络其他部分的节点免受安全威胁。

② 对敏感信息在恰当存储区加密存储。现代信息安全技术依靠密钥来保护和确认信息,而不是依靠安全算法,所以对通信的加密密钥、认证密钥和各种安全启动密钥需要进行严密的保护。对于攻击者来说,一般读取系统动态内存中的信息比较困难,所以他们通常采用静态分析系统的方法来获取非易失存储器中的内容,因此敏感信息尽量存放在易失存储器上。如果不可避免地要存储在非易失存储器上,则必须首先要进行加密处理。易失存储器和非易失存储器的区别在于:前者在电源关闭时会丢失其储存的内容,而非易失存储器在电源关闭时不会丢失其储存内容。如图 5-21 所示,常用的非易失存储器有硬盘、闪存和各种只读储存器,如可编程只读储存器(Programmable Read Only Memory,PROM)、电可擦可编程只读储存器(Electrically Erasable Programmable Read Only Memory,E^2PROM)和可擦可编程只读储存器(Erasable Programmable Read Only Memory,EPROM)等。常用的易失存储器有内存和各类随机存储器,如动态随机存储器(Dynamic Random Access

Memory,DRAM)和静态随机存储器(Static Random Access Memory,SRAM)等。

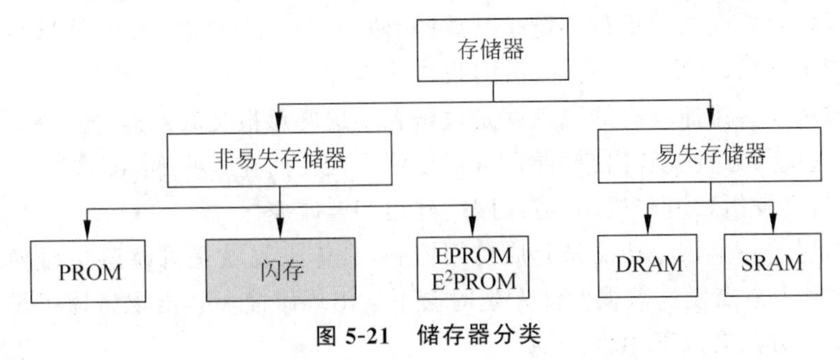

图 5-21　储存器分类

(3) 假冒攻击

由于攻击者可以捕获节点,所以攻击者可以通过盗取、篡改节点上所保存的任何信息,如用于身份认证的密钥等信息,将恶意节点假冒为合法节点接入网络。要识别出这些“合法”的恶意节点所发出的报文,仅仅使用数字签名机制是不够的,还需要其他方法,如公钥基础设施的配合。

2. 链路层攻击

链路层负责管理数据的多路复用、数据帧的探测、介质存取和纠错控制,它保证网络中点对点、单点对多点的可靠连接。针对链路层的攻击主要有耗尽攻击、非公平竞争攻击、碰撞攻击和确认欺骗攻击等。

(1) 耗尽攻击

耗尽攻击是利用了 MAC 层协议(如 IEEE 802.15.4 标准)关于消息重传和消息响应的机制而发起的一种攻击方式,攻击者通过对网络通信的故意干扰或对节点存活期的持续骚扰,从而快速消耗网络和节点资源(如带宽、内存、CPU 和能量),最终使节点失效,网络瘫痪。比如,对网络通信故意干扰的一种实施方式是攻击者侦听网络中节点的正常通信,当节点快发送完一帧时,攻击者马上发出干扰信号,导致该节点的数据发送失败。此时,传统 MAC 协议中的控制算法往往会要求节点重传该帧,反复重传势必造成节点能量快速耗尽。对节点存活期持续骚扰的一种实施方式是攻击者一直对被攻击节点发送请求信号,如不间断攻击,就导致被攻击节点因忙于接收、响应请求,其电源很快耗尽。

针对耗尽攻击的常用防御方法有:①限制网络发送速度,节点自动抛弃多余数据请求,但会降低网络效率。②对过度频繁的请求不予理睬。③限制同一个数据包的重传次数等。

(2) 非公平竞争攻击

由于无线信道是单一访问的共享信道,MAC 层协议中通常采取竞争方式进行信道分配。非公平竞争攻击是指如果网络数据包在通信机制中存在优先级控制,那么恶意节点通过一些设置,例如不断在网络上发送高优先级的数据包、设置较短的等待时间进行重传重试、预留较长的信道占用时间等不公平地长时间占用信道,就会导致网络中其他节点难以有机会传输数据,使网络失效。

针对非公平竞争攻击的常用防御方法有:①短包策略,不使用过长的数据包(如各种通信协议中一般会规定数据包的最大长度),缩短每包占用信道的时间。②非优先级策略,即不采用优先级策略或者弱化优先级差异,如采用时分复用的方式进行数据传输。

(3) 碰撞攻击

由于无线传感器网络的承载环境是开放的,两个邻居节点同时发送信息会导致信号相互重叠而不能被分离,从而产生碰撞(有时也被称为冲突)。只要有一个字节产生碰撞,整个数据包均会被丢弃。碰撞攻击的原理就是攻击者发送恶意报文故意碰撞正在传送的正常数据包,从而引起接收方校验和出错,导致数据传输失败。而在一些 MAC 层协议中认为发生链路层碰撞,将引发指数退避机制,造成网络延迟甚至瘫痪。

数据链路层的一个核心功能是介质访问控制,具体来说就是围绕避免碰撞解决如下三个问题:①该哪个节点发送数据?②发送时会不会出现碰撞?③出现碰撞了怎么办?解决碰撞攻击的主要方法有以下两种。

① 使用纠错编码技术。通过在数据包中增加冗余信息来纠正数据包中的错误位;通过采用一位或二位纠错编码。如果攻击者采用瞬间碰撞攻击,只影响个别数据位,那么使用纠错编码是有效的。

② 使用信道监听和重传机制。节点在发送数据前先对信道监听一段时间(如能量检测法、载波检测法和能量载波混合检测法),预测信道在一段时间内空闲的时候开始发送,从而降低碰撞的概率,如带冲突避免的载波侦听/多路访问(Carrier Sense Multiple Access with Collision Avoid,CSMA/CA)协议。当发送端准备发送数据时,它首先侦听信道是否空闲。如果检测到信道此时空闲,发送端就等待一个附加的、随机的时间周期后再次侦听信道,如果此时信道仍然是空闲的,则开始发送数据帧。这样做的好处是由于每个发送端采用的随机时间不同,所以可以减小冲突的概率。

接收端如果正确收到发送端的数据帧,则经过一段时间间隔后,向发送端发送确认(Acknowledgement,ACK)帧。一旦该 ACK 帧被发送端成功接收,则表明数据帧发送成功。如果该 ACK 帧没有被发送端检测到,要么是因为数据帧没有被接收端成功接收,要么是 ACK 帧没有被发送端成功接收,那么此时就假定发生了一个冲突。发送端在等待另一个随机的时间后,重发一次数据帧。

CSMA/CA 协议因此提供了一种空中共享访问的方法。这种显式 ACK 机制也对处理干扰问题和其他与无线电有关的问题非常有效。但 CSMA/CA 协议发送数据包的同时不能检测信道上有无冲突,只能尽量“避免”冲突。因为无线电传输链路的一个重要特征是存在远近效应。所谓远近效应,是指一个附近的无线电信号强度大大强于一个来自远处信号的现象。远近效应表明,在一个节点,其发射功率要比同一信道上任何其他节点的功率大得多。因此,当一个节点正在发送数据时,它“听”不到有冲突。

CSMA/CA 的工作原理如图 5-22 所示。

(4) 确认欺骗攻击

确认欺骗攻击又名 ACK 欺骗攻击。为了实现建立路径的可靠性,一些无线传感器网络路由算法依赖于显性或者隐性的链路层确认(ACK)。确认欺骗攻击利用无线链路的广播特性,攻击者通过偷听通向邻近节点的数据包,发送伪造的链路层确认,从而使被攻击节点相信某个失效节点仍在工作,或者相信一个弱链路是一个强链路。其结果是,被攻击节点将在这些链路上传输数据包,但实际情况是这些数据包永远不可能传送到目的节点,从而导致网络瘫痪。

针对确认欺骗攻击的常用防御方法有:运用不完全数据链路层确认消息的路由算法,

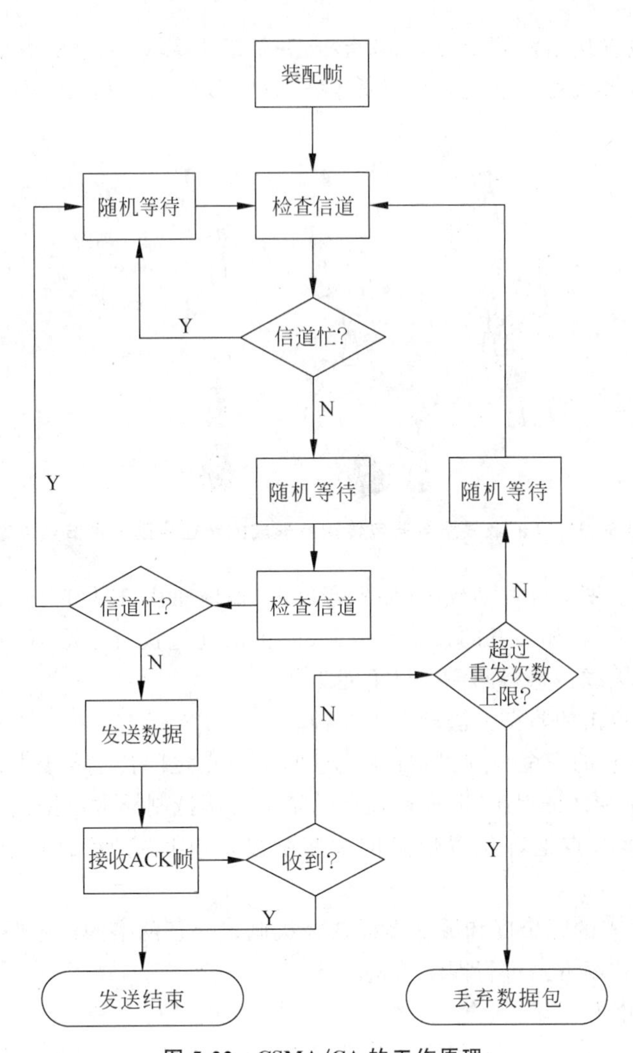

图 5-22　CSMA/CA 的工作原理

比如设计适应这种攻击的路由机制，使得在部分节点被破解的情况下，网络只是在性能或功能上有一定的退化，但仍能继续工作。

3. 网络层攻击

网络层负责通过数据路由的确定实现与其他网络相结合，能量高效的路由是网络层协议设计的首要目标。所以针对网络层的攻击方式有汇聚节点攻击、伪造路由攻击、黑洞攻击、怠慢和贪婪攻击、女巫攻击、虫洞攻击、方向误导攻击和流量分析攻击等。

(1) 汇聚节点攻击

无线传感器网络中有些节点执行路由转发功能，一般称其为汇聚节点、簇头、群头等。汇聚节点承担更多的责任，在网络中的地位相对重要。汇聚节点攻击就是针对这一类节点开展的。具体实施方式如下。

攻击者首先需要确定汇聚节点的位置。比如，监听网络通信相关信息，如信号的强度、网络活跃度，就能锁定汇聚节点位置。一般在无线传感器网络中，由于汇聚节点要担负路由转发功能，所以其信号强度和网络活跃度都较高。另外，由于普通传感器节点要将采集到的数据包发送给汇聚节点，必然形成一条或多条从普通传感器节点到汇聚节点的传输路径。攻击者就可以利用这些数据包传输所形成的路径找到汇聚节点的位置，如图 5-23 所示。

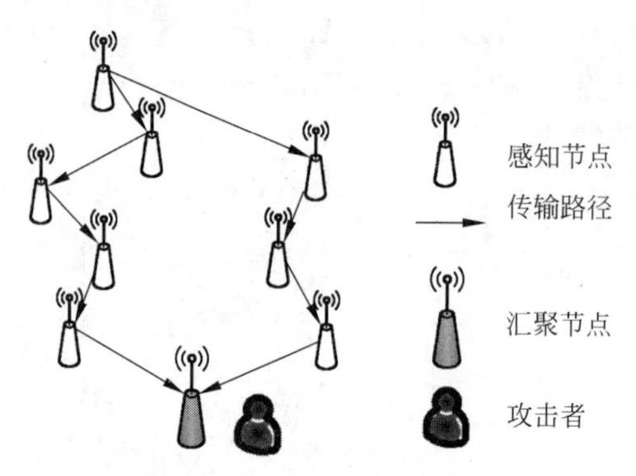

图 5-23　攻击者根据数据包传输所形成的路径找到汇聚节点位置

然后攻击者对汇聚节点发动攻击(如阻塞攻击、物理捕获、耗尽攻击、拒绝服务攻击等)，目的是使汇聚节点失效，如转发的数据包丢失、能量消耗过快直至瘫痪。汇聚节点失效后，在一段时间内整个无线传感器网络都将不能工作。

针对汇聚节点攻击的防御方法有以下三种。

① 加强路由信息的安全级别，如对在任意两个节点之间传输的数据包(包括产生的和转发的)都进行加密和认证保护，并采用逐条认证的方法抵制异常数据包的插入。

② 增强对汇聚节点地理位置信息的加密强度，加强位置信息重点保护或增加其移动性。

③ 增加汇聚节点的冗余度和灵活多样选择机制。一旦网络的汇聚节点被破坏，可以使用选举机制和网络重组方式进行网络重构。

(2) 伪造路由攻击

无线传感器网络中所有数据传输都是由路由协议控制的。一个传输路径是通过相关传感器节点之间的协议消息建立的。攻击者伪造路由攻击主要面向节点之间的路由信息交换，包括篡改路由、欺骗路由和重放路由三种方式，从而产生路由环(如图 5-24 所示)、吸引或排斥网络流量、延长或缩短源路由、产生虚假错误信息、分割网络、增加端至端延迟等情况。前两种方式可以通过对路由信息加签名来防御，第三种方式可以通过在消息中加计数值或时间戳来防御。

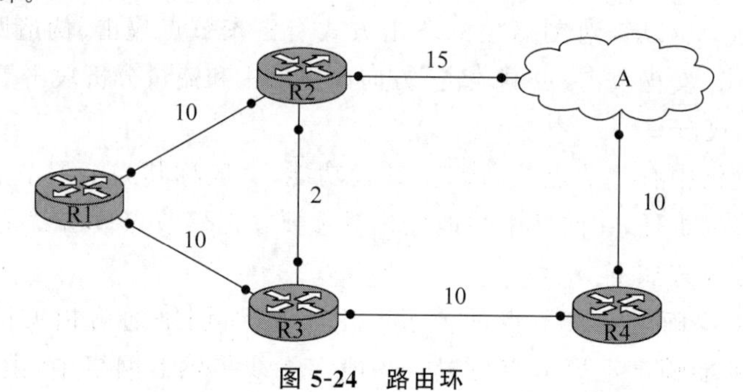

图 5-24　路由环

（3）黑洞攻击

黑洞攻击又称为排水洞攻击，如图 5-25 所示。攻击者通过功率更大、发射距离更远的恶意节点将无线通信信息发送到很远的区域，声称自己具有一条到汇聚节点的高质量路径，比如广播“我到汇聚节点的距离为零”，吸引收到该信息的节点会把需要转发的数据包发送给恶意节点。由于无线传感器网络的多跳性，大量数据包会涌入到恶意节点的邻居节点，因为它们都要给恶意节点转发数据包，从而造成信道的竞争。由于竞争，邻居节点的能量很快被耗尽，这一区域就成了黑洞，通信无法传递过去。而即使收到数据包，恶意节点不予正常处理，一般是丢弃。所以黑洞攻击破坏性很强，基于距离矢量的路由算法很容易受到黑洞攻击，因为这些路由算法将距离较短的路径作为发送数据包的优先选择路径。

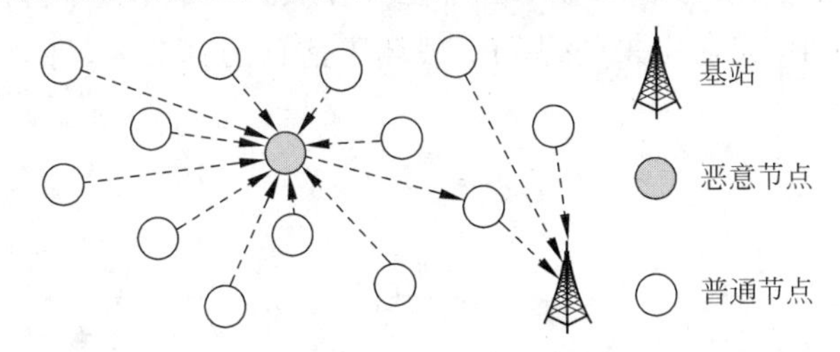

图 5-25　黑洞攻击示意图

针对黑洞攻击的常用防御方法有：①认证。②多径路由。多径路由示意图如图 5-26 所示。这样即使攻击者丢弃待转发的数据包，数据包仍可从其他路径到达目标。目标节点通过多径路由收到数据包的多个副本，通过对比可发现某些中间数据包的丢失，进而判定攻击节点的存在和具体位置。③采用基于地理位置的路由协议。基于地理位置的路由协议利用位置信息指导路由的发现、维护和数据包转发，其拓扑结构建立在局部信息和通信上，通过接收节点的实际位置自然寻址，只需要使用局部交互信息而不需要汇聚节点的初始化信息就可以构建路由拓扑，能够实现信息的定向传输，避免信息在整个网络的泛洪，减少路由协议的控制开销，优化路径选择，易于进行网络管理，实现网络的全局优化。基于地理位置的路由协议主要有贪婪周边无状态路由（Greedy Perimeter Stateless Routing，GPSR）协议和图嵌入（Graph Embedding，GEM）协议等。

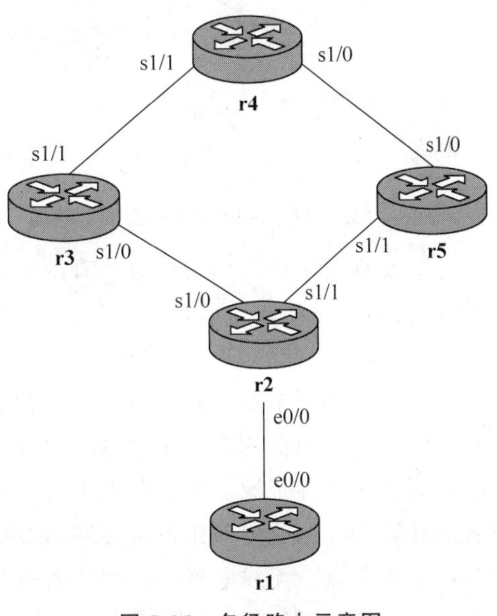

图 5-26　多径路由示意图

（4）怠慢和贪婪攻击

怠慢和贪婪攻击也称为选择性转发攻击，攻击示意图如图 5-27 所示，攻击者处于路由转发路径上，随意地少转发、不转发或多转发收到的数据包。如果攻击者向消息源发送收包确认，但是把数据包丢弃不予转发，该攻击称为怠慢攻击。如果攻击者对自己产生的数据包设定很高的优先级，使得这些恶意信息在网络中被优先转发，该攻击称为贪婪攻击。

针对怠慢和贪婪攻击的常用防御方法有：①利用身份认证机制来确认路由器的合法

性；②使用多路径路由来传输数据包，使得数据包在某条路径被丢弃后，数据包仍可以被传送到目的节点。

（5）女巫攻击

女巫攻击是指一个节点冒充多个节点，它可以声称自己具有多个身份，甚至随意产生多个假身份，利用这些身份非法获取信息并实施攻击。例如，一个分布式存储协议需要保持同一数据的三个副本来保持系统所要求的冗余度，但在女巫攻击下，它可能只能保持一个数据副本。再比如，如图 5-28 所示，无线传感器网络的定位服务中，当接收到节点 S 的定位请求时，恶意节点 B_4 以 ID_1、ID_2、ID_3 三个不同的身份发送三组定位参数$\{(ID_1, x_1, y_1), (ID_2, x_2, y_2), (ID_3, x_3, y_3)\}$给节点 S，节点 S 虽然已经接收到三个不同节点的定位信息，但是这三个参数实际都是从 B_4 发送出来的，故 B_4 破坏了信息的真实性，将会致使节点 S 的坐标计算错误。

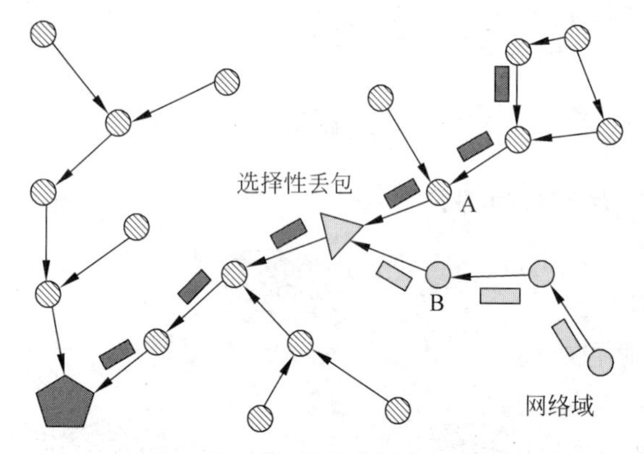

图 5-27 选择性转发攻击示意图

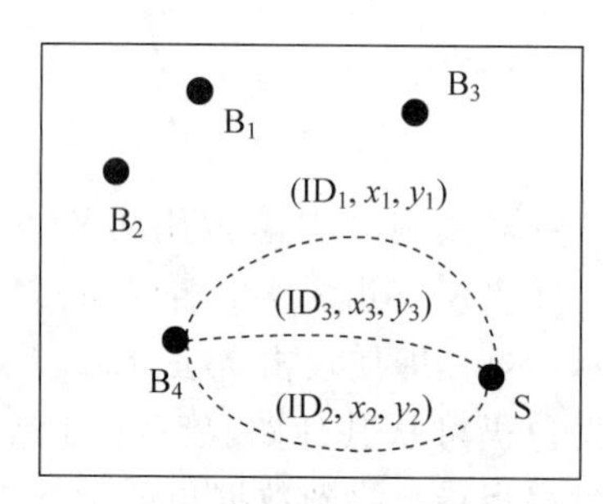

图 5-28 女巫攻击实例

针对女巫攻击的常用防御方法有两种：①节点身份认证，通过密钥、数字证书等对节点身份进行认证，从而防止假冒节点。比如，每个节点都与可信任的基站共享一个唯一的对称密钥，两个需要通信的节点可以使用类似 Needham-Schroeder 协议确认对方身份和建立共享密钥。然后相邻节点可通过协商的密钥实现认证和加密链路。②资源探测法。资源探测法又分为硬件资源探测法和无线电资源探测法。硬件资源探测法即检测每个节点是否都具有应该具备的硬件资源。女巫节点不具有任何硬件资源，所以容易被检测出来。但是当攻击者的计算和存储能力都比正常传感器节点大得多时，攻击者也可以利用丰富的资源伪装成多个女巫节点。无线电资源探测法通过判断某个节点是否有某种无线电发射装置来判断是否为女巫节点，但这种无线电探测非常耗电。

（6）虫洞攻击

什么是“虫洞”？这个概念来自物理学，1916 年由奥地利物理学家路德维希·弗莱姆首次提出。简单地说，物理学家认为时空是弯曲的，在一个弯曲时空中旅行，除了沿着时空的弯曲表面行走外，也可以在弯曲时空中挖出一条小道，然后沿着小道快速旅行，这条小道就是虫洞。例如一条虫子要从 U 型槽的左侧前往右侧，它可以顺着 U 形槽表面爬行，但如果能在 U 形槽的左右两端架起一条管道，虫子就可以快速从管道一侧到达另一侧。虫洞无处不在，但却转瞬即逝，物理学家认为存在某种物质可以让虫洞进入稳定状态，这样人类就可以通过虫洞快速到达遥远星系，实现星际旅行，甚至星际移民。当然虫洞还只是理论概念，迄今为止,物理学家并未在实验中观测到虫洞。

虫洞攻击也称为隧道攻击,攻击示意图如图 5-29 所示,需要两个恶意节点串通合谋进行攻击,其中一个恶意节点位于汇聚节点附近;另一个距离汇聚节点较远,且这两个节点声称它们之间可以建立一条低时延高质量的链路(如高速光纤等),以此吸引其他节点将此链路作为路由链路。通过虫洞转发数据包,可以使得两个远距离的节点认为是相邻的。监测区域 A 与监测区域 B 内的黑色的点为正常节点,在正常的情况下节点 a 点到 c 点需要 5 跳的距离。但是在网络中存在 X,Y 恶意节点之后,使得 a 点到 c 点之间就变成 3 跳的距离。在多数无线传感器网络的网络层协议中是基于跳数或是距离选择路由路径,所以恶意节点 X 和 Y 之间的链路会吸引节点 a 点与 c 点附近的通信量,即 a 点和 c 点之间通信不再通过原来正常链路的 5 跳路由,而是改由经过恶意节点的 3 跳路由。因此,虫洞攻击破坏了网络中邻居节点的完整性,使得实际距离在多跳以外的节点误认为彼此相邻,严重的情况下可能导致网络中大部分的通信量被吸引到攻击者所控制的链路上。实施虫洞攻击的最终目的是实施诸如丢弃数据包、篡改数据包内容、进行通信量分析或在特定时刻关闭隧道造成网络路由震荡等。虫洞攻击不一定需要内部被捕获的节点参与,而且检测和抵御的难度都非常大。当然,如果消息源非常接近于汇聚节点,那么发动虫洞攻击就不那么容易了。虫洞攻击也可以和其他攻击(如选择性转发攻击)相结合,而且检测这种攻击十分困难。

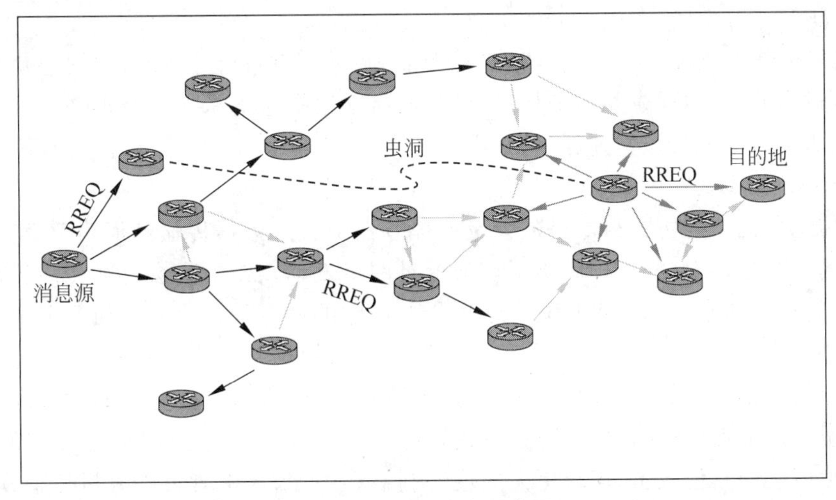

图 5-29　虫洞攻击示意图

奇思妙想:假设一个邮差需要将一些重要信件从重庆市运送到成都市。在一般情况下,他会路过很多邮局。尽管过程很慢,但是这种多跳路径是安全的。但是,如果有人说,"嗨,我给你建立了一个路径。这个路径连接了重庆市附近的一个邮局(简称 A)和另一个成都市附近的邮局(简称 B)。从 A 到 B,仅仅需要 30 分钟的路程,因为在它们之间有高速列车"。基于正常的邮寄服务规则,邮差应找到最快捷的方式运输最重要的邮件。因此,他将采取这条路径传送邮件。但实际上,那条路径被攻击者完全控制了。然后,攻击者可以做任何想做的事情了(例如打开每一封邮件,进行阅读)。

针对虫洞攻击的常用防御方法有:①在路由协议设计中加入安全等级策略。安全等级策略是指使用一个安全参数来衡量路由的安全级别。考虑无线传感器网络能量的有限性,在路由设计中加入安全等级策略,由汇聚节点完成监听和检测任务,可使改进后的路由具有抵御虫洞攻击、陷洞攻击的能力。②采用基于地理位置的路由协议。虫洞攻击难以觉察是因为攻击者使用一个私有的、对传感器网络不可见的、超出频率范围的信道。基于地理位置的路由协议中每个节点都保持自己绝对或是彼此相对的位置信息，节点之间按需形成地理位置拓扑结构，当虫洞攻击者试图跨越物理拓扑时，局部节点可以通过彼此之间的拓扑信息来识破这种破坏，因为“邻居”节点将会注意到两者之间的距离远远超出正常的通信范围。

（7）方向误导攻击

这里的方向是指数据包转发的方向。恶意节点在接收到数据包后，对其源地址和目的地址进行修改，使得数据包沿错误路径发送出去，造成数据包丢失或网络混乱。如果被攻击者所控制的路由器将收到的数据包发给错误的目标节点，则源节点受到攻击，因为它要求转发的数据包无法到达目标节点；如果将所有数据包都转发给同一个正常节点，则该节点很快因接收过多的数据包而导致通信阻塞和能量耗尽，最终失效。

针对方向误导攻击的常用防御方法有：

① 出口过滤。因为方向误导攻击的防御方法与网络层协议相关。对于层次式路由机制，通过出口过滤方法认证源路由的方式确认一个数据包是否是从它的合法子节点发送过来的，直接丢弃不能认证的数据包。这样，攻击数据包在前几级的节点转发过程中就会被丢弃，从而达到保护目标节点的目的；

② 认证。

③ 监测机制。通过建立节点数据包监测机制，当发现节点接收的数据包数量发生异常，如明显过多时，可以触发相应的保护机制，如启动数据包的来源节点的身份认证或自动休眠，从而避免自身能量被快速耗尽。

（8）流量分析攻击

无线传感器网络的主要目的是从大量远程节点中收集数据传输到汇聚节点。因此，网络中的传输模式是多对一，这样就给了攻击者对网络发动攻击的机会。在无线传感器网络中，数据流的种类通常包括：从汇聚节点到节点传输的命令流；从节点到汇聚节点的数据流；一些和簇头节点选举或数据融合相关的局部通信数据流。攻击者通过侦听通信，可以发起流量分析攻击，试图从诸如数据包、数据流模式、路由协商信息等方面发现那些为网络提供关键服务的节点（例如，簇头节点、密钥管理节点，甚至汇聚节点或靠近汇聚节点的节点等）位置，然后发动其他攻击，谋求更大的攻击利益。例如，攻击者可以分析传输模式，收集无线传感器网络的拓扑结构，以及通过观察流量和模式确认汇聚节点位置。攻击者通过观察流量，推断出多个路径的交叉点上的“重要”节点；然后攻击者攻击和破坏这些“重要”节点，最终将网络分割为几个相互分离的子网络。攻击者可以通过观察其邻近节点的数据包发送速率，然后关注具有更高数据包发送速率的节点；或者可以观察一段时间内节点间数据包的发送情况，并尝试跟踪被转发数据包的发送路线，最终到达汇聚节点。

针对流量分析攻击一个可能的解决方案是“迷惑”攻击者。例如，在一个源节点和目的节点之间，建立随机和多跳路径，或者使用概率路由，或者在网络中引入假消息。在一个基于地理位置的概率路由中，它根据邻近节点一个子集中节点的链路质量和剩余能量随机选择下一跳。实验结果显示，基于地理位置的概率路由高效节能，并具有较高的网络吞吐量。但使用“迷惑”信息可能会增加网络的能源消耗和网络内流量。

4. 传输层攻击

传输层负责管理端到端的连接，异步攻击和泛洪攻击是针对这一层的主要攻击手段。

(1) 异步攻击

异步攻击，也称破坏同步攻击，是指攻击者破坏目前已经建立的连接。比如，两个节点正常通信时，攻击者监听并向双方发送带有错误序列号的数据包，使得双方误以为发生了丢失而要求对方重传，从而耗尽其能量。攻击者还可以反复地向接收节点发送欺骗信息，使得接收节点要求发送节点重传丢失的帧，如果时间标记准确，攻击者可以降低甚至完全破坏接收节点交换数据的能力。

针对异步攻击的常用防御方法有：要求在交换数据包时进行双方节点身份确认，但由于无线传感器网络中节点的物理安全得不到保障，所以节点使用的身份确认机制也可能被攻击者知道，从而无法判断数据的真假。

(2) 泛洪攻击

泛洪攻击示意图如图 5-30 所示，是指攻击者不断地要求与邻居节点建立新的连接，从而耗尽邻居节点用来建立连接的资源，使得其他合法的对邻居节点的请求不得不被忽略。

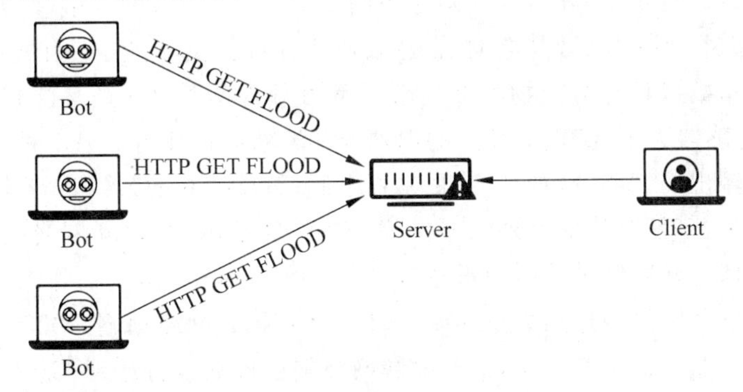

图 5-30 洪泛攻击示意图

针对泛洪攻击的常用防御方法有：①客户端谜题。利用限制连接数量和客户端谜题的方法进行抵御。要求客户成功回答服务器的若干问题后再建立连接，它的缺点是要求合法节点进行更多的计算、通信从而消耗了更多的能量。②入侵检测机制。引入入侵检测机制，汇聚节点可限制这些泛洪攻击报文的发送。如规定在一定时间内，节点发包数量不能超过某个阈值。

(3) Hello 泛洪攻击

在一些无线传感器网络和物联网路由协议中，节点需要定时发送 Hello 包来表明自己的身份，而收到该信息的节点认定自己处在发送节点信号有效范围内，发送节点是自己的邻居。当存在恶意节点利用其强大的功率广播 Hello 包，收到信息的节点就将该恶意节点作为自己的邻居节点。在以后的路由中，这些节点可能会使用恶意节点的路径，从而导致网络流量的混乱，使得网络不能正常运行。作为 Hello 泛洪攻击的节点甚至不需要拥有一个合法的身份也能利用 Hello 信息来攻击网络，只要该节点拥有足够大的发射功率，就可以达到破坏原来网络拓扑结构的目的。因此，在某种意义上，Hello 泛洪攻击是一种单向的广播虫洞。

针对 Hello 泛洪攻击的常用防御方法有：在身份认证中为确保通信一方或双方的真实性，要对数据的发起者或接收者进行认证。认证能够确保每个数据包来源的真实性，防止伪造，拒绝为来自伪造节点的信息服务。例如，通过信任的汇聚节点使用身份确认协议认证每一个邻居的身份、且用汇聚节点限制节点的邻居个数，当攻击者试图发起 Hello 泛洪攻击时，必须被大量邻居认证，这将引起汇聚节点的注意。

5. 应用层攻击

应用层攻击包括感知数据的窃听、篡改、重放、伪造等，以及节点不合作行为，例如对应用层功能如节点定位、节点数据收集和融合等的攻击，使得这些功能出现错误。

针对应用层攻击的常用防御方法：加密、消息鉴别、认证、安全路由、安全数据聚集、安全数据融合、安全定位、安全时间同步、信任管理，入侵检测。

5.4 物联网终端安全

5.4.1 物联网终端安全概述

物联网终端处于感知层的末端，是整个物联网的“神经末梢”，物联网安全首先要解决的是终端的安全问题。近年来，随着物联网应用的不断深入，物联网终端渗透进智慧物流、智慧仓储、智能交通、智慧医疗、智慧电网、智慧农业等各行各业，走进人民的生产生活，全面推动物联网终端呈指数增长态势。物联网终端通常可分为两类：一种是感知识别型终端，以二维码、RFID、传感器为主，实现对“物”的识别或环境状态的感知；另一种就是应用型智能终端，包括输入/输出控制终端，如计算机、平板电脑、智能手机、摄像机，智能手环、智能手表等各种穿戴式设备，疫情时代的红外测温仪等。在全球范围内，物联网终端数量高速增长。截至 2019 年，全球物联网终端连接数量达到 110 亿个。其中，消费物联网终端连接数量达到 60 亿个，工业物联网终端连接数量达到 50 亿个。据 GSMA 预测，2025 年全球物联网终端连接数量将达到 250 亿个。其中，消费物联网终端连接数量将达到 110 亿个，工业物联网终端连接数将达到 140 亿个，占全球终端连接数量的一半以上，具体如图 5-31 所示。未来，工业物联网将引领整体连接数量持续增长，从 2017 年到 2025 年将实现 4.7 倍的增长，年均增长率达 21%。

然而，物联网终端安全事件频发，安全隐患凸显，安全形势严峻。物联网终端被破坏、被控制、被攻击，物联网卡被滥用，不仅影响应用服务的安全稳定，导致隐私数据泄露、生命财产安全受损，还会危害网络关键基础设施，甚至威胁国家、军队安全。

1. 标准缺失

物联网终端应用场景多，种类多样，操作系统不同，缺乏统一的安全标准。同时，物联网终端功能差异较大，难以实现统一的安全要求，导致终端安全能力水平不一。

2. 体系缺失

物联网终端安全防护体系尚未建立，终端可控性差，达不到电信级管理要求，难以实现集中管控，因此，终端安全监控、日常巡检不足，终端安全问题难以被及时发现与处置。

3. 评测缺失

针对物联网终端未有效开展安全评测，终端缺乏入网安全管控，“带病”联网问题突出，安全隐患长期存在。

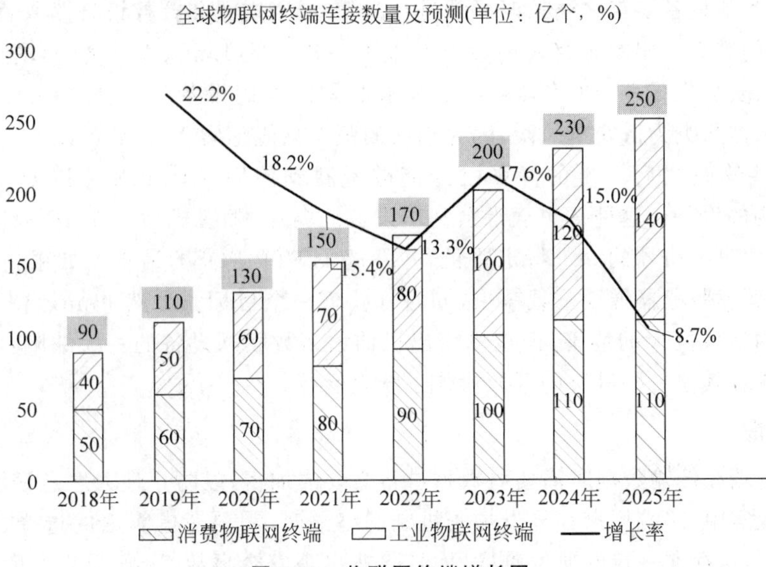

图 5-31 物联网终端增长图

4. 技术缺失

物联网终端安全能力不同，缺乏必要的安全防护机制，终端自身应对安全攻击的能力不足。

5. 意识缺失

安全意识缺失，在终端生产时并未同步进行安全设计，系统及设备源头上存在安全隐患；同时，用户在使用终端时安全意识缺失，安全配置并未广泛启用。例如，为贪图使用的便利性，很多用户使用物联网终端的默认密码或根本不知道如何修改密码。

6. 终端安全能力低

物联网终端受成本所限，通常系统处理能力也不会很高。这意味着，它们缺乏强有力的安全解决方案和加密协议，而这些往往导致物联网终端难以抵抗暴力攻击。

5.4.2 物联网终端安全需求

物联网终端的安全需求主要包括物理安全防护、访问控制、机密性、私密性、完整性、可用性等多个方面。

1. 物理安全防护

物联网终端需要具备足够的物理安全防护措施以保证工作期间自身物理实体不被损坏，为终端功能的正常运行提供必要的保障。对于户外安装的终端设备，如用于安防、交通的摄像机，水下探测设备等需要具备足够的防水功能，具有足够的机械强度。对于只允许专业人员开启的设备，可以加装锁具、进行铅封。

2. 访问控制

物联网终端必须加强访问控制，防止非授权用户的访问。比如使用网络摄像头时，必须对网络摄像头默认的账户密码进行修改。对于一些使用 ZigBee、蓝牙等短距离通信技术的智能表计,当其他设备要与之通信时必须进行身份验证,防止非授权设备读取表计数据。

例如,赛门铁克公司的研究人员最近发现了一种新的 Linux 蠕虫病毒,能感染家庭路由器、机顶盒、安全摄像头,以及其他一些能够联网的家用设备。这种名叫 Linux. Darlloz 的蠕虫病毒已被归类为低安全风险,因为当前的版本只能感染 X86 平台设备。但是这种病毒在经过一些修改之后产生的变种已经能够威胁到使用 ARM 芯片以及 PPC、MIPS、MIPSEL 架构的设备。这种蠕虫病毒会利用设备的弱点,随机产生一个 IP 地址,通过常用的 ID 以及密码进入机器的一个特定路径,并发送 HTTP POST 请求。如果目标没有打补丁,它就会从恶意服务器继续下载蠕虫,同时寻找下一个目标。虽然 Linux. Darlloz 还没有在世界范围内造成巨大的危害,但也暴露出目前大多数联网设备的一大缺陷:它们大多都是在 Linux 或者其他一些过时的开源操作系统上运行。

3. 机密性

物联网终端在传输数据时需要对数据进行必要的加密,以防止他人恶意窃取数据,获取用户机密。现实中,终端厂家在开发加密机制的终端时,需要考虑算法的选择、密钥的分发和存储机制等,这存在一定的研发难度,而且除非出现安全事故,否则用户一般无法确认物联网终端是否具有加密机制,这就导致一些终端厂家索性忽略机密性,安全隐患极大。

例如,2014 年 3 月 27 日,中央电视台重点报道家庭监控器存在较高安全隐患,引发社会广泛关注。家庭监控器在近年来越发普及,广泛地被普通市民用来防范家庭安全隐患。如今曝出监控器被大量监控无疑引起人们的高度恐慌,对家庭、人身财产安全造成不可估量的威胁。黑客可以轻松通过这些缺陷控制整个摄像头,达到窥视的目的。不仅如此,黑客还可以通过欺骗手段,让用户在远程查看自己家里的监控器画面时,永远是一个静止的画面,而非真实现场环境。更可怕的是,存在安全隐患的监控器并不仅仅是家用监控器,应用于其他公共场所、银行、办公室、监狱等的监控器,同样存在隐私泄露的风险。

4. 私密性

物联网终端内存有用户的私密数据,比如身份证号码、指纹、声纹、虹膜等个人信息,通信录等隐私信息。物联网终端需要有足够的安全机制保证这些私密信息在无用户授权的情况下,他人无法读取。终端通常可以采用单独的安全处理器、存储区或者 TrustZone 等来保证私密性。

5. 完整性

物联网终端应当保证自身软件的完整性,不能被外部恶意程序入侵。对于支持安装应用的终端,必须对应用开发者进行验证,不允许安装无法通过验证和来源不明的应用。物联网终端在进行系统软件升级时也要对升级软件包进行验证。终端在与外界进行通信时,也要防止恶意程序经由各种漏洞入侵终端的软件系统。终端开机时,需要对自身的文件系统进行完整性和一致性的检验,出错后可以从备份中恢复受损的文件系统。

6. 可用性

多数物联网终端一经部署就进入无人值守的自动工作状态,这就要求终端具备一定的可靠性,保证在使用寿命范围内的持续可用性。比如低功耗广覆盖(Low Power Wide Area,LPWA)领域,某些终端具备 5W 电池 10 年续航能力,这不仅是对终端的低功耗要求,也是对终端持续可用性的要求,终端在无人值守的情况下能够至少正常工作 10 年。

5.4.3　物联网终端的安全威胁

近年来，随着物联网终端品类的快速增长，各种应用爆发，涉及到的软件、硬件组件越来越多，各种安全问题也有愈演愈烈的趋势。本书主要从以下七方面讨论物联网终端安全问题中危害大、防范难的软件安全问题。

1. 非授权访问

非授权访问是恶意入侵物联网终端的第一步。随着物联网终端智能化程度和处理能力的增强，很大一部分终端都内置了 Linux 系统，又由于种种原因，很多设备的 root 口令被公开，通过 SSH 登录后，就获得了对终端的完全控制。除了根口令，其他口令如果不够复杂，也存在一定的安全隐患。实际上，Mirai 恶意软件之所以成功，是因为它可以识别易受攻击的物联网设备，并使用默认用户名和密码登录并感染它们。尽管许多政府工作报告都要求制造商不要销售带有默认密码的物联网设备，例如使用“admin”作为用户名和/或密码，有两个潜在问题还是从一定程度上妨碍了人们加强密码安全措施：首先，多数用户，特别是消费级用户可能根本不了解如何更改默认密码；其次，制造商为了提供用户对设备的便捷的消费体验，将用户名和密码硬编码到设备中，而不给用户更改它们的能力。

2011 年，计算机科学家兼黑客 Ralf Weinmann 博士设计了一个假冒 GSM 基站。当 iPhone 在这个基站上注册时，在鉴权过程中，假基站发出一条专门设计的非法消息，iPhone 使用的基带芯片解码这条消息时会发生缓冲区溢出，之后将打开自动接听功能。于是，iPhone 就变成了一部窃听器。2017 年 4 月，Ralf Weinmann 发现了华为海思巴龙基带处理器的 MIAMI 漏洞，利用该漏洞，同样可以把使用了该芯片的手机、笔记本或者其他物联网设备变成窃听器。这种利用基带处理器实现的在线升级(Over The Air，OTA)入侵应该引起足够的重视。非授权访问的攻击点下沉到通信处理器芯片层面，这是一个需要警惕的现象。

为了防止此类问题的发生，一方面要注意加强系统口令的保护，另一方面也要注意操作系统的升级。

2. 信息泄露

物联网终端部署在无人值守的户外时，很容易被物理捕获或窃取，因此存在信息泄露的风险。若大量被控设备同时访问服务器，则极易导致大规模分布式拒绝服务攻击(详见 7.4 节)。信息泄露可能会给终端用户带来直接危害。比如根据水表、电表或者燃气表的详细计量，可以准确地推断出某处住房是否有人、有多少人。不法分子根据这些数据完全可以做到“远程踩点”。保证信息不泄露的关键在于保证终端不被非法入侵。但是，还有一些不需要入侵的“无创”型信息泄露。以智能手机为例，各种传感器、无线通信功能携带了非常多的“旁路”信息可供利用：网页里的 JavaScript 程序无须授权就可以读取陀螺仪数据，而陀螺仪会受人讲话的干扰，JavaScript 程序记录并分析陀螺仪数据，虽然当采样率不足(一般最高为 200Hz)时无法完全还原出人声，但是在说话人声音识别、孤立词识别方面取得了一定的成功率。再比如通过手机中加速度传感器的输出判断手机姿态，进而判断是否在通话也有较高的成功率。当手指点击屏幕时会对无线信号的传播产生微弱影响，点击的位置不同影响也不同，据此通过考察 Wi-Fi 信号的信道状态信息(Channel State Information，CSI)的变化可以推断出用户的点击位置，从而实现用户密码的窃取等。类似的旁路攻击隐蔽性强，防范困难。

案例

从理论上说，通过一个普通路由器使用 Wi-Fi 信号准确检测出用户的击键记录是可能的，来自美国密歇根州立大学和中国南京大学的研究人员就找到了这种方法。研究人员指出，在受到最小信号干扰的环境下，攻击者能通过中断路由器 Wi-Fi 信号来检测出用户在键盘上的击打记录，然后利用这些数据盗取用户的密码，研究人员已经通过 WiKey 实验演示过这样的情景。

*案例

智能家用电器在给生活带来便利的同时，也易引发泄密问题

目前，智能家用电器越来越受欢迎。人们喜欢将空调、冰箱、电视和电热水器等家用电器与网络连接。这种设计给生活带来方便，同时也引发一些问题。俄罗斯专家警告，一旦遭到黑客袭击，智能家用电器不但可能导致用户信息被窃取，甚至会沦为大规模网络攻击的“帮凶”。为此，俄罗斯专家为如何避免使用智能家用电器时成为黑客的受害者支招。

俄罗斯《消息报》报道称，随着物联网技术的推广应用，将智能功能嵌入家用电器成为发展潮流。从冰箱、空调、电视等大型家用电器，到音箱、吸尘器、体重秤等小型家用电器，均配备无线接口，以便通过网络进行远程激活和数据传输，旨在方便人们的生活。然而，这些智能家用电器在接入网络后会带来网络安全漏洞，黑客能借此拦截用户信息或生物识别数据，其跟踪方法因智能设备和传感器不同而各异。俄罗斯专家称，内置语音助手的扬声器能记录人们的对话，并将音频数据发送至第三方服务器。内置摄像头的设备能发送照片和视频数据，而带 GPS 模块的设备能进行定位。例如，机器人吸尘器能根据在房屋周围的移动情况绘制房屋平面图，然后将其发送至第三方服务器。同样，黑客还可通过智能家用电器从无线网络中获取用户密码，并掌握电器使用情况和用户活动时间，基于这些数据，可了解用户生活规律等隐私。例如，用户在哪里与谁共度时光。

俄罗斯专家表示，用于收集用户信息最常见的设备是智能手机、监控设备和各种智能家用电器。它们收集的数据范围很广，从照片、视/音频材料，到信件、邮件等都难“幸免”。收集到的数据可用于各种目的：勒索、破坏商业活动及获取个人利益。对用户来说，这样的信息收集活动不易被察觉。

如何避免被监视呢？俄罗斯专家表示，如果用户自身网络安全意识薄弱，则极易遭到黑客入侵。实际上，很多智能家用电器都带有安全功能，但用户往往不知道，或为使用方便将其禁用。最典型的做法是不更改制造商分配的默认密码。目前，最大的威胁是黑客可以使用特殊应用程序访问用户智能手机，进而访问由手机控制的所有智能家用电器。

如何保护自己免受智能家用电器的监视？专家建议通过设置复杂密码保护无线网络和设备，并避免使用任何用户、设备或程序均可访问的智能家用电器。另外，为防止黑客访问智能手机，勿安装未知来源的应用程序。在解锁智能手机时，须监视已安装的设备并启用强制性密码输入。使用智能摄像头时尽量选购带加密功能的产品，使用时应启用双重认证，即登录时需要密码和验证码双重认证。此外，还应尽量避免使用同一账号和密码登录多个平台，密码也应尽量复杂。避免被监视最好的方法是仅使用必要的智能家用电器，并定期更新设备软件。另外，还可通过物理断开方法控制它们，如将智能咖啡机断电，将智能手机放在屏蔽盒中，用超声波干扰器削弱扬声器上的麦克风等。

请结合上述案例思考，我们如何在享受智能家用电器给生活带来便利的同时，保护好相关信息不被泄露？

3. 系统漏洞风险

系统漏洞及软件漏洞难以避免，物联网终端部署分散，现场升级不易实施，而远程升级一旦失败会影响业务正常运营。同时，大部分漏洞可能并不影响业务正常运行，因此，部分用户升级意愿较低，导致大量设备会长期"带病"运行，极容易被黑客恶意控制。

例如，2014 年 10 月，研究人员发现西班牙所使用的智能电表存在安全漏洞，该漏洞可以导致电费诈骗甚至进入电路系统导致大面积停电。原因主要在于电表内部保护不善的安全凭证可以让黑客获取到并成功控制电路系统。发现该漏洞的研究人员 Javier Vazquez Vidal 表示，该漏洞影响范围非常之广，西班牙提高国家能源效率的公共事业公司所安装的智能电表就在影响范围之列。研究人员将会公布逆向智能电表的过程，包括他们是如何发现这个极其危险的安全问题，以及该漏洞将如何使得入侵者成功进行电费欺诈、甚至关闭电路系统。该漏洞存在于智能电表中，而智能电表是可编程的，并且同时包含了可能用来远程关闭电源的缺陷代码，影响范围极广。

4. 拒绝服务攻击

一些具备关键功能的物联网终端有可能受到拒绝服务攻击，比如门禁功能失效后，会危及财产安全。为了尽量减少遭受拒绝服务攻击的可能性，一方面终端需要识别攻击并采取一定的防御措施，另一方网络设备也需要基本的攻击鉴别能力并较早地将攻击方进行隔离。

5. 假冒节点攻击

物联网终端被入侵后，可能被远程控制成为他人发动 DDoS 攻击的工具。比如 2016 年 Linux Mirai 恶意软件入侵了大量的家用路由器、网络摄像头、数字摄像机等设备，这些设备在远程控制下成功发起了多起 DDoS 攻击，其中在 2016 年 9 月 20 日对某博客网站的攻击中流量超过 620Gb/s，9 月底的另一次攻击中流量为破纪录的 1.5Tb/s。

6. 自私性威胁

物联网终端接入网络后不能出于自私而滥用网络资源。为了避免终端出现此类自私行为，需要对终端进行入网认证测试，确保终端行为符合网络协议及无线网络监管规定。

7. 恶意代码攻击

恶意代码入侵终端后，可以获取信息、修改终端行为，乃至使终端完全丧失功能。终端内运行的软件需要经过严格的测试、验证，尽可能避免出现漏洞。可以采用源代码静态分析软件对代码进行分析，也可以对代码进行充分的白盒测试、模块测试，保证测试结果至少达到语句覆盖和条件组合覆盖，还可以考虑使用支持契约编程等高级特性的编程语言，使用测试驱动开发方式等多管齐下的方式，保证软件质量。

5.4.4 物联网终端的安全机制

1. 使用可信的数据网络

对于物联网终端来说，可信的网络包括无线服务提供商的数据网络以及公司、居家和可信地点提供的 Wi-Fi 连接。这样就可以确保用于进行数据传输的网络没有安全威胁，也无法被攻击者用来获取所传输的敏感数据。实现设置和管理假冒的 Wi-Fi 连接点比实现假冒的蜂窝数据连接容易得多。因此，使用由无线服务提供商提供的蜂窝数据连接能够有效降低遭受攻击的风险。

2. 使用可靠方式获取应用程序

对于我们使用的移动终端，终端的操作系统都会带有系统自身的应用商店，如苹果系操作系统平台会带有 App 商店；安卓操作系统平台一般会配有谷歌商店或一些设备提供厂商自己开发的应用商店，比如华为手机会带有华为应用市场。使用设备提供厂商自带的应用商店下载应用程序，会大大增强应用程序的源安全性。

3. 赋予应用程序最少的访问权限

当从应用市场下载和安装应用程序时，确保只给予应用程序运行所需的最少权限。如果一个应用的权限要求过度，用户可以选择不安装该应用或者将该应用标记为可疑，不要轻易确认应用程序提及的访问权限。

4. 物联网终端的安全设计

目前，很多物联网终端设备制造商并没有很强的安全背景，也缺乏标准来说明一个产品是否是安全的。很多安全问题来自于不安全的设计。因此，物联网终端设备制造商可以从以下三方面加强物联网终端的安全设计：一是提供安全的开发规范，进行安全开发培训，指导物联网领域的开发人员进行安全开发，提高产品的安全性；二是将安全模块内置于物联网产品中，比如工控领域对于实时性的要求很高，而且一旦部署可能很多年都不会对其进行替换，这使得安全可能更偏重安全评估和检测，如果将安全模块融入设备的制造过程，将能显著降低安全模块的开销，为设备提供更好的安全防护；三是对出厂设备进行安全检测，及时发现设备中的漏洞并协助厂商进行修复。

本章小结

本章分析了物联网感知层面临的安全问题，探讨了物联网感知层的安全机制；重点分析了物联网的 RFID 安全问题和无线传感器网络安全问题，探讨了 RFID 安全的解决方案，重点介绍了基于物理和基于哈希函数的安全解决方法。最后，简要地讨论了物联网智能终端安全。

思考与练习

1. 为什么说物联网感知层安全极端重要？
2. 现在许多小轿车使用了基于 RFID 的汽车钥匙，你知道它们是如何保证车辆安全的吗？媒体曾曝出针对车辆的遥控解码器（干扰器）导致车主损失的报道，从攻击的角度这属于哪一种情形？技术上如何实现的？我们该如何防范？

3. 以保护我国疆域安全为例，试针对某一海洋区域，设计基于无线传感器网络的监测防护体系，对敌方潜艇等活动情况进行侦测。

4. 面对无线传感器网络的特点和安全需求，你能想到的安全方案是什么？

5. 试设计一个以 RFID 应用为基础的营区门禁系统，突出体现其安全控制方案的实现和方案中的非技术要素。

6. 请列举几个威胁 RFID 应用系统安全的例子。

7. 简述 RFID 的基本工作原理和 RFID 的安全技术。

8. 物联网的感知层存在哪些安全危险？

9. 物联网的感知层在安全技术上包含哪些内容？

10. 物联网的终端安全措施有哪些？

第6章

物联网网络层安全（上）

本章要点

物联网网络层安全概述

短距离无线通信技术 ZigBee 安全

短距离无线通信技术蓝牙安全

短距离无线通信技术 Wi-Fi 安全

导入案例

南京环保局事件

2015 年 1 月 14 日南京市环保局向媒体公开通报了一则环境违法案例，中国水泥厂有限公司为掩盖超标排放的事实，通过技术手段篡改实时监测数据，造成排放达标的“假象”。是该市首例“篡改监测数据”的环境违法行为。这一事件的主要起因是不法分子直接在网络近端将环保数据进行截获并篡改，导致在环保局的检测平台上，这些上传的数据都显示是合格的，但其实水泥厂的污染已经严重超标了。通过这样的方式，这个水泥厂逃避了好几百万元的排污费，但是却给城市造成了非常大的污染。

这一事件的核心问题就在于水泥厂的气体检测仪将数据上传至远程终端时并没有进行数据的加密和完整性保护，导致这些数据可以非常轻松地被篡改。在这一个事件中，可以看到它发生在物联网的网络层，它是通过网络入侵的方式来对环保数据进行篡改的。当网络层不能实现数据的可靠传输时，构建物联网的意义又何在呢？

6.1 物联网网络层安全概述

6.1.1 物联网网络层简介

物联网网络层是实现物联网万物互联的核心，位于物联网三层体系架构中的第二层，其功能为“传输”，即通过通信网络将感知层采集的数据可靠传输到物联网应用层，一般从感知层到应用层需要跨地区的远距离传输,除了使用具有远距离传输功能的电力线载波宽带、广播电视网外,在物联网应用中还大量采用依托电信运营商提供的设备作为信息传输平台,采用广域网通信技术。

广域网通信技术按实现方式不同,可以分为有线通信和无线通信两种。如表 6-1 所示,根据通信距离不同,又可进一步分为中长距离有线(无线)通信技术和短距离有线(无线)通信技术。

表 6-1　物联网中广域网通信技术

	有线/无线	距　离	典型代表
广域网通信技术	有线通信	中长距离有线通信技术	互联网、公共交换电话网、家庭宽带网、有线电视网
		短距离有线通信技术	RS-232C/485 等各类总线、I^{2}C、ModBus
	无线通信	移动通信网络技术	GPRS、3G/4G/5G 网络、LTE 网络等
		短距离无线通信技术	ZigBee、Wi-Fi、蓝牙、NFC、IrDA、RFID、UWB、Z-Wave 和 WiMAX 等
		低功耗广域网无线通信技术	LoRa、Sigfox 和 NB-IoT 等

有线通信是指利用金属导线、光纤等有形媒质传输信息的一种通信方式,主要技术有互联网、公共交换电话网(Public Switched Telephone Network,PSTN)、家庭宽带网(Asymmetric Digital Subscriber Line,ADSL)、有线电视网等中长距离有线通信技术,和 RS-232C/485 等各类总线、I^{2}C、ModBus 等短距离有线通信技术。有线通信的特点是部署困难,但通信带宽容量大,窃听困难。

无线通信是指利用电磁波信号在自由空间中传播的特性进行信息交换的一种通信方式,主要有通用分组无线服务(General Packet Radio Service,GPRS)、3G/4G/5G 网络、长期演进(Long Term Evolution,LTE)网络等移动通信网络技术,ZigBee、Wi-Fi、蓝牙、近场通信(Near Field Communication,NFC)、红外数据协议(Infra-red Data Association,IrDA)、RFID、超宽带(Ultra Wide Band,UWB)、Z-Wave、全球微波互联网(World Wide Interoperability for Microwave Access,WiMAX)等短距离无线通信技术,和窄带物联网(Narrow Band Internet of Things,NB-IoT)、远距离无线电(Long Range Radio,LoRa)和 Sigfox 等低功耗广域网无线通信技术。无线通信的特点与有线通信相反,部署相对容易,但通信带宽容量相对较小,窃听容易。因此,需要对通信内容实施机密性保护,防止被非法窃听。随着无线通信技术的发展,无线通信的带宽越来越大其通信速率逐步接近有线通信了。

为了更好地满足物联网的移动需求,在物联网应用中主要采用如下两种方式将感知层数据传输到应用层处理。

方式一:"接入网+核心网"模式。该模式是目前物联网应用最广泛的一种模式。根据物联网具体应用场景,采用一种或多种短距离无线通信技术将感知层数据就近快速传送到汇聚节点,汇聚节点再使用互联网或移动通信网络技术等实现远距离、大批量的数据传输;但数据传输仍以互联网为主,即使使用移动通信网络,也仅仅是在无线通信部分使用移动通信网络的设施,当数据到达移动通信网络运营商的基站后,再使用如卫星、互联网、移动通信网络技术等将大批量数据远距离传输到物联网应用层的云端服务器。因此,以短距离无线通信技术构建的网络被称为物联网接入网，以互联网或移动通信网络技术构建的网络被称为物联网核心网，如图 6-1 所示。其中，核心网是物联网数据传输的主要载体，是物联网网络层的骨干和核心，通常由互联网、移动通信网、卫星通信网或某些专用网络充当，一般采用光纤结构，具有传输速度快、传播距离远等特点。接入网是核心网到物联网终端间的通信网络，接入方式以各类短距离无线通信技术为主，其长度一般为几百米到几千米，因而被形象地称为“最后一公里”。

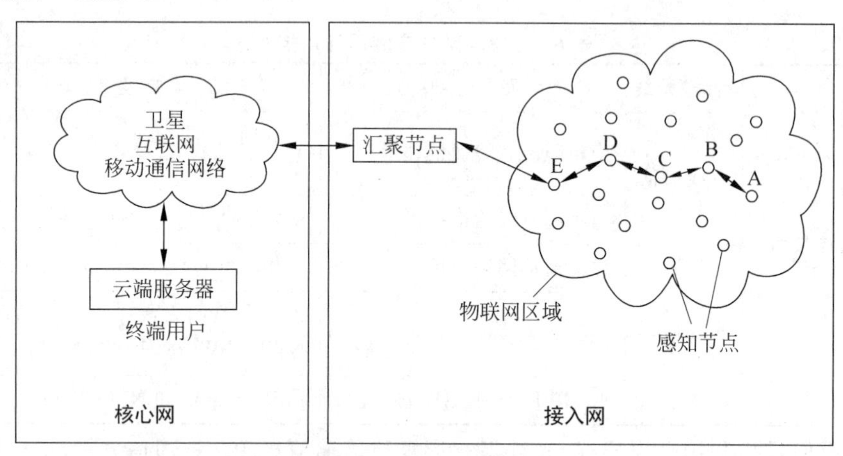

图 6-1 基于“接入网＋核心网”的物联网网络层数据传输模式

方式二：低功耗广域网无线通信模式。直接使用低功耗广域网无线通信技术，如 NB-IoT、LoRa 和 Sigfox 等构建物联网进行远距离数据传输，既满足长距离通信需要，又满足低功耗需求，如图 6-2 所示。该模式仅适合数据量较小、且对数据的实时性要求不高的物联网应用，如水质监测、环保数据监测等。

本节后续将简要介绍典型有线网络通信技术和长距离无线网络通信技术，关于典型短距离无线通信技术和低功耗广域网无线通信技术，将结合其安全机制在后续章节单独介绍。

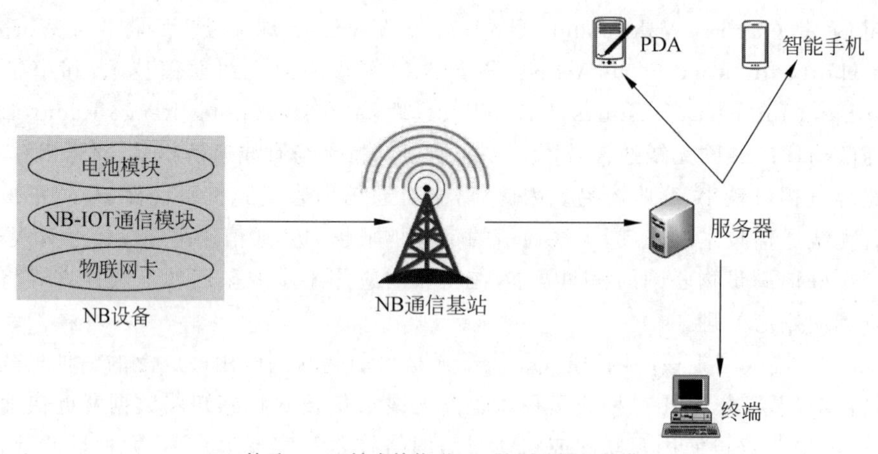

(a) 基于NB-IoT技术的物联网网络层数据传输模式

图 6-2 典型低功耗广域网无线通信技术的物联网网络层数据传输模式

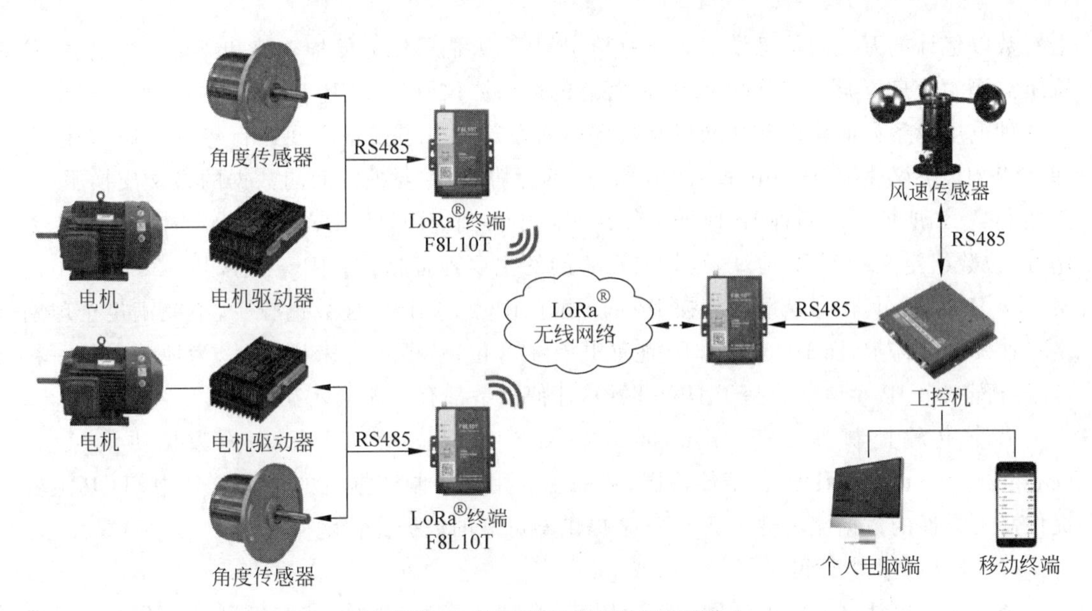

(b) 基于LoRa的物联网网络层数据传输模式

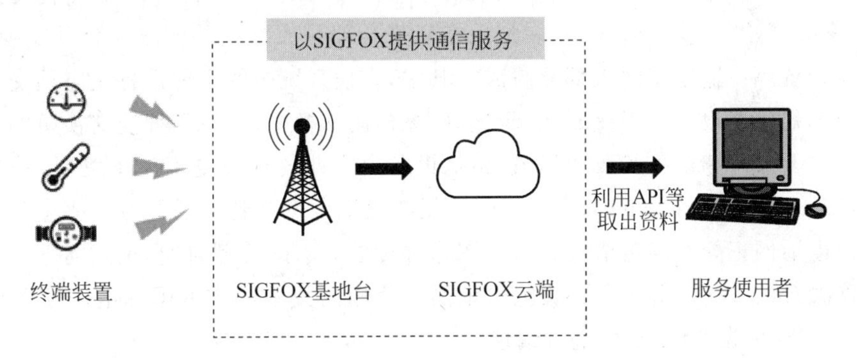

(c) 基于SIGFOX的物联网网络层数据传输模式

图 6-2 （续）

物联网网络层通信技术求同存异的智慧

物联网实现的是万物互联，根据传输数据的特点、传输距离的远近，灵活选用多种不同的通信技术，通过追求和谐、包容、兼容并蓄，理解差异，通过实现不同通信技术之间的互联互通，最终将感知层多源异构的数据可靠传输到物联网应用层。求同存异是生活中解决问题的一大法宝。大到国与国之间复杂的政治、经济、外交等问题，可以通过搁置争议、避免分歧、寻求利益共同点，达到互惠互利、共同发展的目的；小到人与人之间的日常小事，如果能够尊重并理解别人的不同，寻找共同共通之处，就可以实现共赢。在处理个人与社会的关系时，如果能够灵活运用求同存异的智慧，就能够享受到更多的获得感与幸福感。

1. 有线网络通信技术

(1) 互联网

互联网汇聚了丰富的信息，已逐渐成为日常生活接触最多的一种网络。当前在互联网上有数以亿计的万维网信息站点。通过搜索引擎，人们可以方便地查找和浏览各种信息，获取所需要的信息资源。在互联网中，最著名的通信协议就是TCP/IP协议栈，它们一起定义了各种电子设备如何接入互联网以及数据如何在这些电子设备之间进行传输的通信标准。在TCP/IP协议栈中，IP(Internet Protocol，网际协议)主要提供面向数据的报文交换服务，其核心是IP地址。有两种IP地址已经在实际中得到应用，即IPv4和IPv6。其中，IPv4采用32位数组定义一个IP地址，是目前互联网的主要地址格式；IPv6则采用128位数组定义一个IP地址，其目标是最终替换IPv4。由于IPv4的IP地址数量较少，不能满足全球网络飞速发展的需求，而IPv6中的IP地址共有128位，从数量上来说，可以为地球上每一粒沙子分配一个IPv6地址。基于IPv6网络，任何设备都有可能接入互联网。

另外，传输控制协议(Transmission Control Protocol，TCP)和用户数据协议(User Datagram Protocol，UDP)位于传输层，它们主要用于控制数据流的传输。其中，TCP主要提供高可靠性的数据流传输服务；UDP提供不可靠的数据流传输服务。

(2) 公共交换电话网

公共交换电话网简称电话网，是一种用于全球语音通信的电路交换网络。公共交换电话网最早是在1876年由贝尔发明的电话的基础上开始建立的，并经历了磁石交换、空分交换、程控交换、数字交换等阶段，发展到现在几乎全部是数字化的网络。公共交换电话网主要由交换系统和传输系统两大部分组成。其中，交换系统中的主要设备是电话交换机，它随着电子技术的发展也经历了磁石式、步进制、纵横制交换机，最后到程控交换机的发展历程。传输系统主要由传输设备和线缆组成，传输设备由早期的载波复用设备发展到同步数字体系(Synchronous Digital Hierarchy，SDH)，线缆由铜线发展到光纤。为了适应业务的发展，公共交换电话网正处于满足语音、数据、图像等传送需求的转型时期，正在向下一代网络、移动与固网融合的方向发展。公共交换电话网中使用的技术标准由国际电信联盟规定，采用E.163/E.164(称为电话号码)进行编址。

(3) 家庭宽带网

ADSL是一种通过现有普通电话线为家庭、办公室提供宽带数据传输服务的网络。ADSL因为上行和下行带宽不对称(即上行和下行的速率不相同)，被称为非对称数字用户线路。它主要采用频分复用技术将普通的电话线分成了电话、上行和下行三个相对独立的信道，从而避免了相互之间的干扰。通常ADSL在不影响正常电话通信的情况下可以提供最高5.3Mb/s的上行速率和最高24Mb/s的下行速率。由于受到传输高频信号的限制，ADSL接入最大距离一般为3～5km。

(4) 有线电视网

有线电视网(Cable Television Network，CATV)是一种使用同轴电缆或者光纤作为介质直接传送电视、调频广播节目到用户电视上的网络系统。CATV是一种高效廉价的综合网络，具有频带宽、容量大、功能多、成本低、抗干扰能力强，并支持多种业务连接千家万户的优势。当前，电视机已成为家庭入户率最高的信息工具之一，CATV已成为最贴近家庭的多媒体渠道。宽带双向的点播电视(Video on Demand，VOD)及通过CATV接入因特网进行电视点播、CATV通话等是CATV的发展方向，最终目的是使CATV成为宽带双向的多媒体通信网。

（5）总线通信

总线是描述电子信号传输线路的一种结构形式，是一类信号线的集合，是子系统间传输信息的公共通道。总线能实现整个系统内各部件之间信息的传输、交换、共享和逻辑控制等功能。按照数据传输的方式划分，总线可以被分为串行总线和并行总线。常见的串行总线有 SPI、I^2C、USB、IEEE 1394、RS-232C、CAN 等；并行总线相对来说种类较少，常见的如 IEEE 1284、ISA、PCI 等。在物联网的各类测控系统中，总线通信应用比较多。工业物联网常用的串行总线通信有 RS-232C 和 RS-485 两种，车联网中单车应用较多的是 CAN 总线等。

2. 无线网络通信技术

无线网络通信技术按照通信距离可以分为短距离通信和中长距离通信。短距离无线通信技术主要包括 ZigBee、Wi-Fi、蓝牙、NFC、IrDA、RFID、UWB、60G、Z-Wave 和 WiMAX 等，后文将结合安全问题单独探讨。在此主要介绍物联网网络层使用中的长距离无线通信技术，这类技术主要是移动通信网络技术。它主要服务于语音业务和少量的数字业务，逐步演化为如今以数据业务为主。移动通信网络技术最早基于模拟信号通信技术，从第二代开始使用数字通信技术。目前，移动通信网络技术已经发展到第四代的 LTE 技术，而且第五代移动通信技术（5G 网络）正在逐步推广中。移动通信网络技术主要包括如下几种：

（1）GPRS 网络

GPRS 技术是全球移动通信系统（Global System of Mobile Communication，GSM）移动电话用户的一种移动数据业务，它主要基于 GSM 的无线分组交换技术，给用户提供端到端的、广域的无线 IP 连接。GPRS 最初由欧洲电信标准组织（European Telecommunications Standards Institute，ETSI）进行标准化工作，后移交给第三代合作伙伴计划（The 3rd Generation Partnership Project，3GPP）负责，在 Release97 之后被集成进 GSM 标准。与旧的电路交换数据（Circuit Switch Data，CSD）不同，GPRS 基于分组交换，多个用户可以共享一个相同的传输信道，而每个用户只有在传输数据的时候才会占用传输信道，这就意味着所有的可用带宽可以立即分配给当前发送数据的用户。GPRS 报文数据交换速率理论上大约为 170Kb/s，而实际只有 30～70Kb/s。对 GPRS 射频部分进行改进而来的 EDGE（Enhanced Data Rate for GSM Evolution，增强数据速率的 GSM 演进）技术，可以支持 20～200Kb/s 的传输速率。其最大数据速率取决于同时分配到的 TDMA 帧的时隙。一般来说，数据速率越高，其传输的可靠性就越低。

（2）LTE 网络

LTE 网络是继 3G 网络之后发展起来的一种移动通信网络，基于长期演进的技术架构，是对 3G 技术的长期演进。LTE 始于 2004 年 3GPP 的多伦多会议，已于 2010 年 12 月被国际电信联盟正式定义为 4G 技术。LTE 是应用于手机及数据卡终端的高速无线通信标准，该标准基于原有的 GSM/EDGE 和 UMTS/HSPA 网络技术并使用调制技术提升网络容量及速度。该标准改进并增强了 3G 的空中接入技术，采用正交频分复用（Orthogonal Freguency Division Multiplexing，OFDM）和多进多出（Multiple In Multiple Oat，MIMO）作为其无线网络演进的唯一标准，在 20MHz 频谱带宽下能够提供下行 326Mb/s 与上行 86Mb/s 的峰值速率。此外，LTE 还改善了小区边缘用户的性能，提高小区容量和降低系统延迟。

(3) 5G 网络

5G 是第五代移动通信技术的简称。5G 网络作为下一代移动通信网络，传输速率比现在 4G 网络的传输速率快数百倍。未来 5G 网络的传输速率最高可达 10Gb/s。这意味着手机用户在不到 1s 的时间内即可完成一部高清电影的下载。5G 网络的目标是不仅支持高速率无线通信服务，还支持物联网系统的数据远距离传输业务。由于物联网设备一般具有低功耗、低数据速率等特点，5G 网络也将灵活地适应不同的需求。5G 网络在不同配置下，可以为少数用户提供高速率数据业务服务，也可以为大数量的物联网设备提供低速率数据业务服务。但理想的状态是，使用人工智能等相关技术，为通信终端提供动态化带宽需求服务，因为即使是需求高带宽业务的终端，实际使用高带宽的机会也不多，因此，动态化带宽服务可以更有效地服务更多终端设备。但在数据高峰时刻，需要根据优先级提供服务，保证重要数据的服务质量。

3. 低功耗广域网无线通信技术

低功耗广域网(Low Power Wide Area Network，LPWAN)是一种特殊的无线通信技术，以低数据速率进行远距离通信。多数 LPWAN 技术可以实现几千米甚至几十千米的网络覆盖。由于其网络覆盖范围广、终端功耗低等特点，更适合大规模的物联网应用部署。与蓝牙、Wi-Fi、ZigBee 等短距离无线通信技术相比，数据传输距离更远；与蜂窝技术，如 GPRS、3G、4G 等相比连接功耗更低，LPWAN 真正实现了大区域物联网的低成本、全覆盖。

LPWAN 技术又可分为两类：一类是工作在非授权频段的技术，如 LoRa、Sigfox 等，这类技术大多是非标准化、自定义实现的；另一类是工作在授权频段的技术，如 GSM、CDMA、WCDMA 等较成熟的 2G/3G 蜂窝通信技术，以及 LTE、LTEeMTC 及 NB-IoT 等。其中一些 LPWAN 已经开始商业化部署，其中具有代表性的是 LoRa 和 NB-IoT。表 6-2 列出了 LoRa 和 NB-IoT 的一些特性，由此可以看到两种网络之间的区别。

表 6-2 LoRa 和 NB-IoT 的部分特性

技术标准	NB-IoT	LoRa
标准化组织	3GPP	LoRa 联盟(非 3GPP 组织)
部署	可重用已有的网络	需要建立一个新的网络
带宽	180kHz	125～500kHz
频谱	使用授权频段(已授权的 LTE 频段或对 GSM 频段进行重耕)	使用非授权频段(北美：902～928MHz，欧洲：863～870MHz)
速率	～30/60kbps(DL/UL)	300bps～38.4Kbps
覆盖	164dB：由于无处不在的 LTE 网络部署，因此覆盖更广	声称最大支持 157dB
电池	2AA 电池可用 10 年(真实的电池寿命取决于应用场景和覆盖需求)	1AA 电池可用 5 年：或工业电池可用 10～20 年
移动性	有限的移动性(只支持小区重选)	支持移动性和漫游
安全	完全支持已被证明的端到端的安全机制	基于软件的加密
地理定位	GeoRell3 不支持：但将在 GeoRell4 中加入定位功能	可选
技术演进	有清晰的演进路线，GeoRell4 和 5G 等对 NB-IoT 进一步增强	未来的演进路线还不明确

无线通信技术百花齐放背后折射出的矛盾运动规律

矛盾是事物发展的根本动力，正是在解决矛盾的过程中无线通信技术才得到飞速发展，出现今天百花齐放、百家争鸣的良好发展态势。

6.1.2　物联网网络层安全特点

物联网是互联网的有效扩展和延伸。同互联网相比，物联网网络层不仅拥有互联网的所有特点，还具有如下新特点。

1. 与应用密切相关，缺乏统一的标准防护手段

物联网是一个与应用紧密相关的网络，不同应用领域的物联网具有完全不同的网络安全和服务质量要求。如医疗卫生相关的物联网要求具有很高的可靠性，保证不会因为物联网的误操作而威胁患者的生命。战场物联网则要求具有实时感知战场态势的能力，保证能将瞬息万变的战场信息及时可靠地传输到指挥决策中心。此外，互联网解决的是人-人之间的交互，人比任何物联网终端都智能，比如人们会在接入互联网的计算机上安装防火墙、杀毒软件提高计算机安全防护能力；发现网速异常的时候，会警觉是否被黑客攻击或 Wi-Fi 被蹭。针对不同的应用需求，物联网难以像互联网安全那样构建统一的标准防护手段，更无法完全复制互联网的安全防护模式，因此必须结合自身的网络特点和应用需求，探索个性化的安全解决方案。

2. 传输内容多源异构，数据保护难度加大

物联网网络层传输数据多源异构是指物联网数据来源广泛，比如有感知层各种传感器采集的数据、有智能终端的运行数据、各种通信协议的控制数据等；且数据结构一般差异巨大，如结构化数据、非结构化数据、半结构化数据等，因此在传输过程中对数据的机密性、完整性和真实性等的保护难度加大。

结构化数据是高度组织和整齐格式化的数据。它是可以放入表格和电子表格中的数据类型，如物资编码、信用卡号码、日期、财务金额、电话号码、地址、产品名称等。

非结构化数据本质上是结构化数据之外的一切数据。它不符合任何预定义的模型，因此它存储在非关系数据库中，并使用 NoSQL 进行查询。它可能是文本的或非文本的，也可能是人为的或机器生成的。非结构化数据就是字段可变的数据，是无法以二维表来逻辑表达实现的数据，如物联网产生的网购记录、通信记录、出行记录等，数字监控中的照片和视频，卫星图像反映出来的天气数据、地形、军事活动等。

半结构化数据是介于结构化和非结构化之间的数据。半结构化数据具有一定的结构性，但是结构变化很大。个人基本信息包括姓名、性别、籍贯、身份证号、家庭住址、电话等，结构固定，因此属于典型的结构化数据。但个人简历往往不像个人基本信息那样，每个人的简历大不相同。有的人的简历很简单，比如只包括教育情况；有的人的简历却很复杂，比如包括工作情况、婚姻情况、出入境情况、户口迁移情况、党籍情况、技术技能等；甚至可能还有一些我们没有预料的信息。通常要完整地保存这些信息并不是很容易，因此我们不会希望系统中的表的结构在系统的运行期间进行变更。常见的半结构化数据有以下 5 种：日志文件、XML文档、JSON文档、E-mail、HTML文档。其中，日志文件是用于记录系统操作事件的记录文件或文件集合，操作系统有操作系统日志文件，数据库系统有数据库系统日志文件；XML文档是一种用于标记电子文件使其具有结构性的标记语言；JSON文档是一种轻量级的数据交换格式的文档，易于人阅读和编写，同时也易于机器解析和生成，JSON文档采用完全独立于语言的文本格式，但是也使用了类似于C语言家族的习惯(包括C、C++、C#、Java、JavaScript、Perl、Python等)；电子邮件可以是文字、图像、声音等多种形式，同时，用户可以得到大量免费的新闻、专题邮件，并轻松实现信息搜索；HTML文档是自描述的，数据的结构和内容混在一起，没有明显的区分，因此，HTML文档属于半结构化数据。

3. 接入方式繁多，以无线接入为主，安全防护形势严峻

物联网以互联网为基础，除使用互联网的TCP/IP外，在网络层的通信技术还包括各种有线通信技术，如PSTN、ADSL、CATV、总线等，和各种无线通信技术，如GPRS、LTE、ZigBee、蓝牙、红外、NB-IoT、LoRa、3G/4G/5G、北斗等。因此，不仅需要支持不同通信技术之间的互联互通，还要面临无线接入带来的一系列安全问题，因而物联网网络层较互联网更复杂。

4. 泛在接入，数量巨大，安全问题更加复杂

因物联网直接物理和逻辑地将人、物、环境关联起来，属于泛在接入，产生的数据量巨大。早在2019年，每秒约有127台新设备连接到网络。因此相对于互联网有更多参与实体、更复杂技术内涵、更加开放和更难控制的分布特征，面临着更高的物理实体保护、安全实时通信和网络可用性等要求。海量级的数据极容易造成拒绝服务攻击，导致核心网络的拥塞。除新增感知层系列安全问题外，仍面临互联网现有TCP/IP协议面临的所有安全问题，因此安全问题更加复杂。

6.1.3 物联网网络层的安全需求

物联网的网络层主要用于实现物联网信息的双向传递和控制，是一个多网并存的异构融合网络，物联网应用承载网络主要以互联网、移动通信及其他专用IP网络为主。从信息与网络安全的角度来看，物联网网络层对安全的需求有如下几个方面。

1. 业务数据在承载网络中的传输安全

需要保证物联网业务数据在承载网络传输过程中数据内容不被泄露、不被非法篡改及数据流量信息不被非法获取。

2. 承载网络的安全防护

病毒、木马、DDoS攻击是网络中最常见的攻击现象，未来在物联网中将会更突出，物联网中需要解决的问题是如何对脆弱传输节点或核心网络设备进行安全防护，抵御非法攻击。

3. 终端及异构网络的鉴权认证

在网络层，为物联网终端提供轻量级鉴别认证和访问控制，实现对物联网终端接入认证、异构网络互连的身份认证、鉴权管理及对应用的细粒度访问控制是物联网网络层安全的核心需求之一。

4. 异构网络下终端安全接入

物联网应用业务承载网络包括互联网、移动通信网、WLAN网络等多种类型的网络，在异构网络环境下大规模网络融合应用需要对网络安全接入体系结构进行全面设计,针对物联网机对机(Machine to Machine,M2M)的业务特征,对网络接入技术和网络架构都需要改进和优化,以满足物联网业务网络安全应用需求。其中包括网络对低移动性、低数据量、高可靠性、海量容量的优化,包括适应物联网业务模型的无线安全接入技术、核心网优化技术,包括终端寻址、安全路由、鉴权认证、网络边界管理、终端管理等技术,包括适用于传感器节点的短距离安全通信技术,以及异构网络的融合技术和协同技术等。

5. 物联网应用网络统一协议栈需求

物联网是互联网的延伸,在物联网核心网层面是基于TCP/IP协议的,但在网络接入层面,协议类别五花八门,有GPRS/CDMA、短信、传感器、有线等多种通道,物联网需要一个统一的协议栈和相应的技术标准,以此杜绝通过篡改协议、协议漏洞等安全风险威胁网络应用安全。

6. 大规模终端分布式安全管控

物联网和互联网的关系是密不可分、相辅相成的。互联网基于优先级管理的典型特征使其对于安全、可信、可控、可管都没有要求,但是,物联网对于实时性、安全可信性、资源保证性等方面却有很高的要求。物联网的网络安全技术框架、网络动态安全管控系统对通信平台、网络平台、系统平台和应用平台等提出了安全要求。物联网应用终端的大规模部署,对网络安全管控体系、安全管控与应用服务统一部署、安全检测、应急联动、安全审计等方面提出了新的安全需求。

6.1.4　物联网网络层的安全威胁

基于物联网网络层的特点和脆弱性,物联网网络层的安全威胁主要来自以下两个方面。

一方面是互联网的安全威胁。例如,物联网感知层感知的数据传输到互联网时,原有针对互联网的各种攻击方法在物联网网络层中同样适用,主要包括以下几类攻击。①基于TCP/IP的攻击,如IP欺骗、TCP重置、DNS欺骗、中间人攻击和重放攻击等。②基于数据信息的攻击,包括数据的机密性获取、完整性破坏和数据发送源欺骗(身份假冒、身份伪造)等。③基于服务的可用性攻击,如DoS攻击和DDoS攻击等。

另一方面,由于网络层涉及缺乏统一的防护标准、异构网络融合、泛在终端接入、数据来源多样化等问题,除上述互联网安全威胁外,还可能面临一些特殊的安全问题。主要包括:①数据接入链路的脆弱性。物联网网络层的传输手段多数为无线通信技术,而无线通信网络固有的脆弱性使各种无线通信很容易受到各种形式的攻击,如非法窃听、中间人攻击等。②数据传输协议标准不统一。物联网在核心网络之间使用的是基于互联网的通信协议,但是核心网络与终端设备之间的通信并没有统一标准,多数是通过无线信号进行传输,这将导致终端设备信号在传输过程中难以得到有效防护,容易被攻击者劫持、窃听甚至篡改。③易受到DoS攻击。物联网核心网由于技术较成熟,具有相对坚实的安全防护能力,但由于物联网的节点数量庞大,且以集群方式存在,攻击者可以利用控制的节点发动DoS攻击,致使网络拥塞。

本章将重点围绕物联网安全最具特色的典型短距离无线通信技术,ZigBee、蓝牙和Wi-Fi涉及的安全技术、理论和方法进行介绍。其余内容请感兴趣的读者可以参考其他相关书籍进一步学习。

6.1.5 物联网网络层的安全机制

传统网络中，网络层的安全和业务层的安全是相互独立的，而物联网的安全问题很大一部分是由于物联网是在现有网络基础上集成了感知层和应用层带来的，所以对于物联网网络层的安全防护，在采用多种传统的安全措施的基础上，如防火墙技术、病毒防治技术等，还应针对物联网的特殊安全需求，采取以下七种安全机制来保障物联网网络层的安全。

1. 加密机制和密钥管理

加密是信息安全的基础，是实现感知信息隐私保护的手段之一，可以满足物联网对保密性的安全需求，但由于传感器节点能量、计算能力、存储空间的限制，要尽量采用轻量级的加密算法。

2. 感知层鉴别机制

感知层鉴别机制用于证实交换过程的合法性、有效性和交换信息的真实性。主要包括网络内部节点之间的鉴别、感知层节点对用户的鉴别和感知层消息的鉴别。

3. 安全路由机制

安全路由机制是保证网络在受到威胁和攻击时，仍能进行正确的路由发现、构建和维护，解决网络融合中的抗攻击问题，主要包括数据保密和鉴别机制、数据完整性和新鲜性校验机制、设备和身份鉴别机制以及路由消息广播鉴别机制等。

4. 访问控制机制

访问控制机制可以确定合法用户对物联网系统资源所享有的权限，以防止非法用户的入侵和合法用户使用非权限内资源，是维护系统安全运行、保护系统信息的重要技术手段，包括自主访问机制和强制访问机制。

5. 安全数据融合机制

安全数据融合机制可保障信息保密性、信息传输安全和信息聚合的准确性，通过加密、安全路由、融合算法的设计、节点间的交互证明、节点采集信息的抽样、采集信息的签名等机制实现。

6. 容侵容错机制

容侵是指在网络中存在恶意入侵的情况下，网络仍然能够正常地运行；容错是指在故障存在的情况下系统不会失效、仍然能够正常工作。容侵容错机制主要是解决行为异常节点、外部入侵节点带来的安全问题。

7. 入侵检测技术

对于物联网网络层，可采用基于贝叶斯推理的入侵检测技术和基于机器学习的入侵检测技术。基于贝叶斯推理的入侵检测技术主要是通过对网络层中不同的特征值进行相关性分析（如对网络中的异常请求数量或系统中出错的数量进行分析），并通过测量网络系统中不同时刻各特征值的变化来判断入侵攻击的概率。基于机器学习的入侵检测技术主要是通过抓取网络层中的网络信息，利用机器学习检测入侵行为，并且能够提供良好的自适应能力。主要的检测方法有归纳学习、分析学习、类比学习、遗传算法等。其中遗传算法比较擅长解决全局最优化问题,能够跳出局部最优点而找到全局最优点,它只需要对少数结构进行搜索,就能够在纷繁复杂的网络信息中及时分辨出入侵攻击信息。

6.2 ZigBee 安全

6.2.1 ZigBee 技术简介

ZigBee,也称紫蜂,是一种基于 IEEE 802.15.4 标准的低速率、低功耗、短距离无线网络协议,通信距离大约在 10～100m。基于 ZigBee 协议的设备工作于 868MHz、915MHz 以及 2.4GHz 频段,最大传输速率为 250Kb/s,大部分时间工作在低功耗的休眠状态下。所以 ZigBee 协议适用于由电池供电的低功耗、低速率、低成本的物联网应用,如智能家居、自动控制和远程控制等领域,具有低复杂度、自组织、组网快速、安全等特点。

ZigBee 协议是由 ZigBee 联盟定义的,ZigBee 联盟是由许多来自半导体、软件开发及设备制造等行业的几百家公司组成。ZigBee 联盟主席 BobHeile 通过如下故事解释了 ZigBee 的来源。

在挪威传说中有一个名叫 ZigBee 的妖怪,住在松恩峡湾一个岛上的村子里。与其他挪威传说中那些巨大可恶的妖怪不同,ZigBee 是一个友好的小妖怪,它很少说话,但是它说的话都非常可靠,人们可以信任它。

一次,ZigBee 感应到堆在粮仓旁边的一堆稻草由于腐烂发热开始自燃,它立即向村子里的每一户发起警报,村民们得以及时地将火扑灭,保住了粮仓。

还有一次,在一个寒冬过后的暖春,一个名叫蓝牙的村民在村子附近的雪山上放羊,他想将羊群赶到他非常熟悉的小溪边去喝水,由于是暖春,快速融化的雪水已经将小溪变成了波涛汹涌的大河,意识到危险的蓝牙想赶在洪水到达村庄之前通知村民,但是他离村庄太远,他的声音村民们根本就听不见。而此时的 ZigBee 也感到了危险,因为它也看到了洪水,它也和蓝牙一样,无法一下子将声音传到村子里去,所以它立即开始往山下跳,就这样跳啊跳啊直到跳到村子里,它还自动打开了大坝的水闸泄掉了洪水,保住了村子。

村民们都很庆幸有 ZigBee,因为不像蓝牙,ZigBee 能够一步步跳回村子。

以上故事引用自 ZigBee Wireless Networking,作者 DrewGislason。

短短一个故事把 ZigBee 的典型应用场景(无线传感器网络、自动控制及自然灾害预警等)、工作特征(大部分时间都工作在休眠状态,只有很少的时间用于通信,数据传输可靠)、协议特点(体积小,资源要求不高)以及与蓝牙的区别(多跳自组织)展现得淋漓尽致。

因此,ZigBee 技术具有如下特点:

(1) 低速率:ZigBee 的数据传输率为 20～250Kbps,分别提供了 250Kbps(2.4GHz)、40Kbps(915MHz)和 20Kbps(868MHz) 的原始数据吞吐率,满足低速率传输数据的应用需求。

(2) 低功耗:ZigBee 设备为低功耗设备,其发射输出为 0～3.6dBm,具有能量检测和链路质量指示能力,根据这些检测结果,设备可自动调整发射功率,在保证链路质量的条件下,最小地消耗设备能量。处于睡眠状态的终端设备在睡眠模式下可以使用低于 5μA 的电流;在低功耗待机模式下,2 节 5 号干电池可支持 1 个节点工作 6～24 个月,甚至更长。相比较,蓝牙仅仅能工作数周、Wi-Fi 仅可工作数小时。

(3) 低成本：通过大幅简化协议(不到蓝牙协议的1/10)，降低了对通信控制器的要求。据预测分析，以8051的8位微控制器测算，全功能的主节点需要32KB代码空间，子功能节点少至4KB代码空间，而且ZigBee免协议专利费，每块芯片的价格大约为2美元。

(4) 短距离：ZigBee的传输范围一般介于10～100m之间，在增加射频发射功率后，可增加到1～3km。这指的是相邻节点间的距离。如果通过路由和节点间通信的接力，传输距离将可以更远。因此可以基本覆盖普通家庭或办公室环境。

(5) 低时延：ZigBee的响应速度较快，一般从睡眠转入工作状态只需15ms，节点连接进入网络只需30ms，进一步节省了电能。相比较，蓝牙需要3～10s、Wi-Fi需要3s。

(6) 高安全性：ZigBee提供了三级安全模式，以灵活确定其安全属性。比如，使用接入控制清单(Acess Control List，ACL)防止非法获取数据；基于循环冗余校验，采用高级加密标准(AES-128)的对称密码对数据进行加密。此外ZigBee在可靠性方面有很多保证。其中，物理层采用了扩频技术，能够在一定程度上抵抗干扰，MAC应用层(应用支持子层(Application Support Sublayer，APS)部分)有应答重传功能。MAC层的CSMA机制使节点发送前先监听信道，可以起到避开干扰的作用。当ZigBee网络受到外界干扰，无法正常工作时，整个网络可以动态地切换到另一个工作信道上。

(7) 高容量：ZigBee可采用星状、树状和网状结构。由一个主节点管理若干子节点。一个主节点最多可管理254个子节点；组网灵活，一个区域内最多可以同时存在100个Zigbee网络，即25500个节点。网络扩展性强，理论上最大节点数为65535(蓝牙最多支持7个设备)。

(8) 高可靠性：ZigBee协议MAC层采用CSMA/CA碰撞避免机制，并为需要固定带宽通信业务预留专用时隙，避免发送数据时的竞争和冲突；同时，MAC层采用了完全确认数据传输机制，每个发送的数据包都必须等到接收方的确认信息，才能完成数据传输。ZigBee采用较短帧格式和循环冗余校验码(Cyclic Redundancy Check，CRC)校验机制以降低无线通信的误码率。

(9) 免执照频段：采用直接序列扩频在工业科学医疗(Industrial Scientific Medical，ISM)频段，具体为2.4GHz(全球)、915MHz(美国)和868MHz(欧洲)，均为免许可频段。由于这3个频带物理层并不相同，其各自信道带宽也不同，分别为0.6MHz、2MHz和5MHz信道带宽，分别有1个、10个和16个信道。具体信道分配如表6-3所示。

表6-3 ZigBee无线信道划分

信 道 编 号	中心频率/MHz	信道间隔/MHz	频率上限/MHz	频率下限/MHz
$k=0$	868.3		868.6	868.0
$k=1,2,3,\cdots,10$	$906+2(k-1)$	2	928.0	902.0
$k=11,12,3,\cdots,26$	$2401+5(k-11)$	.5	2483.5	2400.0

(10) 兼容性好：能与现有的控制网络标准无缝集成。通过网络协调器自动建立网络，采用CSMA/CA方式进行信道接入。为了可靠传递，还提供全握手协议。

典型的基于ZigBee协议的物联网应用是病人的生理参数监测，病人佩戴的血压计和心率计以固定周期采集血压和心率，然后通过ZigBee网络将数据传送到家里的电脑中进行初步分析，最后通过互联网将这些数据传送到病人的医生那里进行进一步分析。

6.2.2 ZigBee 协议栈

ZigBee 协议栈从下到上分别为物理(Physical,PHY)层、媒体访问控制(Medium Access Control,MAC)层、网络(Network,NWK)层和应用(Application,APL)层,如图 6-3 所示。相邻两层协议之间通过服务访问节点(Service Accessing Point,SAP)来完成交互。在 ZigBee 中每两层之间有两个 SAP,一个 SAP 负责数据,另一个 SAP 负责管理。其中,底部的 PHY 层和 MAC 层采用 IEEE 802.15.4 标准的 MAC 层及 PHY 层;ZigBee 联盟只定义了 NWK 层和 APL 层。协议上层被认为是下层的管理者,下层是上层协议的基础,但不关心上层具体进行了什么操作。整个协议栈共同操作,完成 ZigBee 网络的通信任务。

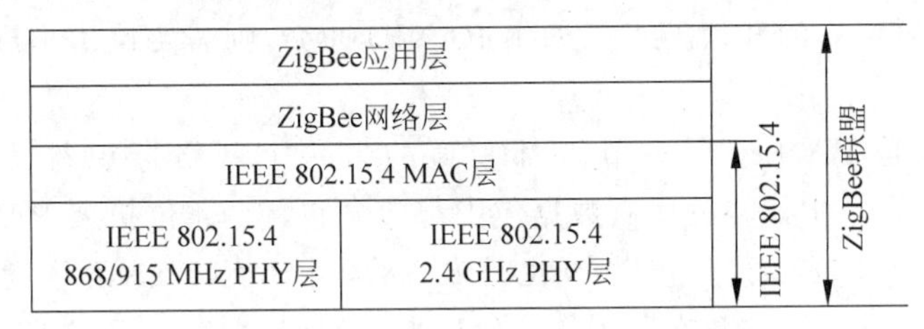

图 6-3 ZigBee 协议栈的体系结构模型

IEEE 802.15.4 标准是由 IEEE 802 标准委员会在 2003 年定义的一个低速率无线个人区域网(Low Rate Wireless Personal Area Network,LR-WPAN)的协议,它规定了 LR-WPAN 的 PHY 层和 MAC 层,是 ZigBee 协议的基础。IEEE 是 Institute of Electrical and Electronics Engineers 的简称,其中文译名是电气和电子工程师协会。该协会的总部设在美国,主要开发数据通信标准及其他标准。IEEE 802 标准委员会又称为局域网/城域网标准委员会(LAN/MAN Standards Committee,LMSC),致力于研究局域网和城域网的 PHY 层和 MAC 层中定义的服务和协议,对应 OSI 网络参考模型的最低两层(即 PHY 层和数据链路层)。

1. PHY 层

PHY 层工作在两个独立的频率范围:868/915MHz 和 2.4GHz,提供基本的无线通信,负责信号调制/解调、数据包生成、数据收发和加密、信号强度检测和电源管理等。使用 868/915MHz 的 PHY 层有美国和澳大利亚。几乎在世界各地都使用 2.4GHz 的 PHY 层。均基于 DSSS 技术。而 DSSS 技术有如下两个特点。

DSSS 使用一串连续的伪随机(Pseudo Noise,PN)码串行,用相位偏移调制的方法来调制信息。这一串连续的伪随机码称为码片,其每个码的持续时间远小于要调制的信息位。即每个信息位都被频率更高的码片所调制。因此,码片速率远大于信息位速率。

DSSS 通信架构中,发送端产生的码片在发送前已经被接收端所获知。接收端可以使用相同的码片来解码接收到的信号,解调用此码片调制过的信号,还原为原来的信息。

2. MAC 层

MAC 层采用一个 16 位的个域网地址(Personal Area Network ID,PANID)来标识整个网络,使用 CSMA/CA 机制来控制无线信道的访问,负责单跳通信,发送信标帧,同步以及提供可靠的传输机制。

PAN,又称个人区域网络,通过其PANID与其他网络分开。PANID是同一PAN中所有节点将共享的16位标识符。与以太网的子网掩码类似。该标识符放置在每个传出数据包中的MAC层标头中,通过PANID的识别,可以使接收该数据包的设备过滤出与它们所在网络无关的消息。PANID由协调器在网络创建时选择。因为PANID是一个网络与另一个网络之间的主要区别因素,所以它是随机的,以确保其唯一性。但是,如果碰巧选择了另一个网络已经使用的PANID,该怎么办?或者,如果确实选择了一个与任何其他网络都没有冲突的随机PANID,但后来又有另一个网络与该网络重叠,该怎么办?如果曾经发生过PANID冲突,则协议栈实际上可以检测到这种冲突并可以自动更新其PANID,并通知其网络中的所有节点都移至新的PANID,以便每个节点可以继续与原始网络中的节点进行通信,并排除冲突网络上的任何节点。如果PANID冲突,则需要使用扩展的PANID来区分网络。

扩展PANID是PAN中所有节点都知道的另一个网络标识符。正常的短16位PANID由于简短,在空中传输的所有数据包中都包含它,但64位扩展PANID很少通过空中传输。扩展的PANID对于每个PAN也是唯一的,当16位PANID不足以始终将一个网络与另一个网络区分开时,它基本上用作备份标准。例如,当发生PANID冲突并且需要通知网络中的所有设备更新PANID时,将网络与冲突的网络区分开的方式是,网络中的这些设备都共享相同的扩展PANID。扩展PANID极不可能发生冲突,因为与短16位PANID相比,它具有64位。扩展的PANID也由协调器在网络创建期间选择。仅在节点请求网络或进行PANID更新时,才通过无线发送以响应活动扫描。因此,网络之间可区分的方式不仅有PANID,还有扩展PANID。

MAC层的帧格式如图6-4所示。

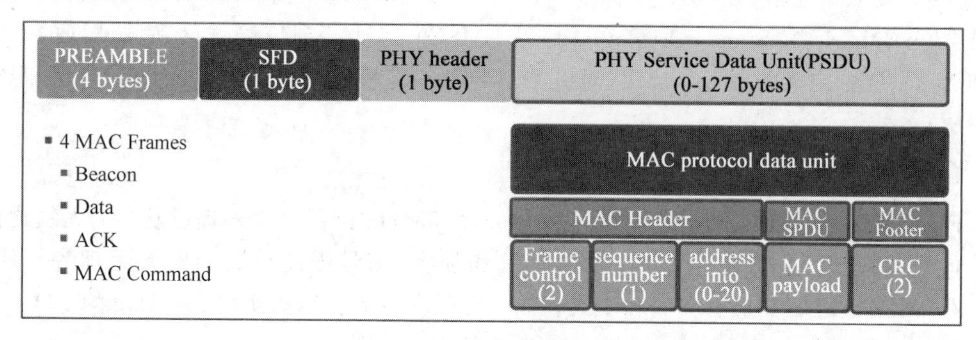

图6-4 MAC层的帧格式

MAC标头由帧控制(Frame control)字段(2字节)、序列号(sequence number)字段(1字节)和地址信息(address info)字段组成(0～20字节)。

帧控制字段描述如表6-4所示。其中,第0～2位表明帧类型,具体包括四种类型,分别是:000:信标帧;001:数据帧;010:确认帧;011:命令帧。第3位表示安全使能:体现在该帧是否有密锁保护MAC的有效载荷。第4位表示数据待传,1:表示当前数据还没传输完成,发送端还要接着传输数据给接收端,因此接收设备还需要发送请求来获取数据。第5位表示确认请求,1:表示接收设备在接收到该帧的时候,需要回复一个确认帧来表示接收到数据。第6位表示网内/网际:表示是否在同一个PAN网络中传输数据。第10～11位和14～15位表示目的/源地址模式,00:没有目的地址;01:预留;10:16位的短地址;11:

64 位的长地址。第 12～13 位为预留位。

表 6-4　帧控制字段描述

数据(位)	0～2	3	4	5	6	7～9	10～11	12～13	14～15
帧控制字段描述	帧类型	安全使能	数据待传	确认请求	网内/网际	预留	目的地址模式	预留	源地址模式

(1) 信标帧(Beacon Frame)：用于网络扫描，当一个新节点想加入网络时，先发送信标请求，收到信标请求的节点发送自己的信标，新节点收到信标后就可以知道这个网络的存在。

(2) 数据帧(Data Frame)：用于从更高层传输数据，最大长度为 114 字节。

(3) 确认帧(ACK Frame)：数据发送方可以要求接收方在收到数据后发送一个确认帧，来确认对方已经收到数据。

(4) 命令帧(Command Frame)：类似于 IEEE 802.11 标准中的网络管理帧，负责控制如关联、去关联、网络地址冲突以及缓存数据传送等。

帧起始分隔符(Start of Frame Delimiter，SFD)字段长度为一个字节，其值固定为 0xA7，标识一个物理帧的开始。

在每个 MAC 帧的末尾，有两个字节的 CRC 用于验证数据包的完整性。

3. NWK 层

NWK 层是 ZigBee 协议栈的核心，从功能上为 MAC 层提供支持，并为应用层提供合适的服务接口，主要包括配置新设备，启动网络，执行加入网络，重新加入网络和离开网络的功能，提供寻址，邻居发现，路由发现，接收控制和路由等功能。安全性方面主要是 AES-CCM * 算法，支持星状、树状、网格等多种拓扑结构。

AES-CCM * 算法是 AES-128 算法的 CCM * 加密模式。CCM * 加密模式是 CCM (Counter with Cipher Block Chaining-Message Authentication Code)加密模式的扩展，它包含 CCM 加密模式，同时又可单独使用计数器模式(Counter Mode，CTR)和 CBC-MAC 模式(Cipher Block Chaining-Message Authentication Code)。可利用 CTR 模式保证秘密性，利用 CBC-MAC 模式保证数据完整性，也可两者均使用，既保证秘密性又保证完整性，可提供多种安全方案，并可根据安全需求选择消息完整性代码(Message Integrity Code，MIC)的长度(32、64、128 位)，形成多达 8 级的安全级别。

4. APL 层

APL 层包括应用 APS、ZigBee 设备对象(ZigBee Device Object，ZDO)和应用。APS 负责端到端消息的传输，ZDO 负责整个设备的管理。

在 APS 层和 NWK 层中，有一些安全功能可用于保护网络免遭黑客攻击。

5. ZigBee 的数据帧

ZigBee 数据和命令都是通过数据帧来传输的。应用层的数据被逐层打包，最后被物理层发送到目标节点。帧结构的设计原则是为保证网络在有噪声的信道上以足够的健壮性进行传输，同时将网络的复杂性降到最低。每一后继的协议层都是在其前一层添加或者剥除了帧头和帧尾而形成的。

由图 6-5 所示的 ZigBee 数据帧结构可以看出，ZigBee 数据在发送时从上到下层层打包，每层都加上相应的帧头及控制信息，而在接收时又从下到上逐层去掉头部及附加信息，最终得到应用数据。

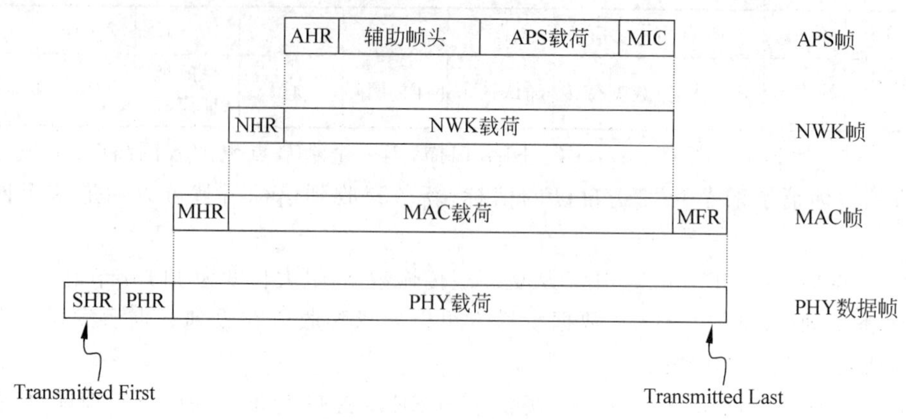

图 6-5 ZigBee 数据帧结构

物理层数据帧中，同步头(Synchronization Header，SHR)可以让数据接收方与发送方进行同步，从而锁定数据流。物理层报头(Physical Layer Header，PHR)包含帧长度信息，物理层载荷是由上层提供的，包含了要传送的数据和命令。

MAC 层帧中，它是被作为物理层的载荷来传输的，包含三个部分，MAC 帧头(MAC Header，MHR)、MAC 载荷和 MAC 帧尾(MFR)，其中，MHR 包含了 MAC 层寻址及安全信息，MAC 载荷包含了网络层数据帧，MFR 包含了 16 位 CRC 帧校验。

网络层帧中，由 NWK 头部(NWK Header，NHR)和 NWK 载荷组成，其中头部包含了网络层寻址及安全信息，载荷包含了 APS 帧。

在 APS 帧中，APS 帧头(APS Header，AHR)包含了应用层寻址及控制信息，辅助帧头包含了密钥序号等安全相关信息。

网络层和 MAC 层也可选辅助帧头用于增强安全性。APS 载荷中包含了应用数据或命令。MIC 用于检查消息是否被非法篡改，因为在生成 MIC 时用到了密钥，所以如果没有密钥则无法对消息进行篡改。

6. ZigBee 设备类型

采用 ZigBee 协议栈进行通信的网络，被称为 ZigBee 网络。在 ZigBee 网络中一般包括三种设备：协调器、路由器和终端设备。

(1) 协调器

协调器也称为全功能设备(Full-Function Device，FFD)，相当于蜂群结构中的蜂后，它是唯一的，且不能休眠并需要持续供电，是 ZigBee 网络启动或建立网络的设备，主要功能有以下两点。

① 网络初始化。选择网络中的通道，确定网络标识符 PANID(一个信道内可以有多个 ZigBee 网络，它们就由 PANID 来区分)。

② 一旦网络建立，该协调器就在网络中提供数据交换，建立安全机制，建立网络中绑定路由等功能。在网络传输过程中，如果启用安全机制，网络协调者又可成为信任中心，参与密钥分配和认证服务等工作。例如，协调器有权限允许其他设备加入或离开网络并跟踪所有路由器和终端设备，还将配置并实现终端设备之间端到端的安全性，存储并分发其他节点

的密钥等。

(2) 路由器

路由器相当于雄蜂,数目不多,需要一直处于工作状态,需要主干线供电。在星状拓扑结构中,不支持路由器。在树状拓扑网络中,允许路由器周期地运行操作,所以可以采用电池供电。路由器扮演着协调器和终端设备中间人的角色,主要包括作为普通设备加入网络,实现多跳路由,辅助终端设备完成通信。路由器需要首先通过协调器的准许加入网络,然后开始进行协调器和终端设备间的路由工作。该工作包括了路径的建立和数据的转发。路由器同样具有允许其他路由和终端设备加入网络的权限。

(3) 终端设备

终端设备,则相当于数量最多的工蜂,也称为精简功能设备(Reduced-Function Device, RFD),只能传送数据给 FFD 或从 FFD 接收数据,RFD 往往是低功率低能耗的,如运动传感器、温度传感器、智能灯泡等。终端设备需要的内存较少,特别是 RAM。为了维持网络最基本的运行,终端设备可以根据自己的功能需要休眠或唤醒,一般可由电池供电。终端设备必须首先加入网络才能与其他设备通信。但是,与协调器和路由器不同,终端设备不会路由任何数据,也没有权限允许其他设备加入网络。由于无法中继来自其他设备的消息,因此终端节点只能通过其父节点(通常是路由器)在网络内进行通信。

上述三种类型的设备可以通过编程相互转化。实际上一般购买到的都是 FFD 设备,只是在将代码导入设备时,根据选择的不同编译器会做不同的处理,最终生成三类不同的设备。图 6-6 给出了在 IAR 编译器中的配置实例。

图 6-6　IAR 编译器中的配置实例

如何区分地址呢？设备具有短地址和长地址。长地址是 IEEE 分配的 MAC 地址或 EUI-64。EUI-64 是一个全球唯一的 64 位地址,这意味着世界上没有两个基于 IEEE 的无线设备具有相同的 EUI-64(EUI-64 是由 IEEE 定义的地址,将 EUI-64 地址指派给网络适配器,或从 IEEE 802 地址派生得到该地址),通常在制造时分配。芯片在出厂之前,它们会被分配 EUI-64,并且 EUI-64 永远不会改变。EUI-64 用来区分不同的无线设备。但是因为 64 位是相对比较大的数据量,所以这个长地址不是经常通过空中发送。运用多的是短地址。ZigBee 网络采用短地址方式标识网络内的设备,短地址是 16 位的,是由所属的网络分配的,类似 IP 地址,因为短地址只有 16 位,所以 ZigBee 网络的最大接入设备数是 65535,如图 6-7 中 Address 所示。

7. ZigBee 组网过程

ZigBee 组网由网络层负责,网络层还负责设备发现、网络地址分配、路由等。组网过程如下。

Properties
▲ Information
Channel: 20
Protocol: ZigBee
PAN: 0xFF11
Address: 0x6368 FE:FE:FE:FE:FE:FE:FE:FE
Status: Associated
Type: Node
Depth: 0

图 6-7 ZigBee 网络中的长地址和短地址

一个协调器利用信标帧，通过设备发现来扫描预先配置好的信道上工作的所有网络，然后随机选择一个与已有网络地址不同的网络地址，即 PANID，最后接收来自路由器节点及终端节点发起的入网请求，当一个节点加入网络时，协调器给它分配一个 16 位的网络地址。

8. 网络拓扑

ZigBee 支持三种类型的个人局域网拓扑结构，拓扑结构的选择必须考虑哪些节点是线路供电或电池供电、电池预期寿命、所需网络流量、延迟要求、解决方案成本等，主要有星状拓扑、树状拓扑和网格拓扑三种类型。但 ZigBee 标准不支持像 IEEE 802.15.4 标准那样的集群树拓扑。

(1) 星状拓扑

在星状拓扑中，如图 6-8 所示，没有路由器，协调器负责在网络中路由数据包，启动和维护网络上的设备。终端设备只能通过协调器进行通信。

缺点：单点故障。协调器失败可以导致整个网络关闭。星状中心可能会成为网络带宽的瓶颈。

(2) 树状拓扑

在树状拓扑中，如图 6-9 所示，协调器充当负责建立网络和选择某些关键网络参数的根节点。路由器可以是协调器或其他路由器的子节点，并且负责使用分层路由策略通过网络移动数据并控制消息。终端设备可以是协调器或路由器的子设备，并且可以仅通过路由器或协调器与另一终端设备通信。树状拓扑网络可以根据 IEEE 802.15.4 标准采用面向信标的通信。

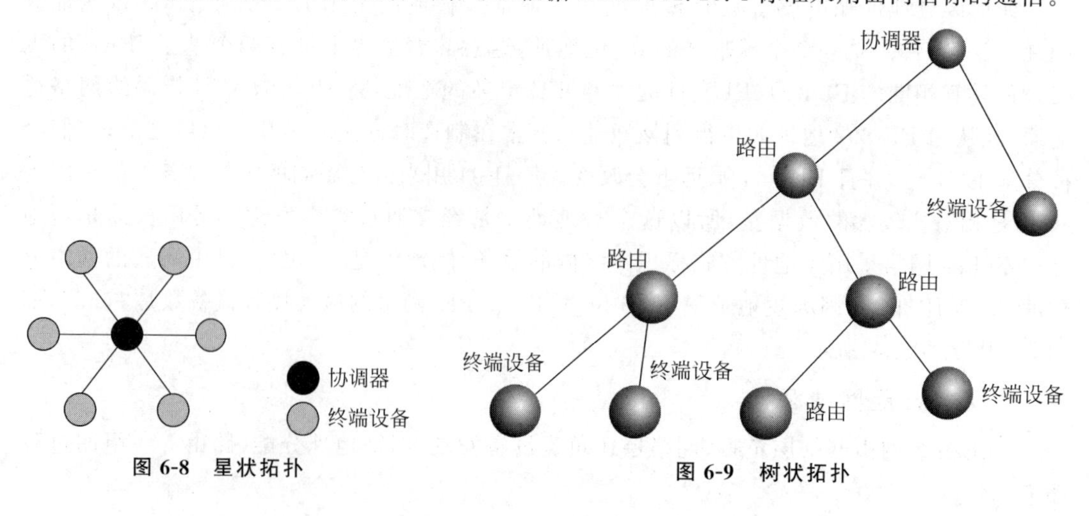

图 6-8 星状拓扑

图 6-9 树状拓扑

缺点：如果父节点关闭，则子节点将无法访问。

(3) 网格拓扑

网格拓扑，也称为自我修复拓扑，如图 6-10 所示，支持完整的点对点通信。它有一个协调器、多个用于扩展网络的路由器和可选的终端设备。协调器负责建立网络并选择某些关键网络参数。在此拓扑中，路由器可以作为终端设备使用，但不能发出信标。由于它是自我修复的，所以协调器的故障不会导致单点故障，并且最不容易发生链路故障。

缺点：复杂且难以设置，尤其是节点上的开销。

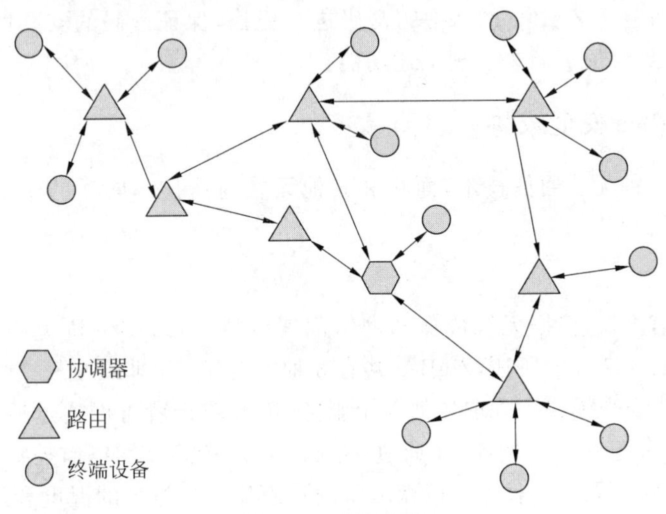

图 6-10　网格拓扑

6.2.3　ZigBee 安全模式

ZigBee 主要提供三个等级的安全模式：非安全模式、访问控制模式和安全模式。

1. 非安全模式

非安全模式为 ZigBee 的默认安全模式，即不采取任何安全服务，因此可能遭遇窃听攻击。这种安全设置是特意为快速开发和追求性能的应用场景设计的。

2. 访问控制模式

访问控制模式通过 ACL(包含有允许接入的硬件设备 MAC 地址)限制非法节点获取数据。该模式是一种有限的安全服务。在这种情况下，通过 MAC 层判断接收到的帧是否来自所指定的设备，如果不是来自所指定的设备，上层将拒绝接收到的帧。在这种模式下，MAC 层对数据信息不提供密码保护，需上层执行机构来确定发送设备的身份。在 ACL 模式中，所提供的安全服务即为接入服务。

3. 安全模式

安全模式采用 AES-128 位加密算法进行通信加密，同时提供有 0、32、64、128 位的完整性校验，该模式又分为标准安全模式(明文传输密钥)和高级安全模式(禁止传输密钥)。

(1) 标准安全模式

标准安全模式之前的名称是“住宅安全”模式或“家用安全”模式。在这个模式中，所有

ZigBee 节点都会拥有一个共享密钥,ZigBee 设备依靠这个密钥进行安全通信。即使用单个共享密钥向 ZigBee 节点提供认证,信任中心使用 ACL 对设备进行认证。这个模式对于设备来说并不占用太多的资源,适合嵌入式应用,是很多物联网应用采用的模式,因为网络中的每个设备都不需要维护一份设备认证证书列表。

(2) 高级安全模式

"高级安全"模式之前的名称是"商业安全"模式。该模式要求 ZigBee 网络中设计一个设备作为"ZigBee 信任中心",所有想加入 ZigBee 网络的设备都需要经过信任中心同意,而且信任中心会定期地对 ZigBee 网络中的密码进行更换,保证密码的安全性。"ZigBee 信任中心"设备需要有足够的资源来实现上述功能。

6.2.4 ZigBee 安全威胁

ZigBee 作为一种无线通信技术,面临和其他无线通信技术同样的安全威胁,主要有以下三种。

1. 窃听攻击

作为无线通信协议,根据无线传播和网络部署的特点,ZigBee 避免不了在通信过程中遭受窃听攻击。如 6.2.3 节所述,ZigBee 共有 3 种安全模式:非安全模式、访问控制模式和安全模式。其中非安全模式不采取任何安全服务,因此攻击者可以通过抓取数据分组的形式,窃听查看数据分组内容。例如,在通过 ZigBee 无线传感器网络监控室内温度和灯光的场景中,部署在室外的无线接收器可以获取室内传感器发送过来的温度和灯光信息;同样,攻击者通过监听室内和室外节点间信息的传输,也可以获知室内信息。

2. 密钥攻击

由于在 ZigBee 的安全模式中均涉及密钥传输,可能会以明文形式传输网络/链接密钥,因此可能被攻击者窃取到密钥,从而解密出通信数据,或伪造合法设备。也有可能通过一些逆向智能设备固件,从中获取密钥进行通信命令解密,然后伪造命令进行攻击。攻击 ZigBee 的工具,比较有名的就是 KillerBee。KillerBee 是一组专门用来攻击 ZigBee 网络和 IEEE 802.15.4 标准的攻击套件,它是基于 Python 编写的应用程序框架,整个项目都是在 Linux 操作系统上完成的。

3. 重放攻击

重放攻击是一种很简单的攻击方式,攻击者只要首先获取到 ZigBee 设备正常工作的数据分组,然后把这些数据分组发送回去就构成了重放攻击。很多时候,攻击者会按照数据分组的功能对录制下来的数据分组进行分类,在需要控制目标 ZigBee 设备做出一定操作时只需要把相应的数据分组发送出去,就可以实现对目标设备的控制。例如,对于一个利用 ZigBee 技术控制开启和关闭的营门来说,攻击者可以录制开门的数据分组和关门的数据分组。之后,当攻击者想打开营门时,可以把开门的数据分组发送出去;想关闭营门时,可以把关门的数据分组发送出去。

6.2.5 ZigBee 安全机制

针对上述 ZigBee 技术面临的安全威胁,对 ZigBee 制定了加密、入网认证和帧计数器等多项安全机制来保障其安全。

1. 加密

(1) 加密方法

加密可以保障 ZigBee 网络中数据完整性和数据安全性。ZigBee 设备实际上可以在三个逻辑层通过加密实现安全,这三个层分别是 MAC 层、网络层、应用层(应用支持层),都采用 128 位的 AES 加密算法,如图 6-11 所示。而且每层的安全机制都是独立的,互不关联。由于 MAC 层是由 IEEE 802.15.4 标准定义的,所以对于 ZigBee 安全,重点只讨论网络层和应用层的安全机制。

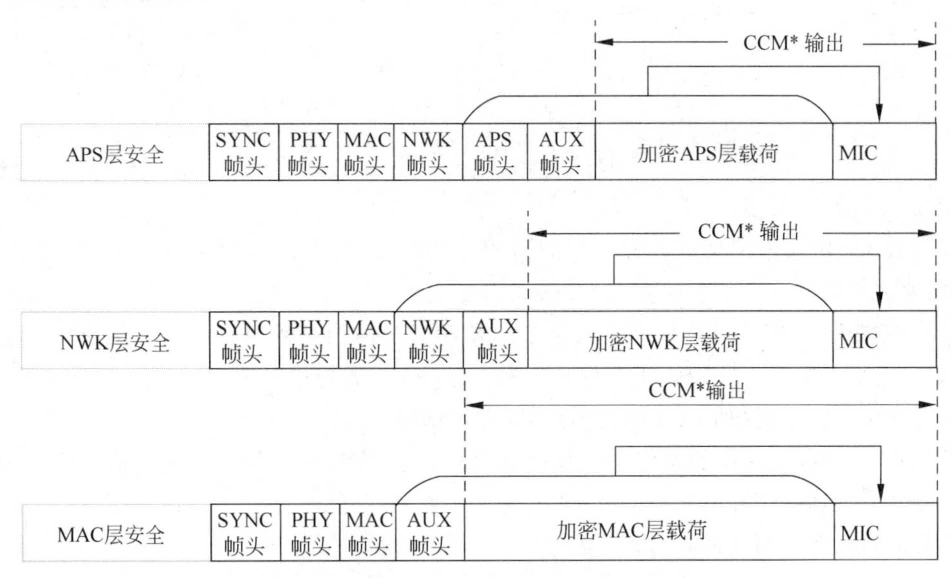

图 6-11　ZigBee 设备在三个逻辑层的安全机制

如图 6-11 所示,当应用层发送数据,APS 层先把应用层要发送的数据通过 AES-128 算法加密得到 APS 层的加密载荷,再通过哈希算法,计算以 APS 帧头、辅助帧头和 APS 层加密载荷为输入的哈希值,得到一个 32bit 的哈希值放在该数据帧的尾部,作为 MIC。由此可见,应用层的帧头部、辅助帧头和数据由该层附加的 MIC 来进行完整性保护。该数据帧传到网络层后,按上述方式,再计算一个哈希值放在数据帧的尾部,作为网络层数据帧的 MIC。同理,网络层的帧头部、辅助帧头和加密数据由该层附加的 MIC 来进行完整性保护。

注意:*每层的辅助帧头和 MIC 都是独立的。*

ZigBee 为 NWK 层和 APS 层定义了 8 种不同的安全级别,如表 6-5 所示。安全级别的选择决定了密钥的长度和要加密的内容,即每个安全级别提供一定程度的帧加密和完整性检查。

表 6-5　ZigBee 安全级别

安全级别识别码	安 全 特 性	数 据 加 密	帧的完整性检测(MIC 长度)
0x00	None	OFF	NO($M=0$)
0x01	MIC-32 32 位身份验证	OFF	YES($M=4$)

续表

安全级别识别码	安全特性	数据加密	帧的完整性检测(MIC长度)
0x02	MIC-64 64位身份验证	OFF	YES($M=8$)
0x03	MIC-128 128位身份验证	OFF	YES($M=16$)
0x04	ENC 仅加密	ON	NO($M=0$)
0x05	ENC- MIC-32 加密+32位身份验证	ON	YES($M=4$)
0x06	ENC- MIC-64 加密+64位身份验证	ON	YES($M=8$)
0x07	ENC- MIC-128 加密+128位身份验证	ON	YES($M=16$)

(2) 密钥类型

在ZigBee协议中定义了三种类型的密钥：主密钥、网络密钥和链路密钥，每种密钥的长度均为128位。

① 主密钥：主密钥是构成两个设备之间长期安全性的基础，仅在APS层使用，主要用于密钥交换协议中对链路密钥进行保护。通过预安装(部署设备时就已经存储在设备里面的)或用户输入的数据(如PIN或密码)获取主密钥。

② 网络密钥：128位的网络密钥是网络中所有节点共享的，用于加密组播和广播数据。当一个新的ZigBee设备加入网络时、或当密钥在标准安全环境下在ZigBee设备之间更新时，网络密钥都会以明文形式分配、发送。

③ 链路密钥：链路密钥是每两个节点间共享的密钥，用于对两个节点间的通信进行加密，主要由应用层来管理。同"网络密钥"类似，在标准安全模式下链路密钥是以明文形式分配的。

为了进行加密以及保护ZigBee帧的完整性，所有的节点都需要网络密钥，而链路密钥只是两个通信设备之间用来保护这两个通信设备端到端的会话。对于某一个具体的设备来说，它的每一个会话都需要有一个链路密钥，所以它需要多个链路密钥来保护每个端到端的会话。

(3) 密钥分发

密钥分发、更新、废除对于ZigBee网络安全部署非常重要，部署人员可以使用SKKE来派生网络密钥和链路密钥(前提是要求每个节点都已经有一个主密钥)。另外，还有两种密钥分发方式：即密钥传输和密钥预置。

① 密钥传输：网络密钥和链路密钥被明文传送，攻击者可以通过抓包来获取密钥，从而解密后续通信数据或伪装为合法节点。

② 密钥预置：制造商将密钥安装到设备本身。用户可以使用设备中的一系列跳线(在预先安装了多个密钥的设备中)选择一个已安装的密钥。但这个过程非常具有挑战性，因为要协调密钥撤销和更新的方法颇有难度，并且当网络或者链路密钥更改时，需要对每个ZigBee设备进行手动更新。

2. 入网认证

ZigBee对入网的节点提供如下三种认证方式：ACL认证、网络密钥认证和SKKE认证。

(1) ACL认证

ACL认证：网络中的节点通过与之通信节点的MAC地址(物理地址)来认证对方，每个节点都维护一个可以与之通信的节点的MAC地址列表。这种方式只有与CCM*的数据认证功能(因为数据加密功能是可选的)相结合时才能发挥作用，因为如果没有使用CCM*对消息进行认证，则攻击者可以对MAC地址进行伪造。

(2) 网络密钥认证

标准安全模式中，一个节点在入网通信之前必须由信任中心发送网络密钥对其进行授权(是否对其授权可以由MAC地址来判断)，当网络密钥被预先部署在节点中时，信任中心向它发送全为0的密钥表示授权；如果网络密钥没有被预先部署在节点中，则信任中心以明文形式将网络密钥传送给加入节点，尽管这种做法很危险。可以看出，在这种安全模式中，入网节点没有对信任中心进行认证而无条件接受了信任中心发送过来的密钥，如果节点没有预先设置网络密钥，则攻击者可以伪造信任中心来与它通信。

(3) SKKE认证

在高级安全模式中，不允许对网络密钥进行明文传输，当节点想加入网络时需要使用SKKE认证来生成网络密钥，如果节点没有主密钥，则信任中心可以将密钥以明文形式发送给节点。在这里就不详细讲SKKE了，只需要知道其功能就是通信双方在已经有一个共享密钥的情况下对对方进行认证并生成会话密钥。

3. 帧计数器

ZigBee网络中的每个节点都包含一个32位帧计数器，该计数器在每次传输数据包时递增。每个节点还跟踪与它连接的每个设备上的帧计数器。如果节点从与上一个接收的帧计数器值相同或更小的邻居节点接收到数据帧，则表明该数据帧为重放帧，应丢弃该分组。此机制通过跟踪数据包并在节点已接收它们时丢弃它们来启用重放攻击保护。帧计数器的最大值可以是0XFFFFFFFF，但是如果达到最大值，则不能进行传输。帧计数器重置为0的唯一时间是更新网络密钥时。帧计数器的值应保存在节点的闪存中，而不是RAM中，因为节点复位后，还需知道上次帧计数器的值是多少。

6.3 蓝牙安全

6.3.1 蓝牙技术简介

1. 概述

蓝牙是一种无线技术标准，蓝牙工作在2.4～2.485GHz的ISM频段，具有低成本、低功耗的特点。它采用的标准是IEEE 802.15，工作频带为2.4GHz，数据传输速率为1Mb/s，理想连接距离是10cm～10m，通过增大功率可以将传输距离延长至100m。

蓝牙最早是1994年由爱立信公司发明的。当然，最开始这个技术并不叫蓝牙。20世纪90年代中期，英特尔、爱立信、诺基亚公司等通信巨头都在研究短距离无线传输技术。

1998 年，爱立信、诺基亚、IBM、英特尔及东芝公司组成了蓝牙技术联盟(Bluetooth Special Interest Group，SIG)，并由爱立信公司牵头在瑞典德隆举行会议，共同开发一种短距离无线连接技术。会议中，来自英特尔的吉姆·卡尔达克(Jim Kardach)提出“蓝牙”这个名字并被采用。吉姆·卡尔达克的灵感来源于他所看的一本描写北欧海盗和丹麦国王哈拉尔德的历史小说。蓝牙是 10 世纪挪威国王哈拉尔德·戈姆松的绰号，这位国王统一了整个丹麦，因此，丹麦人叫他哈拉尔德·蓝牙。把正在研发的技术取名蓝牙也意指蓝牙技术将把通信协议统一为全球标准。

蓝牙出现的原因是为了解决从有线数据传输到无线传输数据过程的问题，用于实现固定设备、移动设备和楼宇个人域网之间的短距离数据交换。可以建立所谓的 PAN 网络。蓝牙用于在不同的设备之间进行无线连接，如连接计算机和打印机、键盘等外围设备，又或让个人数码助理掌上电脑与附近其他的掌上电脑或计算机进行通信。蓝牙设备最常见的应用是各种以手机和电脑为中心的外围设备，例如，与手机配合使用的蓝牙耳机、手机与汽车音响的互联、蓝牙键盘和鼠标等。蓝牙技术具有低成本、低功耗、模块体积小、易于集成等特点，非常适合在新型物联网移动设备中应用。

目前，蓝牙由 SIG 管理。SIG 在全球拥有超过 25000 家成员公司，它们分布在电信、计算机、网络和消费电子等多个领域。IEEE 将蓝牙技术列为 IEEE 802.15.1 标准，但如今已不再维持该标准。SIG 负责监督蓝牙规范的开发，管理认证项目，并维护商标权益。制造商的设备必须符合 SIG 的标准才能以“蓝牙设备”的名义进入市场。蓝牙技术拥有一套专利网络，可发放给符合标准的设备。在各大手机厂商以及计算机厂商的推动下，几乎所有的移动设备和笔记本电脑中都装有蓝牙的模块，用户对于蓝牙的使用也比较多。

2. 蓝牙版本

自 1994 年第一个蓝牙版本诞生，蓝牙技术已经发展了 20 余年，从蓝牙 1.0 到蓝牙 5.3，如表 6-6 所示。

(1) 蓝牙 1.0

蓝牙 1.0 的传输速率约为 723.1kbps，单工传输，通信易受干扰，难以区分主副设备。

(2) 蓝牙 1.1

蓝牙 1.1 的传输速率为 748～810kbps，单工传输方式，容易受到同频率产品的通信干扰，可以区分主副设备。该版本支持立体声音效的传输要求，但是频宽、频率、响应时间等参数指标达不到要求，也不算是一个应用在立体声传输上最好的协议。

(3) 蓝牙 1.2

蓝牙 1.2 的传输速率达到 1Mbps 在蓝牙 1.1 版本的基础上，增加了抗干扰跳频功能，通常 1s 跳跃 1600 次，支持单通道播放，但是性能还是不理想。

(4) 蓝牙 2.0

蓝牙 2.0 的传输速率能达到 2Mbps 左右。该版本蓝牙模块可以实现全双工的工作方式，在传输文件的同时传输语音信息，进行实时双向通信。功耗相对降低，开始支持立体声。

(5) 蓝牙 2.1

蓝牙 2.1 支持全双工通信模式，可实现实时双向数据交互。较蓝牙 2.0 最大的改进是耗电量方面。在蓝牙 2.0 中，规定是每隔 0.1s 手机就需要和蓝牙设备进行联系配对一次，而在蓝牙 2.1 中简化了设备间的配对过程，将这个时间限制延长至 0.5s，手机和蓝牙设备无形中节省了很多电量，大大提升了续航能力。同时具备了手机间的配对和NFC机制。

(6) 蓝牙3.0

蓝牙3.0使用全新的协议，传输速率能够达到24Mbps，传输速率在蓝牙2.0的基础上大大提升，支持视频传输。

(7) 蓝牙4.0

蓝牙4.0实现极致的低功耗、低成本、低时延，可实现3ms的低延迟，还运用AES-128算法加密，在保证性能的前提下实现较高的安全性。设备可多连，理论上能够实现100m的距离传输。蓝牙4.0以后的蓝牙版本属于低功耗蓝牙。

表6-6　蓝牙版本

蓝牙版本	发布时间	最大传输速率	传输距离
蓝牙1.1	2002	810kbps	10m
蓝牙1.2	2003	1Mbps	10m
蓝牙2.0+EDR	2004	2Mbps	10m
蓝牙2.1+EDR	2007	3Mbps	10m
蓝牙3.0+HS	2009	24Mbps	10m
蓝牙4.0	2010	24Mbps	100m
蓝牙4.1	2013	24Mbps	100m
蓝牙4.2	2014	24Mbps	100m
蓝牙5.0	2016	48Mbps	300m
蓝牙5.1	2019	48Mbps	300m
蓝牙5.2	2019	48Mbps	300m
蓝牙5.3	2021	48Mbps	300m

(8) 蓝牙4.1

蓝牙4.1可以实现通过IPv6协议连接到网络，提升用户入网便捷性和使用体验；同时优化了AES算法加密技术：通过硬件加密技术让蓝牙通信获得更加安全的连接。

(9) 蓝牙4.2

蓝牙4.2通过6LoWPAN接入互联网，传输速率提升，安全性加强。

(10) 蓝牙5.0

蓝牙5.0使用更先进的蓝牙芯片，支持左右声道独立接收音频，数据处理能力更强、延迟更低，传输距离可以达到300m，同时提供广播服务信标和无损传输，支持24bit/192kHz的无损音源传输。并且针对物联网进行了很多底层优化，让使用蓝牙作为标准的物联网应用更加强大。

(11) 蓝牙5.1

蓝牙5.1在继承蓝牙5.0功能的基础上，提供到达角度定位(Angle of Arrival，AoA)功能，可实现高精度厘米级定位，可用于实现人员定位、日常考勤、工时统计、到岗/离岗状态管理、行为分析等。

(12) 蓝牙5.2

蓝牙5.2的传输速率可达48Mbps，理论传输距离300m。增加了增强型属性协议(Attribute Protocol，ATT)协议。ATT协议是针对低功耗蓝牙(Blue tooth Low Energy，

BLE)设备,用于发现、读、写对端设备的协议,低功耗(Low Energy,LE)控制和 LE 同步信道等功能。支持多主多从模式和长距离(Long Range)模式,主从一体角色下可同时连接 7 个从设备,并且可以作为从角色被另一个主角色设备连接。

(13) 蓝牙 5.3

蓝牙 5.3 传输速率与蓝牙 5.2 相同,但延迟更低、续航更长、抗干扰能力更强。支持包含广播数据信息的周期性广播,有效提高通信效率;新增 LE 增强版连接更新功能,轻松实现低功耗;新增 LE 频道分级功能,可减少设备间的相互干扰;新增主机设定控制器密钥长度的功能,安全性提高;彻底删除高速配置及相关技术规范。

蓝牙版本一直在更新,"<4.0"的被称为经典蓝牙,">=4.0"开始有了 BLE。但需注意,其实常说的蓝牙 4.0 并不等同于 BLE,因为 BLE 只是蓝牙 4.0 的子集。

3. 蓝牙的协议栈

蓝牙的协议栈如图 6-12 所示,物理层用来指定 BLE 所使用的无线频段和调制解调方法;链路层是蓝牙低能耗协议栈的核心,负责选择使用哪个射频信道进行通信,如何识别数据包,保证数据的完整性以及对链路的管理和控制等;逻辑链路控制与适配协议(Logical Link Control and Application Protocol,L2CAP)层负责数据的分割和重组以及信道的复用;ATT 层用来定义用户命令及命令操作的数据;安全管理层用来管理 BLE 连接的加密和验证安全;通用属性配置文件(Generic Attribute Profile,GATT)层用来规范数据内容,并对属性进行分类管理;通用访问规范(Generic Access Profile,GAP)层主要负责广播、扫描和发起连接。

图 6-12　蓝牙协议栈

4. 蓝牙的工作原理

(1) 蓝牙通信的主从关系

蓝牙技术规定每一对设备之间进行蓝牙通信时,必须一个为主角色,另一个为从角色。通信时,必须由主角色进行查找,发起配对,建立连接成功后,双方即可收发数据。理论上,一个蓝牙主端设备可同时与 7 个蓝牙从端设备进行通信。一个具备蓝牙通信功能的设备,可以在两个角色间切换,平时工作在从模式,等待其他主设备来连接,需要时,转换为主模式,向其他设备发起呼叫。一个蓝牙设备以主模式发起呼叫时,需要知道对方的蓝牙地址、配对密码等信息,配对完成后,可直接发起呼叫。

(2) 蓝牙的呼叫过程

蓝牙终端设备若要发起呼叫,首先是查找,找出周围处于可被查找的蓝牙设备。主端设备找到从端蓝牙设备后,与从端蓝牙设备进行配对,此时需要输入从端设备的 PIN 码,也有设备不需要输入 PIN 码。配对完成后,从端蓝牙设备会记录主端设备的信任信息,此时主端设备即可向从端设备发起呼叫,已配对的设备在下次呼叫时,不再需要重新配对。已配对的设备,作为从端的蓝牙耳机也可以发起建链请求,但作数据通信的蓝牙模块一般不发起呼叫。链路建立成功后,主从两端之间即可进行双向的数据或语音通信。在通信状态下,主端和从端设备都可以发起断链,断开蓝牙链路。

(3) 蓝牙一对一的串口数据传输应用

在蓝牙数据传输应用中,一对一串口数据通信是最常见的应用之一,蓝牙设备在出厂前即提前设置好两个蓝牙设备之间的配对信息,主端设备预存有从端设备的 PIN 码、地址等,两端设备加电即自动建链、透明串口传输、无须外围电路干预。一对一应用中从端设备可以设为两种状态,一是静默状态,即只能与指定的主端设备通信,不被别的蓝牙设备查找;二是开发状态,既可被指定的主端设备查找,也可以被别的蓝牙设备查找建链。

5. 蓝牙的工作模式

超低功耗蓝牙模块可以工作在主设备模式、从设备模式、广播模式和网格组网模式 4 种模式下。

(1) 主设备模式

处于主设备模式的蓝牙模块可以与一个从设备进行连接。在此模式下可以对周围设备进行搜索,并选择需要连接的从设备进行连接。同时,可以设置默认连接从设备的 MAC 地址,这样模块上电之后就可以查找此模块并进行连接。

(2) 从设备模式

处于从设备模式的蓝牙模块只能被主机搜索,不能主动搜索。从设备跟主机连接以后,也可以和主机设备进行数据的发送和接收。

(3) 广播模式

处于广播模式的蓝牙模块可以进行一对多的广播。用户可以通过 AT 指令设置模块广播的数据,模块可以在低功耗的模式下持续地进行广播,应用于极低功耗、小数据量、单向传输的应用场合,比如物联网中的信标、广告牌、室内定位、物料跟踪等。

(4) 网格组网模式

处于网格组网模式下,可以简单地将多个模块加入网络中,利用星形网络和中继技术,每个网络可以连接超过 65000 个节点,网络和网络还可以互联,最终可将无数蓝牙模块通过手机或平板电脑进行互联或直接操控。网格组网模式不需要网关,即使某一个设备出现故障,也会跳过并选择最近的设备进行传输。只需要设备上电并设置通信密码就可以自动组网,真正实现简单互联。蓝牙的网格组网模式主要面向物联网典型应用的智能楼宇、传感器网络和资产跟踪三个方向。

6. 蓝牙和 Wi-Fi 的异同

蓝牙和 Wi-Fi 有些类似的应用:如设置网络、打印或传输文件。Wi-Fi 主要是用于代替工作场所一般局域网接入中使用的高速线缆应用,这类应用有时也称作无线局域网(WLAN)。蓝牙主要是用于便携式设备及其应用的,这类应用也被称作无线个人域网(WPAN)。蓝牙可以代替很多应用场景中的便携式设备的线缆,能够应用于一些固定场所,如物联网智能家庭能源管理(如恒温器)等。

Wi-Fi 和蓝牙的应用在某种程度上是互补的。Wi-Fi 通常以接入点为中心,通过接入点与路由在网络里形成非对称的客户机-服务器连接。而蓝牙通常是两个蓝牙设备间的对称连接。蓝牙适用于两个设备通过最简单的配置进行连接的简单应用,如耳机和遥控器的按钮,而 Wi-Fi 更适用于一些能够进行稍复杂的客户端设置和需要高速响应的应用,如通过存取节点接入网络。但是,蓝牙接入点确实存在,而 Wi-Fi 的点对点连接虽然不像蓝牙一般容易，但也是可能的。Wi-Fi Direct 为 Wi-Fi 添加了类似蓝牙的点对点功能。

综上，蓝牙和 Wi-Fi 技术是相互补充，又相互模仿的。

6.3.2 蓝牙安全模式

为了应对上述安全威胁，蓝牙技术引入了一些安全规范。美国国家安全局（National Security Agency，NSA）信息保障局（Information Assurance Directorate，IAD）发布了蓝牙安全指南，美国 NIST 发布了 NIST SP800-121《NIST 蓝牙安全指南》。蓝牙规范包括 4 种安全模式，分别提供不同方式、不同程度的保护措施。

1. 安全模式 1

处于该模式下的设备被认为是不安全的。在安全模式 1 下，不会启动认证和加密等安全功能，因此，该模式下设备运行较快且消耗更小，但设备、连接和数据传输均容易受到攻击。实际上，这种模式下的蓝牙设备是不分敌我的，并且不采用任何机制来阻止其他蓝牙设备建立连接。如果远程设备发起配对、认证或加密请求，那么处于这一模式下的设备将接受该请求，而且不进行任何认证。因其高度的脆弱性，实际应用中不会使用这一安全模式。蓝牙 2.0 及之前的版本支持该模式。建立连接的安全模式机制流程如图 6-13 所示。

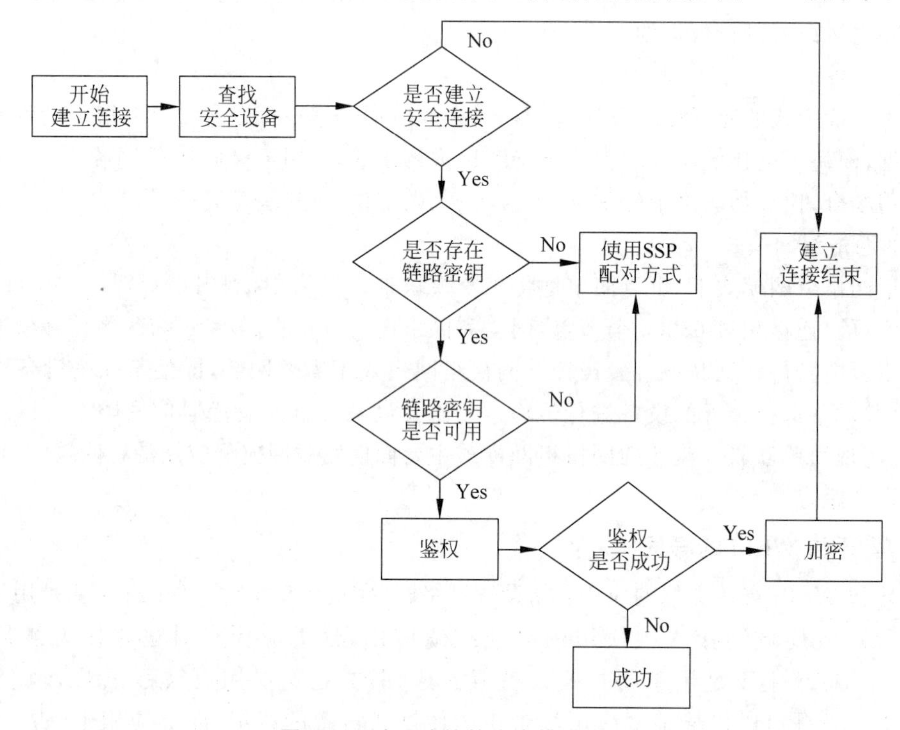

图 6-13 建立连接的安全模式机制

2. 安全模式 2

该模式是强制的服务层安全模式，只有在进行信道的逻辑通道建立时才能发起安全程序。该模式下数据传输的鉴权要求、认证要求和加密要求等安全策略决定了是否产生发起安全程序的指令。目前所有的蓝牙版本都支持该模式，其主要目的在于使其可与蓝牙 2.0 之前的版本兼容。

3. 安全模式 3

该模式是链路层安全机制。在该模式下蓝牙设备必须在信道物理链路建立之前发起安全程序,此模式支持鉴权、加密等功能。只有蓝牙 2.0 以上的版本支持安全模式 3,因此这种机制较安全模式 2 缺乏兼容性和灵活度。

4. 安全模式 4

该模式类似于安全模式 2,是一种服务级的安全机制,在链路密钥生成机制中采用了椭圆曲线(Elliptic Curve Diffie-Hellman,ECDH)密钥协议,以取代过时的密钥协议。安全模式 4 比之前三种模式的安全性高且设备配对过程有所简化,可以在某种程度上防止中间人攻击和被动窃听。在进行设备连接时,和安全模式 3 一样先判定是否发起安全程序,如需要则查看密钥是否可用,密钥若可用则使用安全简单配对策略(Secure Simple Pairing,SSP)这一简单的直接配对方式,通过鉴权和加密过程进行连接。

6.3.3　蓝牙安全等级

除了以上 4 种安全模式之外,蓝牙技术标准还为蓝牙设备和业务定义了安全等级,其中,蓝牙设备被定义了 3 个级别的信任等级。

1. 蓝牙设备的安全等级

(1) 可信任设备

该类设备已通过鉴权,存储了链路密钥,并在设备数据库中被标识为“可信任”。在这种情况下,可信任设备可以无限制地访问所有的业务。

(2) 不可信任设备

该类设备已通过鉴权,存储了链路密钥,但在设备数据库中没有被标识为“可信任”。那么,不可信任设备访问业务时是受限的。

(3) 未知设备

如果没有此设备的安全性信息,就会被列为不可信任设备。

2. 蓝牙业务的安全等级

对于业务本身,蓝牙技术标准定义了 3 种安全级别:需要授权与鉴权的业务、仅需鉴权的业务以及对所有设备开放的业务。一个业务的安全等级由保存在业务数据库中的如下 3 个属性决定。

(1) 须授权

该属性只允许信任设备自动访问的业务。例如,在设备数据库中已登记的那些设备。不信任的设备需要在完成授权过程之后才能访问该业务。授权总是需要鉴权机制来确保远端设备是合法的。

(2) 须鉴权

在连接到应用程序之前,远端设备必须接受鉴权。

鉴权的目的在于设备身份的认证,同时对参数传递是否成功进行反馈,它既可以是单向过程,也可以是相互鉴权,但都需要事先产生链路密钥。被鉴权设备的设备地址、鉴权的主体设备产生的随机数以及链路密钥都参与其中,由此产生应答信息和鉴权加密偏移值,前者被传递至主体设备进行验证,若相同则鉴权成功。若鉴权失败则需要经过一定长度的等待时间才能再次进行鉴权。鉴权过程如图 6-14 所示。

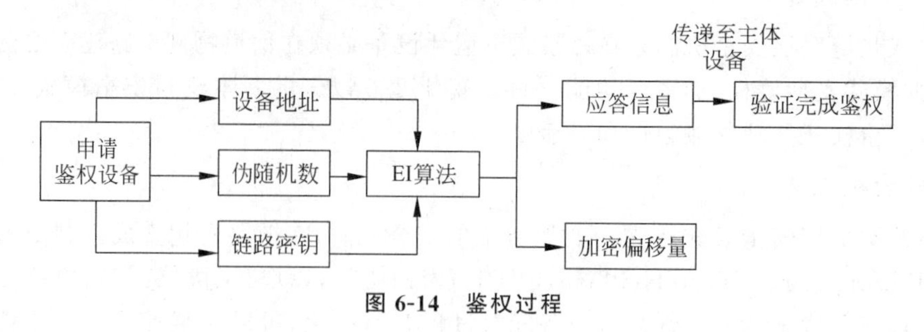

图 6-14 鉴权过程

(3) 须加密

在允许访问业务之前必须切换到加密模式。

6.3.4 蓝牙安全威胁

相对于 Wi-Fi 来说,蓝牙是一种较为安全的无线连接方式,其本身具有跳频通信的性质,在通信过程中会不断改变通信的频段,这毫无疑问增加了攻击者分组窃听、截获、篡改数据的难度。但作为一种无线通信技术,蓝牙也容易受到各种安全威胁,常见的蓝牙攻击方式有以下几种。

1. Bluebugging 攻击

Bluebugging 属于蓝牙漏洞攻击,允许攻击者利用蓝牙技术在实现不通知或不提示用户的情况下访问设备命令,利用这种攻击,通过蓝牙连接达到控制目标设备的目的,如手机拨打电话、发送和接收短信、阅读和编写电话簿联系人、偷听电话内容以及连接至互联网。攻击者只要在蓝牙设备的有效范围内,就可以不使用专门装备发起攻击。此类攻击最早在 2005 年 4 月出现。因为是蓝牙自身的漏洞导致的,受其影响的机型主要是 2005 年前后的机型,现在的手机基本不受影响。

2. Bluesnarfing 攻击

Bluesnarfing 也属于蓝牙漏洞攻击,一种从蓝牙设备上窃取数据的攻击,指攻击者利用旧设备的固件漏洞来访问开启蓝牙功能的设备。这种攻击强制建立了一个到蓝牙设备的连接,并允许访问存储在设备上的数据,包括日历、通信录、电子邮件、短信和设备的国际移动设备身份码(International Mobile Equipment Identity,IMEI)。IMEI 是每个设备的唯一身份标识,攻击者可以用它来把所有来电从用户设备路由到攻击者的设备上。

固件是指写入 EPROM 或 E^2PROM 中的程序。通俗的理解就是“固化的软件”。通过固件,操作系统才能按照标准的设备驱动实现特定机器的运行动作,比如光驱、刻录机等都有内部固件。固件是担任着一个系统最基础最底层工作的软件。而在硬件设备中,固件就是硬件设备的灵魂,一些硬件设备除了固件以外没有其他软件组成,因此固件也就决定着硬件设备的功能及性能。例如,基本输入输出系统(Basic Input Output System,BIOS)就是一种固件。

3. Bluejacking 攻击

Bluejacking 攻击是指使用蓝牙技术将匿名、未经请求的消息发送到具有蓝牙功能的物联网设备上,并设置为不可见的行为。Bluejacking 攻击并不会对设备上的数据进行删除或者修改,看似对用户毫无损害,但是,Bluejacking 攻击可以诱使用户以某种方式作出响应或添加新联系人到设备地址簿中,使用户面临网络钓鱼攻击的风险。

4. 跳频时钟攻击

蓝牙传输使用自适应跳频技术作为扩频方式,因此在跳频系统中运行的计数器包含 28 位频率为 5.2kHz 的跳频时钟,使控制指令严格按照时钟同步、信息收发定时和跳频控制从而减少传输干扰和错误。但攻击者往往通过攻击跳频时钟对跳频指令发生器和频率合成器的工作产生干扰,使蓝牙设备之间不能正常通信,并且利用电磁脉冲较强的电波穿透性和传播广度来窃听通信内容和跳频的相关参数。

5. 窃听攻击

窃听攻击也被称为侦听攻击。虽然蓝牙跳频机制的存在,导致蓝牙数据分组的获取难度较大。但是针对蓝牙跳频的特性,也有一些特殊的工具能够获取跳频的蓝牙数据分组。由于蓝牙设备在进行跳频通信时,其下一跳的频率会在数据分组中携带,所以当接收设备收到数据分组之后,就会知道下一跳频率,从而将接收频率设置到该频段,以接收下一个数据分组。而蓝牙数据分组获取工具也是基于相同的原理,只要在蓝牙通信建立的时刻,这些工具获取到首个通信数据分组,那么就会自动去获取下一跳数据分组,然后不断去获取新的数据分组。这样就可以获取整个蓝牙通信过程中的所有数据分组。

6. 设备扫描攻击

蓝牙设备可以设置自身是否可被发现,所谓可被发现是指这个设备可以被其他蓝牙设备扫描到,如果设置为不可发现模式,那么该蓝牙设备就只能通过蓝牙设备地址才能找到。蓝牙设备的扫描也是获取目标蓝牙设备具体信息的一种手段,通过设备扫描,攻击者常常可以获取很多目标蓝牙设备的细节,例如,目标蓝牙设备所支持的服务,目标蓝牙设备的配置,目标蓝牙设备的地址和目标蓝牙设备的一些功能等。

7. PIN 码攻击

在蓝牙 V2.1 之前,蓝牙通信的安全性仅仅依赖于 PIN 码(也称为个人识别码),只要双方的蓝牙设备使用相同的 PIN 码,就可以通过设备之间的验证,攻击者利用相应的工具可以发起针对 PIN 码的攻击,从而获取相应的解密数据。在后来的蓝牙规范中虽然对这个问题进行了相应的改进,但是只要攻击者捕获到蓝牙初始的配对数据分组,就可以通过一些软件有概率地还原出密钥,从而对蓝牙通信数据分组进行解密,获取用户设备的信息,威胁用户个人隐私安全。早期 PIN 码只有四位,长度较短,使得加密密钥和链路密钥的密钥空间的密钥数限制在 10^5 数量级内,并且在使用过程中若用户使用过于简单的 PIN 码(如连续同一字符、或 1234 等)、长期不更换 PIN 码或者使用固定内置 PIN 码的蓝牙设备,则更容易受到攻击。因此在 V2.1 之后的版本中 PIN 码的长度被增加至 16 位,增大了密钥空间,提高了蓝牙设备建立连接鉴别过程的安全性。尽管如此,因 PIN 码增加长度至 16 位,须输入较长的数据串,给用户使用带来了一定不便。

8. 伪造攻击

伪造攻击主要是指伪造蓝牙设备的身份。攻击者通过对自己蓝牙设备的服务类型和设备类型等信息的修改，将自身非法蓝牙设备伪装成合法设备，从而混迹在其他正常蓝牙设备中，等待时机对其他蓝牙设备发起进一步攻击。这种攻击方式由于其攻击行为容易识别，市面上许多蓝牙设备都对其进行了防护，所以使用场景很少。

9. 拒绝服务攻击

拒绝服务攻击的原理是在短时间内连续向被攻击目标发送连接请求，使被攻击目标无法与其他设备正常建立连接。蓝牙的逻辑链路控制和适配协议规定了蓝牙设备的更高层协议可以接收和发送 64KB 的数据包，类似于 ping 数据包，针对这个特点，攻击者可以发送大量 ping 数据包占用蓝牙接口，使蓝牙接口不能正常使用，并且一直使蓝牙处于高频工作状态从而耗尽设备电池。

6.3.5 蓝牙安全机制

针对这些问题，可以使用下列安全机制实现对蓝牙设备的保护。

(1) 对于蓝牙数据分组的获取而言，由于蓝牙在通信过程中，其数据的通信频段是不断改变的，只要攻击者没有在一开始就获取蓝牙设备的通信数据分组，那么就很难在后续的时间段内获取完整的蓝牙通信内容。所以用户在使用蓝牙设备时，在一开始尽量不要在公共场所进行开机和连接，这样可以有效防止自己的蓝牙设备通信数据分组的泄漏。而且即使攻击者获取了完整的通信内容，蓝牙数据分组也被用户的通信密钥进行了加密。所以用户只需要保存好自己蓝牙的配对密钥，如果发现配对密钥已经泄漏那么应立即修改，这样就可以有效减少蓝牙数据分组被获取的危害。

(2) 针对蓝牙协议的发现攻击，是基于蓝牙本身设备特性的攻击。蓝牙的发现协议本身是为了方便用户了解自己的蓝牙设备所支持的功能，使用户更好地使用自己的设备。要防范攻击者对于用户蓝牙设备的窥伺，可以将自己的蓝牙设备设置为“不可发现模式”，但是这样会降低设备的便捷性，提高用户的使用难度。在网络空间安全上，安全性和便捷性往往是对立的话题，一个安全的设备往往并不容易使用，而一个易于使用的设备又往往并不是那么安全。

(3) 在蓝牙协议规范进行改进之后，针对 PIN 码的攻击难度就已经被大大提高，而在后来的设备中，蓝牙又提供了“安全减缓配对”来取代“PIN 码配对”。同时对于攻击者来说，如果想要获取密钥，那么需要在用户的蓝牙设备初始连接时获取蓝牙的配对数据分组。所以为了防范攻击者获取密钥，用户在设备初始连接时，最好在比较私人的区域，比如自己的家中等，不要在公共场所进行蓝牙设备之间的相互配对，这样做可以有效提高用户蓝牙设备的安全性。

此外，以下良好习惯也有助于安全使用蓝牙技术，避免被攻击。

(1) 仅在使用时开启蓝牙

禁用蓝牙是最简单也最有效的对策。不过，这也意味着你将无法使用任何蓝牙手机配件或设备。另一个好办法是当你需要使用时开启蓝牙，而在拥挤的地方或收到匿名短信时关闭蓝牙。

(2) 设置为不可见/隐藏模式

与通信的特定蓝牙设备配对成功之后，可以通过设置对其他蓝牙设备不可见来保护主机的蓝牙设备。在这种方式下，当攻击者搜索蓝牙设备时，设置为不可见/隐藏模式的蓝牙设备就不会出现在攻击者的名单中。同时,用户还可以继续该蓝牙设备与其他设备的连接。

(3) 设置复杂且长度足够的 PIN 码

默认情况下的 PIN 码一般是 4 位或者 6 位,对于带有自主配置功能的设备可以通过设置复杂且长度足够的 PIN 码来提高蓝牙的安全性。当然,这会给使用带来一定不便。

(4) 拒绝未知来源的蓝牙连接和蓝牙信息

拒绝蓝牙设备上出现的未知来源的蓝牙连接请求,以防受到未知来源的恶意代码攻击。当设备上出现一个未知的蓝牙信息接收提示时,最保险的做法应该是拒绝接收,避免受到攻击。

6.4 Wi-Fi 安全

6.4.1 Wi-Fi 技术简介

Wi-Fi 是国际 Wi-Fi 联盟组织(Wi-Fi Alliance,WFA)的商标。作为产品的品牌认证,Wi-Fi 是一个基于 IEEE 802.11 标准创建的无线局域网(Wireless Local Area Networks,WLAN)技术。Wi-Fi 通过无线电磁波接入网络,工作在 2.4GHz 和 5GHz 频段,通信半径约 100m,最远能将信息传输到 260 英里之外。常见应用是通过一个无线路由器把有线网络信号转换成无线信号,在这个无线路由器电磁波覆盖范围内的所有具备联网功能的设备(如智能手机、平板电脑、笔记本电脑等)都可以采用 Wi-Fi 连接方式进行联网。

Wi-Fi 的最大优点是传输速度很快,可以高达 54Mbps。且在信号弱或干扰的情况下,可以调整带宽,有效地保证了网络的稳定性和可靠性。非常适合需要发送大量的数据(如视频),又并不需要太大传输范围的物联网应用中,如家庭、办公区区域的移动上网。

1. Wi-Fi 系统组成

Wi-Fi 系统组成如图 6-15 所示,可以分为如下两种组成方式:一种是接入点(Access Point,AP)+站点(Station,STA),另一种是仅有 STA。Wi-Fi 相关专业术语及说明详如表 6-7 所示。

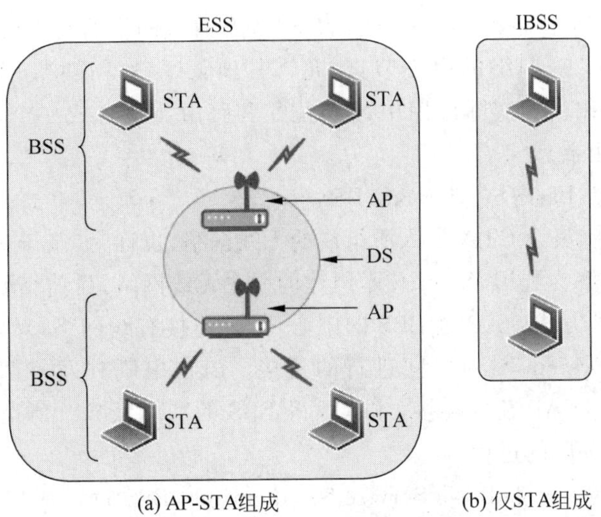

图 6-15　Wi-Fi 系统组成示意图

表 6-7 Wi-Fi 常见的专业术语说明

专业术语	说明
SSID	服务集标识符(Service Set Identifier)。它用于标识不同的网络,可以理解为网络的名称。比如,我们通过手机、电脑连接无线路由器,扫描出来的名字即 SSID。SSID 的长度可以是 0～32 个字节
AP	接入点(Access Point)。它是允许其他无线设备连接的设备。AP 需要连接到路由器,以便接入网络,但是有时候,AP 可以与路由器整合到一个设备中。比如,家庭使用的无线路由器
STA	工作站。所有的 Wi-Fi 设备都被称为 STA. 比如手机、电脑等。具有接入点功能的 Wi-Fi 设备也是一个 STA
BSS	基本服务集(Basic Service Set)。它由一个 AP 和所有连接到这个 AP 的 Wi-Fi 设备(AP clients)组成
BSSID	基本服务集标识符(Basic Service Set Identifier). 它用于标识一个 BSS。BSSID 即 AP 的 MAC 地址
WPA	Wi-Fi 保护接入(Wi-Fi Protected Access)。它是一种保护无线网络访问安全的技术。目前,存在 WPA、WPA2、WPA3 这三个标准
WEP	有线等效加密(Wired Equivalent Privacy)。它是一种提供无线网络安全保护的机制,是 IEEE 802.11 标准的一部分。因为该加密方式已经被破解。在 2003 年的 IEEE 802.11i 标准中,WEP 被淘汰
PSK	预共享密钥(Pre-Shared Key)。它一般在家庭或者小型无线网络中使用。用户输入事先约定好的密钥接入网络。密钥可以是 8～63 个 ASCII 字符或者 64 个十六进制的数字。PSK 必须预先配置在 Wi-Fi 路由器,即 AP 中。在企业或者大型无线网络中,不推荐使用这种方式,而是使用 IEEE 802.11x 认证服务器进行无线网络连接校验
频段	无线网络是使用无线电波进行通信的。IEEE 802.11 标准定义了不同的频段,如 2.4GHz、3.6GHz、4.9GHz 和 5.8GHz 等
信道	它是无线网络数据传输的频道。每个频段又被划分成若干个信道。每个国家都会制定不同信道的使用政策。例如,2.4GHz 频段,共有 14 个信道。在中国,只使用这 14 个信道的 13 个,有一个不使用
频带	目前,在 Harmony OS 中定义的频带类型有 2G 和 5G 两种

(1) STA

也称工作站,配有无线网卡、连接到 Wi-Fi 网络中的终端(如笔记本电脑、掌上电脑及其他可以联网的设备)被称为 STA。

(2) AP

俗称"热点",也称无线接入点,用来连接 STA 和有线网络的网络设备,是 Wi-Fi 无线网络的创建者,也是 Wi-Fi 网络的中心节点,允许其他无线设备连接。AP 需要连接到路由器,以便接入有线网络。在实际应用中,AP 往往和路由器整合成一个设备,比如家庭或办公室使用的无线路由器。

(3) 基本服务集(Basic Service Set,BSS)

由一个 AP 创建、其余 STA 加入所组成的无线网络,也称为"基于 AP 组建的基础无线网络"。BSS 可以理解为利用 Wi-Fi 技术组建的一个无线网络,目前小型办公区和家庭移动上网就是采用的这种方式。AP 是 BBS 的中心,对外连接有线网络,对内负责 STA 或分发系统(Distribution System,DS)之间进行的桥接。BBS 中所有通信都通过 AP 转发。在 BBS 里 STA 必须先与 AP 建立连接,才能取得 BBS 的网络服务。所谓连接,是指 STA 加入该网络、与 AP 相关联的过程。

(4) 基本服务集标识符(Basic Service Set Identifier,BSSID)

BSS 中,AP 的 MAC 地址被称为 BSSID,是一个长度为 48 位的二进制标识符,用来识别不同的 BSS，其主要作用是过滤。

（5）服务集标识符（Service Set Identifier，SSID）

BSS 的名称，就是 SSID，俗称“Wi-Fi 名”或“热点”，也是用来识别不同的 BSS。SSID 是区分大小写的文本字符串。一般情况下，SSID 通过一个最大长度不超过 32 个字符的字母数字字符的顺序来识别。通过 SSID，可以将一个无线局域网分为几个需要不同身份验证的子网络。其中，每一个子网络都需要独立的身份验证，只有通过身份验证的客户才可进入相应的子网络，防止未被授权的客户进入本网络。

（6）独立基本服务集（Independent Basic Service Set，IBSS）

指包含一个及以上 STA 的无线网络，也叫作 Ad-hoc 无线网络，如图 6-15 所示。在 Ad-hoc 中，不存在 AP，STA 彼此直接通信，是无法访问 DS 时使用的模式。

（7）DS

通过 DS 可以实现不同 BSS 内的 AP 互连，从而为 STA 提供可以从一个 BSS 移动到另一个 BSS 的漫游服务。AP 之间可以是无线互连，也可以是有线互连，通常是使用有线互连。

（8）扩展服务集（Extended Service Set，ESS）

与 BSS 相对应，即同一有线网络连接的、由两个及以上的 AP 组成的无线网络，和一个子网概念类似。

2. Wi-Fi 与 IEEE 802.11

IEEE 802.11 是无线局域网的实现标准，Wi-Fi 技术是对 IEEE 802.11 标准的产品实现，因此，IEEE 802.11 的标准并不等同于 Wi-Fi。

（1）IEEE 802.11 标准

IEEE 802.11 标准是 1997 年由美国电气与电子工程师协会（Institute of Electrical and Electronics Engineers，IEEE）最初制定的一个无线局域网标准，工作在 2.4GHz 开放频段，支持 1Mbps 和 2Mbps 的数据传输速率，定义了物理层和 MAC 层规范，允许无线局域网及无线设备制造商建立互操作网络设备。希望在广覆盖、高吞吐、协议前后兼容性、定位四个方面推进无线网络的发展。当前 IEEE 802.11 标准小组拥有来自 90 个国家的 7000 余名独立会员，以及来自 23 个国家的 390 余家公司成员。目前，基于 IEEE 802.11 系列的无线局域网标准已包括共 21 个标准，如表 6-8 所示，其中 IEEE 802.11a、IEEE 802.11b 和 IEEE 802.11g 最具代表性。图 6-16 给出了 IEEE 802.11 标准的技术演化。

表 6-8 IEEE 802.11 标准简介

标　　准	描　　述
IEEE 802.11	发表于 1997 年，原始标准，支持速率 2Mbps，工作在 2.4GHz ISM 频段。定义了物理层数据传输方式：DSSS(1Mbps)、FHSS(2Mbps)和红外线传输，在 MAC 层采用了类似于有线以太网 CSMA/CD 协议的 CSMA/CA 协议
IEEE 802.11a	1999 年推出，802.11b 的后继标准，又称高速 WLAN 标准，工作在 5GHz ISM 频段，采用 OFDM 调制方式，速率可高达 54Mbps，但与 802.11b 不兼容，且成本较高
IEEE 802.11b	1999 年推出，最初的 Wi-Fi 标准，工作在 2.4GHz ISM 频段，兼容 802.11。802.11b 修改了 802.11 物理层标准，使用 DSSS 和 CCK(补码键控)调制方式，速率可达 11Mbps。是目前的主流标准
IEEE 802.11d	根据各国无线电规定作了调整，所用频率的物理层电平配置、功率电平、信号带宽可遵从当地射频规范，有利于国际漫游业务

续表

标　准	描　述
IEEE 802.11e	增强了 802.11 的 MAC 层，规定所有 IEEE 802.11 无线接口的服务质量（Quality of Service，QoS）要求，能保证提供网络电话（Voice over Internet Protocol，VoIP）等业务。提供 TDMA 的优先权和纠错方法，从而提高时延敏感型应用的性能
IEEE 802.11f	定义了推荐方法和公用接入点协议，使得接入点之间能够交换需要的信息，以支持分布式服务系统，保证不同生产厂商的接入点的互联性，例如支持漫游
IEEE 802.11g	2003 年推出，工作在 2.4GHz ISM 频段，组合了 IEEE 802.11b 和 IEEE 802.11a 标准的优点，在兼容 IEEE 802.11b 标准的同时，采用 OFDM 调制方式，速率可高达 54Mbps
IEEE 802.11h	5GHz 频段的频谱管理，使用动态频率选择和传输功率控制，满足欧洲对军用雷达和卫星通信的干扰最小化的要求
IEEE 802.11i	指出了用户认证和加密协议的安全弱点，在安全和鉴权方面作了补充，采用高级加密标准和 IEEE 802.1x 认证
IEEE 802.11j	日本对 IEEE 802.11a 的扩充，在 4.9～5.0GHz 增加射频信道
IEEE 802.11k	通过信道选择、漫游和 TPC 来进行网络性能优化。通过有效加载网络中的所有接入点，包括信号强度强弱的接入点，来最大化整个网络吞吐量
IEEE 802.11n	工作在 2.4GHz 和 5GHz ISM 频段，兼容 IEEE 802.11b/a/g，采用 MIMO 无线通信技术和 OFDM 等技术、更宽的射频信道及改进的协议栈，传输速率可高达 300Mbps 甚至 600Mbps，完全符合绝大多数个人和社会信息化的需求
IEEE 802.11o	802.11o 针对基于无线局域网的语音（Voice over WLAN，VoWLAN）而制定，更快速的无限跨区切换，以及读取语音比读取数据有更高的传输优先权
IEEE 802.11p	车辆环境无线接入，提供车辆之间的通信或车辆的路边接入点的通信，使用工作在 5.9GHz 的授权智能交通系统
IEEE 802.11q	实现对虚拟局域网（Virtual Local Area Network，VLAN）的支持，可以使用一个 AP 向不同用户提供不同业务及权限
IEEE 802.11r	支持移动设备从基本业务区到基本业务区的快速切换，支持时延敏感服务，如 VoIP 在不同接入点之间的站点漫游
IEEE 802.11s	扩展了 IEEE 802.11 MAC 来支持扩展业务区网状网络。IEEE 802.11s 协议使得消息在自组织多跳网状拓扑结构网络中传递
IEEE 802.11T	评估 IEEE 802.11 设备及网络的性能测量、性能指标及测试过程的推荐方法，大写字母 T 表示推荐而不是技术标准

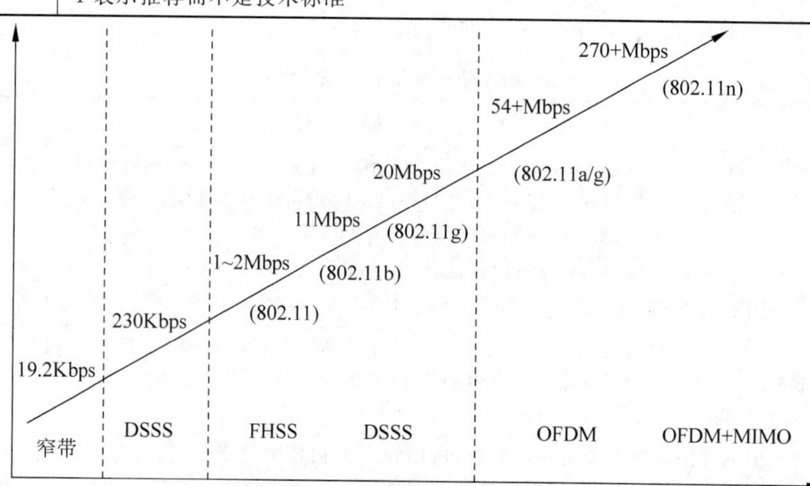

图 6-16　IEEE 802.11 标准的技术演化

(2) Wi-Fi 与 IEEE 802.11 标准的关系

Wi-Fi 是 Wi-Fi 联盟的商标，Wi-Fi 联盟是一个为了推行 IEEE 802.11 标准的商业组织，其主要目的是在全球范围内发展基于 IEEE 802.11 标准的无线局域网技术。IEEE 802.11 提出的标准较为理论化，在实际生产中，各个厂家对于 Wi-Fi 产品的实现不尽相同，Wi-Fi 联盟很好地解决了符合 IEEE 802.11 标准的各 Wi-Fi 产品生产和设备兼容问题。

简而言之，IEEE 802.11 标准侧重无线局域网理论层面，包括物理层、MAC 层相关技术标准制定；Wi-Fi 联盟侧重产品层面，对符合 IEEE 802.11 标准要求的产品制定规范以达到设备兼容的目的。

3. Wi-Fi 信道

(1) 2.4GHz Wi-Fi 信道

信道也称作通道、频段，是以无线信号作为传输载体的数据信号传送通道。无线信道不是独占的，是所有通信中的 AP 公用的。相同信道上工作的 AP 会降低吞吐量。Wi-Fi 有两大信道，一个是 2.4GHz，另一个是 5GHz。

IEEE 802.11b/g 标准工作在 2.4G 频段，频率范围为 2.400～2.4835GHz，共 85.3M 带宽，共划分为 14 个子信道，每个子信道宽度为 22MHz，相邻信道的中心频点间隔 5MHz，相邻的多个信道存在频率重叠(如 1 信道与 2、3、4、5 信道有频率重叠)。整个频段内只有 3 个(1、6、11 信道)互不干扰信道。信道因国家不同划分略有差异，其中，美国标准划分了 11 个信道，欧洲标准划分了 13 个信道，日本标准划分了 14 个信道。我国采用的是欧洲标准，下文以欧洲标准的 13 信道进行说明，具体信道划分如表 6-9、图 6-17 所示。

表 6-9　2.4GHz Wi-Fi 信道划分(欧洲标准)

信道	中心频率(MHz)	频率范围(MHz)
1	2412	2401～2423
2	2417	2406～2428
3	2422	2411～2433
4	2427	2416～2438
5	2432	2421～2443
6	2437	2426～2448
7	2442	2431～2453
8	2447	2436～2458
9	2452	2441～2463
10	2457	2446～2468
11	2462	2451～2473
12	2467	2456～2478
13	2472	2461～2483

每个信道带宽为 22MHz，其中有效宽度是 20MHz，另外 2MHz 是强制隔离频带。每个信道的中心频率为 $2412+(n-1)\times 5\text{MHz}$，$n$ 为信道号数。相邻的信道间有重叠，尽量不要同时使用，以免造成干扰。13 个信道中非重叠的信道，也就是不互相干扰的信道只有 1、6、11 信道。如果想要减少其他 Wi-Fi 网络的干扰，稳定地运行，建议使用 1、6、11 这三个

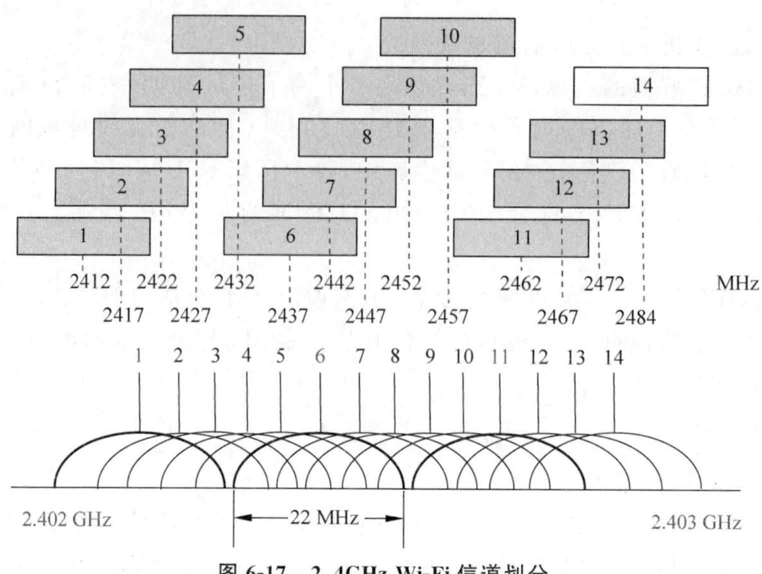

图 6-17　2.4GHz Wi-Fi 信道划分

信道。

(2) 5GHz Wi-Fi 信道

5GHz Wi-Fi 的工作频段在 5.725～5.850GHz，可用带宽为 125MHz。该频段共划分为 5 个信道，每个信道宽度为 20MHz，每个信道与相邻信道都不发生重叠，因而干扰较小。但因频率较高，在空间传输时衰减较为严重。如果距离稍远，性能会严重降低。

4. Wi-Fi 连接过程

Wi-Fi，可以说是现代人生活中离不开的技术了，使用者只需打开手机或电脑的 Wi-Fi 开关，选择其中一个信号进行连接并输入密码，该设备与互联网之间就建立了连接，然后就可以愉快地刷剧或游戏了。那么这个连接的过程中设备之间都发生了哪些事呢？Wi-Fi 连接过程可以分为扫描、认证、关联三步。

(1) 扫描

任何 STA 接入 Wi-Fi 网络之前，首先必须识别出该网络的存在。STA 可以通过扫描的方式获取到周围的 Wi-Fi 网络信息。扫描就是发现 Wi-Fi 网络(或 AP)的存在过程，俗称“搜 Wi-Fi 信号”。扫描又可分主动扫描、被动扫描两种。IEEE 802.11 标准要求每个 AP 周期性地发送信标帧，每个信标帧包含该 AP 的 SSID 和 BSSID 即 MAC 地址。

① 主动扫描

由各 STA，如无线各种智能终端、手机或电脑等，在每个可用信道上主动发送探测请求帧，等待附近的 AP 响应，如图 6-18 所示。AP 收到探测请求帧之后，返回探测响应帧进行应答。主动扫描需要指定一定的条件。例如，须指定 AP 的网络、SSID、频段、频带和 BSSID。如果没有指定任何参数，那么会认为这是一个被动扫描请求。

② 被动扫描

被动扫描即各 STA 在每个可用信道上监听 AP 发出的信标帧信令，如图 6-19 所示。在该信标帧信令里面有 AP 的 SSID 等信息。帧信令的发送是有间隔的，一般默认 100ms，但有时候也会设置比较长的时间。这时候就要等待很久才能发现附近的 AP。

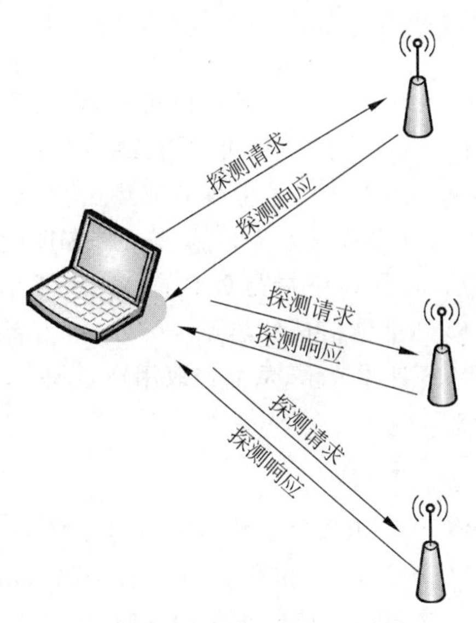

图 6-18　主动扫描示意图

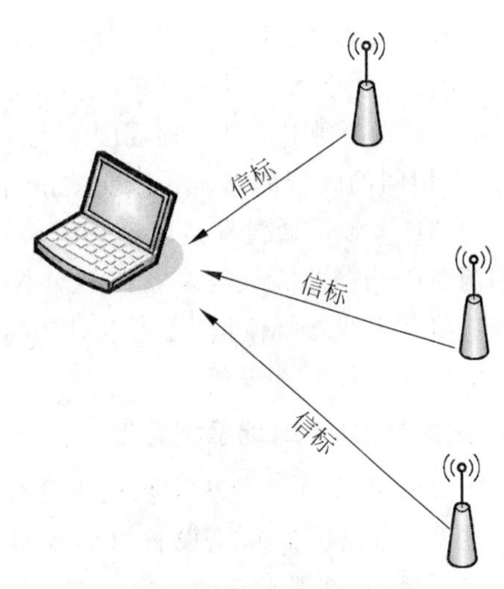

图 6-19　被动扫描示意图

(2) 认证

在搜到 Wi-Fi 信号之后，STA 就选择加入网络，此时常常被要求输入密码。输入密码就是 AP 检测 STA 合法性的常用手段。只有输入正确的密码，才能证明 STA 的合法性，该 STA 才能与 AP 建立连接，享受 AP 提供的网络服务。检测 AP 和 STA 合法性的认证包括两方面含义：①STA 认证 AP；②AP 认证 STA。这样做的好处是可以避免中间人攻击。目前 Wi-Fi 提供如下两种认证方式：开放系统认证、共享密钥认证。关于上述两种认证详见 6.4.3 节 Wi-Fi 安全机制。

(3) 关联

在认证完成之后，就是关联。所谓关联如图 6-20 所示，就是需要把各 STA 和 AP 联系起来，STA 向 AP 发送关联请求帧，AP 则向 STA 发送关联响应帧进行回应，关联基本完成。但此时还不能上网，STA 还需要获取 AP 所在网络中的一个 IP 地址，这便是我们经常在 Wi-Fi 连接页面看到"正在从 XXX 获取 IP 地址"的原因。至此，"连 Wi-Fi"终于成功了，可以愉快地上网啦！

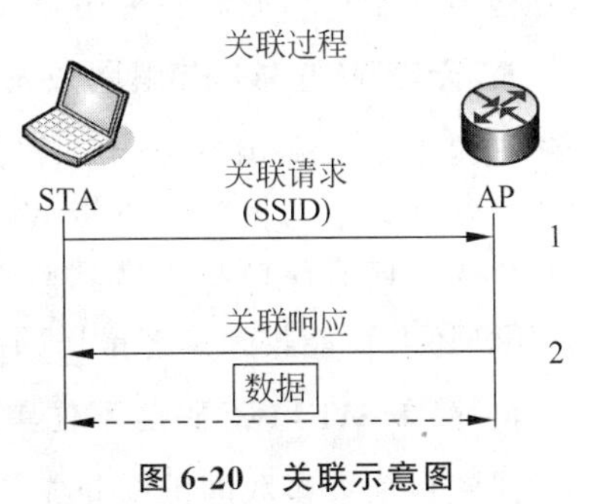

图 6-20　关联示意图

6.4.2　Wi-Fi 安全威胁

1. 密码破解

共享密钥认证属于具有较高安全性的认证方式，共享密钥的长度较长，且可以由字母和数字的随机组合构成，通过复杂的哈希算法生成，用以比对一致性的数据，因此，对于攻击者，难以通过轮番尝试不同密钥来破解共享密钥。但是，对于用户设置弱密码的情形，不法分子便有机可乘，由于电磁波传输开放性的特点，攻击者可以通过无线电波截获认证过程中的登录认证数据包，利用弱密码字典对认证过程进行破解。

2. 伪AP攻击

根据Wi-Fi网络的特性，当无线终端所在的区域内存在多个拥有相同SSID的无线热点时，终端将选择接入信号最强的热点。攻击者利用这一特性，便可以对无线终端开展伪AP攻击。攻击者利用工具扫描周围的无线热点，从热点发出的信标帧获取热点SSID等信息，接着在相同的区域内部署一个受攻击者控制的大功率无线热点，并将它的SSID设置为与真实的AP一致。通过发送取消关联信号的方法，让无线终端与真实的AP断开并重新连接到伪AP。这样，无线终端就在不知不觉中连接到不受信任的热点。另外，攻击者不仅可以成功截获无线终端流量，还可以对终端开展DNS篡改攻击，从而窃取用户cookie，以获取用户信息等内容。

3. 路由器DNS地址恶意篡改

在通常情况下，由于绝大多数用户没有更改Wi-Fi路由器默认账号密码的习惯，导致黑客可通过Wi-Fi路由器默认设置页面地址（如192.168.1.1）和默认用户名密码（admin/admin）进行登录，并恶意篡改路由器的DNS地址。当用户在访问正常网站时，浏览器会被指向非法恶意网址，如频繁收到恶意弹窗、无法打开正常网页等，甚至还会遭遇钓鱼网站及病毒的威胁。

4. 公共场所Wi-Fi藏黑客

瑞星互联网攻防实验室通过在北京、上海、广州等地的多类公共场所进行实地调查后发现，绝大多数公共Wi-Fi环境缺少甚至毫无安全防护措施，这就导致任何人（包括黑客）都可以进入。一旦攻击者进入该免费Wi-Fi以后，就会对网络中的其他用户进行嗅探并截取网络中传输的数据。在这种情况下，用户在网络中传输的任何信息都完全暴露在黑客眼前，黑客通过专业软件可截获各种用户名、密码、上网记录、设备信息、聊天记录及邮件内容等。

5. 无密码的Wi-Fi黑网攻击

瑞星安全专家介绍，该类攻击是通过在人流集中的公共场所设置无密码"黑网"实现的。攻击者往往采取仿冒免费公共Wi-Fi名称的方法引诱用户进入陷阱。一旦连接上"黑网"，用户发送的所有信息都将遭到监听。届时，不仅用户的隐私信息、网银账号密码将面临泄露，用户还有可能收到黑客推送的恶意信息。

6. 简单Wi-Fi密码挡不住黑客

虽然目前大多数网民都养成了设置Wi-Fi密码的习惯，但通过调查发现，很多人仍在使用有线等效加密（Wired Equivalent Privacy，WEP）这种极易遭到破解的加密方式。瑞星安全专家介绍，互联网上针对WEP加密的破解工具随处可见，即使用户频繁更改密码也无济于事。这种软件能够瞬间实现暴力破解，一旦成功破解，攻击者就可以蹭网甚至窃取隐私信息。

7. Wi-Fi共享文件易遭窥探

随着移动设备的快速普及，很多人都有在不同设备间共享文件的需求，而这种需求就导致针对Wi-Fi及随身Wi-Fi共享攻击的出现。此类攻击一般发生在家庭或企业的Wi-Fi网络中，攻击者首先会尝试破解Wi-Fi密码，一旦破解成功将立刻入侵网络查看网络当前用户IP地址。如果发现这些地址中存在没有被加密的共享文件，攻击者就可随意查看文件信息。

8. 信号干扰攻击

除上述攻击方式外，还存在一种干扰正常 Wi-Fi 信号的恶意攻击方式，该类攻击大多是带有目的性的。攻击者会使用专业设备发射恶意干扰信号，使用户无法正常连接网络。经实验表明，信号干扰不仅严重影响用户的上网速度，还可导致路由部分功能失灵。

6.4.3　Wi-Fi 安全机制

由于 Wi-Fi 网络基于无线电磁波进行信息传输，只要是在覆盖范围内，任何人都可以接收到。为了防止被窃听和篡改，增强安全性，Wi-Fi 网络目前主要提供了认证和加密两个安全机制。认证机制用来对用户的身份进行验证，以限定特定的用户（授权的用户）使用网络资源。加密机制用来对无线链路的数据进行加密，以保证无线网络数据只被所期望的用户接收和理解。

1. 认证方式

认证机制分为低级身份验证机制（链路认证）和高级身份验证机制（接入认证）。

（1）链路认证

链路认证即 IEEE 802.11 标准身份验证，当 STA 同 AP 进行 IEEE 802.11 标准关联时发生，该行为早于接入认证。任何一个 STA 试图连接网络之前，都必须进行 IEEE 802.11 标准的身份验证进行身份确认。可以把 IEEE 802.11 标准身份验证看作是 STA 连接到网络时的握手过程的起点，是网络连接过程中的第一步。IEEE 802.11 标准定义了两种链路层的认证：开放系统身份认证和共享密钥身份认证。

① 开放系统认证

开放系统认证使用明文传输数据，因此属于一种伪认证方式。认证过程只履行认证手续，而不对 STA 的接入合法性作实质性鉴别，一切向 AP 申请接入的 STA 通常都将被视为合法用户。开放系统认证包括两个步骤，如图 6-21 所示。

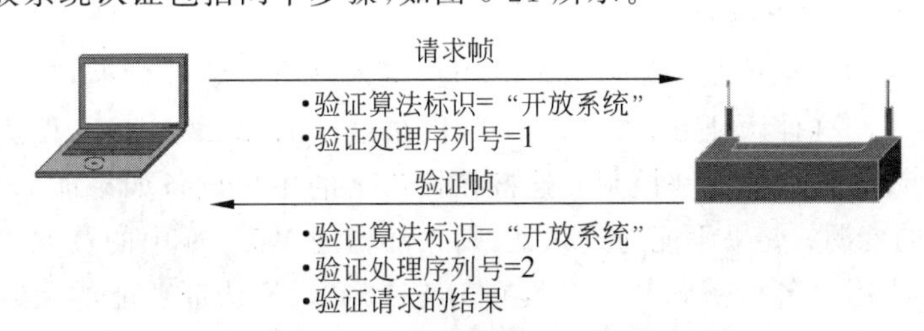

图 6-21　开放系统认证示意图

步骤 1：STA 首先发送一个管理帧表明自己的身份并提出认证请求。其中，该管理帧的认证算法码字段值为 0，表示使用开放系统认证，认证处理序列号字段值为 1。

步骤 2：AP 收到请求后将对 STA 作出响应，响应帧的认证处理序列号字段值为 2。开放系统认证允许对所有认证算法码字段为“0”的客户端提供认证。在这种方式下，任何 STA 都可以被认证为合法设备，所以开放式认证基本上没有安全保证。实际上就是不认证，但是有这个数据交互的过程。

开放系统认证允许任何 STA 接入到无线网络中。从这个意义上来说，实际上并没有提供对数据的保护,即不认证。也就是说,如果认证类型设置为开放系统认证,则所有请求认证的 STA 都会通过认证。

② 共享密钥认证

共享密钥认证是指所有 STA 凭借同一个密钥与 AP 进行认证。AP 为了检测各 STA 掌握的密钥是否与自身一致,且避免直接传输共享密钥而导致密钥泄漏,使用 WEP 加密的密文传输。共享密钥认证的过程如下：

第一步,STA 先向 AP 发送认证请求；

第二步,AP 会随机产生一个 Challenge 包(即一个字符串)发送给 STA；

第三步,STA 会将接收到字符串拷贝到新的消息中,用密钥加密后再发送给 AP；

第四步,AP 接收到该消息后,用密钥将该消息解密,然后对解密后的字符串和最初给 STA 的字符串进行比较。如果相同,则说明 STA 拥有与 AP 相同的共享密钥,即通过了共享密钥认证；否则共享密钥认证失败。

(2) 接入认证

接入认证是一种增强 Wi-Fi 网络安全性的解决方案。当 STA 和 AP 关联后,是否可以使用 AP 的服务要取决于接入认证的结果。如果认证通过,则 AP 为 STA 打开这个逻辑端口,否则不允许 STA 连接网络。主要的接入认证方式有预共享密钥(Pre-Shared Key,PSK)接入认证和 IEEE 802.1X 接入认证两种。

① PSK 接入认证

PSK 是一种 IEEE 802.11i 标准的身份验证方式,用预先设定好的静态密钥进行身份验证。该认证方式需要在 STA 和 AP 配置相同的 PSK。如果密钥相同,PSK 接入认证成功；如果密钥不同,PSK 接入认证失败。

PSK 是设计给负担不起 IEEE 802.1X 验证服务器的成本和复杂度的家庭和小型公司网络用的,每一个使用者必须输入密码来使用 Wi-Fi 网络,而密码可以是 8～63 个 ASCII 字符、或是 64 个 16 进位数字。

② IEEE 802.1X 接入认证

IEEE 802.1X 接入认证是 IEEE 指定的用户接入网络的认证标准,是一种基于端口的网络接入控制协议。这种认证方式在像 Wi-Fi 网络这样的 WLAN 接入设备的端口这一级对所接入的用户设备进行认证和控制。连接在接口上的用户设备如果能通过认证,就可以访问 WLAN 中的资源；如果不能通过认证,则无法访问 WLAN 中的资源。不同的用户通常拥有不同的登录用户名和密码。一个具有 IEEE 802.1X 认证功能的无线网络系统必须具备以下三个要素才能够完成基于端口的访问控制的用户认证和授权：

要素一：认证客户端。一般安装在 STA 上,当 STA 有上网需求时,激活客户端程序,输入必要的用户名和口令,认证客户端程序将会送出连接请求。

要素二：认证者。在 Wi-Fi 网络中就是 AP 或者具有 AP 功能的通信设备,主要作用是完成用户认证信息的上传、下达工作,并根据认证的结果打开或关闭端口。

要素三：认证服务器。通过检验认证客户端发送的身份标识(用户名和口令)来判别 STA 是否有权使用网络系统提供的服务,根据认证结果向认证系统发出打开或保持端口关闭的状态。

IEEE 802.1X 认证采用可扩展的身份认证协议(Extensible Authentication Protocol,

EAP)实现。STA 以客户端身份提出认证和接入网络申请,用户信息的保存与鉴别由认证服务器完成,AP 作为认证服务器的客户端,充当转换和传输身份认证信息的认证者。对于企业用户的无线局域网登录应用,后端通常采用远程用户拨号认证系统(Remote Authentication Dial in User Service,RADIUS)为身份认证服务器,通信格式遵从 RADIUS 协议。

综上所述,开放系统认证由于并未履行真正的安全性审查,具有最弱的安全性,一般在公开或对用户充分信任的情形用以构建方便接入的网络,并不适用于任何对网络安全有一定要求的场景。IEEE 802.1X 认证内含丰富的认证算法,各个接入网络的用户可以拥有不同的登录密码,可以对登录者的登录时间和行为进行记录和分析,且认证过程较为严格;STA 和 AP 可以采用用户名和密码进行认证,还可以利用权威机构颁发的证书进行认证,而且实现了 STA 和 AP 的双向认证,避免了不法分子采用伪基站等手段进行攻击,因此,IEEE 802.1X 认证方式具有极高的安全性,强烈推荐用于政务和企业应用场景。共享密钥认证的安全性居中,且应用最为广泛,主要存在密码破解和伪 AP 攻击等安全威胁。综上,Wi-Fi 网络认证的安全性强弱关系为:开放系统认证＜共享密钥认证＜PSK 接入认证＜IEEE 802.11X 认证。

2. 加密方式

为了防止无线通信被窃听以及篡改,必须在无线通信过程中对信息进行加密处理。加密的目的是提供数据的保密性和完整性。IEEE 802.11 标准提供了 WEP、WPA、WPA2、TKIP、AES 算法、AES 算法-CCMP 等加密方法。

① WEP

WEP 是原始 IEEE 802.11 标准中指定的数据加密方法,是 WLAN 安全认证和加密的基础,用来保护无线局域网中授权用户所交换数据的私密性,防止非法用户窃听或入侵无线网络,提供等同于有线局域网的保护能力。WEP 于 1997 年 9 月被批准作为 Wi-Fi 安全标准,常见的是 64 位 WEP 加密和 128 位 WEP 加密。它的安全技术源自名为 RC4(Rivest Cipher)的一个流密码,特点是使用一个静态的密钥来加密所有的通信。WEP 没有规定密钥的管理方案,一般手动进行密钥的配置与维护。通常把这种不具密钥分配机制的 WEP 称为手动 WEP 或者静态 WEP。受 RC4 加密算法以及静态配置密钥的限制,WEP 加密还是存在比较大的安全隐患,无法保证数据的机密性、完整性和对接入用户实现身份认证。因此在 2003 年 WEP 被 WPA 取代。

② Wi-Fi 保护接入(Wi-Fi Protected Access,WPA)

WPA 作为 WEP 的升级版,在安全防护上比 WEP 更周密,主要体现在身份认证、加密机制、数据包检查和无线网络的管理能力等方面。常见的 WPA 使用 64 位或 128 位密钥,允许更多样的认证和加密方法来实现 WLAN 的访问控制、密钥管理与数据加密。例如,接入认证方式可采用 PSK 认证或 IEEE 802.1X 认证,加密方法可采用 TKIP 或 AES 算法。WPA 同这些加密、认证方法一起保证了数据链路层的安全,同时保证了只有授权用户才可以访问无线网络。WPA 的目的在于代替传统的 WEP 安全技术,为无线局域网硬件产品提供一个过渡性的高安全解决方案,同时保持与未来安全协议的向前兼容。WPA 较 WEP 的改进有以下三点:

一是 WPA 采用有效的密钥分发机制,与之前 WEP 的静态密钥不同,WEP 使用“临时密钥完整性协议"(Temporal Key Integrity Protocol,TKIP)动态改变密钥,加密算法还是采用 WEP 中的加密算法 RC4,因此不需要修改原来无线设备的硬件就可以跨越不同厂商的无线网卡实现应用。

TKIP 是 IEEE 802.11 组织为修补 WEP 加密机制而创建的一种临时的过渡方案。它也和 WEP 加密机制一样使用的是 RC4 算法,但是相比 WEP 加密机制,TKIP 加密机制可以为 WLAN 服务提供更加安全的保护。主要体现在以下几点:静态 WEP 的密钥为手工配置,且一个服务区内的所有用户都共享同一把密钥。而 TKIP 的密钥为动态协商生成,每个传输的数据包都有一个与众不同的密钥。TKIP 将密钥的长度由 WEP 的 40 位加长到 128 位,初始化向量Ⅳ长度由 24 位加长到 48 位,提高了 WEP 加密的安全性。TKIP 支持 MIC 认证和防止重放攻击功能。

二是较 WEP 所使用的先天不安全的 CRC,WPA 使用了名为"Michael"的更安全的消息认证码(在 WPA 中)叫作消息完整性核查(MIC)。

三是 WPA 使用的 MIC 包含了帧计数器,以避免 WEP 的另一个弱点——重放攻击。

尽管如此,WPA 仍存在大量安全漏洞,主要有:安全架构漏洞(基站缺乏独立身份,基站和后台传输主密钥带来安全风险并且导致扩展性差);安全协议设计不安全、缺乏健壮性(协议设计不完备,使用的杂凑算法等级低,无效帧重传导致拒绝服务攻击等)。因此,2004 年被 WPA2 替换。

③ WPA2

较 WPA,WPA2 最显著的变化之一是强制使用 AES 算法和引入 CCMP(计数器模式密码块链消息完整码协议)替代 TKIP,更进一步加强了无线局域网的安全和对用户信息的保护。因为在安全性方面 AES 算法比 TKIP 协议安全得多。由于其使用时间之长和适用范围之广,WPA2 至今仍是 Wi-Fi 设备的主流安全机制。

作为一种全新的高级加密标准,AES 算法加密算法采用对称的块加密技术,提供比 WEP/TKIP 中 RC4 算法更高的加密性能,它在 IEEE 802.11i 标准最终确认后,成为取代 WEP 的新一代的加密技术,为无线网络带来更强大的安全防护。

IEEE 802.11i 要求使用 CCMP 来提供全部四种安全服务:认证、机密性、完整性和重发保护。CCMP 使用 128 位 AES 算法加密算法实现机密性,使用 CBC-MAC(区块密码锁链一信息真实性检查码协议)来保证数据的完整性和认证。

WPA2 有两种风格:WPA2 个人版(也被称为 WPA2-Personal、WPA2-PSK)和 WPA2 企业版。

WPA2 个人版主要针对个人或者小型办公网络,在 AP 中预先设置好密钥,STA 使用预先设置的密钥进行认证,认证算法有 TKIP 和 CCMP 两种。

WPA2 企业版是针对企业级的认证方式,不使用 PSK 而是使用 EAP 协议,并且需要使用用户名和密码进行身份验证的后端 RADIUS 服务器(RADIUS 是一种用于在需要认证其链接的网络访问服务器和共享认证服务器之间进行认证、授权和记账信息的文档协议,负责接收用户的连接请求、认证用户,然后返回客户机所有必要的配置信息以将服务发送到用户)。STA 发送认证请求,AP 在收到请求之后,连接 RADIUS 服务器进行认证。WPA2 企业版虽然安全性高,但安装方式复杂,通常只能在公司环境或技术精湛的业主家庭中完成。

④ WPA-PSK/WPA2-PSK

WPA-PSK/WPA2-PSK 安全类型其实是 WPA/WPA2 的一种简化版本，是由 WPA/WPA2 衍生出来的。它是依据共享密钥的 WPA 形式，安全性很高，设置也较简单，适合普通家庭用户和小型企业运用。

WPA-PSK 是指 WEP 预分配共享密钥的认证方式，在加密方式和密钥的验证方式上作了修改，使其安全性更高。客户的认证仍采用验证用户是否使用事先分配的正确密钥的方式。WPA-PSK 提出一种新的加密方法：TKIP。预先分配的密钥仅仅用于认证过程，而不用于数据加密过程，因此不会导致像 WEP 密钥那样严重的安全问题。

WPA2-PSK 是一种无线局域网的密钥算法，需要结合认证服务器使用，账号密码在认证服务器创建。相比其他版本，WAP2-PSK 管控无线网络更加严格。WPA2-PSK 使用预设密码，不需要单独的密码管理服务器，适用于家庭和小型公司无线网络。

⑤ WPA3

2018 年 1 月，Wi-Fi 联盟宣布用 WPA3 替代 WPA2。新标准在 128-bit WPA3-个人模式(WPA-PSK)或 192-bit WPA3-企业(RADIUS 身份验证服务器)中使用加密。WPA3 将更难被攻击，因为它的现代密钥建立协议称为“同时验证相等”(Simultaneous Authentication of Equals，SAE)或蜻蜓密钥交换”。SAE 提高了初始密钥交换的安全性，并针对离线字典攻击提供了更好的保护。但同样容易受到中间人攻击，并且无法抵御邪恶的 Wi-Fi 钓鱼攻击。

综上，上述无线加密模式的安全性由高到低顺序如表 6-10 所示：WPA2-PSK AES 算法＞WPA-PSK AES 算法＞WPA2-PSK TKIP 算法＞WPA-PSK TKIP 算法＞WEP。

表 6-10　无线加密模式

序号	型　　号	无线加密模式	安全性顺序
1	WPA3	WPA3	安全性高
2	WPA2 企业版	WPA2 企业版(802.1×RADIUS)	↓
3	WPA-PSK/WPA2-PSK	WPA2-PSK AES 算法	
4		WPA2-PSK	
5		AES 算法＋WPA-PSK(TKIP)	
6	WPA/WPA2	WPA	
7	WEP	WEP	安全性低

6.4.4　Wi-Fi 安全建议

1. 使用可靠的 Wi-Fi 接入点，谨慎使用公共场合的 Wi-Fi 热点。官方机构提供的而且有验证机制的 Wi-Fi 可以找工作人员确认后连接使用。其他可以直接连接且不需要验证或密码的公共 Wi-Fi 风险较高，背后有可能是钓鱼陷阱，尽量不使用。在使用公共场合的 Wi-Fi 热点时，尽量不要进行网络购物和网银的操作，避免重要的个人敏感信息遭到泄露，甚至被黑客进行银行转账。

2. 养成良好的 Wi-Fi 使用习惯。

(1) 进入公共区域后，尽量不要打开 Wi-Fi 开关，或者把 Wi-Fi 调成锁屏后不再自动连接，避免在自己不知道的情况下连接上恶意 Wi-Fi。

（2）路由器管理后台的登录账户、密码，不用初始口令和密码，而用长且复杂的密码，并定期更换，不使用易猜密码。

（3）采用 WPA/WPA2 及更高级的加密方式，而不采用有缺陷的加密方式。

（4）修改默认 SSID 号，关闭 SSID 广播。

（5）路由器启用 MAC 地址过滤。无人使用时，关闭无线路由器电源。

3. 不管在手机端还是计算机端都应安装安全软件。对于黑客常用的钓鱼网站等攻击手法，安全软件可以及时拦截提醒。

4. 关闭远程管理端口和路由器的动态主机配置协议（Dynamic Host Configuration Protocol，DHCP）功能，启用固定 IP 地址，不要让路由器自动分配 IP 地址。

5. 正确配置 Wi-Fi 安全防护设置（Wi-Fi Protected Setup，WPS），因为现有的 WPS 功能存在漏洞，使路由器的接入密码和后台管理密码有可能暴露。

6. 启用 MAC 地址过滤功能，绑定常用设备。经常登录路由器管理后台，查看并断开连入 Wi-Fi 的可疑设备，封掉 MAC 地址并修改 Wi-Fi 密码和路由器后台账号密码。

7. 注意固件升级。一定及时修补漏洞，升级或更换成更安全的无线路由器。

本章小结

本章围绕物联网网络层的核心功能——可靠传输，在分析网络层安全特点和安全威胁的基础上，重点对物联网通信技术中最具特色的 ZigBee、蓝牙、Wi-Fi 等短距离无线通信技术涉及的安全技术、理论和方法进行介绍。

思考与练习

1. 物联网网络层安全特点有哪些？
2. ZigBee 技术的安全机制有哪些组成部分？
3. 物联网网络层安全威胁有哪些？
4. 蓝牙的定义以及面临的主要安全问题是什么？
5. 简述 Wi-Fi 技术的安全威胁和安全机制。

第7章

物联网网络层安全（下）

本章要点

低功耗广域网无线通信安全(NB-IoT 安全、LoRa 安全)

TCP/IP 协议安全(IP 欺骗、TCP 重置攻击、DNS 欺骗、重播攻击、DoS 攻击和 DDoS 攻击)

7.1 NB-IoT 安全

7.1.1 NB-IoT 技术简介

窄带物联网(Narrow Band Internet of Things,NB-IoT)是面向物联网应用的一种低功耗广域网技术,是国际移动通信组织 3GPP 发布的标准。NB-IoT 基于当前的移动通信网络进行构建,可直接部署于 GSM 网络、3G 网络或 LTE 网络,支持待机时间长、对网络连接要求较高设备的高效连接,可以低成本快速部署,实现移动通信服务与物联网数据业务的平滑升级。NB-IoT 定位于运营商级、基于授权频谱的低速率物联网市场,拥有广阔的应用前景。NB-IoT 使用授权频段,可采取带内、保护带或独立载波等三种部署方式与现有网络共存。主要应用场景恰恰是现有移动通信很难支持的场景,包括位置跟踪、环境监测、智能泊车、远程抄表、农业和畜牧业等。所以 NB-IoT 目前已经成为 5G 的重要组成部分。具有如图 7-1 所示的特点。

图 7-1 NB-IoT 技术特点

特点 1：低功耗

低功耗特性是物联网应用一项重要指标，特别对于一些不能经常更换电池的设备和场合。NB-IoT 聚焦小数据量、小速率应用，因此 NB-IoT 设备功耗可以做到非常小，功耗仅为 2G 的 1/10，设备续航时间可以从过去的几个月大幅提升到几年，终端模块的待机时间可长达 10 年。

特点 2：低成本

与 LoRa 相比，NB-IoT 基于蜂窝网络，无须重新建网，射频和天线可以复用。可直接部署于现有的 GSM 网络、UMTS 网络或 LTE 网络中，运营商部署成本较低，将实现向 4.3G 平滑升级。以中国移动为例，900MHz 里面有一个比较宽的频带，只需要清出来一部分 2G 的频段，就可以直接进行 LTE 和 NB-IoT 的同时部署。低速率、低功耗、低带宽同样给 NB-IoT 芯片以及模块带来低成本优势。模块预期价格不超过 5 美元。

特点 3：强链接

在同一基站的情况下，NB-IoT 可以比现有无线技术提高 50～100 倍的接入数。一个扇区（扇区是指一个基站下单个天线覆盖的地理区域。图 7-2 给出了日本运营商 NTTDOCOMO 的一座通信铁塔扇区示意图。）能够支持 10 万个连接，支持低时延敏感度、超低的设备成本、低设备功耗和优化的网络架构。目前全球有约 500 万个物理站点，假设全部部署 NB-IoT、每个站点三个扇区，那么可以接入的物联网终端数将高达 4500 亿个。在一个不太大的空间，放置更多设备而互相又不会有干扰，NB-IoT 足以轻松满足未来智慧家庭中大量设备联网的需求。

特点 4：高覆盖

NB-IoT 室内覆盖能力强，比 LTE 提升 20dB 增益，相当于提升了 100 倍覆盖区域能力。不仅可以满足农村这样的广覆盖需求，对于厂区、地下车库、井盖这类对深度覆盖有要求的应用同样适用。以井盖监测为例，过去 GPRS 的方式需要伸出一根天线，车辆来往极易损坏，而 NB-IoT 只要部署得当，就可以很好地解决这一难题。图 7-2 给出了日本运营商 NTTDOCOMO 的一座通信铁塔：3 层频点×6 扇区＝18AAU（AAU，Active Antenna Unit，有源天线单元）。

图 7-2 日本运营商 NTTDOCOMO 的一座通信铁塔：3 层频点×6 扇区＝18AAU

（AAU，Active Antenna Unit，有源天线单元）

特点 5：安全性高

继承 4G 网络安全能力，支持双向鉴权以及空口严格加密，确保用户数据的安全性。

7.1.2 NB-IoT 安全需求

针对物联网感知层、传输层和处理层这三层架构，本节对 NB-IoT 的安全需求作如下分析和思考。

1. 感知层

感知层位于 NB-IoT 的最底层，是所有上层架构及服务的基础。类似于一般的物联网感知层，NB-IoT 的感知层容易遭受被动攻击和主动攻击这两种性质的攻击。

被动攻击指攻击者只对信息进行窃取而不作任何修改，其主要手段包括窃听、流量分析等。由于 NB-IoT 的传输媒介依赖于开放的无线网络，攻击者可以通过窃取链路数据、分析流量特征等各种手法获取 NB-IoT 终端的信息，从而展开后续的一系列的攻击。

不同于被动攻击，主动攻击包括对信息进行的完整性破坏、伪造，因此对 NB-IoT 网络带来的危害程度远远大于被动攻击。目前主要的主动攻击手段包括节点复制攻击、节点俘获攻击、消息篡改攻击等。例如，在 NB-IoT 的典型应用“智能电表”中，若攻击者俘获了某个用户的 NB-IoT 终端，则可以任意修改和伪造该电表的读数，从而直接影响到用户的切身利益。

以上攻击方式可以通过数据加密、身份认证、完整性校验等密码算法加以防范，常用的密码学机制有随机密钥预分配机制、确定性密钥预分配机制、基于身份的密码机制等。NB-IoT 设备的电池寿命理论上可以达到 10 年，由于单个 NB-IoT 节点感知数据的吞吐率较小，在保证安全的情况下，感知层应当尽可能部署轻量级的密码，例如流密码、分组密码等，以减少终端的运算负荷，延长电池的使用寿命。

与传统物联网感知层不同的是，NB-IoT 的组网结构更加明确，感知层节点可以直接与小区内的基站进行数据通信，从而避免了组网过程中潜在的路由安全问题。而另一方面，NB-IoT 感知层节点与小区内基站的身份认证应是“双向的”，即基站应对某个 NB-IoT 感知节点进行接入鉴权，NB-IoT 节点也应当对当前小区的基站进行身份认证，防止“伪基站”带来的安全威胁。

2. 传输层

与传统的物联网传输层相比，NB-IoT 改变了通过中继网关收集信息再反馈给基站的复杂网络部署，解决了多网络组网、高成本、大容量电池等诸多问题，便于维护管理，具有更易寻址安装等优势，然而也带来了如下所述新的安全威胁。

(1) 大容量的 NB-IoT 终端接入

NB-IoT 的一个扇区能够支持大约 10 万个终端连接，如何对这些实时的、海量的大容量连接进行高效身份认证和接入控制，从而避免恶意节点注入虚假信息，这是一个很值得研究的问题。

(2) 开放的网络环境

NB-IoT 的感知层与传输层的通信功能完全借助于无线信道，无线网络固有的脆弱性会给系统带来潜在的风险，攻击者可以通过发射干扰信号造成通信的中断。此外，由于单个扇区的节点数目庞大，攻击者可以利用控制的节点发起拒绝服务攻击，进而影响网络的性能。

解决上述问题的办法是引入高效的端到端身份认证机制、密钥协商机制，为 NB-IoT 的数据传输提供机密性和完整性保护，同时也能够有效认证消息的合法性。目前计算机网络与 LTE 移动通信都有相关的传输安全标准，例如 IPSec、SSL、AKA（AKA 全称是第三代移动通信网络的认证与密钥协商协议，是国际移动通信组织 3GPP 在研究 2G 安全脆弱性的基础上，针对 3G 接入域安全需求提出的安全规范）等，但如何通过效率优化，将其部署在 NB-IoT 系统中还是一个值得研究的问题。

另一方面，应建立完善的入侵检测防护机制，检测恶意节点注入的非法信息。具体来说，首先为某类 NB-IoT 节点建立和维护一系列的行为轮廓配置，这些配置描述了该类节点正常运转时的行为特征。当一个 NB-IoT 节点的当前活动与以往活动的差别超出了轮廓配置阈值时，这个当前活动就被认为是异常或一次入侵行为，系统应当及时进行拦截和纠正，避免各类入侵攻击对网络性能造成负面影响。

3. 处理层

NB-IoT 处理层的核心目标是有效地存储、分析和管理数据。经过感知层、传输层后，大量的数据汇聚在处理层，形成海量的资源，为各类应用提供数据支持。相比于传统的物联网处理层，NB-IoT 处理层将承载更大规模的数据量，主要的安全需求集中在以下几个方面。

（1）海量异构数据的识别和处理

由于 NB-IoT 应用的多样性，汇聚在处理层的数据也具备了异构性的特点，从而导致了处理数据的复杂性增加。如何利用已有计算资源高效地识别和管理这些数据成为 NB-IoT 处理层的核心问题。此外，应当对应用中包含的海量数据进行实时容灾、容错与备份，在各类极端情况下尽可能地保障 NB-IoT 业务能够有效开展。

（2）数据的完整性和认证性

处理层的数据由 NB-IoT 的感知层和传输层而来，在采集和传输中一旦某一环节出现异常，都会给数据带来不同程度的完整性破坏。此外，内部人员对数据的非法操作也会造成数据完整性的缺失，从而影响处理层对数据的应用。解决这类安全问题的关键在于建立高效的数据完整性校验和同步机制，并辅以重复数据删除技术、数据自毁技术、数据流程审计技术等，全方位保证数据在存储和传输过程中的安全性。

（3）数据的访问控制

NB-IoT 具有大量的用户群，不同的用户对数据的访问及操作权限也不同。需要根据用户的级别设定对应的权限，让用户可以受控地进行信息共享。目前数据的访问控制机制主要有强制访问控制机制、自主访问控制机制、基于角色的访问控制机制、基于属性的访问控制机制等，针对应用场景私密度的区别，应当采取不同类型的访问控制措施。

7.1.3 NB-IoT 安全架构

基于上述的思考与分析，提出了一个基于 NB-IoT 的安全架构，如图 7-3 所示。该安全架构分为感知层、传输层和处理层 3 个层次。

第一层为 NB-IoT 感知层的安全体系，目标是实现数据从物理世界的安全采集，以及数据和传输层的安全交换。包括以下几个方面的安全特性：感知节点的隐私保护和边界防护、感知节点对于扇区内基站的身份认证、移动节点越区切换时的安全路由选择、密码系统的建立与管理。所涉及到的关键技术主要有：接入控制技术、终端边界防护与隐私保护技术、蜂窝通信技术以及轻量级密码技术等。

第二层为 NB-IoT 传输层的安全体系，目标是实现数据在感知层和处理层之间的安全可靠传输，具体包括以下几个方面的安全特性：海量节点接入的身份认证，海量数据在传输过程中的认证，传输系统的入侵检测，以及与感知层、处理层的安全通信协议的建立。所涉及的关键技术主要有：身份认证技术、数据认证与鉴权技术、入侵检测技术以及安全通信协议等。

第三层为 NB-IoT 处理层的安全体系，目标是实现数据安全、有效的管理及应用，包括以下几个方面的安全特性：对海量数据的容灾备份、各类应用的用户访问控制、系统防护入侵检测、用户行为的安全审计以及对海量数据交互过程中的校验。所涉及的关键技术主要有：海量数据实时容灾容错技术、访问控制技术、入侵检测技术、针对数据库的安全审计和数据校验技术。

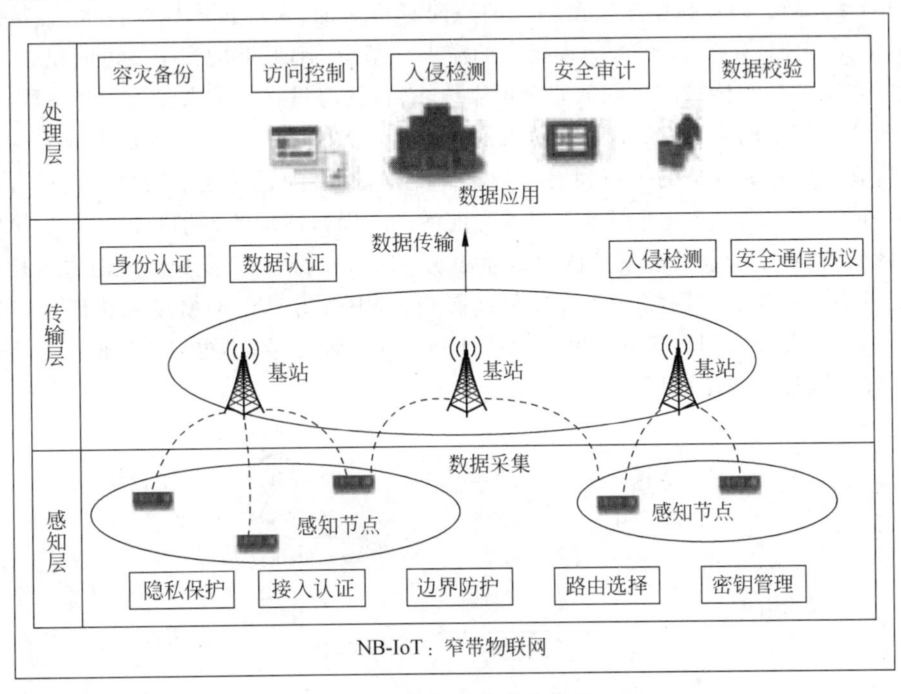

图 7-3　NB-IoT 的安全架构

7.1.4　NB-IoT 安全威胁

与传统的物联网相比，NB-IoT 的接入功能改变了通过中继网关收集信息再反馈给基站的复杂网络部署，是当下全球范围内最值得期待的技术革命之一。NB-IoT 的接入功能便于维护管理，也带来了新的安全威胁，不仅关系着 NB-IoT 技术的发展，更关系到网络运营商和每个用户的隐私和利益。主要体现在以下方面。

1. 大容量的 NB-IoT 终端安全接入问题

NB-IoT 的一个扇区能够支持大约 10 万个终端连接,需要对这些实时的、海量的大容量连接进行高效身份认证和接入控制,从而避免恶意节点注入虚假信息。

2. 开放的网络环境问题

NB-IoT 的终端接入通信功能完全借助于无线信道,无线网络固有的脆弱性会给系统带来潜在的风险,攻击者可以通过发射干扰信号造成通信的中断。此外,由于单个扇区的节点数目庞大,因此攻击者可以利用控制的节点发起拒绝服务攻击,进而影响网络的性能。

7.1.5 NB-IoT 安全机制

为了解决上述问题,NB-IoT 建立了安全的接入机制。NB-IoT 的接入机制实现了数据从物理世界的安全采集到数据接入、传输的安全交换。NB-IoT 的安全防护机制包括终端节点对扇区内基站的身份认证、入侵检测机制、密码系统的建立和管理等。

NB-IoT 网络提供给终端与网络之间的双向身份识别与安全通道,实现了信令和用户数据的安全传输。NB-IoT 的安全接入机制如图 7-4 所示。利用终端内部插入 SIM 卡,实现 NB-IoT 终端到 LTE 网络中安全网关的双向身份认证,采用接入控制技术、轻量级密码技术等,满足 NB-IoT 轻量化、大规模接入的需求。基于 NB-IoT 的安全通道的建立,目标是实现数据在感知层和传输层之间的安全可靠传输,包括海量终端节点接入的身份认证、海量数据在传输过程中的认证、安全通信协议的建立等。NB-IoT 的入侵检测机制为某类 NB-IoT 终端节点建立和维护的一系列的行为轮廓配置,这些配置描述了该类节点正常运转时的行为特征。当一个 NB-IoT 终端节点的当前活动与以往活动的差别超出了行为轮廓配置各项的阈值时,这个当前活动就被认为是异常或一次入侵行为,系统应当及时进行拦截和纠正,避免各类入侵攻击对网络性能造成负面影响。NB-IoT 基于网络接入认证功能进行安全能力开放,即业务应用直接使用网络层认证结果或认证参数,不再对 NB-IoT 终端进行单独认证,降低因设备双层认证带来的开销。

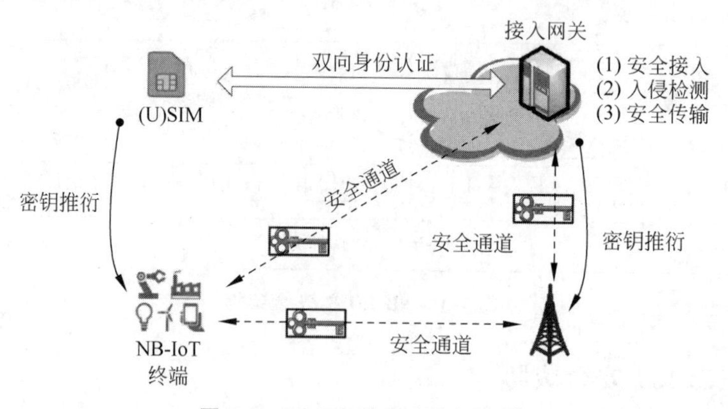

图 7-4 NB-IoT 的安全接入机制

此外,NB-IoT 通过引入轻量级密码技术和认证技术,提供了高效的端到端身份认证机制、密钥协商机制,为 NB-IoT 的数据传输提供机密性和完整性保护,同时也能够有效地认证消息的合法性。另外,NB-IoT 建立了完善的入侵检测防护机制,用于检测恶意节点注入的非法信息。

7.2 LoRa 安全

7.2.1 LoRa 技术简介

1. LoRa 与 LoRaWAN

(1) LoRa 简介

LoRa 是一种远程、低功耗的无线通信技术，由美国赛门铁克公司制定，属于私有技术。LoRa 采用非授权频段，不同的地区采用的频段也不相同。例如，LoRa 在北美使用 915MHz 频段，在欧洲使用 868MHz 频段。因此，了解在每个 LoRa 部署位置可以合法使用的频率非常重要。从范围的角度来看，LoRa 在最佳视距条件下可以通信最远 10km。在电池供电条件下，能以最高 27kbps 速度发送少量数据，且速率越低传输距离越长。常见的 LoRa 部署实例包括资产跟踪、智能电表、检测设备、智能停车和农业现场监控。LoRa 的最大特点是在功耗相同的情况下，比其他无线方式（高斯频移键控（Gauss Frequency Shift Keying，GFSK）、频移键控（Frequency-Shift Keying，FSK）等）传播的距离更远，克服了低功耗和远距离共存的难题。它在同样的参数条件下比传统的无线射频通信距离扩大 3～5 倍之多。

但从组网的角度来看，LoRa 只创建了无线传输的物理层方法，例如收发器芯片。这意味着它缺乏适当的网络协议来管理数据收集和端点设备管理的流量。这就促进了 LoRaWAN 的发展。

(2) LoRaWAN 简介

LoRaWAN 全称为 LoRa Wide Area Network，即 LoRa 广域网，是基于 LoRa 技术的一种通信协议，属于低功耗广域网。LoRaWAN 是一种开放的、基于云的协议——由 LoRa 联盟设计和维护——它使设备能够与 LoRa 进行无线通信。从本质上讲，LoRaWAN 采用 LoRa 无线技术并为其添加了网络组件，同时还结合了节点身份验证和数据加密以确保安全。从企业 IT 部署的角度来看，LoRaWAN 网络非常适合物联网设备，这些设备可以持续监控某物的状态，然后在监控的数据超过指定阈值时向网关触发警报。这些类型的物联网设备需要很少的带宽，并且可以使用电池供电数月甚至数年。作为当前使用最广泛、最成熟的 LoRa 组网标准，LoRaWAN 已在全球 143 个国家和地区得到部署应用。该标准由 LoRa 联盟制定，LoRa 联盟是一个开放的非营利性组织，致力于推动 LoRaWAN 标准在全球的应用，现已拥有 500 多名成员，其中包括遍布于 58 个国家和地区的 133 家 LoRaWAN 网络运营商。LoRaWAN 官方网站地址：https://LoRa-alliance. org/，在该网站上面可以获取关于 LoRaWAN 的说明，局部参数，认证要求等一系列文档，这些文档对于公众是开放的，无须注册即可下载。

2. LoRaWAN 网络架构

LoRaWAN 通常以星形网络的方式部署。LoRaWAN 架构如图 7-5 所示，从左到右分别是 LoRa 终端节点、LoRa 网关、网络服务器以及应用服务器 4 类网络实体。LoRa 终端节点可能是各种设备，比如水表气表、烟雾报警器、宠物跟踪器等。这些节点通过 LoRa 无线通信首先与 LoRa 网关连接，再通过 3G 网络或者以太网络，连接到网络服务器中。网关与网络服务器之间通过 TCP/IP 协议通信。

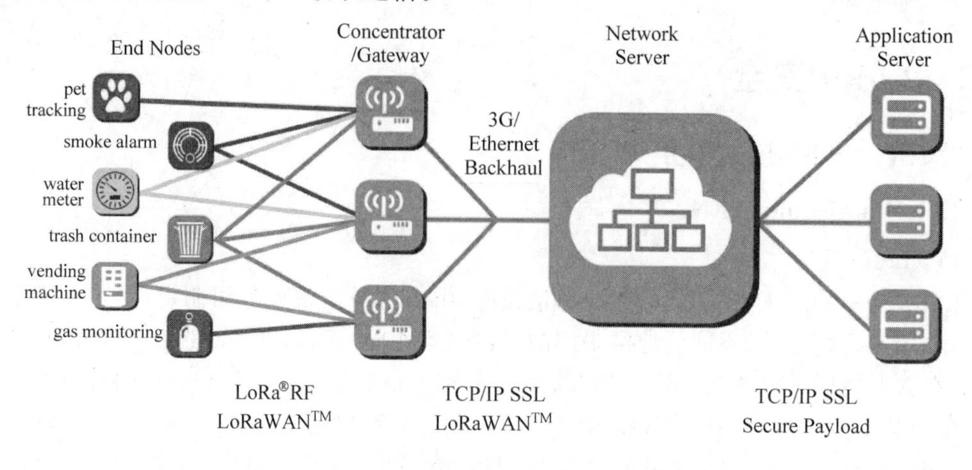

图 7-5 LoRaWAN 架构

(1) 终端节点

终端节点通常搭配传感器使用,如在环境中采集各种信息,如烟雾、天气等。终端节点在每次发送数据包时都需要随机切换信道,以便降低同频干扰和无线信号衰减。根据收发时序不同,LoRa 网络将终端节点划分成 Class A/B/C 三类,适用场合如表 7-1 所示。

表 7-1 Class A/B/C 三类设备简介

CLASS	描 述	下行时机	应用举例
A	A 类设备最省电,A 类设备上行数据后,会打开两个短暂的下行接收窗口	终端设备必须上报数据后才能下发数据	烟雾报警器等
B	B 类设备,除了具备 A 类设备的特点之外,还会根据从网关接收的时间同步信标,打开指定时间的窗口	在终端固定接收窗口即可下发数据,设备的时延时间有所提高	阀控气电表等
C	C 类设备的接收窗口一直处于打开的状态,只会在发送数据的时候短暂地打开关闭。所以 C 类设备更加地耗电	设备在任意时间点都可以接收下行的数据	路灯控制等

Class A:全称是 Class All End Device,顾名思义,即所有终端设备类,是 LoRaWAN 协议的基本节点设备类型。Class A 收发模式见图 7-6。这一类的终端设备允许双向通信,物联网终端要主动发消息给基站,基站才能找得到终端,并且下发控制指令。每个终端设备在上行链路发送消息后都会打开两个下行接收窗口,以接收下行链路传回的消息。接收窗口的开始时间固定。上行链路发送数据包后,终端进入睡眠模式,经过接收时延 1,接收窗口 1(图 7-6 中的 Rx1)打开,它与上行链路信道的频率相同,可以根据上行链路的数据速率适当调整接收窗口 1 的数据速率。上行链路发送数据包后,传感器进入睡眠模式,经过接收时延 2,接收窗口 2(图 7-6 中的 Rx2)打开,接收窗口 2 的信道频率和数据速率固定,信道频率和数据速率可以通过 MAC 命令修改。因此 Class A 非常适合采用电池供电、以上行通信为主的应用场合。

Class B:全称是 Class Beacon,即为具有预设接收槽的双向通信终端设备,是通过信标

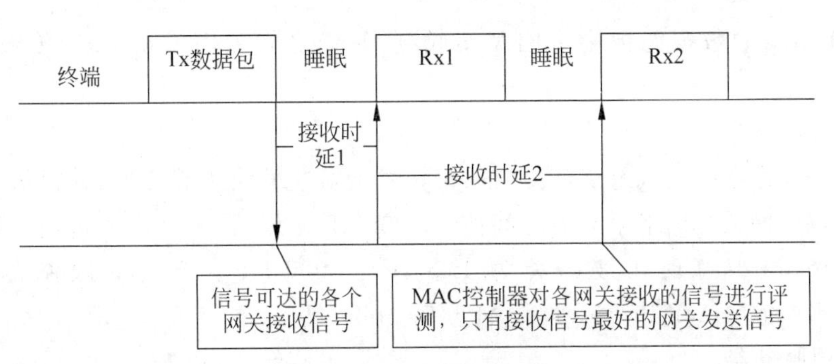

图 7-6　Class A 收发模式

同步并周期性接收数据的节点设备类型。Class B 在 Class A 的基础上增加了信标同步的功能，通过信标帧同步时间和位置信息，并周期性地开启接收窗口，这个周期在 1～128s，服务器可以在该接收窗口向节点发送消息。节点端在位置信息变化的时候需要向服务器发送消息以更新消息路由路径，适合有随机下行需求并能够容忍下行有一定时延的应用场合。工作模式如图 7-7 所示。

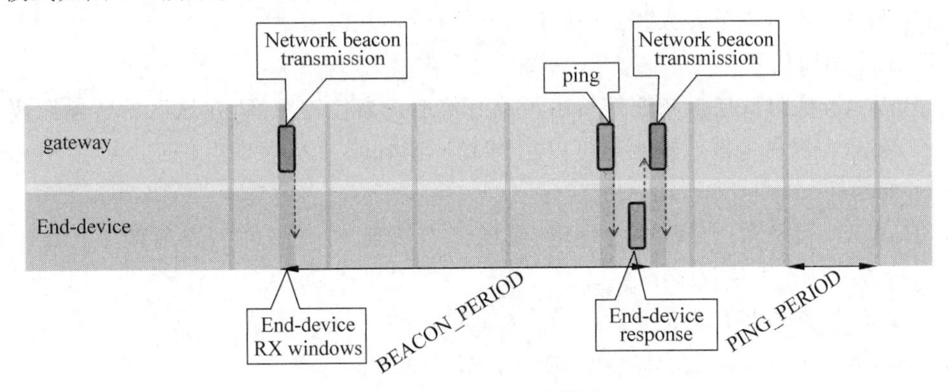

图 7-7　Class B 收发模式

Class C：全称是 Class Continuously，即持续接收节点设备类型。Class C 是在 Class A 的基础上增加了持续接收的功能，将第二个接收窗口扩展到了除上行和第一个接收窗口之外的所有时域。这样，节点可以随时接收来自服务器的消息，但是随之而来的是功耗的大幅上升，适用于需要随机下行、无时延且供电不受限的应用场合。工作模式如图 7-8 所示。

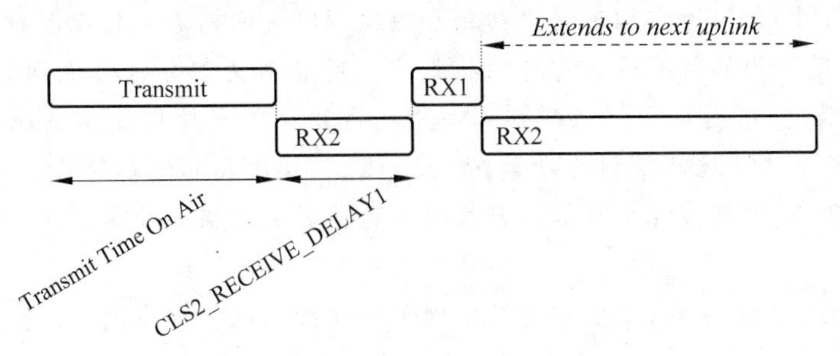

图 7-8　Class C 收发模式

(2) 网关

网关用于转发“终端节点”与“网络服务器”之间的数据。网关与终端节点之间没有进行绑定,同一个节点的数据能被多个网关接收到,它们之间采用 LoRa RF 传输,国内采用 470MHz 频段。

(3) 网络服务器

网络服务器用于把终端节点产生的数据转发给对应的应用服务器,并提供对终端节点的认证和授权。网关与网络服务器之间使用 TCP/IP 协议栈,采用透明传输。常见的协议有 Packet Forwarder(现在被归类为 Legacy)、MQTT(主流)、受限制的应用协议(Constrained Application Protocol,CoAP)、Protobuf 等。

(4) 应用服务器

应用服务器根据用户需要而设计,通常包括终端节点数据的展示(数据统计、异常数据告警)以及对节点的远程控制等。数据传输的过程是:终端节点采集到数据通过 LoRa RF 直接传送给网关,再由网关将数据转发给服务器进行处理。流量上行过程也被称为"uplink",相反,流量从服务器到终端节点的过程被称为"downlink"。

3. LoRa 技术特点

LoRaWAN 具有以下几大特点。

(1) 远距离通信

LoRaWAN 通过底层扩频通信技术可以有效地提高传输距离,在城区的传输距离可以达到 1～2km,在农村地区传输距离可以达到 10～15km。

(2) 低功耗

LoRaWAN 设备可以依靠电池供电,续航能力达到 10～15 年。发射的工作电流超过 100mA,接收的工作电流仅 10mA。

(3) 具有免费定位功能

LoRaWAN 可以实现低功耗、免 GPS 的定位功能。

LoRa 定位原理:

作为一种窄带无线技术,LoRa 是使用到达时间差来实现地理定位的。LoRa 定位的前提是所有的基站或网关共享一个共同的时基。当任何一个 LoRa 终端设备发送一个数据包时,会被它所在网络范围内的所有网关接收,并且每个报文都将会报告给网络服务器。所有的网关都是一样的,它们一直在所有信道上接收所有数据速率的信号。这意味着在 LoRa 终端设备上没有开销,因为它们不需要扫描和连接到特定的网关。传感器被简单地唤醒,发送数据包,网络范围内的所有网关都可以接收它。所有网关都会将接收到的相同数据包发送到网络服务器,使用内置于最新一代网关中的专用硬件和软件捕获高精度的到达时间。网络服务器端的算法通过比较到达时间、信号强度、信噪比和其他参数来计算终端节点最可能的位置。未来,我们期待混合数据融合技术和地图匹配增强来改善到达时间差,提高定位精度。

为了使地理位置更准确,至少需要三个网关接收数据包。更多网关、更密集的网络会提高定位精度和容量。这是因为当更多的网关接收到相同的数据包时,服务器会得到更多信息,从而提高了地理位置精度。

LoRa 网关内部需要新一代硬件来计算地理位置中使用的一些参数,如高精度的到达时间。赛门铁克公司于 2016 年初创建了新版网关的参考设计,并在许多网关中成功实现。

参考设计包括了所需的高质量时间戳功能,适用于获得授权的网关合作伙伴。这样就确保了多个供应商的部署都能一致地工作,提供高质量的时间戳,从而实现最高质量的地理定位服务。

需要重点注意的是,地理位置完全依靠网关和网络技术,因此一旦网关升级,地理位置功能就可用于所有设备。赛门铁克公司还提供了一个地理位置解算程序。通用的解算程序不是专用的应用程序,是与终端节点无关的,这为LoRa地理定位服务提供了良好的开始。另外,还定义了一个API,允许系统集成商使用第三方可能提高位置精度的解算算法。通过这种开放的模式,赛门铁克公司鼓励解算技术的创新和发展,确保基于LoRaWAN的地理位置不断改进。当数据包到达网关时,它并不知道数据包来自哪个终端设备。因此,网关给每个接收到的数据包加上时间戳,并将其转发给服务器。由于访问地理位置服务是有价值的,所以这些时间戳在网关中通过加密来保护。时间戳被传输到网络服务器,赛门铁克公司授权解密功能给网络服务提供商。网络服务器提供商可以根据订阅的服务级别对数据进行解密。要提供良好位置的最大困难之一是减少多路径传输。一些数据包直接去了网关,有些数据包并没有去网关,但有一个反射信号,其他数据包两种情况都有。使用更多数据包传输来减少多路径传输,可以通过更多的信道、更多的网关、更多天线以及使用机器学习或统计技术。

(4) 双向通信

LoRaWAN提供了多种方式的双向通信技术,如Class A/Class B/Class C,如表7-2所示。

表7-2　LoRaWAN双向通信类别

类别	应用实体	冲突解决方案	优　点	缺　点
Class A	电池供电	异步ALOHA协议(纯ALOHA协议)	最佳节能	服务器无法唤醒终端节点
Class B	电池供电	无	节能并唤醒时延可控	复杂、成本较高
Class C	市电供电	无	随时唤醒通信	能耗高

纯ALOHA协议的工作原理:

① 若节点有数据准备发送,那么就直接发送,不像CDMA那样要监测信道。

② 发送无论成功还是失败,接收方都需要反馈信息给发送方,如接收方收到数据后反馈ACK,接收方只有在没有收到数据的时候反馈否定确认(Negative Acknowledgement, NACK),给发送方。

③ 若发送失败,则延迟一段随机时间再进行下次发送。

ALOHA协议如何检测冲突呢?如果发生冲突,接收方会检测出差错,那么向发送方发送错误信息,或者不回送确认信息;发送方在一定时间内收不到ACK,就会判断发生了冲突。

ALOHA协议如何处理冲突?超时后等待一随机时间后再重传。

(5) 安全性高

LoRaWAN可实现端到端安全,终端具有唯一密钥。

此外,与其他所有无线通信技术一样,LoRaWAN也面临着并发送、防碰撞和抗干扰的问题。

并发送方面，LoRaWAN 网关可支持多个信道同时收发，各节点可以使用不同信道、不同直达路由同时上行，节点每次上行都使用随机选择信道发送的跳频方式。得益于使用扩频调制技术，同一信道不同 DR 同时通信不会相互干扰。

在防碰撞方面，LoRaWAN 采用了应答机制，通过 confirmed 类报文发送消息，接收方需要给发送方一个 ACK，若发送方没收到 ACK 则重发，直到收到 ACK 或者超过最大重发次数。

抗干扰方面，LoRa 本身具有良好的抗干扰性能，同时 LoRaWAN 也采用了发射前侦听（Listen Before Talk，LBT）、占空比和最大驻留时间几个办法来降低干扰。目前 CN470 频段未采取 LBT、占空比和最大驻留时间的机制，根据工信部最新发文，后续可能会采取 LBT 和最大驻留时间的机制。

4. 设备激活

终端节点在加入 LoRaWAN 之前需要进行激活才能入网。有两种方式：个性化激活（Activation by Personalization，ABP）和空中激活（Over-the-Air Activation，OTAA）。

（1）ABP

ABP 是一种简单的入网机制，是事先将入网信息烧写在设备上，也就是说设备上电就已经入网了，无须再特意去请求入网。需要做的只是把这个设备信息录 DevAddr、NwkSKey 和 AppSKey 硬编码保存在终端节点中，服务器端也保存有这三个参数。这三个参数在整个生命周期中保持不变。注意录的时候可能要输入设备扩展唯一标识（Device Extended Unique Identifier，DevEUI），但实际上 ABP 的设备 DevEUI 在通信中并无参与，所以只是做个映射来符合 LoRaWAN 协议，所以这个值可以随意地填，不重复即可，不过建议加上一个方便记忆的前缀。这种入网方式不太安全，适合搭建私有网络。

每一个终端节点都有一个 DevEUI，最常见的做法是，取 MCU 的序列号（Serial Number，SN），经过某种算法得到 64 位的 DevEUI。然后根据 DevEUI 采用某种算法得到 DevAddr、NwkSKey 和 AppSKey。如果采用的算法过于简单，能够被攻击者猜解出来，攻击者便可以利用这些值伪造出虚无的终端节点。

（2）OTAA

OTAA 需要与网络服务器协商产生所需的密钥 NwkSKey 和 AppSKey。当节点在上电的时候处于非入网状态时，需要先入网才能和服务器进行通信。其操作就是节点发送 join_requestmessage，请求入网，然后服务器同意入网，并且返回 Join-acceptmessage，节点再对信息进行解析，获取通信参数，之后就可以和服务器通信了。其过程如图 7-9 所示。

AppSKey＝AES 算法（AppKey，0x1＋AppNonce＋NetID＋DevNonce）；NwkSKey＝AES 算法（AppKey，0x2＋AppNonce＋NetID＋DevNonce）

其中，AppKey 是一个 128 位的 AES 算法-128key。DevNonce（JoinRequest）和 AppNonce（JoinAccept）：是入网中引入的两个随机数，用于抵御重放攻击。网络标识（NetID）：在同一个 LoRaWAN 中所有的终端节点共享一个 NetID。终端地址（DevAddr）：1 个 32 位的标识，在当前网络中的终端节点唯一标识，相当于会话 ID。

7.2.2 LoRa 安全威胁

LoRa 声称是一个安全的物联网协议，也得到了广泛的应用。LoRa 安全更多的是指密

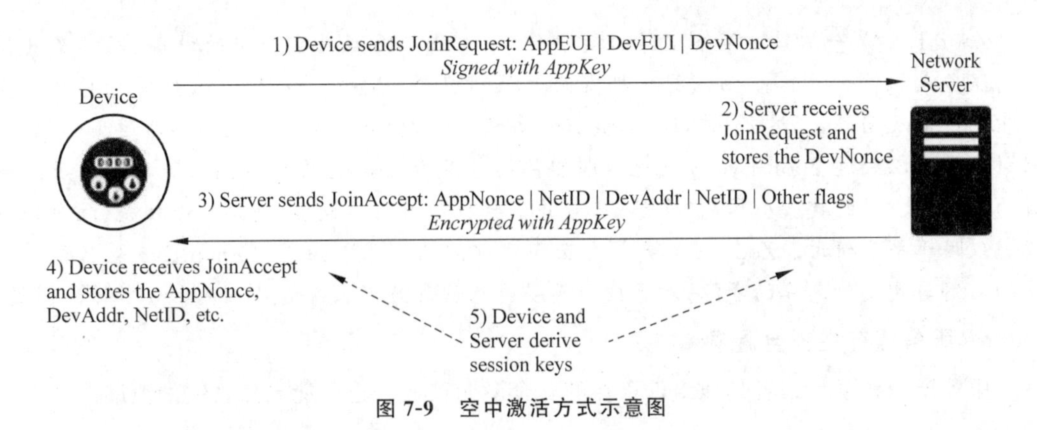

图 7-9 空中激活方式示意图

钥的安全。通常攻击者可以通过以下几种方式获取密钥。

1. 通过逆向从固件中获取

使用 UART 或者 SPI 接口通过监听或者伪造 MCU 与 LoRa 模块的通信；从设备中提取出固件,或从互联网上获取固件,然后逆向分析出密钥。

2. 设备标签

不少设备上的标签以文本或二维码记录着 DevEUI(DevEUI 是 LoRaWAN 中设备唯一标识符,遵循 IEEE 802EUI-64 中 MA-L 管理办法,保证全球范围地址的唯一性,便于LoRaWAN 全球性网络部署)、AppKey(AppKey 是每次无线激活期间用于消息的加密密钥)等敏感信息,如果部署后没有移除,攻击者通过物联网接触能够轻松获取到。

3. 硬编码在开源代码中

在开源代码中的密钥未经修改直接应用到产品中时,攻击者可获取。

4. 容易猜解的密钥

厂商在设计时,密钥使用过于简单的算法来实现,容易被攻击者猜解出来。例如,AppKey=DevEUI+AppEUI 或 AppKey=AppEUI+DevEUI、AppKey=DevEUI、所有的设备采用相同的 AppEUI 等(AppEUI 现称为 JoinEUI,是 IEEEE UI64 地址空间中的全局应用程序 ID,用于在无线激活期间标识加入服务器)。

5. 网络服务器中使用默认密码或弱口令

使用 Shodan 或 ZoomEye 等检索出暴露在互联网上的网络服务器,不少服务器使用了默认密码,如 admin：admin。攻击者可以在登录后获取到密钥。

Shodan 是一个搜索引擎,但它与谷歌这种搜索网址的搜索引擎不同,它不是在网上搜索网址,而是直接进入互联网探索其背后的信息。Shodan 所搜集到的信息是极其惊人的。凡是连接到互联网的红绿灯、安全摄像头、家庭自动化设备以及加热系统等都会被轻易地搜索到。Shodan 的使用者曾发现过一个水上公园的控制系统,一个加油站,甚至一个酒店的葡萄酒冷却器。而网站的研究者也曾使用 Shodan 定位到了核电站的指挥和控制系统及一个粒子回旋加速器。Shodan 真正值得注意的能力就是能找到几乎所有和互联网相关联的东西。而 Shodan 真正的可怕之处就是这些设备几乎都没有安装安全防御措施,可以随意进入。

ZoomEye 是一款针对网络空间的搜索引擎，收录了互联网空间中的设备、网站及其使用的服务或组件等信息。ZoomEye 拥有两大探测引擎：Xmap 和 Wmap，分别针对网络空间中的设备及网站，经过 24h 不连续地探测、辨认，标识出互联网设备及网站所运用的组件。研讨人员可以经过 ZoomEye 方便地理解组件的普及率及破绽的危害范围等信息。虽然被称为“黑客敌对”的搜索引擎，但 ZoomEye 并不会自动对网络设备、网站发起攻击，收录的数据也仅用于平安研讨。ZoomEye 更像是互联网空间的一张航海图。ZoomEye 兼具信息搜集的功用与破绽信息库的资源，对于广阔的浸透测试喜好者来说这是一件十分不错的利器。

6. 服务器存在安全漏洞

服务器操作系统或者其他组件存在的安全漏洞被入侵也可能导致密钥的泄漏。

7. 设备制造商被攻击

设备制造商的网络被攻击导致密钥泄漏。

8. 设备/设施部署机制

部署时常用计算机、手机 App 或其他专用设备进行配置，密钥可能在部署后残留在部署的计算机、手机或其他专用设备中。

9. 文件泄露

设备制造商通常把密钥存储在文件中，并通过邮件等方式分享给客户。这些文件被多人经手或因管理不当导致密钥文件泄漏。

10. 服务提供商信息泄露

网络服务器与应用服务器中存储有 APPKeys，密钥可能以文件形式被备份或保存在数据库中等。服务提供商数据泄露可能导致用户的密钥被泄漏。

7.2.3 LoRa 安全机制

LoRaWAN 在设计之初就考虑到了安全问题，定义了两个密钥(NwkSKey 和 APPSKey)。NwkSKey(Network Session Key，网络会话密钥)用于保障终端节点传输到网络服务器之间的数据完整性；APPSKey(Application Session Key，应用会话密钥)用于加密传输的数据，保障终端节点到应用服务器之间的数据机密性，如图 7-10 所示。

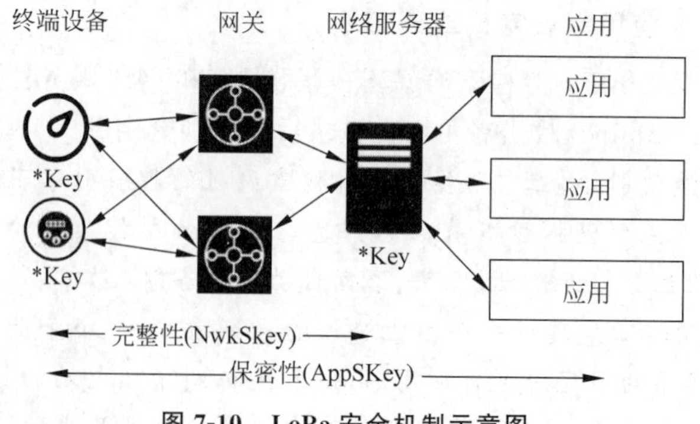

图 7-10 LoRa 安全机制示意图

此外，还通过 MIC、帧计数器(Frame counter，FCnt)和 MAC 帧负载加密保障安全。LoRa 的消息帧格式如图 7-11 所示。

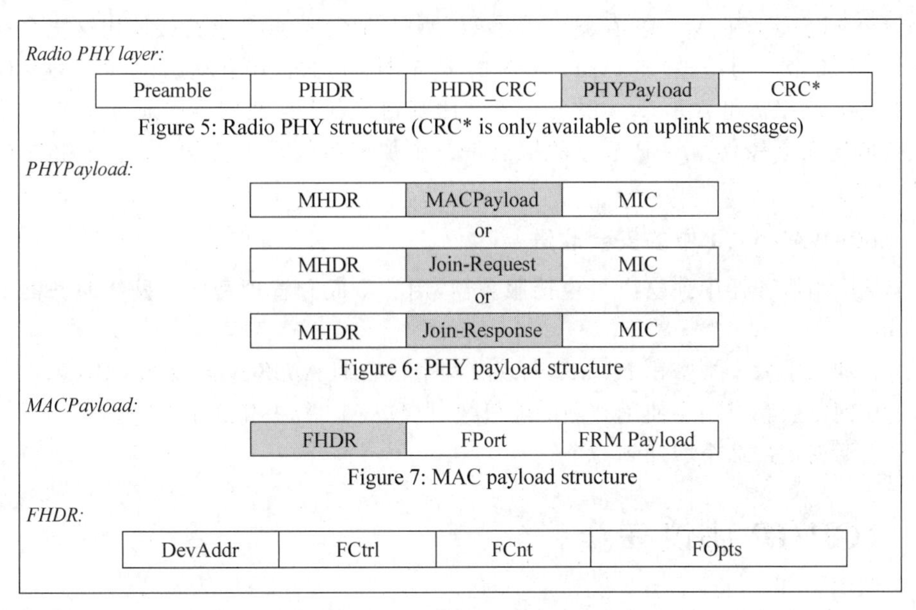

图 7-11　LoRa 的消息帧格式

1）MIC

MIC 为 4 个字节，用于确保数据的完整性，即数据没有被篡改。

2）FCnt

FCnt 为一个 16 位计数器，数据上下行中分别称为 uplink 计数器和 downlink 计数器，FCnt 设计的目的是防止重放攻击，即当接收方收到的 FCnt 比之前收到的 FCnt 小，接收方会丢弃这个数据包。

3）MAC 帧负载加密

如果数据帧携带有负载，在计算 MIC 之前，需要使用 AES 算法进行加密，以保障数据的机密性。

7.2.4　LoRa 的安全建议与技术改进

1. LoRa 的安全建议

（1）密钥生成规则要健壮，不易被攻击者猜解出来；

（2）需要加强密钥管理，防止密钥泄漏；

（3）在网络中添加入侵检测模块；

可以通过持续检测 FCnt 的值来检测攻击，这是因为攻击者发送伪造的消息或发起拒绝服务攻击时，FCnt 的值会出现异样，在收到攻击者的消息后，真实中单节点发出的 FCnt 会小于等于攻击者发出的。通过分析流量，识别是否有同一设备出现平行对话的情况（Dev Addr），此时可能是攻击者通过重新入网发起了拒绝服务攻击。此外，还可以进一步分析数据中被丢弃的数据包被丢弃的原因来实现入侵检测。

（4）尽量采用 OTTA 入网，因为使用 ABP 入网的终端节点中固化了密钥，密钥很容易被窃取。

ABP 入网方式更加简单、直接，ABP 省略了 OTAA 的入网步骤，直接配置了

DevAddr、NwkSKey 和 AppSKey 这三个参数，所以 ABP 节点可以直接使用这三个参数对数据来进行加密。为了保证 ABP 数据的安全性，LoRa 节点生产厂商一般不会把 DevAddr、NwkSKey 和 AppSKey 这三个参数印刷到节点上。我们可以通过 at 命令或者其他方式获取这三个参数。ABP 节点的缺点是三个加密参数是不变的，安全性相对 OTAA 节点低一些。

2. LoRaWAN v1.1 中的安全改进

(1) 从网络服务器中独立出了连接服务器，用于生成和管理密钥。网络服务器不再处理 AppSKey。

(2) 新加入了一个根密钥 NwkKey，现有两个根密钥 AppKey 以及 NwkKey。

(3) 在网络层和应用层使用独立的随机数，位数从 16 位提高到了 32 位。

(4) 会话密钥从 2 个增加到 5 个。

7.3 TCP/IP 协议安全

TCP/IP 协议是网络最基本的通信协议，任何厂家生产的计算机系统，只要遵守该协议，就能与因特网互联互通。但是，TCP/IP 协议存在的一些缺陷常常被不法分子利用，成为他们发动攻击的一种手段。

2020 年初，黑客对著名代码托管平台 GitHub 发动攻击，GitHub 和旗下很多子站点均被提示有信息安全问题，大批访问用户被挡在网站之外。这样的例子还有很多，例如，2014 年微软账号系统被入侵事件，2016 年美国网络瘫痪事件等。2021 年 8 月马里兰大学 Kevin Bock 等在 USENIX 大会上提出一种利用中间盒发起的新型 TCP 反射放大攻击手法：攻击者可以利用部分网络中间盒在 TCP 会话识别上的漏洞，实现一种全新的 DDoS 反射放大攻击。与 2018 年出现的利用协议栈发起的 TCP 反射无法放大攻击流量的情况不同，这种新型攻击实现了基于 TCP 协议的流量放大效果，这也使得该攻击手法诞生之后，在黑客中快速传播，全网泛滥。本节，我们一起来看看 TCP/IP 协议常见的攻击方式和防御手段。

7.3.1 TCP/IP 协议简介

1. TCP/IP 协议体系

TCP/IP 协议体系结构起源于 20 世纪 60 年代末，首先由美国国防部高级研究规划署(Defense Advanced Research Projects Agency，DARPA)作为其研究的一部分，所以又称 DARPA 参考模型。不仅广域网鼻祖 ARPANET 使用的是 TCP/IP 协议体系结构，现在使用最广的因特网也是基于这一模型设计的。

【TCP/IP 协议诞生的故事】

1974 年的那个冬天，文顿·瑟夫和鲍勃·卡恩的第一份 TCP 协议详细说明(名为“一个用于分组交换网络互联的协议”(A Protocol for Packet Network Interconnection)的论文)正式发表。当时，他们做了一个试验，将信息包通过点对点的卫星网络，陆地电缆，再通过卫星网络，然后由地面传输，贯穿欧洲和美国，经过各种电脑系统，全程 9.4 万公里，竟然没有丢失一个数据位！这样的远距离可靠数据传输，证明了 TCP/IP 协议的成功。1983 年元旦，运行了比较长时间的、曾被人们习惯了的网络控制协议(Network Control Protocol,

NCP)被停止使用,从此以后,TCP/IP 协议就成了因特网上所有主机间的共同协议,作为一种必须遵守的规则被肯定和应用。

TCP/IP 协议体系可称为 TCP/IP 协议、TCP/IP 协议栈、TCP/IP 协议簇或 TCP/IP 模型,是目前最完整、使用最广泛的通信协议。它的魅力在于可实现不同硬件结构、不同操作系统的计算机相互通信。TCP/IP 协议既可用于广域网,也可用于局域网,它是因特网/内联网的基石。TCP/IP 协议体系从字面上理解只有传输控制协议(Transmission Control Protocol,TCP)和互联网协议(Internet Protocol,IP)两个协议,而事实上是一个协议集合,具体如图 7-12 所示。

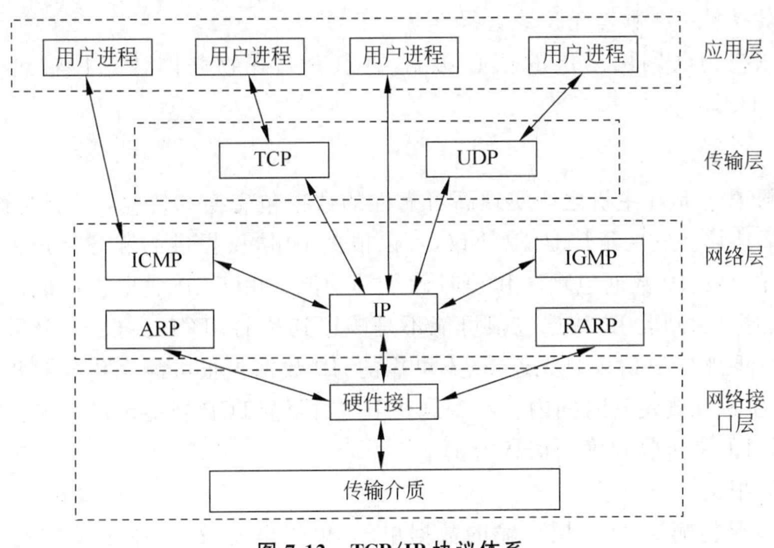

图 7-12　TCP/IP 协议体系

培养团队合作意识

IP 层概述中,提到其中占主导地位的 IP 协议和其他配套协议如 ICMP、IGMP、ARP 等,介绍它们各自在整个通信过程中的作用和重要性,强调 IP 协议虽然起主导作用,但是也需要其他协议的支持才能完成整个通信流程,强调团队合作的重要性,剧中并非只有"男一号""女一号"才是需要努力的,更不能作"孤胆英雄",借此培养学生的团队合作意识。

TCP/IP 协议体系结构如图 7-12 所示,从高到低划分了四层,依次是:应用层、传输层、网际互连层(又称互联网层)和网络访问层(又称网络接入层、网络接口层或主机-网络层)。

(1) 应用层:应用层是 TCP/IP 协议的最高层,是直接为应用程序提供服务的,用来接收来自传输层的数据或按不同应用要求与方式将数据传输至传输层。不同的应用程序会根据自己的需求来选择不同的应用层协议。例如,邮件传输应用程序使用简单邮件传输协议(Simple Mail Transfer Protocol,SMTP)、互联网应用程序使用 HTTP、远程登录服务应用程序使用 Telnet 协议。应用层不仅可对应用程序的数据进行加密、解密和格式化等操作,还可以建立或解除应用程序与其他应用层的联系,以充分节省网络资源。

(2) 传输层:传输层位于应用层下面、网络层上面,其主要功能是利用网络层提供的服务,在源主机的应用进程与目的主机的应用进程之间建立端到端的连接。网络层的协议主要包括TCP和用户数据包协议(User Datagram Protocol,UDP)。

(3) 网络层:网络层位于网络接口层上面、传输层下面,其主要功能是建立或终止网络连接,以及进行IP寻址。网络层的协议主要包括IP、互联网控制报文协议(Internet Control Message Protocol,ICMP)、互联网组管理协议(Internet Group Management Protocol,IGMP)、地址解析协议(Address Resolution Protocol,ARP)和反向地址转换协议(Reverse Address Resolution Protocol,RARP)。

(4) 网络接口层:网络接口层(也称为网络访问层)位于TCP/IP协议参考模型的底层,由于网络接口层合并了数据链路层和物理层,因此网络接口层既是传输数据的物理媒介,也可以为网络层提供一条准确无误的数据链路。

下面将围绕物联网网络层的核心功能,重点介绍在物联网数据传输过程中用到的TCP、IP和UDP。

2. TCP

TCP主要功能是在主机之间实现高可靠性的数据包交换和传输,TCP是面向连接的、端到端的可靠协议。它的下层是IP协议,可以根据IP协议提供的服务传送大小不定的数据。TCP具有重排IP数据包顺序和超时确认等功能。由于IP数据包可能从不同的传输线路到达目的主机,因此IP数据包很可能不是顺序到达的,TCP会根据IP数据包正确的顺序对其进行重排。IP协议是无连接、不可靠的,IP数据包很可能在传输过程中损坏或丢失,如果目的主机在规定的时间内收不到这些IP数据包,TCP规定主机要重新发送这些IP数据包,直到目的主机收到确认信息为止。

(1) TCP报文

TCP报文是传输层TCP层传输的数据单元,也叫报文段,具体字段分配如图7-13所示,可以看出一个完整的TCP报文结构由首部(报头)和数据两部分组成的。TCP报文首部比UDP报文首部的字段要多,并且首部长度不固定。TCP报文段首部的前20字节是固定的,后面有$4N$个字节是根据需要而增加的选项(N是整数)。因此TCP报文首部的最小长度是20字节。

① 源端口和目的端口

源端口和目的端口各占16bit。端口号用16位二进制数表示,共有2^{16}个端口号,代表0~65535。端口是传输层与应用层的服务接口,端口号是唯一表示计算机运行的应用程序(进程)的编号。通过端口号可以找到计算机运行的应用程序。主机上不同的协议有不同的端口号,相应的应用程序进程通过这个端口号进行通信。网络的IP地址和端口号组合成为唯一的标识,称之为“套接字”或“端点”。TCP在端口间建立连接进行可靠通信,即连接是由一对套接字定义的。

提示:IP地址在网络中可以唯一标识一个联网设备,但是这个联网设备中的不同网络应用程序进程可能同时进行通信,这时TCP会使用端口号来区分目的主机接收到的数据包应该发给哪个应用进程。如Web服务器对应的端口号是80,通过80端口就能实现上网的功能。端口号就是端口地址,工作在传输层,在传输的过程中是不会变的。

② 序号(序列号)

序号占32bit。范围是$[0,2^{32}-1]$,共2^{32}(即4294967296)个序号。序号增加到$2^{32}-1$后,下一个序号就又回到0。TCP是面向字节流的,在一次TCP连接中,从连接建立开始,

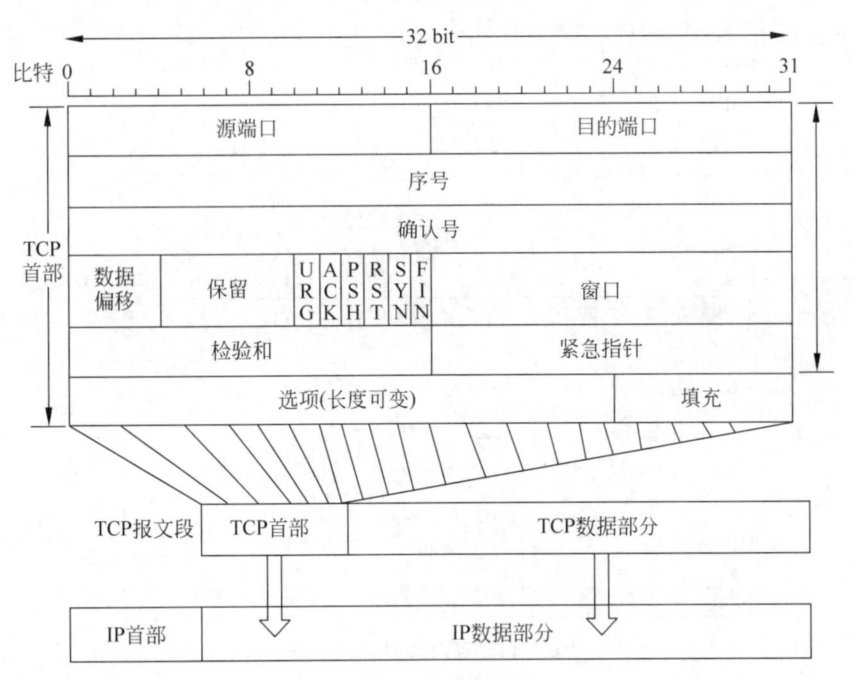

图 7-13 TCP 报文

到本次 TCP 连接断开,要传输的所有数据的每一个字节都要编号,这个编号称为字节序号。序号字段的值指的是本数据包的第一个字节的序号。因为提供了这个序号,使确认报文是被正确收到还是丢失成为了可能。如果用户收到对序号为 N 的报文的确认信息,这表明序号为 N 以前的报文都收到了。

以计算机 A 给计算机 B 发送一个文件为例来说明序号字段的用法,如图 7-14 所示。为方便说明,传输层其他字段没有展现。第 1 个数据包的序号字段值是 1,而携带的数据共有 100 字节,这就表明:本数据包的第一个字节的序号是 1,最后一个字节的序号是 100;第 2 个数据包的第一个字节的序号应当从 101 开始,即第 2 个数据包的序号字段值应为 101;以此类推,直到数据全部传输完毕。计算机 B 将收到的数据包放到缓存,然后根据序号对收到的数据包中的字节进行排序,计算机 B 的程序会从缓存中读取编号连续的字节。

③ ACK 号

ACK 号占 32bit,是指期望收到下一个报文段的数据的第一个字节的序号。只有 ACK 标志位为 1 时,确认号才有效,ACK=SEQ+1。

TCP 能够实现可靠传输。接收方收到几个数据包后,就会给发送方一个确认数据包,告诉发送方下一个数据包该发第多少个字节了。如图 7-14 所示,计算机 B 收到了两个数据包,将两个数据包字节排序得到连续的前 200 字节,计算机 B 要发一个确认包给计算机 A,告诉计算机 A 应该发送第 201 字节了,这个确认数据包的 ACK 号就是 201。确认数据包没有数据部分,只有 TCP 首部。总之,应当记住:若 ACK 号是 N,则表明到序号 $N-1$ 为止的所有数据都已正确收到。

④ 数据偏移

数据偏移占 4bit,它指出 TCP 报文的数据起始处距离 TCP 报文段的起始处有多远。这个字段实际上指出了 TCP 报文段的首部长度。由于首部中还要长度不确定的选项字段,

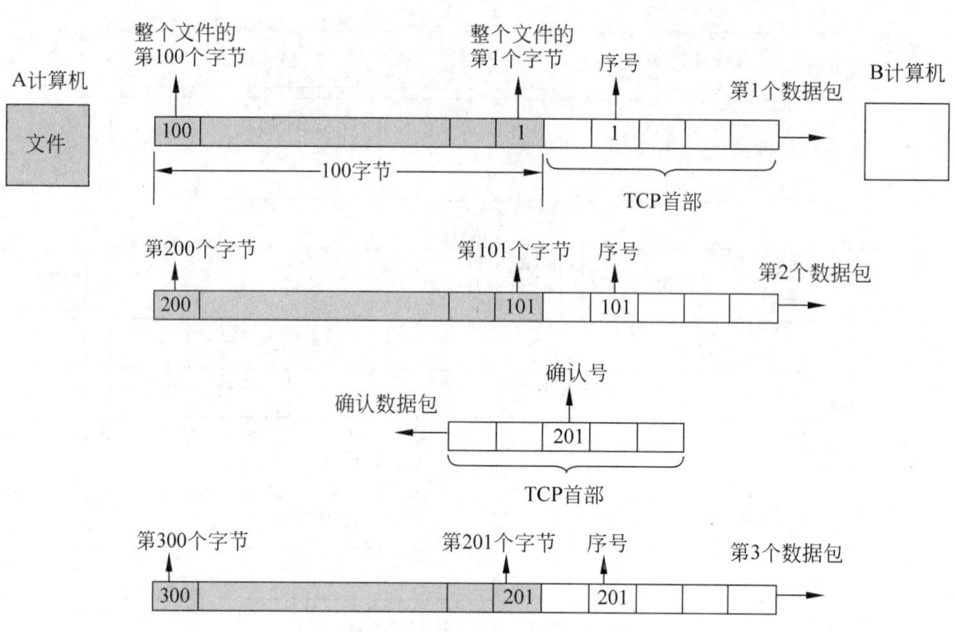

图 7-14 理解序号和确认号

因此数据偏移字段是必要的。但请注意，"数据偏移"的长度占 4bit，单位为 4 字节。由于 4bit 能够表示的最大十进制数是 15，因此数据偏移的最大值是 60 字节，这也是 TCP 首部的最大长度。除去 TCP 首部的最小长度是 20 字节，也就意味着选项长度不能超过 40 字节。

⑤ 保留

保留占 6 字节。保留一般是后面会使用，目前应置为 0。

⑥ 标志位

标志位共 6 个，即 URG、ACK、PSH、RST、SYN、FIN 等，每个标志位占 1bit，具体含义如下。

- 紧急比特 URG——当 URG=1 时，表明紧急指针字段有效。它告诉系统此报文段中有紧急数据，应尽快传送(相当于高优先级的数据)，而不要按原来的排队顺序传送。例如，已经发送了一个很长的程序要在远地的主机上运行，但后来发现了一些问题，需要取消该程序的运行。因此用户从键盘发出中断命令(Control+C)。如果不使用紧急数据，那么这两个字符将存储在接收 TCP 的缓存末尾。只有在所有的数据被处理完毕后这两个字符才被交付到接收方的应用进程。这样做就浪费了许多时间。当 URG 置 1 时，发送应用进程就告诉发送方的 TCP 有紧急数据要传送。于是发送方 TCP 就把紧急数据插入到本报文段数据的最前面，而在紧急数据后面的数据仍是普通数据。URG 要与首部中的紧急指针字段配合使用。
- 确认比特 ACK(Acknowlegment)——只有当 ACK=1 时确认号字段才有效。当 ACK=0 时，确认号字段无效。TCP 规定，在 TCP 连接建立后所有传送的报文段都必须把 ACK 置 1。

  需要注意的是：不要将确认号 ACK 与标志位中的 ACK 搞混了：确认号 ACK 等于发起方初始序列号 SEQ 加 1，两端配对。
- 推送比特 PSH(Push)——当两个应用进程进行交互式通信时，有时一端的应用进程希望在键入一个命令后立即就能收到对方的响应。在这种情况下，TCP 就可以使用推送操作。即发送方把 PSH 置 1，并立即创建一个报文段发送出去。接收方收到 PSH=1 的报文段后，就尽快地(即“推送”向前)交付给接收应用进程，而不再等到整个缓存都填满了后再向上交付。虽然应用程序可以选择推送操作，但推送操作很少使用。

- 复位比特 RST(ReseT)——当 RST=1 时，表明 TCP 连接中出现严重差错(如主机崩溃或其他原因)，必须释放连接，然后再重新建立连接。RST 置 1 还用来拒绝一个非法的报文段或拒绝打开一个连接。RST 也可称为重建位或重置位。
- 同步比特 SYN(Synchronization)——在连接建立时用来同步序号。当 SYN=1 而 ACK=0 时，表明这是一个连接请求报文段。对方若同意建立连接，则应在响应的报文段中使 SYN=1 和 ACK=1。因此，SYN=1 就表示这是一个连接请求或连接接受报文。
- 终止比特 FIN(Final)——用来释放一个连接。当 FIN=1 时，表明此报文段的发送端的数据已发送完毕，要求释放连接。

⑦ 窗口

窗口占 16bit。窗口值是$[0,2^{16}-1]$的整数，用来告诉对方：从本报文段首部中的确认号算起，接收方目前允许发送方发送的最大数据量(单位是字节)。之所以要有这个限制，是因为接收方的数据缓存空间是有限的。窗口值是接收方让发送方设置其发送窗口的依据。使用 TCP 传输数据的计算机会根据自己的接收能力随时调整窗口值，然后对方参照这个值及时调整发送窗口，从而达到流量控制功能。

⑧ 检验和

检验和占 16bit。检验和字段检验的范围包括首部和数据这两部分。在计算检验和时，要在 TCP 报文段的前面加上 12 字节的伪首部。

⑨ 紧急指针

紧急指针占 16bit。紧急指针仅在 URG=1 时才有意义，它指出本报文段中的紧急数据的字节数(紧急数据结束后就是普通数据)，即本报文段中的紧急数据的最后一个字节的序号。因此紧急指针指出了紧急数据的末尾在报文段中的位置。当所有紧急数据都处理完后，TCP 就告诉应用程序恢复正常操作。值得注意的是，即使窗口为零时也可发送紧急数据。

⑩ 选项

选项长度可变，最长可达 40 字节。TCP 只规定了一种选项，即最大报文段长度(Maximum Segment Size，MSS)。MSS 告诉对方 TCP：“我的缓存所能接收的报文段的数据字段的最大长度是 MSS 个字节。”MSS 是每一个 TCP 报文段中的数据字段的最大长度。数据字段加上 TCP 首部才等于整个 TCP 报文段，因此 MSS 并不是整个 TCP 报文段的最大长度，而是“TCP 报文段长度减去 TCP 首部长度”。当没有使用选项时，TCP 的首部长度是 20 字节。

(2) 建立 TCP 连接

与 IP 协议不同，TCP 是面向连接的。TCP 的连接和建立采用客户-服务器方式。主动发起连接建立的应用进程叫作客户端，被动等待连接建立的应用进程叫作服务器端。正常情况下，服务器端与客户端在每次进行数据传输之前，都要先虚拟出一条路线，称为 TCP 连接，以后的数据传输都经由该路线进行，直到本次 TCP 连接结束。建立 TCP 连接的过程需要三个步骤，这三个步骤通常称为“三次握手”，如图 7-15 所示。

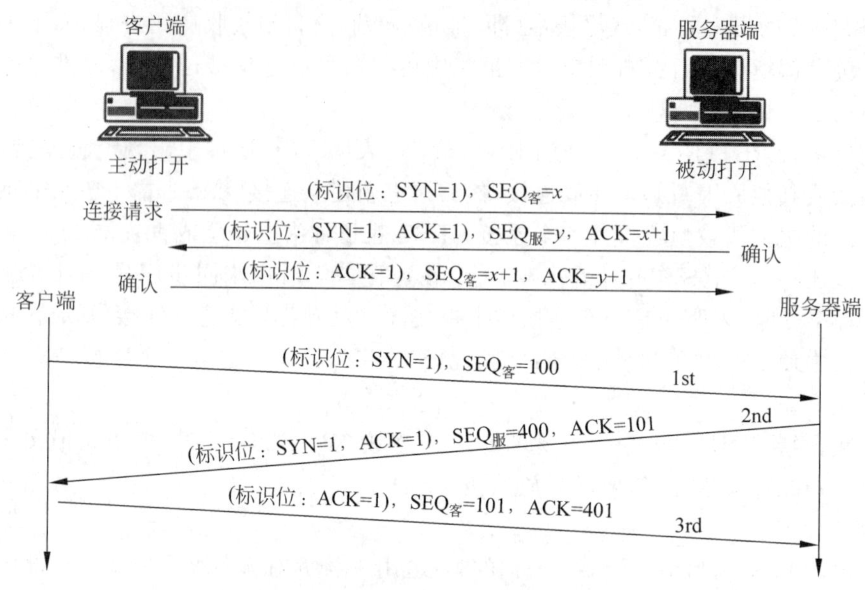

图 7-15　TCP 连续三次握手示意图

第一步：客户端发送一个标识位 SYN=1 的 TCP 报文给服务器端，然后等待服务器端的确认。该报文表明是向服务器端发出的连接请求报文，同时该报文还包含客户端使用的端口号和初始序列号 $SEQ_客$，此处假设 $SEQ_客=x$，x 的值是客户端根据相关算法确定的，不一定是 1。

第二步：服务器端接收到来自客户端的 TCP 报文后，通过该报文的标志位 SYN=1 判断这是一个连接请求报文；如接受客户端的连接请求，就反馈一个 SYN+ACK 确认报文给客户端，并等待客户端的最终确认。该 SYN+ACK 确认报文的标识位 SYN=1、ACK=1，包含确认号 ACK$=x+1$（该确认号 ACK 等于客户端发来的 TCP 报文的序列号 $SEQ_客$ 加 1，即提醒客户端接下来应该发送序列号为 $x+1$ 的报文过来了）和服务器端的初始序列号 $SEQ_服=y$。同时，服务器端将客户端的 IP 地址加入等待列表，预分配资源为即将建立的 TCP 连接储存信息做准备，且这个资源一直会保留到 TCP 连接释放。服务器端反馈客户端 SYN+ACK 确认报文的目的有两个：①向客户端表明自己已做好建立 TCP 连接的准备了，即 TCP 连接处于半开状态。②等待客户端发来做好建立 TCP 连接准备的最终确认信息。

第三步：客户端收到服务器端反馈的 SYN+ACK 确认报文后，再向服务器端返回一个标识位 ACK=1，确认号为 ACK$=y+1$（该确认号 ACK 等于服务器端反馈的 SYN+ACK 确认报文的序列号 SEQ 加 1，即提醒服务器端接下来应该发送序列号为 $y+1$ 的报文过来了）、序列号为 $x+1$（该值等于客户端的初始序列号 $SEQ_客$ 加 1）的 ACK 确认报文。至此，一个标准的 TCP 连接完成。

如图 7-15 所示，客户端首先向服务器端发送一个 SYN=1、初始序列号 $SEQ_客=100$ 的 TCP 报文，用于连接请求，然后等待服务器端的确认。服务器端收到该报文后，如同意客户端的连接请求，就反馈客户端一个 SYN+ACK 确认报文。该确认报文的标识位 SYN=1、ACK=1，确认号 ACK=101（数值 101 是根据 $SEQ_客=100$ 计算而来的），初始序列号

$SEQ_{服}$＝400(数值400是服务器端自身算法计算而来,与客户端的序列号无任何关系)。客户端收到该报文后,再向服务器端返回一个ACK确认报文,该报文的标识位ACK＝1,序列号$SEQ_{服}$＝101、确认号ACK＝401。

【思考】 为何需要第三次握手?

(3) TCP连接异常情况处理

但如果在第一步中,客户端向服务器端发送TCP连接请求报文后,客户端由于某种原因(如宕机、掉线等)重新启动,而服务器端并不知晓这个情况。那么当服务器端如约给客户端反馈SYN+ACK确认报文时,客户端已经不认识这个曾经发起的链接了。在这种情况下,TCP的处理原则是接收方以复位作为应答,即客户端向服务器端发送一个RST报文,使得服务器端终止该连接并通知应用层连接复位。需要注意的是RST报文不会导致服务器端产生任何响应,即服务器端将不会对此RST报文进行确认。

3. IP协议

(1) IP协议简介

IP是Internet Protocol的缩写,也就是为计算机网络相互连接实现通信而设计的协议。在因特网中,IP协议提供了连接到网上的所有计算机网络实现相互通信的一套规则。任何厂商的网络系统,只有遵守IP协议才可以与因特网互联互通。

IP协议实际上是一套由软件、程序组成的协议标准软件。它把各种来自不同底层网络中封装完成的“数据帧”,统一转换成“IP数据包”格式,从而屏蔽了不同底层网络的差别,实现互联互通。这种IP数据包封装和转换是因特网的一个最重要的特征,从而实现了各种不同类型网络中的设备,都能通过因特网实现互联互通,保证了因特网“开放性”“互联性”的特点。传输在网络中的每一个IP数据包都是独立处理的,不一定都是通过相同的路径进行传输,路由器可以根据网络状态选择不同的路由自由传输,所以也叫作“无连接”。IP协议的这种无连接虽然可以使得数据包在网络中更加灵活地传输,但也意味着由于它在发送数据时不会建立连接而使数据包的传输变得不可靠。

此外,IP协议本身不提供任何错误检查与恢复机制,这意味着当一个数据包在传输过程中出现错误或丢失时,IP协议不会尝试进行任何的恢复或重传。这样的设计可以减少协议的复杂性,但也使得数据的传输容易出现错误和数据丢失的情况。因此,为了保证数据的可靠性,其他协议(如TCP)通常会在IP协议之上建立连接并提供可靠的传输保证,同时还会提供错误检查和恢复机制来保证数据的完整性和可靠性。

(2) IP数据包

IP数据包是信息在互联网中传输的一种数据形式,所传送的数据必须按照IP协议封装的格式,封装成“IP包”,再传送出去。每个“IP包”(分组)都作为一个“独立的报文”传送,所以叫作“IP数据包”。

IP数据包的格式如图7-16所示。一个IP数据包的完整格式由首部和数据两部分组成。首部固定长度共20字节,是所有IP数据包必须具有的;后面是一些可选字段,其长度可变。首部的后面就是IP数据包中携带的数据。

① 版本:占4位,标识目前使用IP协议版本号为4(即IPv4)。

② 首部长度:占4位,用于指定数据包头的长度。

③ 服务类型(Type of Service,TOS):占8位,用于设置数据传输的优先级。当网络流

量较大时，路由器根据 TOS 内不同值，决定哪些数据包优先发送，哪些后发送，其中，前 3 位表示优先级；后 4 位是 TOS 字段："D_"表示更低时延，"T_"表示更高吞吐量，"R_"表示更高可靠性，"C_"表示更少路由开销。

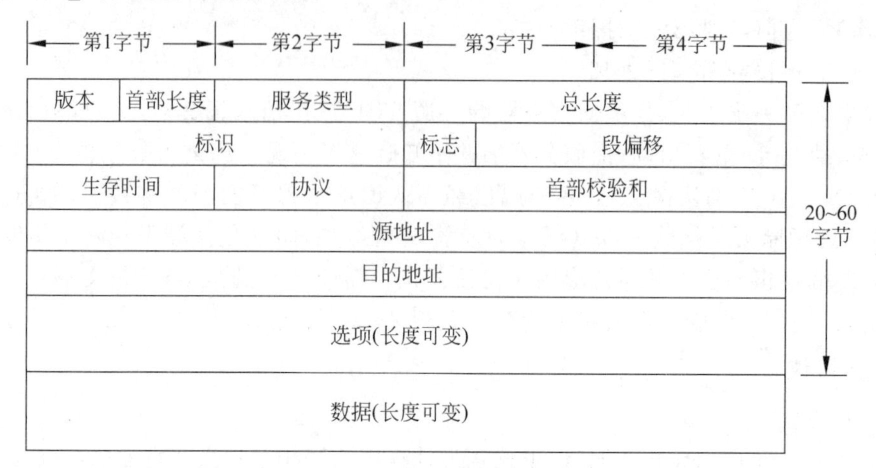

图 7-16 IP 数据包的格式

④ 总长度：占 16 位，指整个 IP 数据包长度，等于数据包头长度加上数据长度。利用该部分信息，可知道 IP 数据包中数据内容的起始位置和长度，因此 IP 数据包最大长度为 65535 字节(即 64 KBytes)。长数据包传输效率更高，但实际使用数据包长度很少超过 1500 字节。当数据包长度超过网络允许的最大传输长度时，必须将长数据包分片。

⑤ 标识：占 16 位，用于指定当前数据包的标识号，用于数据包分片与重组，该字段标识分段属于哪个特定数据包。它是一个计数器，当 IP 协议发送数据包时，将这个计数器当前值复制到标识字段中。如果数据包要分片，就将这个值复制到每一个分片后数据包片中。这些数据包片到达接收端后，按照标识字段值使数据包片重组成为原来的数据包。

⑥ 标志：占 3 位，确定一个数据包是否可以分段，同时也指出当前分段的后面是否还有更多分段。目前只有 2 位有意义，其中，最低位 MF(More Fragment)=1，表示后面还有分片数据包；MF=0 表示是若干数据包片中最后一个。中间位 DF(Don't Fragment)=1，表示不能分片；DF=0 表示允许分片。

⑦ 段偏移：占 13 位，帮助目标主机查找分段在整个数据包中的位置，以 8 个字节为偏移单位，即每个分片长度是 8 字节的整数倍。较长分组分片后，分段偏移指出某片在原分组中相对位置。也就是说，相对于用户数据字段的起点，该片从何处开始。

⑧ 生存时间(Time to Live，TTL)：占 8 位，设置数据包可以经过的最多路由器数，初始值由源主机设置，每经过一个路由器，该值会减 1。该值等于 0 时，数据包被丢弃，并发送 ICMP 报文通知源主机。

⑨ 协议：占 8 位，指定与该数据包相关联的上层协议，即传输层协议是 TCP 还是 UDP。目的主机根据协议字段值，将此 IP 数据包数据部分交给相应协议处理。

⑩ 首部校验和：占 16 位，检查传输数据的完整性，主要检验 IP 数据包首部，不包括数据部分。

⑪ 源地址：占 4 字节，发送数据包主机的 IP 地址。

⑫ 目的地址：占 4 字节，接收数据包主机的 IP 地址。

⑬ 选项：长度可变，选项是 IP 首部可变部分，以 32 位为界限，必要时插入值 0 填充，需保证 IP 首部始终是 32 位整数倍。

⑭ 数据：数据包中传输的数据。

4. UDP

无连接的传输协议 UDP 与 TCP 同处于传输层。UDP 与 TCP 的主要区别在于两者在实现信息传送的可靠性方面的考虑不同。TCP 中包含了针对传输可靠性的保证机制。与 TCP 不同，UDP 并不提供针对数据传输可靠性的保证机制。如果在从源端到目的端的传输过程中出现数据包的丢失，UDP 并不能作出任何反应。因此，通常 UDP 被称为不可靠的传输协议。UDP 与 TCP 的另一个不同之处在于 UDP 并不能保证数据发送和接收的顺序。

如表 7-3 所示描述了 UDP 报头的具体格式。UDP 数据报由 5 个域组成：数据、源端口、目的端口、UDP 长度和 UDP 校验和。

表 7-3　UDP 报头格式

源端口	目的端口
UDP 长度	UDP 校验和
数据	

源端口：16 位。源端口是可选字段。当使用时，它表示发送程序的端口，同时它还被认为是没有其他信息的情况下需要被寻址的答复端口。如果不使用，设置值为 0。

目的端口：16 位。目标端口在特殊因特网目标地址的情况下具有意义。

UDP 长度：16 位。该用户数据报的 8 位长度，包括协议头和数据。长度最小值为 8。

UDP 校验和：16 位。用于防止 UDP 数据报在传输中出错。用于检测 UDP 数据报文在传输过程中是否出现了错误。使用 IP 首部、UDP 首部和数据报中的数据进行计算，接收方可以通过校验码验证数据的准确性，发现传输过程中出现的问题。

数据：包含上层数据信息。

TCP 是面向连接的传输控制协议，TCP 连接好比两个人打电话(甲：喂，你好！乙：你好：甲：我有个事情给你说……)：而 UDP 提供了无连接的数据报服务，好比通信中的发短信(甲只负责把短信按乙的地址(手机号)发过去，至于短信是否送到，甲并不知道)。TCP 具有高可靠性，确保传输数据的正确性，不出现丢失或乱序；UDP 在传输数据前不建立连接，不对数据报进行检查与修改，无须等待对方的应答，所以会出现分组丢失、重复、乱序，应用程序需要负责传输可靠性方面的所有工作；UDP 具有较好的实时性，工作效率较 TCP 高；UDP 的段结构比 TCP 的段结构简单，因此网络开销也小。TCP 可以保证接收端毫无差错地接收到发送端发出的字节流，为应用程序提供可靠的通信服务。对可靠性要求高的通信系统往往使用 TCP 传输数据。因为 UDP 没有建立初始化连接，即 UDP 没有经历三次握手这一过程。欺骗 UDP 包比欺骗 TCP 包更加容易，因此，与 UDP 相关的服务将要面临更大的安全风险。

5. TCP/IP 协议体系常见攻击类型

针对 TCP/IP 协议体系的攻击很多，主要有以下几种：DoS 攻击、DDoS 攻击、IP 欺骗、TCP 重置、DNS 欺骗、中间人攻击和重放攻击等。其中，中间人攻击在第 2 章已介绍了。DoS 攻击和 DDoS 攻击是物联网中十分常见、危害巨大的攻击形式，将在 7.4 节单独介绍。

下文将重点介绍其余几种攻击及其防御方式。

7.3.2 IP欺骗

1. IP欺骗的理论依据

在因特网上计算机之间相互交流是建立在两个前提之下：认证、信任。认证是网络上的计算机用于相互识别的一种鉴别过程。通过认证，获准相互交流的计算机之间就会建立起相互信任的关系。信任和认证具有逆反关系，即如果计算机之间存在高度的信任关系，则交流时就不会要求严格的认证。反之，如果计算机之间没有很好的信任关系，则会进行严格的认证。欺骗实质上就是一种利用冒充身份、通过认证并骗取信任的攻击方式。攻击者针对认证机制的缺陷，将自己伪装成可信任方，从而与受害者进行交流，最终攫取信息或展开进一步攻击。

由于IP地址可以在网络中标识一台主机的唯一性。IP欺骗是利用主机之间基于IP地址的信任关系，通过伪造IP地址使得某非法主机能够伪装成另一台合法主机，从而骗取该合法主机合法权限的一种攻击方式。所谓基于IP地址的信任关系是指通信双方建立在基于IP地址验证上的一种不需要认证、就能获得原需要认证才能获得权限的可信关系。比如，网络上有两台具有基于IP地址的信任关系的主机X和Y，基于主机X对主机Y的IP地址的验证，主机Y就可以利用远程登录工具，无须口令验证登录到主机X上，即主机X对Y提供服务是基于对主机Y的IP地址的信任。既然X、Y之间的信任关系是基于IP地址建立起来的，那么假如黑客可以冒充主机Y的IP地址，就可以不需要任何口令的验证而远程登录主机X，这就是IP欺骗的理论依据。

利用IP欺骗技术，可以实现中间人攻击、会话劫持攻击、源路由攻击、DoS攻击、信任关系利用等多种攻击。IP欺骗之所以能够得以实现，其根本原因是TCP/IP协议本身存在缺陷。因为IP是TCP/IP协议族中面向连接的、非可靠传输的网络层协议，它不保持任何连接状态信息，也不提供可靠性保障机制，这使得黑客可以在IP数据报的源地址和目的地址字段填入任何满足要求的IP地址，从而实现使用虚假IP地址或进行IP地址盗用的目的。

由此可以看出，IP欺骗的实施是基于以下两个前提：

(1) 主机之间有信任关系存在——存在基于IP地址的认证，不再需要用户账号和口令。

(2) TCP/IP网络在路由数据包时，不对源IP地址进行判断——可以伪造待发送数据包的源IP地址。

2. IP欺骗步骤

IP欺骗过程如图7-17所示。假设主机A和主机B具有基于IP地址的信任关系，X(B)表示通过IP地址篡改，将主机X伪装为主机B。

(1) 使被信任主机B丧失工作能力

由于黑客主机X将通过IP欺骗代替被信任主机B与目标主机A通信，所以必须确保在实施攻击期间，被信任主机B丧失工作能力，不能收发任何有效的网络数据，否则欺骗将会被揭穿。让主机B失去工作能力的方法很多，比如将在7.4节学习的DoS攻击和DDoS攻击等。

(2) 伪装成被信任主机，向目标主机发送请求建立TCP连接使被信任主机 B 丧失工作能力后，黑客主机 X 通过改变数据包的 IP 地址将自己伪装成被信任主机 B，向目标主机 A 发送建立连接的 TCP 报文。

(3) 伪装成被信任主机，向目标主机反馈 ACK 确认报文

根据建立 TCP 连接的三次握手协议，目标主机 A 收到 X(B)发来的请求建立连接的 TCP 报文后，主机 A 以为是被信任主机 B 发来的，就会给主机 B 反馈 SYN＋ACK 确认报文。此时，主机 B 还处于失去工作能力期间，X(B)向主机 A 发送一个 ACK 确认报文，其 ACK 值应为主机 A 的初始序列号 ISN_A 加 1。此时，就需要黑客主机 X 估算出主机 A 的初始序列号 ISN_A。而这一环节是 IP 欺骗攻击最困难的。现在假设黑客已经使用某种方法能够预测出主机 A 的初始序列号 ISN_A，在这种情况下，就可以将正确的 ACK 号发送给主机 A，即主机 X(B)与主机 A 的 TCP 连接就建立成功了。换句话说，黑客主机 X 对目标主机 A 的 IP 欺骗成功了。

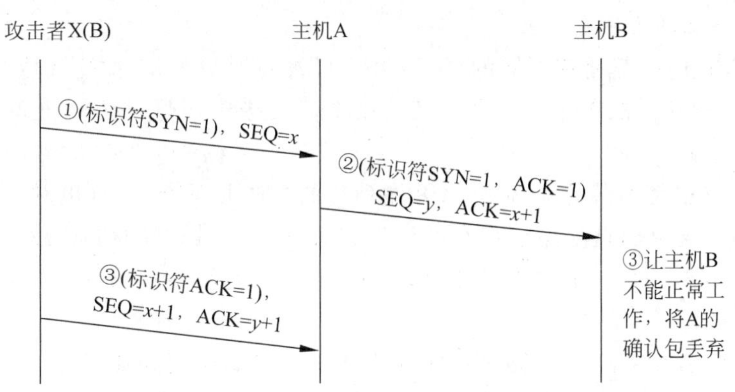

图 7-17 利用 IP 欺骗建立 TCP 连接的过程示意图

3. TCP 序列号预测

当新 TCP 连接建立的时候，第一个字节数据的序号称为 ISN(Initial Sequence Number)，即初始序号或初始序列号(这个概念很重要，后文将多次提及)。ISN 必须在连接建立时设置，一开始并不一定就是 1，随后的每个 TCP 连接使用的 ISN 是由操作系统按一定的规律进行分配。在 RFC(规定网络协议的文档)中规定，ISN 是根据时间分配。当操作系统初始化的时候，有一个全局变量假设为 g_number 被初始化为 1(或 8)，然后每隔 4ms 加 1。当 g_number 达到最大值的时候又绕回到 0。当新连接建立时，就把 g_number 的值赋值给 ISN。

在 BSD(BSD 为 UNIX 操作系统中的一个分支)系统中，它将 g_number 初始化为 1，每 8ms 加 1，也就是说，每隔 0.5s 增加 64 000，9.5h 后 g_number 又绕回到了 0。之所以这样，是因为它有利于最大限度地减少旧有的连接信息干扰当前连接的可能性。例如，在多数 BSD 系统的 TCP 实现中，系统启动时指定一个值为 1 的 ISN。其后，ISN 的值每秒增加 128 000，并且每次建立一个连接后，它将增加 64 000。序列号的作用是用来标记消息发送的先后顺序，保证消息按发送顺序抵达接收方的上层应用。序列号从 ISN 开始有规律地变化，对应着每个报文段原本的顺序，因此尽管会有报文段到达接收方时排序混乱的情况，也能根据序列号进行调整。

IP 欺骗的步骤很简单，虽然可以通过编程的方法来改变发出的数据包的 IP 地址，但

TCP 要对 IP 地址作进一步的封装，是不会让黑客轻易得逞的。因此在具体实施过程中的确有诸多难点，比如如何预测目标主机的 ISN、如何才能让主机 B 处于拒绝服务状态，什么时候发起攻击比较容易成功等。

TCP 序列号预测最早可追溯到 1988 年，当时还在康奈尔大学读研究生的小莫里斯无意间制作了互联网第一个蠕虫病毒，在制作过程中用到了 TCP 序列号预测的技术。该蠕虫需要将命令送到远程主机去执行。在 UNIX 系统的远程服务中有个程序是远程 shell，即 rsh。rsh 能让信任主机发送命令到受害机的 shell 上并执行。但在一般情况下，仅仅发送命令是无法获得成功的。因此对于攻击者来说，最大的困难就是需要发送源地址为信任主机 IP 地址的数据包，这就导致所有的结果数据都返回到信任主机，而不会发送到攻击机，会话无法继续。莫里斯使用 TCP 序列号预测技术，使攻击机即使没有从服务器得到任何响应，也可以通过预测 TCP 序列号来正确地产生一个 TCP 包序列，从而使会话继续。这使他能欺骗在本地网络上的主机。

每一个 TCP 连接都拥有不同的 ISN。ISN 可被视为一个 32 位的计数器，该计数器的数值每 4μs 加一，其目的在于为一个连接的报文段安排序列号时防止出现与其他连接的序列号重叠。因此，猜测 TCP ISN 的关键在于找到该系统产生 ISN 的方法。但是每个系统产生 ISN 的方法是不同的。预测 TCP 序列号的方法并不唯一，这里对常规的预测方法进行简要介绍。这里假设采用伯克利的产生方法，即 ISN 每秒钟增加 128 000，并且每建立一个连接增加 64 000。下文将具体介绍黑客主机 X 猜测主机 A 的 ISN 的一种方法，步骤如图 7-18 所示。

(1) X→A：黑客主机 X 向目标主机 A 发送请求建立连接的 TCP 报文。该 TCP 报文的标志位 SYN=1，SEQ=ISN_X。

注意，这里是正常的 TCP 连接，而不是冒充主机 B 与它建立连接。

(2) A→X：目标主机 A 对黑客主机 X 发送的建立连接的 TCP 报文作出反馈，发送一个 SYN+ACK 确认报文给黑客主机 X，该 SYN+ACK 确认报文的标识位 SYN=1，ACK=1，确认号 ACK=ISN_X+1 和 SEQ=ISN_A。

(3) X→A：黑客主机 X 收到主机 A 发送的 SYN+ACK 确认报文后，再向主机 A 返回一个确认号为 ACK=ISN_A+1、序列号为 ISN_X+1 的 ACK 确认报文。同时记录下主机 A 的初始序列号 ISN_A。至此，黑客主机 X 与主机 A 间一个标准的 TCP 连接就建立完成。

(4) X(B)→A：黑客主机 X(B) 向目标主机 A 发送请求建立连接的 TCP 报文。该 TCP 报文的标志位 SYN=1，初始序列号为 $ISN_{X(B)}$。

(5) A→B：目标主机 A 对 X(B) 发来的建立连接的 TCP 报文作出反馈，发送一个 SYN+ACK 确认报文给主机 B，该 SYN+ACK 确认报文包含确认号 ACK=$ISN_{X(B)}+1$ 和目标主机 A 的初始序列号 ISN'_A。（注意：因为每一个 TCP 连接都拥有不同的 ISN，所以 $ISN'_A \neq ISN_A$，但 ISN'_A 和 ISN_A 有一定关系。）

(6) X→A：黑客主机 X 待目标主机 A 发送 SYN+ACK 确认报文给主机 B 后、主机 B 丧失工作能力期间，X(B) 向目标主机 A 反馈的 SYN+ACK 确认报文后，再向主机 A 返回一个确认号为 ACK=ISN''_A+1、序列号为 $ISN_{X(B)}+1$ 的 ACK 确认报文。其中，ISN''_A 是黑客主机 X 通过式(7-1)所示方法猜测计算得到。如果 $ISN'_A=ISN''_A$，说明黑客主机 X 欺骗成功，能冒充主机 B 与主机 A 建立一个标准的 TCP 连接。一般地，攻击者将在系统中放置一

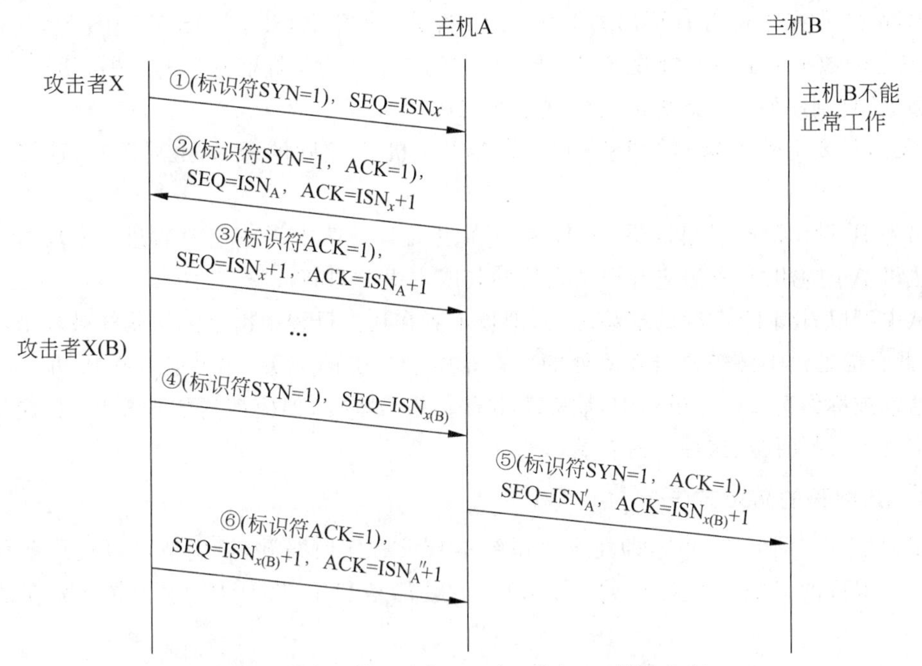

图 7-18　黑客主机 X 猜测主机 A 的 ISN 的方法

个后门，以便入侵。同时建立起与目标主机基于地址验证的应用连接。如果成功，黑客可以使用一种简单的命令来放置系统后门，以进行非授权操作。

通常，步骤(1)～(3)会被重复若干次，在每次连接过程中黑客就把主机 A 的 ISN_A 记录下来；同时，通过多次统计和求平均值运算，测量出往返时间(Round-Trip Time，RTT)，RTT 在计算机网络中是一个重要的性能指标，表示从发送端发送数据开始，到发送端收到来自接收端的确认(假设接收端收到数据后便立即发送确认，不包含数据传输时间)总共经历的时间。RTT 被用来猜测步骤(5)中的 ISN'_A。假设 RTT 的单位为 ts。由于步骤(2)与步骤(5)之间间隔了 1.5 个 RTT，那么主机 A 发送 ISN_A 和 ISN'_A 之间的时间间隔就是 $1.5t$。假设在步骤(2)与步骤(5)之间，主机 A 没有与其他的主机建立新的连接，黑客主机 X 就可以按式(7-1)计算出 ISN''_A。

$$ISN''_A = ISN_A + 1.5t \times 128\,000 \tag{7-1}$$

如果在步骤(2)与步骤(5)之间，主机 A 还与其他的主机建立过若干个连接，那么就要在刚才计算 ISN_A 的基础上再加上若干个 64 000。由于 RTT 的测量可能会出现误差，且主机 A 在步骤(2)与步骤(5)之间可能与其他主机建立连接、黑客主机 X 并无法预知的情况。因此，按式(7-1)计算出的 ISN''_A 可能会不准确，那么当主机 X 使用 ISN''_A 伪装成主机 B 继续与主机 A 连接，就会出现以下 3 种情况。

情况 1：如果主机 X 计算出的 ISN 正好等于主机 A 真实的 ISN，即 $ISN''_A = ISN'_A$，那么主机 X 向主机 A 发送的数据就会进入主机 A 的接收缓存。

情况 2：如果主机 X 计算出的 ISN 小于主机 A 真实的 ISN，即 $ISN''_A < ISN'_A$，说明序列号为 ISN''_A 的报文早已到达了主机 A，那么主机 X 向主机 A 发送的报文就会被认为是重发的报文而被丢弃。

情况 3：如果主机 X 计算出的 ISN 大于主机 A 真实的 ISN，即 $ISN''_A > ISN'_A$，并且向主机 A 发送的数据字节数在接收窗口范围内，它就会被认为是提前到达的数据。TCP 会保留这些数据，直到序列号在此之前的数据全部到达。

因此，只要主机 X 猜测的 ISN 大于或等于主机 A 实际的 ISN，上述 TCP 连接就会被接受。

另外 IP 欺骗的时机很重要，IP 欺骗应在主机 B 被攻击无法应答时进行；攻击主机 X 应在主机 A 向主机 B 发送应答报文之后伪装成主机 B 进行应答。

从中可以看到 IP 欺骗的独特之处，即攻击者在攻击过程中由于无法获知被攻击者的响应，因此只能通过猜测被攻击者所处的状态来控制攻击的节奏，才可能取得成功。因此 IP 欺骗通常被称作盲攻击。虽然 IP 欺骗攻击有着相当难度，但应该清醒地意识到，这种攻击非常广泛，入侵往往从这种攻击开始。

4. IP 欺骗的防范方法

IP 欺骗是一种攻击方法，即使主机系统本身没有任何漏洞，但仍然可以使用各种手段来达到攻击目的，这种欺骗纯属技术性的，一般都是利用 TCP/IP 协议本身存在的一些缺陷。

(1) 禁止基于 IP 地址的信任关系

IP 欺骗的原理是冒充被信任主机的 IP 地址，这种信任关系建立在基于 IP 地址的验证上，如果禁止基于 IP 地址的信任关系，使所有的用户通过其他远程通信手段进行远程访问，如 telnet 等，可彻底地防止基于 IP 地址的欺骗。

(2) 安装过滤路由器

确信只有内部局域网可以使用信任关系，而内部局域网上的主机对于局域网以外的主机要慎重处理。路由器可以帮助用户过滤掉所有来自于外部而希望与内部建立连接的请求。通过对信息包的监控来检查 IP 欺骗攻击将是非常有效的方法，使用 netlog 或类似的包监控工具来检查外接口上包的情况，如果发现包的两个地址，即源地址和目的地址都是本地域地址，就意味着有人要试图攻击系统。在边界路由器上进行源地址过滤，即对进入局域网的 IP 包，要检查其源 IP 地址，禁止外来的却使用本地 IP 的数据包进入，这也是大多数路由器的缺省配置。

(3) 使用加密方法

阻止 IP 欺骗的另一种可行的方法是在通信时要求加密传输和进行验证。当多种手段并存时，可能加密方法最为适用。

(4) 使用随机化的 ISN

现在大多数操作系统(Operating System，OS)使用较强壮的生成器，要准确猜测 TCP 连接的 ISN 几乎不可能。比如，采用分割序列号空间。每一个连接将有自己独立的序列号空间。序列号将仍按以前方式增加，但是在这些序列号空间中没有明显的关系。可以通过式(7-2)来说明：

$$\text{SEQ} = M + F(\text{localhost}, \text{localport}, \text{remotehost}, \text{remoteport}) \tag{7-2}$$

式中，M 为微秒定时器，每隔 $4\mu s$ 加 1；F 为加密哈希函数，对外部来说是不应该能够被计算出或者被猜测出的。

7.3.3　TCP 重置攻击

1. TCP 重置攻击原理

TCP 重置攻击也称为伪造 TCP 重置、TCPRST 攻击，是通过发送伪造的 TCP 重置数据包来篡改和中断连接的一种方法。在 TCP 连接中，标志位 RST 表示复位，用来在出现异常时关闭连接。发送端在发送 RST 报文关闭连接时，不需要等待缓冲区中的数据报全部发送完毕，而会直接丢弃缓冲区的数据并发送 RST 报文；同样，接收端在收到 RST 报文后，也会清空缓冲区并关闭连接，并且不必发送 ACK 报文进行确认。

TCP 重置攻击的示意图如图 7-19 所示。攻击者可以利用 RST 报文的这个特性，发送伪造的带有 RST 标志位的 TCP 报文，强制中断客户端与服务器端的 TCP 连接。在伪造 RST 报文的过程中，服务器端的 IP 地址和端口号是已知的，攻击者还需要设法获得客户端的 IP 地址和端口号，并且使 RST 报文的序列号处于服务器端的接收窗口之内。如果攻击者和被攻击客户端或服务器端处于同一内网，这些信息可以通过欺骗和嗅探等方式获取到。一个常见的例子就是，客户端向服务器端发起链接，但服务器端发现本身并无正在监听该端口的进程，确定就不能进行第二次握手，它就会给客户端发送 RST 包，表示出现了异常。客户端收到 RST 包后，知道服务器端那边出现了异常，就强制切断本身这边的链接。

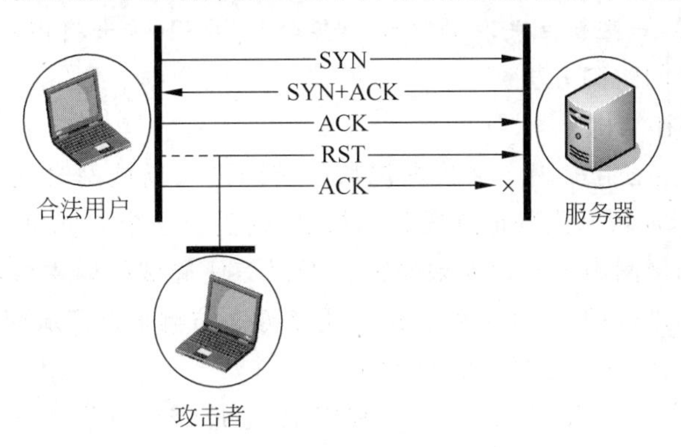

图 7-19　TCP 重置攻击的示意图

可是 RST 攻击并不能阻止全部的 TCP 连接。很多情况下，攻击者不会与被攻击客户端或服务器端处于同一内网，导致发动 TCP 重置攻击时难以获取端口和序列号。在这种情况下，攻击者可以利用大量的受控主机猜测端口和序列号，进行盲攻击，发动 RST 洪水攻击。只要在数量巨大的 RST 报文中有一条与攻击目标的端口号相同，并且序列号落在目标的接收窗口之中，就能够中断连接。RST 洪水攻击的原理如图 7-20 所示。

严格来说，TCP 重置攻击和 RST 洪水攻击是针对用户的 DoS 方式。这种攻击通常被用来攻击在线游戏或比赛的用户，从而影响比赛的结果并获得一定的经济利益。

2. TCP 重置攻击的防御方法

TCP 重置攻击也称为 RST 攻击。目前有很多针对 RST 攻击的防御方法，防范 RST 攻击的关键是 IP 层通信的加密措施，如果有非常完善及性能优良的 IPSec 应用(IPSec 是国际互联网工程技术小组(Internet Engineering Task Force，IETF)提出的使用密码学保护 IP 层通信的安全保密架构，是一个协议簇，通过对 IP 协议的分组进行加密和认证来保护 IP 协

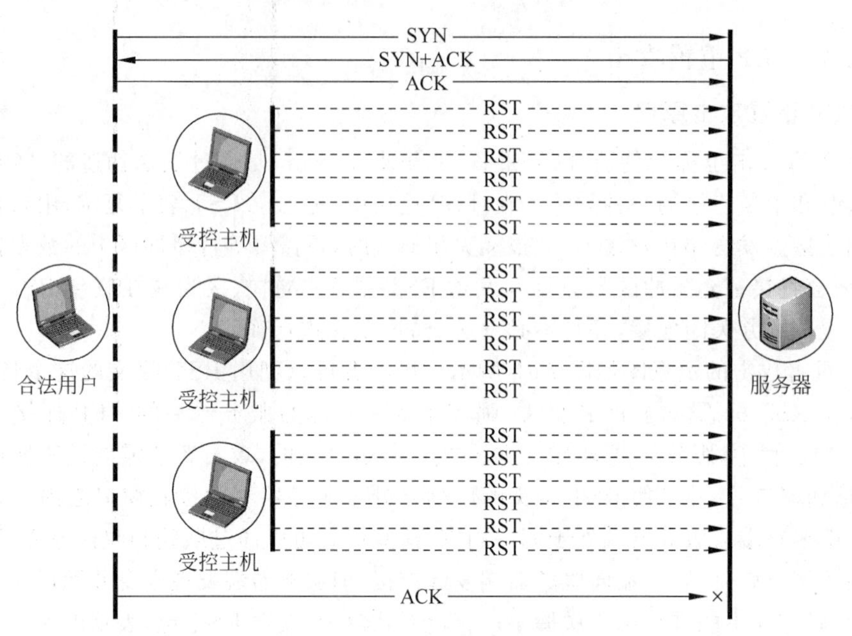

图 7-20 RST 洪水攻击示意图

议的网络传输协议簇(一些相互关联的协议的集合)),RST 攻击将得不到实施的机会。下面分别说明三种常见的防御方法。

(1) 利用网络拓扑结构

IP 协议本身支持包过滤,当一个数据包从广域网进入局域网时,受害者可以检查其源 IP 地址字段是否属于局域网内部地址段。如果是,则丢弃这个数据包。这种防御方法的前提是受害者仅信任局域网内主机。如果受害者不仅信任局域网内主机,还通过其他协议授权广域网的主机对其进行访问,那么就无法利用该方法防御来自广域网的攻击者。

(2) 限制仅利用 IP 地址进行认证的协议

比如 Unix 系统的 Rlogin 协议,它仅仅利用 IP 地址进行身份认证。只要主机的 IP 地址包含在信任列表中,Rlogin 协议就允许远程登录到另一主机,而不需输入密码。这样,攻击者可以利用 Rlogin 协议轻松地登录到受害者主机。受害者应限制这些仅利用 IP 地址进行认证的协议,或对其进行一定配置,提高这些协议的安全性。这种防御方法的缺点很明显,它是以牺牲主机的功能性和方便性为代价的,可能会影响用户的正常工作。

(3) 使用加密算法或认证算法

对协议进行加密或认证可以阻止攻击者篡改或伪造 TCP 连接中的数据。而就目前的加密技术或认证技术而言,双方需要共享一个密钥或者协商一对公/私密钥对。这就涉及到通信双方必须采用同种加密或认证手段,部署起来存在困难。而且,加密算法或认证算法往往涉及到复杂的数学计算,很消耗系统资源,会使通信效率明显下降。

7.3.4 DNS 欺骗

DNS 是域名和 IP 地址相互映射的一个分布式数据库,它能够使用户更方便地访问互联网,而不用去记住要访问的主机 IP 地址。通过主机名,最终得到该主机名对应的 IP 地址的过程叫作域名解析。

基于 DNS 的域名解析功能,DNS 欺骗就是攻击者冒充 DNS 的一种欺骗行为,攻击者将用户想要查询的域名对应的 IP 地址改成攻击者的 IP 地址,当用户访问这个域名时,访问到的其实是攻击者的 IP 地址,这样就达到了冒名顶替的效果。

1. DNS 欺骗原理

当一台主机发送一个请求要求解析某个域名时,先把解析请求发到自己的 DNS 服务器上。如果可以冒充 DNS,再把查询的 IP 地址设为攻击者的 IP 地址,这样,用户上网就只能看到攻击者的主页,而不是用户想要取得的网站的主页了,这就是 DNS 欺骗的基本原理。DNS 欺骗其实并不是真的"黑掉"了对方的网站,而是冒名顶替、招摇撞骗。

实际上,就是把攻击者的计算机设成目标域名的代理服务器,这样,所有从外界进入目标计算机的数据流都在黑客的监视之下了,黑客可以任意窃听甚至修改数据流里的数据,收集到大量的信息。和 IP 欺骗相似,DNS 欺骗的技术在实现上仍然有一定的困难,为了克服这些困难,有必要了解 DNS 查询包的结构。

在 DNS 查询包中有个标识 IP,它是一个很重要的域,其作用是鉴别每个 DNS 数据包的印记,从客户端设置,由服务器端返回,使用户匹配请求与响应。如果某用户要打开百度主页(www. baidu. com),黑客要想通过假的 DNS(如 220. 181. 6. 45)进行欺骗,就要在真正的 DNS(220. 181. 6. 18)返回响应前,先给出查询用户的 IP 地址。但在 DNS 查询包中有一个重要的域就是标识 ID,如果要使发送的伪造 DNS 信息包不被识破的话,就必须伪造出正确的 ID。如果无法判别该标记,DNS 欺骗将无法进行。只要在局域网上安装有嗅探器,通过嗅探器就可以知道用户的 ID。但要在因特网上实现欺骗,就只有发送大量的一定范围的 DNS 信息包,来得到正确 ID。

2. DNS 欺骗防范

DNS 欺骗本身并不是病毒或木马,由于它利用的是网络协议本身的薄弱环节,因此很难进行有效防御。被攻击者大多情况下都是在被攻击之后才会发现,对于避免 DNS 欺骗,可以有以下几个着手点。

(1) 在 DNS 欺骗之前一般需要使用 ARP 攻击来配合实现,因此,首先可以做好对 ARP 欺骗的防御工作,如设置静态 ARP 映射、安装 ARP 防火墙等。

(2) 使用代理服务器进行网络通信,本地主机对通过代理服务器的所有流量都可以加密,包括 DNS 信息。

图 7-21 各类 https 标识

(3) 尽量访问带有 https 标识的站点,带有 https 标识的站点因为有 SSL 证书,难以伪造篡改。另外,如果浏览器左上角的 https 为红色叉号(如图 7-21 所示),需要提高警惕,因为该网站可能因以下原因而不安全:含有没有经过 HTTPS 数据加密的连接、证书被注销或证书已过期;网站使用了不会被信任的认证机构所授予的证书;网站的域名注册与证书的域名注册不一致等。

(4) 使用 DNSCrypt 等工具,DNSCrypt 是 OpenDNS 发布的加密 DNS 工具,可加密 DNS 流量,阻止常见的 DNS 攻击,如重放攻击、观察攻击、时序攻击、中间人攻击和解析伪造攻击。DNSCrypt 支持 macOS 和 Windows，是防止 DNS 污染的绝佳工具，如图 7-22 所示。DNSCrypt 使用类似于 SSL 的加密连接向 DNS 服务器获取解析，所以能够有效对抗 DNS 劫持、DNS 污染以及中间人攻击。

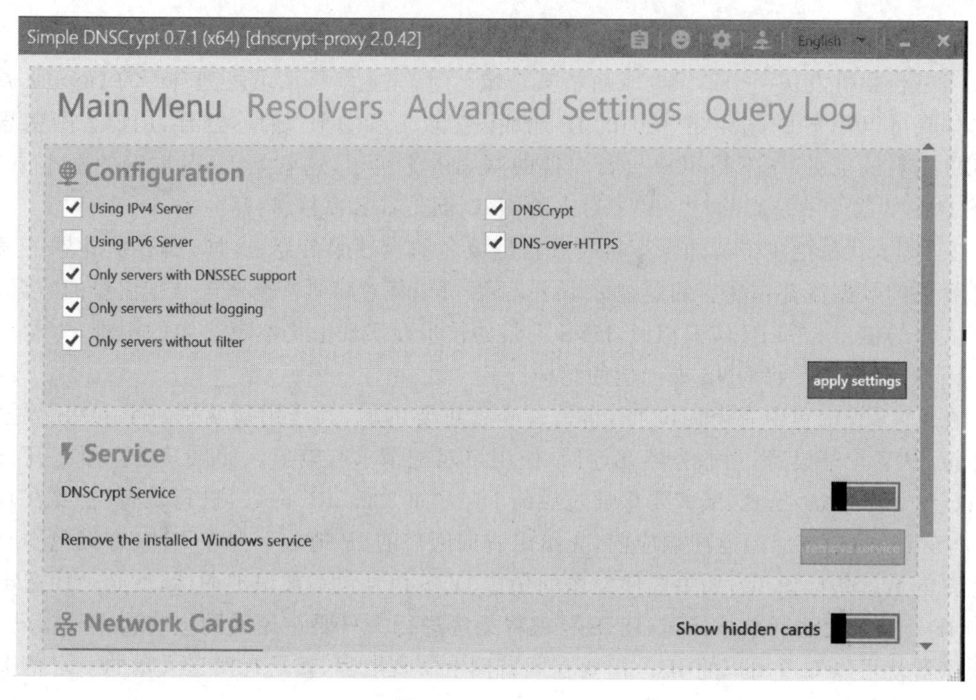

图 7-22 DNSCrypt

7.3.5 重放攻击

1. 重放攻击原理

重放攻击，又称回放攻击、重播攻击，是一种欺骗攻击。其中攻击者捕获了经身份验证的数据包，更改了数据包的内容，将其发送至原目标，其目的是让目标主机相信已被篡改的数据包真实可靠。这种攻击的前提是攻击者能够拦截数据并重新传输。重放攻击也可能由恶意的传输发送方进行。重放攻击可能作为 IP 包替换的欺骗攻击的一种场景。重放攻击通常是被动的，是中间人攻击的一种低级版本。一个直观的示例如图 7-23 所示，攻击者截获用户向网站下购物订单的数据包后重放该数据包，以试图生成恶意订单造成用户或网站的经济损失。单纯的加密并不能防止重放攻击。

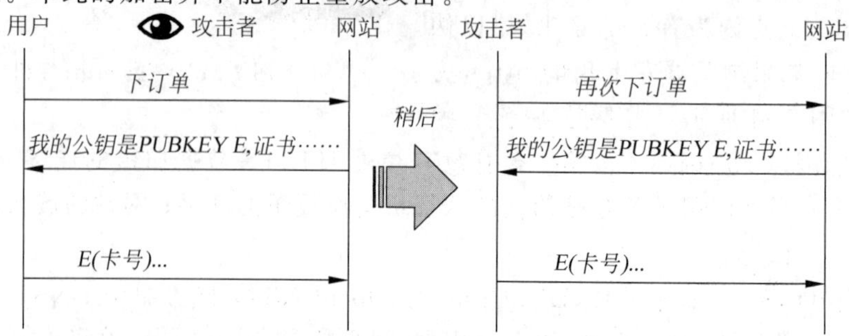

图 7-23 重放攻击示例

2. 重放攻击防御方法

应对重放攻击,一种方法是添加与本次会话相关的标志,如添加一次性有效的随机数。每次会话之前,生成一个一次性随机数(称为 Nonce),并随报文一起发送。一次性随机数也需要防篡改机制。由于每次通信时一次性随机数都会发生变化,因此就无法进行重放攻击了。添加一次性随机数的方法如图 7-24 所示。

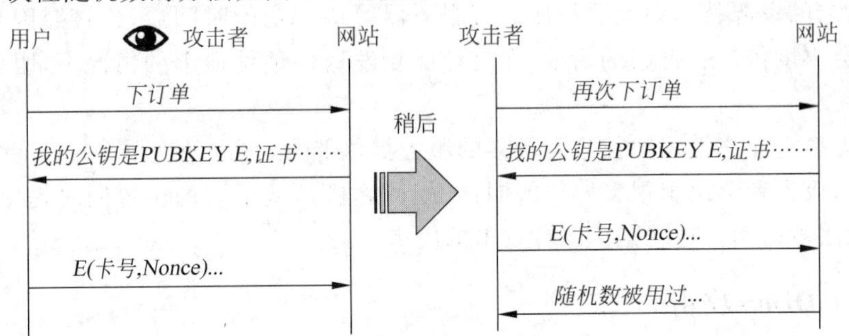

图 7-24　添加一次性有效的随机数

第二种应对重放攻击的方式是采取加时间戳的方法。基于时间戳的校验双方需要准确地同步时间。同步应该使用安全协议来实现。例如,接收方定期将其时钟上的时间广播出去。当发送方要给接收方发送消息时,在消息中包含了对接收方时钟上时间的最佳估计。接收方只接收时间戳在合理容忍度内的消息。在相互认证的过程中也可以使用时间戳,发送方和接收方都用唯一的会话 ID 对对方进行认证,以防止重放攻击。这种方式的优点是不需要(伪)随机数的生成和交换。在单向或接近单向的网络中,这可能是一个优势。这种方式遗留的一个风险是,如果重放攻击执行得足够快,即在"合理的"时间限制内,攻击就可能会成功。

此外,基于会话 ID 和一次性密码本,可以在防止重放攻击上有进一步的措施。

7.4　DoS 攻击和 DDoS 攻击

*案例

物联网设备引发的 DDoS 攻击增多

2016 年 10 月末,美国 DNS 管理优化提供商 Dyn 遭遇僵尸网络 Mirai 发起的 DDoS 攻击,这一僵尸网络是由暴露在互联网上的大量存在弱口令漏洞的摄像头组成的。这直接导致大半个美国互联网瘫痪,并且攻击仍然在全球其他地区延续。物联网设备的安全风险以及可能导致的严重后果再次引起人们广泛重视。除了工业用物联网设备以外,企业与家用物联网设备的数量也在与日俱增。打印机、恒温箱,甚至是洗衣机或者冰箱,一切联网设备都有可能成为发起攻击的跳板。目前,大量已进入市场的物联网设备在设计之初便缺少有效的安全防护机制,且有很大一部分无法通过软件/固件更新得到改善。

7.4.1　DoS 攻击

与网络中其他的攻击方法相比,DoS 攻击是比较简单、有效的一种进攻方式。最基本的 DoS 攻击就是利用合理的服务请求来占用过多的服务资源，使服务提供方疲于应付，从而使合法用户无法得到服务。最典型的例子是造成一个公开的网站无法访问。

DoS 攻击的基本过程是：攻击者首先向服务器发送众多带有虚假地址的请求，服务器发送回复信息后等待回传信息；由于地址是伪造的，所以服务器一直等不到回传的消息，分配给这次请求的资源就始终无法释放。当服务器等待一定的时间后，连接会因超时而被切断，攻击者会再度传送一批新的请求，在这种反复发送伪地址请求的情况下，服务器资源最终会被耗尽。

目前，大型企业或组织往往具有较强的服务提供能力，足以处理单个攻击者发起的所有请求。于是，攻击者会组织很多协作的同伴(或计算机)，从不同的位置同时提出服务请求，直到服务无法被访问。这就是 DDoS 攻击的由来。

7.4.2 DDoS 攻击

1. 概述

与 DoS 攻击不同，DDoS 攻击是一种基于 DoS 的特殊形式攻击，是一种分布、协作的大规模攻击方式，主要瞄准比较大的站点，比如商业公司、搜索引擎和政府部门的站点。通常，DoS 攻击只需要一台单机和一个调制解调器就可实现，属于单来源攻击，而 DDoS 攻击则使用多个不同的源 IP 地址(通常有数千个)对单一目标同时进行攻击，利用合理的请求造成资源过载，目的是使被攻击者的服务或网络过载，不能提供正常服务，属于多来源攻击。这样来势迅猛的攻击令人难以防备，因此具有较大的破坏性。

比如一个停车场总共有 100 个车位，当 100 个车位都停满车后，再有车想要停进来，就必须等已有的车先出去才行。如果已有的车一直不出去，那么停车场的入口就会排起长队，停车场的负荷过载，不能正常工作了，这种情况就是“拒绝服务”。我们的系统就好比是停车场，系统中的资源就是车位。资源是有限的，而服务必须一直提供下去。如果资源都已经被占用了，那么服务也将过载，导致系统停止新的响应。

DoS 和 DDoS 攻击如图 7-25 所示。图中，深黑色直线表示 DoS 攻击，灰色直线表示 DDoS 攻击。

一个经典的 DDoS 攻击体系分成四大部分，如图 7-26 所示。第 1 部分是黑客主机，用于对控制的傀儡机发号施令。第 2 部分和第 3 部分分别是控制傀儡机和攻击傀儡机，它们分别用作控制和实际发起攻击。第 4 部分则是最终的受害者(被攻击者)。

需要特别注意控制傀儡机与攻击傀儡机的区别：对第 4 部分的受害者来说，DDoS 的实际攻击包是从第 3 部分的攻击傀儡机上发出的，第 2 部分的控制傀儡机只发布命令而不参与实际的攻击。对第 2 部分和第 3 部分的计算机，黑客有控制权或者是部分的控制权，并把相应的 DDoS 程序上传到这些机器上。这些程序与正常的程序一样运行并等待来自黑客的指令，通常它还会利用各种手段隐藏自己以免被发现。平时，这些傀儡机并没有什么异常，只是一旦黑客连接到它们进行控制，并发出指令的时候，被攻击的傀儡机就成为攻击者去发起攻击了。由此可见，在严格意义上，除了第 1 部分的黑客主机之外，第 2 部分～第 4 部分的机器都是受害者。

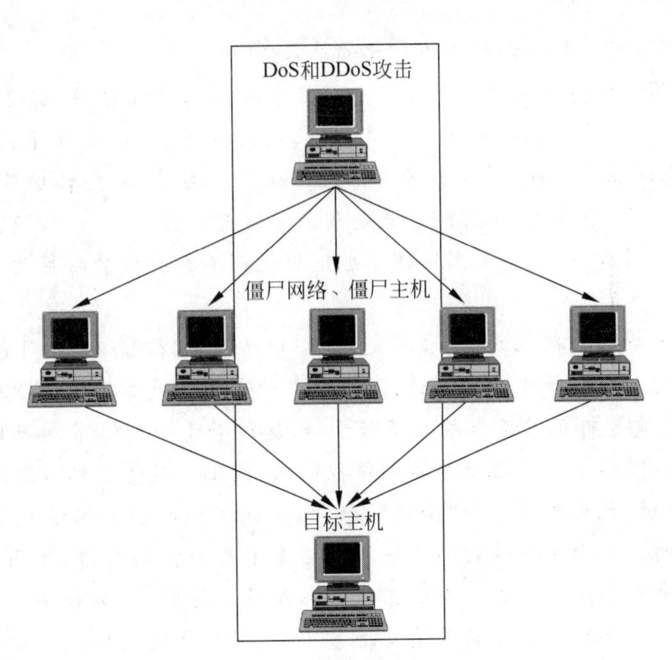

图 7-25　DoS 和 DDoS 攻击示意图

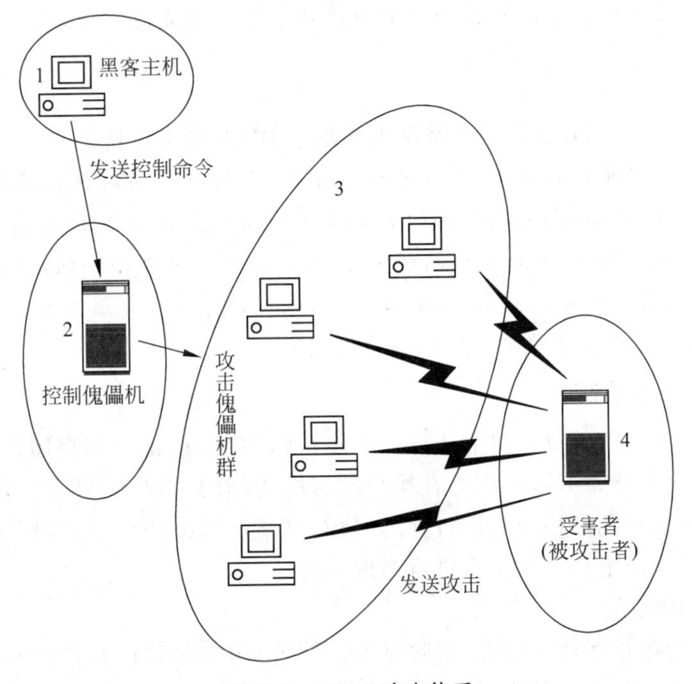

图 7-26　DDoS 攻击体系

DDoS 攻击和"闪电战"

DDoS 攻击和"闪电战"能够取得辉煌战果的根本原理是相同的：持续制造局部优势。运用"闪电战"的德军，能够依靠机械化部队的速度集中兵力，每场战斗其实都是以强胜弱。波军则分散在漫长的国境上和广阔领土中，只能被各个击破，如果个别阵地存在顽强抵抗，德军就会绕过去，在另一个局部获得胜利。当失去友军支撑后，原本坚守的波军阵地只能不战而溃。所以，德军可以取得远超军力对比的战果。

网络世界中的一些特性有所变化。首先，IT系统的依赖性更强，需要大量环境条件和其他应用来支撑，也就更容易存在弱点；其次，比起物理世界，攻击者可以提前观察受害目标，所以更容易发现弱点；再次，攻击者更方便组织攻击力量，完全让世界各地的被控制主机同时发起攻击。而"分布式拒绝服务"就是利用了这些特性。所以，即使拥有的资源、技术和人力远逊于专业团队，一个小型黑客组织也依然能够不断打垮金融巨头。原因无他，只因制造局部优势。

正如本杰明·萨瑟兰在他的《技术改变战争》中所述："被视为'非对称'的武器能够给予处于技术劣势的一方某种优势，让他们有机会去袭击装备更加先进的敌人。"

DDoS攻击实质是将正常请求放大了若干倍，通过若干个网络节点同时发起攻击，以达成规模效应。这些网络节点往往是黑客们所控制的"肉鸡"，数量达到一定规模后，达到了数万、数十万台的规模，就形成了一个"僵尸网络"。如此规模的僵尸网络发起的DDoS攻击，几乎是不可阻挡的。且由于接收到的流量源于许多不同的被劫持者，使用入口过滤或来源黑名单等简单技术无法阻止攻击。当攻击分散在众多来源时，区分合法用户流量和攻击流量非常困难。一些DDoS攻击还能伪造发送方IP地址(IP欺骗)，进一步提高了识别和防御的难度，难以溯源。目前在世界范围内DDoS攻击造成的经济损失已跃居第一。常见的DDoS攻击有SYN泛洪、UDP泛洪、ICMP泛洪攻击等。下文逐一介绍。

*案例

2022年第4季度俄乌双方DDoS攻击分析

2022年俄乌冲突开始以来，物理战争如火如荼，网络世界的对抗同样激烈。其中以乌方组织The IT Army of Ukraine和俄方组织KillNet最具实力和代表性，同行曝光的NoName057(16)和DDosia也是其中的新势力，夹杂着其他大大小小的组织，双方阵营在网络世界以DDoS攻击为武器，展开了多次较量。表7-4和表7-5分别给出了针对俄方和针对乌方阵营多个国家重点目标的DDoS攻击活动列表。

2. DDoS攻击的预防

从理论上讲，对DDoS攻击目前还没有办法做到100%防御。如果用户正遭受攻击，用户所能做的抵御工作非常有限。因为在用户没有准备好的情况下，巨大流量的数据包已冲向用户主机，很可能在用户还没有回过神的时候，网络已经瘫痪。不过，要预防这种灾难性的后果，还是可以从以下几方面工作进行考虑。

(1) 屏蔽假IP地址

通常黑客会通过很多假IP地址发起攻击，可以使用专业软件检查访问者的来源，检查访问者IP地址的真假，如果是假IP地址，则将其屏蔽。

(2) 关闭不用的端口

使用专业软件过滤不必要的服务和端口。例如黑客从某些端口发动攻击时，用户可以把这些端口关闭掉，以阻止入侵。

(3) 利用网络设备保护网络资源

网络保护设备有路由器、防火墙、负载均衡设备等，它们可以将网络有效地保护起来。

表 7-4　针对俄方重点目标的 DDoS 攻击活动列表

目标 IP	目标域名	所属机构	DDoS 家族	C&C	DDoS 攻击方式	攻击发起时间(UTC+8)
185.45.82.36	live-webrtc-2.webinar.ru	webinar.ru,俄罗斯大型网络会议平台	Moobot	rtjrsdtghszrdtf.ur	UDP Plain Flood	2022-10-08 17:07:40
194.54.14.168	sberbank.ru www.sberbank.ru sbrf.ru www.sbrf.ru	俄罗斯联邦储蓄银行	Moobot	rtjrsdtghszrdtf.ur	UDP Plain Flood	2022-10-09 00:30:14
91.197.76.6	reinfokom.ru stat.reinfokom.ru ladushki.reinfokom.ru	Reinfokom,俄罗斯企业级网络服务提供商	Mirai	gang.monster	GRE_ETH Flood	2022-10-21 10:50:51
185.71.67.110	ysmu.ru www.ysmu.ru lean.ysmu.ru	雅罗斯拉夫国立医科大学	Moobot	rtjrsdtghszrdtf.ru	UDP Plain Flood	2022-10-19 22:29:33
85.26.148.161	www.megafon.ru kras.megafon.ru megafon.ru corp.megafon.ru moscow.megafon.ru	MegaFon——俄罗斯老牌电信公司	Moobot	rtjrsdtghszrdtf.ru	UDP Plain Flood	2022-10-28 01:23:02
5.255.255.80	yandex.com yandex.ru	Yandex——使罗斯最大搜索引擎	Mirai	171.22.30.185	Uknown	2022-11-06 04:13:57
194.54.14.168	sberbank.ru www.sberbank.ru sbrf.ru www.sbrf.ru	俄罗斯联邦储蓄银行	Fodcha	obamalover.pirate bladderfull.indy funnryyellowpeople.libre chinkchink.libre blackpeeps.dyn wearelegal.geek tsengtsing.libre respectkkk.geek pepperfan.geek	UDP Flood TCP ACK Flood	2022-11-03 02:30:04

续表

目标 IP	目标域名	所属机构	DDoS 家族	C&C	DDoS 攻击方式	攻击发起时间(UTC+8)
37.209.240.8	www.sports.ru sports.ru	俄罗斯大型体育媒体	Mirai	109.206.241.129	Uknown	2022-10-31 16:09:33
109.207.1.119	school6hm.gosuslugi.ru notrost.gosuslugi.ru shool48bel.gosuslugi.ru nogolb.gosuslugi.ru lyceum3.gosuslugi.ru	gosuslugi.ru——俄罗斯国家公共服务门户	Moobot	rtjrsdtghszrdtf.ru	UDP Plain Flood	2022-11-08 17:45:58
213.79.2.29	www.velnet.ru velnet.ru webmail.velnet.ru smtp.velnet.ru forum.velnet.ru pop.valnet.ru	Velnet——俄罗斯家用无线网络设备厂商	Moobot	rtjrsdtghszrdtf.ru	UDP Plain Flood	2022-11-08 01:06:09
213.79.2.9	admin.velnet.ru support.velnet.ru init.velent.ru	Velnet——俄罗斯家用无线网络设备厂商	Moobot	rtjrsdtghszrdtf.ru	UDP Plain Flood	2022-11-08 01:00:34
185.79.118.2	com.roseltorg.ru etp.toseltorg.ru sverdlagro.roseltorg.ru bg.roseltorg.ru b.roseltorg.ru files.roseltorg.ru arch.roseltorg.ru orders.roseltorg.ru	Roseltorg——俄罗斯最大线上交易平台，主营线上拍卖和大宗商品采购/交易	Mirai	78.135.85.160	UDP Plain Flood	2022-11-14 06:28:39
51.83.135.152	stratatech.ru www.stratatech.ru	Stratatech——俄罗斯大型软件/IT 外贸服务商	Mirai	94.103.188.36	STOMP	2022-11-17 06:08:39

续表

目标 IP	目标域名	所属机构	DDoS 家族	C&C	DDoS 攻击方式	攻击发起时间(UTC+8)
77.88.55.77	yandex.com yandex.ru yandex.eu	Yandex——俄罗斯最大搜索引擎	Mirai	139.162.255.129	DNS Flood	2022-11-18 02:41:22
176.115.136.67	optimaset.ru www.optimaset.ru	俄罗斯电信服务商，提供互联网接入和 IPTV 服务	Mirai	www.optimaset.ru	STOMP UDP Plain Flood	2022-11-18 22:58:46
87.250.250.242	ya.ru，www.ya.ru	Yandex——俄罗斯最大搜索引擎	Mirai	shetoldmeshewas12.uno	STOMP	2022-12-04 06:48:40
62.217.160.2	dzen.ru www.dzen.ru m.dzen.ru	DZen，俄罗斯大型视频社交平台	Mirai	shetoldmeshewas12.uno	STOMP	2022-12-04 06:46:04
185.127.148.115	bristol.ru www.bristol.ru api.mobile.bristol.ru s3.mobile.bristol.ru cms.bristol.ru mobile.bristol.ru	Bristol，俄罗斯大型连锁商超，拥有百万级线上用户	Mirai	185.205.12.157	Unknown	2022-12-08 14:49:07
146.185.195.140	school18.eljur.ru euvk2.eljur.ru diveduru.eljur.ru univers.eljur.ru minuspk.eljur.ru sc10sar.eljur.ru	Elzhur，俄罗斯在线教育技术公司，为教师提供线上教学管理系统	Mirai	195.178 120.197	STOMP	2022-12-21 05:19:40

表 7-5　针对乌方阵营多个国家的重点目标的 DDoS 攻击活动

目标 IP	目标域名	所属机构	DDoS 家族	C&C	DDoS 攻击方式	攻击发起时间(UTC+8)
194.44.152.73	www.kspu.edu www.ksu.ks.ua	乌克兰赫尔松州立大学	Moobot	rtjrsdtghszrdtf.ru	UDP Plain Flood	2022-10-24 16:10:40
77.47.133.211	www.kpi.ua	乌克兰国立技术大学	Moobot	s7.backupsuper.cc	GRE ETH Flood	2022-11-04 07:58:36
185.114.136.8 185.114.136.9 185.114.136.60	ns1.phoenix-dnr.ru ns2.phoenix-dnr.ru	乌克兰顿涅茨克移动通信服务商 Phoenix	Mirai	sheto ldmeshewas12.uno	UDP Plain Flood	2022-12-15 02:12:40
152.89.170.12	www.c1vhosting.it c1vhosting.it ns1.c1vhosting.it cp.c1vhosting.it	意大利云与主机服务商 C1V Hosting	Mirai	78.135.85.160	STOMP	2022-11-11 00:57:44
93.123.16.2	www.ohost.bg ohost.bg plovdiv.ohost.bg my.ohost.bg	保加利亚云与主机服务商 Ohost	Mirai	198.98 59.99	VSE	2022-12-17 08:27:30
194.28.1.183	www.defmin.fi defmin.fi www.puolustusministerio.fi	芬兰国防部	Fodcha	tsengtsing.libre yellowchinks.dyn respectkkk.geek obamalover.pirate bladderfull.indy wearelegal.geek funnyyellowpeople.libre	UDP Flood	2022-10-31 06:43:57

续表

目标 IP	目标域名	所属机构	DDoS 家族	C&C	DDoS 攻击方式	攻击发起时间(UTC+8)
185.21.17.247	www.visir.is visir.is	冰岛主流媒体 Visir	Mirai	void.nsa-gov.agency	STOMP	2022-12-13 09:24.21
185.112.144.74	vod.althingi.is althingi.netvarp.is	冰岛议会	Mirai	1 95.178.120.191	DNS Flood HTTP Flood	2022-12-10 02:34:37
79.171.97.215	virvir.althingi.is althingi.is landskjor.is	冰岛议会,冰岛选举委员会	Mirai	195.178.120.191	TCP SYN Flood TCP ACK Flood UDP Plain Flood GRE ETH Flood HTTP Flood	2022-12-10 02:29:01
185.248.123.3	www.dv.is dv.is blog.dv.is	冰岛老牌新闻媒体 DV	Mirai	195.178 120.191	GRE ETH Flood HTTP Flood UDP Plain Flood TCP ACK Flood	2022-10-20 20:30:34
194.135.86.247	www.options-signals.com ns1.options-signals.com ns2 options-signals.com	立陶宛二元期权信号提供商	Moobot	rtjrsdtghszrdtf.ru	UDP Plain Flood	2022-11-04 02:38:31
185.102.88.24	mobidev.rpss.ro	罗马尼亚软件服务商(SAP 代理)	Mirai	107.182.129.219	VSE	2022-10-08 16:11:26
86.105.216.21	www.politiaromana.ro cs.politiaromana.ro is.politiaromana.ro	罗马尼亚警察新闻媒体	Mirai	107.182.129.219	VSE	2022-10-10 00:59:15
				107.182.129.219	VSE	2022-11-16 23:03:04
				void.nsa-gov.agency	DNS Flood TCP SYN Flood	2022-12-19 23:16:56

续表

目标 IP	目标域名	所属机构	DDoS 家族	C&C	DDoS 攻击方式	攻击发起时间(UTC+8)
81.196.1.152	www.digi.ro digi-online.ro digionline.ro www.digiromania.ro	罗马尼亚 DIGI 电视频道	Mirai	void.nsa-gov.agency	DNS Flood TCP SYN Flood	2022-12-20 03:28:03
89.45.12.87	www.lionztv.com lionztv.com lionz.cn	罗马尼亚 LinzTV 电视频道	Moobot	rtjrsdtghszrdtf.ru	TCP ACK Flood	2022-10-05 04:43.26
193.186.33.181	www.tvr.ro stiri.tvr.ro tvrl.tvr.ro	罗马尼亚电视台新闻网站	Mirai	107.182.129.219	VSE	2022-12-01 04:13:22
141.24.210.140	betty5.tu-ilmenau.de	德国国家科研网协会	Moobot	s7.backupsuper.cc	GRE_IP Flood GRE_ETH Flood UDP Flood	2022-11-04 07:52:02
37.59.34.117	rudi.datarennes.fr rudi.preprod.datarennes.fr www.rudi.datarennes.fr	法国雷恩大都会区公务数据管理与共享项目 Rudi 官网	Moobot	s7.backupsuper.cc	DNS Flood	2022-11-05 15:18:43
92.46.220.66	telecom.kz	哈萨克电信集团	Moobot	s7.backupsuper.cc	GRE_ETH Flood UDP Flood	2022-11-06 15:20:29

7.4.3　SYN泛洪攻击

SYN泛洪攻击是互联网上最经典的DDoS攻击方式之一，最早出现于1999年左右，但至今仍然保持着非常强大的生命力。雅虎是当时最著名的受害者。SYN泛洪攻击利用了TCP三次握手协议的缺陷，通过特定方式发送大量伪造的TCP连接请求，使得被攻击方CPU超负荷或内存资源耗尽，最终导致被攻击方无法提供正常的服务。SYN泛洪攻击具有攻击代价小、危害大、追查难、防御难的特点，很难通过单个报文的特征或者简单的统计限流防御住它。SYN泛洪攻击如此猖獗是因为它利用了TCP设计中的缺陷，而TCP/IP协议是整个互联网的基础，牵一发而动全身，如今想要修复这样的缺陷几乎成为不可能的事情。

1. SYN泛洪攻击原理

在TCP连接实际建立过程中，会出现一些异常情况，比如服务器端在发送SYN＋ACK确认报文后，并没有收到客户端的ACK确认报文。其可能的原因有以下三种：

(1) 服务器端发送给客户端的SYN＋ACK确认报文因故丢在半路了，客户端根本没收到该报文，所以没有反馈。

(2) 客户端收到了服务器端发来的SYN＋ACK确认报文，也针对该报文给服务器端发送了ACK确认报文，但不幸的是该报文丢在半路了。

(3) 客户端在收到服务器端发来的SYN＋ACK确认报文后，因遭遇死机或断网而无法给服务器端发送ACK确认报文。

为了解决上述问题，实现可靠传输，TCP设置了如下异常处理机制。当服务器端发出SYN＋ACK确认报文后、等待客户端确认，即TCP连接处于半开状态时，会给每个待完成的半开连接都设置一个定时器，如果超过时间还没有收到客户端的ACK确认报文，重发第二步的SYN＋ACK确认报文给客户端，重发一般进行3～5次，间隔30s左右轮询一次，等待列表重试所有没收到最终ACK确认报文的客户端。服务器端发出SYN＋ACK确认报文后，会预分配资源为即将建立的TCP连接储存信息做准备，并且在等待重试期间一直保留。但是由于服务器端的资源是有限的，超过等待列表极限后就不能再接受新的TCP报文，也就是说会拒绝新的TCP连接建立。

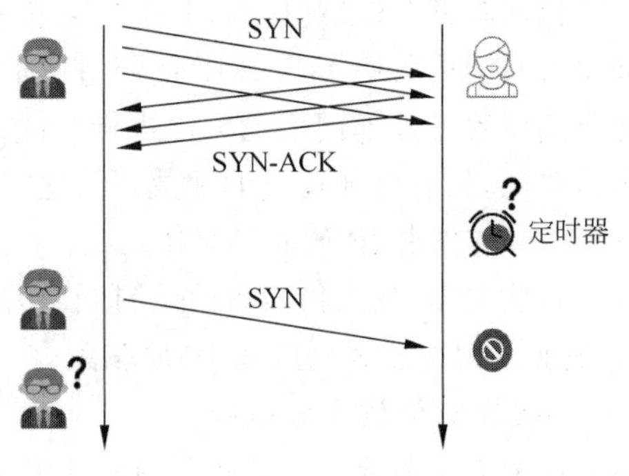

图7-27　SYN泛洪攻击

由于TCP是双工连接，同时支持双向通信，也就是双方同时可向对方发送消息，SYN泛洪攻击正是利用了TCP连接的这样一个异常处理机制来实现攻击目的的。具体过程如图7-27所示：恶意客户端首先会给服务器端发送大量建立连接的TCP报文，服务器端根据TCP连接建立第二步，反馈SYN＋ACK确认报文给客户端。但此时，恶意客户端并不会依据第三步给服务器端发送ACK确认报文。因此，根据异常处理机制，服务器端将会维持一个庞大的等待列表，并不停重试发送SYN＋ACK报文给客户端，同时占用着大量的资源无法释放。更为关键的是，被攻击服务器的等待列表被恶意客户端占满后，就无法接受新的 TCP 连接建立请求，其余合法的客户端将无法与服务器端完成三次握手建立起 TCP 连接。这就是 SYN 泛洪攻击。此类攻击会使服务器端一直陷入等待的过程中，并且耗用大量的 CPU 资源和内存资源来进行 SYN＋ACK 报文的重发，最终使得服务器崩溃，严重者甚至会引起网络堵塞或系统瘫痪。SYN 泛洪攻击实现起来非常简单，不管目标是什么系统，只要这些系统打开 TCP 服务就可以实施。SYN 泛洪攻击除了能影响主机外，还可以危害路由器、防火墙等网络系统。SYN 泛洪攻击是经典的以小搏大的攻击，自己使用少量资源占用对方大量资源。一台 P4 的 Linux 系统大约能发 30～40Mbit/s 的 64 字节的 SYN 泛洪报文，而一台普通的服务器对 20Mbit/s 的流量就基本没有任何响应了（包括鼠标、键盘）。而且 SYN 泛洪攻击不仅可以远程进行，还可以伪造源 IP 地址，给追查造成很大困难，要查找就必须对所有骨干网络运营商的路由器一级一级地向上查找。在实施 DoS 攻击时，攻击者一般都会编写特定的工具或者使用现有的工具，比如 SYN-Killer 就是一款典型的 Syn 泛洪攻击工具。

2. SYN 泛洪攻击的防范方法

（1）丢弃第一个 SYN 数据包

这种方法最为简单，就是服务器对收到 SYN 数据包的地址进行记录，丢弃从某个 IP 地址发来的第一个 SYN 数据包。因为攻击者在进行攻击的时候，往往只会发送一个 SYN 数据包，之后就没有后续动作了，而如果这个 IP 地址真的希望和服务器建立连接的话，一定会再次发送 SYN 数据包过来，或者限制 SYN 数据包的到达速度。但是这样做的缺陷也很明显，由于每次都需要发送两次 SYN 数据包才能建立连接，从而导致用户的体验非常差。

（2）反向探测

向 SYN 数据包的源地址发送探测包，然后再根据源地址的反应来判断数据包的合法性。

（3）代理模式

把防火墙作为代理，然后由防火墙代替服务器和客户机建立连接，当双向连接建立成功之后，再进行数据的转发。这样一来就可以拦截企图要发起 SYN 泛洪攻击的客户机。

（4）优化主机系统设置

比如降低 SYN 超时时间，使得主机尽快释放半连接的占用或者采用 SYN cookie 设置，如果短时间内收到了某个 IP 的超过阈值的重复 SYN 请求，就认为受到了攻击。合理采用防火墙设置等外部网络也可以进行拦截。使用 SYN 代理防火墙，对试图穿越的 SYN 请求进行验证，只有验证通过的才放行。这样将增加系统的运行成本。

（5）将攻击 IP 列入黑名单

将攻击 IP 列入黑名单，拒绝接收非法 IP 的连接请求，但该方法不适用于不停变化的源 IP 地址。例如黑客可以和 IP 欺骗配合完成攻击。

（6）及时释放无效连接

这种方法需要不停监视系统的半开连接和不活动连接，当达到一定阈值时就及时释放无效连接，从而释放系统资源。因此阈值需要合理设置。

（7）延缓资源分配

当正常连接建立后再分配资源，则可以有效地减轻服务器资源消耗。

当前一些防火墙产品声称有抵抗 DoS 攻击的能力，但通常能力有限，大多 100Mbit/s 的防火墙只能抵抗 20～30Mbit/s 的 SYN 泛洪攻击。现在有些安全厂商认识到 DoS 攻击的危害，开始研发专用的针对 DoS 攻击的产品。

7.4.4　ICMP 泛洪攻击

1. ICMP 泛洪攻击原理

ICMP 的目的是更有效地转发 IP 数据报和提高交付成功率，用于探测网络是否连通、主机是否可达、路由是否可用等。简单来说，它是用来查询诊断网络的。

ICMP 泛洪攻击，是利用 ICMP 请求回声(ECHO)报文进行攻击的一种方法。正常情况下，发送方向接收方发送 ICMP 请求 ECHO 报文，接收方会回应一个 ICMP 回应 ECHO 报文，以表示通信双方之间是正常可达的。在 ICMP 泛洪攻击中，攻击方向目标主机发送大量的 ICMP 请求 ECHO 报文，目标主机需要回应大量的 ICMP 回应 ECHO 报文，这两种报文将占满目标主机的带宽，使得合法的用户流量无法到达目标主机。由于 ICMP 请求报文就是 Ping 操作产生的报文，因此 ICMP 泛洪又称为 Ping 泛洪。

2. ICMP 泛洪攻击防御方法

针对 ICMP 泛洪攻击的防范，一种方法是在路由器上对 ICMP 数据报进行带宽限制，将 ICMP 占用的带宽限制在一定范围内，这样即使有 ICMP 泛洪攻击，它所能占用的网络带宽也会非常有限，对整个网络的影响就不会太大；另一种方法是在主机上设置 ICMP 数据报的处理规则，如设定拒绝 ICMP 数据报。

7.4.5　UDP 泛洪攻击

1. UDP 简介

TCP 是一种面向连接的传输协议，但是 UDP 与 TCP 不同，UDP 是一个无连接协议。使用 UDP 传输数据之前，客户端和服务器端之间不建立连接，如果在从客户端到服务器端的传递过程中出现数据包的丢失，协议本身并不能作出任何检测或提示。因此，通常认为 UDP 是不可靠的传输协议。

【思考】

既然 UDP 是一种不可靠的网络协议，那么还有什么使用价值或必要呢？

其实不然，在有些情况下 UDP 可能会变得非常有用。因为 UDP 具有 TCP 所望尘莫及的速度优势。虽然 TCP 中植入了各种安全保障功能，但是在实际执行的过程中会占用大量的系统开销，无疑使传输速度受到严重的影响。反观 UDP，由于排除了信息可靠传递机制，极大降低了执行时间，使传输速度得到了保证。

2. UDP 泛洪攻击原理

正是由于 UDP 的广泛应用，为攻击者发动 UDP 泛洪攻击提供了平台。UDP 泛洪攻击实现原理与 ICMP 泛洪攻击类似，本质也是一种 DoS 攻击，如图 7-28 所示。主要是通过利用服务器响应发送到其中一个端口的 UDP 数据包所采取的步骤来实施攻击，目的是压倒该设备的处理和响应能力。发送方发送的 UDP 数据到达接收方之后，如果接收方的指定端口处于监听状态，接收方就会接收并处理；反之，接收方就会产生一个端口不可达的

ICMP 报文给发送方。在 UDP 泛洪攻击中,攻击者向目标主机的多个端口随机发送 UDP 报文,此时就会使得目标主机可能产生很多端口不可达的 ICMP 报文。大量的 UDP 报文和 ICMP 报文占满了目标主机的带宽,使得正常的用户流量无法到达目标主机。

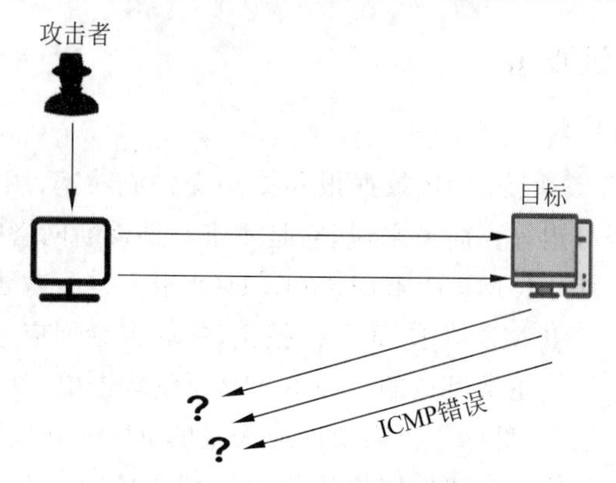

图 7-28 UDP 泛洪攻击示意图

3. UDP 泛洪攻击防御方法

(1) 防火墙限流

防火墙对 UDP 泛洪攻击的防御并不能像 SYN 泛洪攻击一样进行源探测,因为它不建立连接。防御 UDP 泛洪攻击最简单的方式就是限流,通过限流将链路中的 UDP 报文控制在合理的带宽范围之内。防火墙上针对 UDP 泛洪攻击的限流有如下 4 种方式:

① 基于流量入接口的限流:以某个入接口流量作为统计对象,对通过这个接口的流量进行统计并限流,超出的流量将被丢弃。

② 基于目的 IP 地址的限流:以某个 IP 地址作为统计对象,对到达这个 IP 地址的 UDP 流量进行统计并限流,超出的流量将被丢弃。

③ 基于目的安全区域的限流:以某个安全区域作为统计对象,对到达这个安全区域的 UDP 流量进行统计并限流,超出的流量将被丢弃。

④ 基于会话的限流:对每条 UDP 会话上的报文速率进行统计,如果会话上的 UDP 报文速率达到了警告阈值,这条会话就会被锁定,后续命中这条会话的 UDP 报文都被丢弃。当这条会话连续 3s 或者 3s 以上没有流量时,防火墙会解锁此会话,后续命中此会话的报文可以继续通过。这种方法的缺点是在攻击过程中,合法的数据包也可能被过滤。限流虽然可以有效缓解链路带宽的压力,但是这种方式简单粗暴,容易对正常业务造成误判。如果 UDP 泛洪的容量足够高以使目标服务器的防火墙的状态表饱和,则在服务器级别发生的任何缓解都将不足以应对目标设备上游的瓶颈。

(2) 指纹学习

为此防火墙推出了针对 UDP 泛洪攻击的指纹学习功能。如图 7-29 所示,指纹学习是通过分析客户端向服务器端发送的 UDP 报文载荷是否有大量的一致内容,来判定这个 UDP 报文是否异常。防火墙对去往目标服务器的 UDP 报文进行统计,当 UDP 报文达到警告阈值时,开始对 UDP 报文的指纹进行学习。如果相同的特征频繁出现,就会被学习成指纹。后续匹配指纹的 UDP 报文将被防火墙判定为攻击报文而丢弃,没有匹配指纹的 UDP 报文将被防火墙转发。

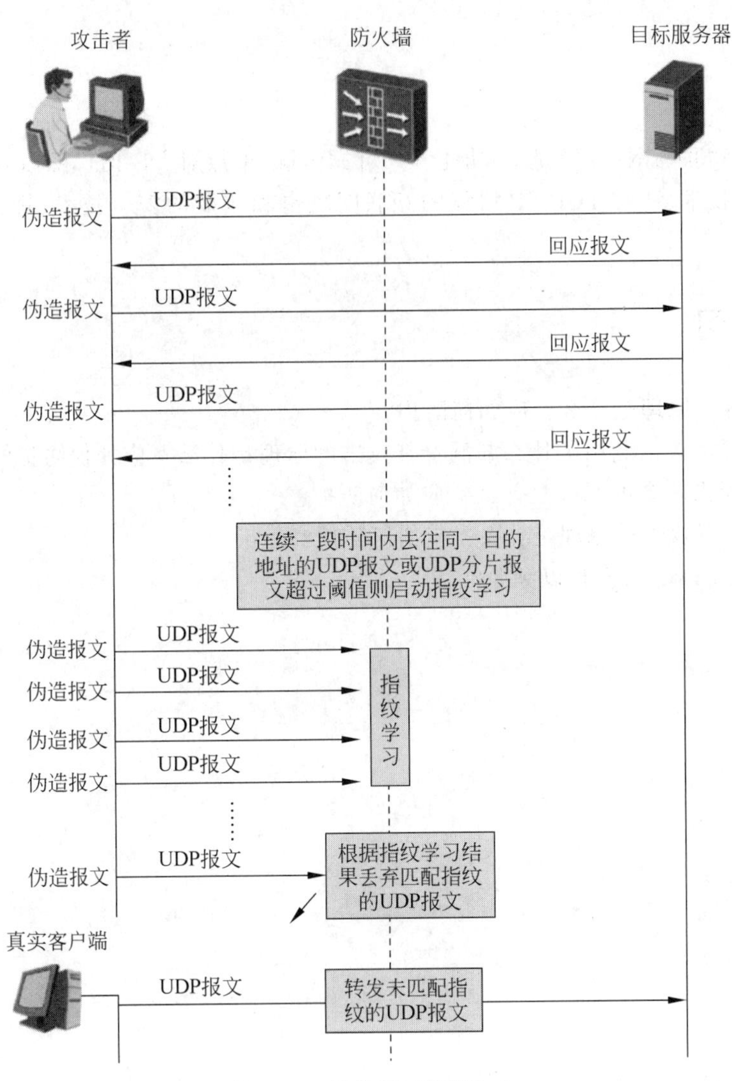

图 7-29　指纹学习防御方式

指纹学习的原理基于这样一个客观事实，即 UDP 泛洪击报文通常都拥有相同的特征字段，比如都包含某一个字符串，或整个 UDP 报文的内容一致。这是因为攻击者在发起 UDP 泛洪攻击时，为了加大攻击频率，通常都会使用攻击工具构造相同内容的 UDP 报文，然后高频发送到攻击目标，所以攻击报文具有很高的相似性。

而正常业务的 UDP 报文一般每个报文中的内容都是不一样的，所以通过指纹学习，防火墙就可以区分攻击报文和正常报文，减少误判。

(3) 过滤

在网络的关键之处使用防火墙对来源不明的有害数据进行过滤，可以有效减轻 UDP 泛洪攻击。此外，在用户的网络中还应采取如下的措施。①禁用或过滤监控和响应服务。②禁用或过滤其他的 UDP 服务。③如果用户必须提供一些 UDP 服务的外部访问，那么需要使用代理机制来保护那种服务，使它不会被滥用。④对用户的网络进行监控以了解哪些系统在使用这些服务，并对滥用的迹象进行监控。

本章小结

本章围绕物联网网络层的核心功能——可靠传输，重点对 NB-IoT 和 LoRa 等低功耗广域网无线通信技术、针对 TCP/IP 协议的互联网攻击和涉及的安全技术、理论和方法进行介绍。

思考与练习

1. IP 欺骗的原理是什么？应如何防护？
2. SYN 泛洪攻击利用了什么漏洞？其攻击的原理是什么？应如何防护？
3. UDP 泛洪攻击的原理是什么？应如何防护？
4. TCP 重置攻击的原理是什么？应如何防护？
5. 为什么 DDoS 攻击难以溯源？

第8章

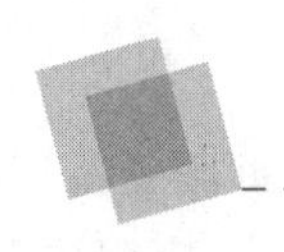

物联网应用层安全

本章要点

物联网应用层安全概述
物联网应用层数据安全
物联网应用层隐私安全
物联网应用层云安全

导入案例

震网病毒“震塌”伊朗核设施

震网病毒“震塌”伊朗核设施,将伊朗核计划至少推迟2年。

2011年2月,伊朗突然宣布暂时卸载首座核电站——布什尔核电站的核燃料。原因是布什尔核电站遭到“震网”病毒攻击,1/5的离心机报废。报道指出,自2010年8月开始,该核电站启用后就发生连串故障,伊朗政府表面声称是天热所致,但真正原因却是核电站遭病毒攻击。整个攻击过程如同科幻电影:由于被病毒感染,监控录像被篡改。监控人员看到的是正常画面,而实际上离心机在失控情况下不断加速而最终损毁。位于纳坦兹的约8000台离心机中有1000台在2009年底和2010年初被换掉。这也是震网病毒能迅速引发关注的原因。它所针对的,就是那些看似没有病毒威胁的工业基础设备。被发现的震网(Stuxnet)病毒是第一个专门定向攻击现实世界中基础设施的“蠕虫”病毒,比如核电站、水坝、国家电网,震网病毒席卷了全球工业界。作为世界上首个网络“超级破坏性武器”,震网病毒曾感染了全球超过45000个网络。计算机安防专家认为,该病毒是有史以来最高端的“蠕虫”病毒,它利用了微软Windows操作系统之前未被发现的四个漏洞,采用多种先进技术,具有极强的隐身性和破坏力。只要电脑操作员将被病毒感染的U盘插入USB接口,或者一台电脑与另一台被病毒感染的电脑相连,这种病毒就会在神不知鬼不觉的情况下取得一些工业用电脑系统的控制权。震网病毒被认为是全球首个针对工业设施进行攻击的病毒。上述案例被认为这是对“物联网”的攻击案例之一。

该背景材料说明工业控制领域的物联网安全威胁早已出现,而且破坏性极大,需要引起高度重视。我国工业和信息化部于 2016 年 10 月印发了《工业控制系统信息安全防护指南》。结合此材料,你认为物联网应用层安全有何特殊性。

8.1 物联网应用层安全概述

8.1.1 物联网应用层简介

应用层位于物联网三层结构中的最顶层,其核心功能为“处理”,即通过云平台(服务器)进行信息处理。应用层与最底端的感知层一样,是物联网的显著特征和核心所在。应用层可以对感知层采集的数据进行计算、处理和知识挖掘,从而实现对物理世界的实时控制、精确管理和科学决策,是物联网的业务和安全的核心,主要是对用户认证安全、数据储备安全以及数据使用权限等进行管理,该层的安全问题也是物联网安全的重点研究对象。

物联网应用层的核心功能围绕数据和应用两个方面。

关于数据方面,物联网应用层需要完成对感知层采集的海量数据的管理和处理,目的是将感知层采集的各种原始数据,如各种数字、符号、字母、文字、图像和视频等的集合转换为有用的信息,并能以不同的形式呈现,例如纯文本文件、图表、电子表格或图像。由于物联网包括软件开发商、芯片厂商、内容提供商、电信服务商、增值服务商等在内的整个 IC/IT 行业,当前物联网的硬软件和系统设备之间结构标准的不同,使不兼容问题较为突出,同时也导致了数据处理方面的一些困难,最大的典型问题就是不同格式数据的深度融合处理和信息挖掘。

关于应用方面,仅仅管理和处理感知层采集的海量数据是远远不够的,必须将这些数据与行业应用相结合,通过大数据、云计算、人工智能等技术对海量信息进行有效地整合和利用,为应用到具体领域提供科学有效的指导和服务。例如,物联网应用于战场态势感知。通过多种方式将大量微型综合传感器散布在战场的广阔地域,可以获取作战地形、敌军部署、装备特性及部队活动行踪、动向等信息,在目标地域实现战场态势全面感知。这些地面信息可与卫星、飞机、舰艇上的各类侦察传感器信息有机融合,即可形成全维侦察战场态势感知系统。目前美军已有大批在研并走向实战的科研项目,比如“智能微尘”“灵巧传感器网络”和“天基太空监视系统”等军事物联网系统。

8.1.2 物联网应用层安全需求

1. 应用不可用的风险

各类物联网应用,如数字营区、智慧社区、智慧交通等,其业务平台直接面向普通用户,如果云端应用平台没有采取有效的安全防护措施来应对不法分子针对云平台发起的网络攻击、系统入侵行为,将导致各类物联网应用不可用,影响其正常功能发挥。

2. 应用平台数据泄露风险

云平台是直接面向公众的业务系统,同时也是海量物联网终端数据汇集的存储平台。为保证海量隐私数据安全,必须构建云平台自身数据安全防护体系。参考国外脸书公司数据泄露的情况看,一旦平台数据被泄露,其社会影响将非常恶劣。

此外,综合不同的物联网行业应用可能需要的安全需求,物联网应用层安全应综合考虑平台安全、容器安全与中间件安全等安全防护技术手段；在物联网应用服务层主要部署服务安全、数据安全与隐私保护等安全防护技术手段。

8.1.3　物联网应用层安全威胁

物联网应用层的对象是直接面向物联网的用户。与互联网应用相比，物联网应用最主要的特点是和行业深度融合，且各种应用层出不穷，由此需要应对的安全问题更加突出，除了传统的应用安全之外，还需要加强数据处理安全、隐私安全、定位安全和云安全。后续将围绕上述几方面详细介绍。

8.1.4　物联网应用层安全机制

根据物联网应用层自身的结构与安全技术需求，建立了如图 8-1 所示的物联网应用层安全框架，在物联网应用基础设施/中间件层主要部署云平台安全、容器安全与中间件安全等安全防护技术手段；在物联网应用服务层主要部署服务安全、数据安全与隐私保护等安全防护技术手段。服务安全、中间件安全与容器安全又可以概括为处理安全。其中，在服务安全方面，针对物联网应用服务通常使用的应用层协议与数据类型，其重点安全防护技术包括简单对象访问协议（Simple Object Access Protocol，SOAP）安全监控、可扩展标记语言（EXtensible Makeup Language，XML）文件安全、身份管理、网络防火墙等。为了提高系统整体效率，中间件安全主要采用将安全机制与 RFID 等物联网应用服务中间件一体化设计的安全中间件技术。容器安全主要从镜像安全、容器引擎安全、容器云管理系统安全等方面提供安全防护。在数据安全方面，需要综合运用数据加密存储、访问控制、物理层数据保护、虚拟化数据保护与数据容灾等多种安全防护技术。同时针对物联网数据、位置信息等的隐私保护也是与数据安全相关的一项重要内容。在云平台安全方面，主要从云计算平台的认证、访问控制、云存储安全等多个方面提供安全防护。

图 8-1　物联网应用层安全框架

除此之外，物联网应用层安全还需要如下安全机制，包括相关标准的制定和实施过程的技术支持，有效的数据库访问控制和内容筛选机制；身份隐私保护和位置隐私保护技术；叛逆追踪和其他信息泄露追踪机制；安全的电子产品和软件的知识产权保护技术。

8.2 数据安全

数据安全是信息安全中最经典也是最重要的问题。数据安全是指通过采取必要措施确保数据处于有效保护和合法利用的状态，以及具备保障持续安全状态的能力。数据安全应保证数据生产、存储、传输、访问、使用、销毁、公开等全过程的安全，并保证数据的机密性、完整性和可用性。习近平总书记曾强调："要切实保障国家数据安全。要加强关键信息基础设施安全保护，强化国家关键数据资源保护能力，增强数据安全预警和溯源能力。"数据安全是网络空间安全的基础，是信息安全的核心，更是国家安全的重要组成部分。因此，数据安全须引起政府部门和企事业单位的重视，也是科研工作者更加需要关注的研究领域。当前，全球对数据安全的认识也已经从传统的主要关注于个人隐私保护，上升到了维护国家安全的高度。

8.2.1 国内外数据安全形势

1. 我国

2021年，我国密集出台了与数据安全有关的多部法案，包括《数据安全法》和《个人信息保护法》两部法律，以及《关键信息基础设施安全保护条例》《网络数据安全管理条例》和《汽车数据安全管理若干规定》等条例。在安防领域，公安部早已制定了GB 35114标准，并根据密级高低划分了ABC三个等级，分别对协议报文进行认证加密、对视频进行认证以及对视频内容本身加解密。国家强制性标准的加持是对数据安全的最强注脚。2023年1月15日工业和信息化部、国家网信办等16部门联合印发《关于促进数据安全产业发展的指导意见》，提出到2025年，我国数据安全产业规模将超过1500亿元，年复合增长率超过30%，建成5个省部级及以上数据安全重点实验室，攻关一批数据安全重点技术和产品，数据安全产业基础能力和综合实力明显增强。

近年来，人们对数据安全的重视程度不断加深，数据安全的市场规模不断增长。数据显示，2017—2021年，我国数据安全市场规模由22.9亿元增长至70.9亿元，年复合增长率达32.6%。未来，数据安全技术将持续突破，数据安全在不同行业领域的应用将逐渐深入，2023年我国数据安全市场规模达109.5亿元，如图8-2所示。

2. 美国

2021年，美军明确将数据定位为战略资产，提出加强数据融合共享，加强应用导向的数据安全保护建设，注重掌握前沿技术发展机遇，通过及时将信息网络、云计算、大数据、人工智能先进技术融入数据采集、传输、共享与利用过程，不断取得创新突破，成为其数据安全保护建设与发展的重要引擎。2021年5月，美太空军斥资数十亿美元推动新数据管理战略，并将新数据管理战略命名为"数据即服务"。2021年10月，美国陆军首席信息官办公室发布《美国陆军数字化转型战略》，旨在指导美国陆军的数字化转型工作，使之更好地适应数字

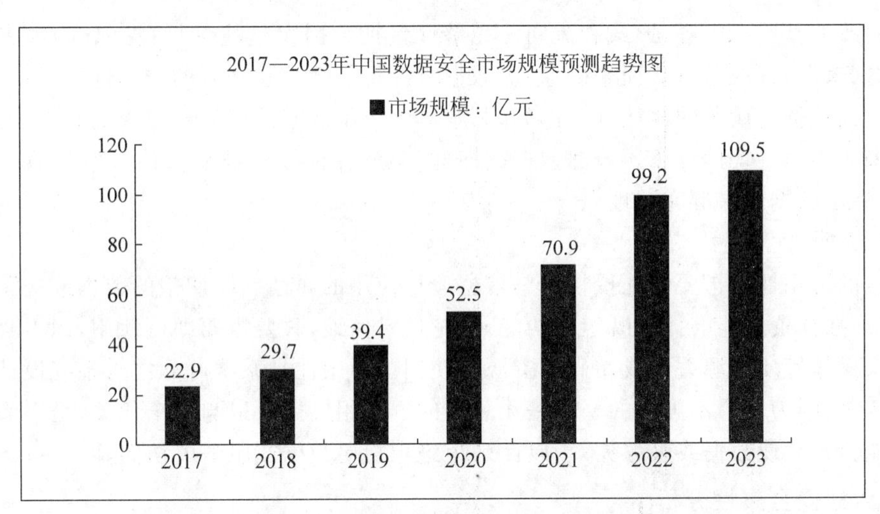

图 8-2　2017—2023 年中国数据安全市场规模预测趋势

数据来源：信通院、中商产业研究院整理

化战争和多域作战。该战略特别强调"建立一支数字使能、数据驱动型陆军"，揭示了美国陆军现代化建设的未来路线。2021 年 12 月，美国国家安全局（NSA）和网络安全与基础设施安全局（CISA）发布《5G 云基础设施安全指南：数据保护》，该指南通过 5G 网络连接的设备和服务传输、使用和存储的数据量呈指数级增长，解释了如何保护敏感数据免遭未经授权的访问。

由此可以看出，数据安全正日益受到世界各国的高度重视，国家和军队层面正在对数据安全实施史上最强监管。

8.2.2　物联网数据安全属性

1. 数据安全属性概述

我国《数据安全法》指出，数据安全是指通过采取必要措施，确保数据处于有效保护和合法利用的状态，以及具备保障持续安全状态的能力。物联网通过各种传感器产生各类数据，数据种类复杂，特征差异大。数据安全需求随着应用对象不同而不同，需要有一个统一的数据安全标准。参考信息系统中的数据安全保护模型，物联网数据安全的属性也需要遵循数据的机密性（Confidentiality）、完整性（Integrity）和可用性（Availability）3 个原则（即 CIA 原则），以保证物联网的数据安全。

（1）数据的机密性

数据的机密性是指不能泄露给未授权实体的属性。即通过加密保护数据免遭泄露，防止信息被未授权用户获取，包括防分析。例如，加密一份作战计划可以防止没有掌握密钥的人读取其内容。如果用户需要查看其内容，则必须解密。只有密钥的拥有者才能够将密钥输入解密程序。然而，如果输入密钥到解密程序时，密钥被其他人读取，则这份作战计划的机密性就会被破坏。

（2）数据的完整性

数据的完整性是指不能被未授权实体进行改变的属性，具体包括数据的精确性和可靠性。通常使用"防止非法的或未经授权的数据改变"来表达完整性。完整性是指数据不因人为因素而改变其原有内容、形式和流向。完整性包括数据完整性(即信息内容)和来源完整性(即数据来源,一般通过认证来确保)。数据来源可能会涉及来源的准确性和可信性,也涉及人们对此数据所赋予的信任度。例如,某媒体刊登了从某部门泄露出来的数据信息,却声称数据来源于另一个信息源。虽然数据按原样刊登(保证了数据完整性),但是数据来源不正确(破坏了数据的来源完整性)。

(3) 数据的可用性

数据的可用性是指要保证授权实体依据授权使用的属性。即期望的数据或资源的使用能力,保证数据资源能够提供既定的功能,无论何时何地,只要需要即可使用,而不会因系统故障或误操作等使资源丢失或妨碍对资源的使用。可用性是系统可靠性与系统设计中的一个重要方面,因为一个不可用的系统是无意义的。可用性之所以与安全相关,是因为有恶意用户可能会蓄意使数据或服务失效,以此来拒绝用户对数据或服务的访问。

2. 数据安全属性分析

只有清楚数据的安全属性,才能依据这些属性的需求制定相应的安全策略。比如,对于数据的机密性保护,其根本策略就是"防泄露"。比如个人隐私的泄露,归根结底是数据机密性被破坏的问题。对于数据的完整性保护,其根本策略就要防止"未授权的改变"。勒索病毒侵害的本质,就是对数据完整性的破坏。数据的可用性,是以数据的机密性和完整性为基础的。试想如果数据的机密性被破坏了,泄露的数据还能继续使用吗?如果数据被篡改了,那么这个数据肯定是不能再用了。数据可用性的另一个基础是系统的可用性。所以从保护数据的角度来看,只有保护了数据的机密性和完整性,才能保护数据的可用性,当然系统的连续性运行也是需要保护的。图8-3给出了数据各安全属性之间的关系。所以我国的第一个等级保护标准《计算机信息系统 安全等级划分准则》(GB/T 17859—1999)和ISO 15408(我国标准GB/T 18336《信息技术安全性评估准则》,也称之为CC)都是仅提出了对"信息"的机密性和完整性的保护,没有强调对数据可用性进行保护。也不是所有的数据都需要同时对机密性和完整性进行保护。对于数据来说,普遍需求的是完整性保护,但是强度是有差异的,只有相当少的一部分数据才需要机密性保护。

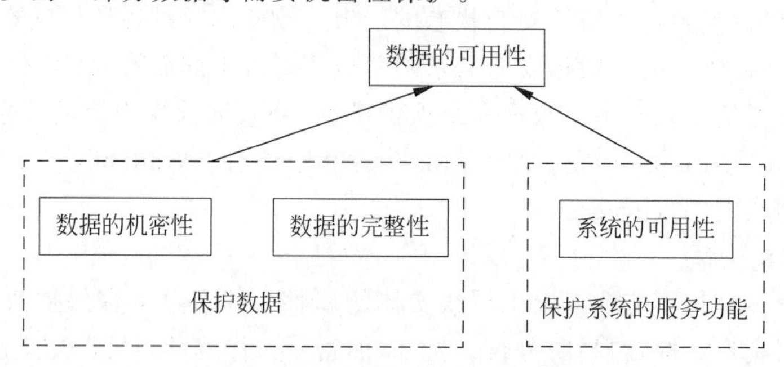

图8-3 数据各安全属性之间的关系

(1) 对于需要机密性保护的数据,从第二级开始,就要考虑剩余信息保护的问题,从第三级开始,就需要利用BLP模型作为访问控制策略。

数据安全中一个重要的问题就是对剩余信息保护,也就是说对用户使用过的信息,当该用户不再使用或不再存在时,应当采取一定的措施进行保护。在GB/T 22239—2008《信息安全技术 信息系统安全等级保护基本要求》中,剩余信息保护是对三级以上的系统的要求,而在 GB/T 22239—2019《信息安全技术 网络安全等级保护基本要求》中，剩余信息保护变为对二级以上的系统的要求，可见剩余信息保护的重要性逐渐得到重视。具体描述如下：

第二级安全要求中剩余信息保护的要求：

应保证鉴别信息所在的存储空间被释放或重新分配前得到完全清除。

第三级安全要求中剩余信息保护的要求：

a) 应保证鉴别信息所在的存储空间被释放或重新分配前得到完全清除；

b) 应保证存有敏感数据的存储空间被释放或重新分配前得到完全清除。

*案例

警惕！“军事垃圾”也能导致泄密！

2020 年，据德国之声报道，一名来自德国西部城市波琴的安全研究人员蒂姆·伯格霍夫在一家著名电子拍卖网站上买到了一台二手的德国国防军笔记本电脑。在电脑的数据中，伯格霍夫发现了德国国防军所使用导弹系统的一系列机密文件。

报道称，这台二手电脑在网站的公开出售价格仅为 90 欧元（约合人民币 680 元）。其数据文件中包括了德国现役移动防空导弹系统“黄鼠狼-2”的使用说明和弱点分析。伯格霍夫随后告知德国国防部，称根据这些文件中的记录，可以找到如何操作“黄鼠狼-2”的目标采集系统及其武器平台的信息，甚至包含战时如何快速彻底摧毁整个系统以防止被敌军缴获的使用说明。这些文件被标记为“专供官方使用”，属于机密的范畴。

伯格霍夫是德国一家数据公司的安全研究人员，他对德国之声透露，这台电脑重约 5kg，非常坚固，具有防溅功能，专供野外使用，很有可能是在 21 世纪初制造的，与“黄鼠狼-2”防空导弹系统的初次部署时间接近，至今运转良好。伯格霍夫称他和公司的其他安全人员一起拷贝了这台电脑的硬盘，“（从上面）获取信息很容易，电脑 Windows 系统的登录不需要密码，而其中包含武器系统文档的程序密码很容易破解，登录之后，就可以对这些文档自由浏览了”。

据报道称，这台笔记本电脑原本由德国宾根市的一家回收公司收购，并挂到电子拍卖网站上进行出售。理论上讲，德国国防部在卖掉笔记本电脑之前，必须销毁其中的全部机密数据。事实上，这种因为出售过时军用装备甚至“军事垃圾”而导致泄密的事情并不罕见。20 世纪 80 年代著名的“垃圾佬泄密案”就是典型代表。冷战期间，东德为了获取西德和北约的军事情报，曾利用一个名叫阿姆汉·施耐德的勤杂工。他在位于西德法尔茨的一处北约军火库工作，每天的主要工作就是在军火库旁捡垃圾，因此被当地人叫作“垃圾佬”。东德情报人员假扮成一名旧货商接近他，并用金钱和人身威胁的双重手段成功让施耐德成为一名间谍，直至 1983 年他被西德军方逮捕。在长达 12 年的时间里，施耐德源源不断地向东德提供北约方面的军事情报，其中大多数都是从军火库士兵丢弃的“破烂”里捡来的。有一次，他甚至在垃圾堆里找到了美国新部署到联邦德国的“鹰式”地对空导弹说明书及维修指南。此外，施耐德还多次找到了北约在欧洲的军事部署、武器装备库存资料、美国在欧洲部署的导弹规格型号和作战方式等相关情报，几乎囊括了这座军火库的全部机密。（《中国国防报》2020 年 3 月 25 日）

结合上述案例，分析物联网在军事应用中存在哪些剩余信息，我们应如何保护这些剩余信息，以防止泄密。

(2) 对于需要作完整性保护的数据,从第三级开始,就需要采用 Biba 模型。

Biba 模型是 K. J. Biba 在 1977 年提出的完整性访问控制模型,也是一种强制访问控制模型。Biba 模型解决了系统内数据的完整性问题。它不关心安全级别和机密性。因此它的访问控制不是建立在安全级别上,而是建立在完整性级别上。Biba 模型用完整性级别来防止数据从任何完整性级别流到较高的完整性级别中。Biba 模型能够防止数据从低完整性级别流向高完整性级别,Biba 模型有三条规则提供这种保护,如图 8-4 所示。

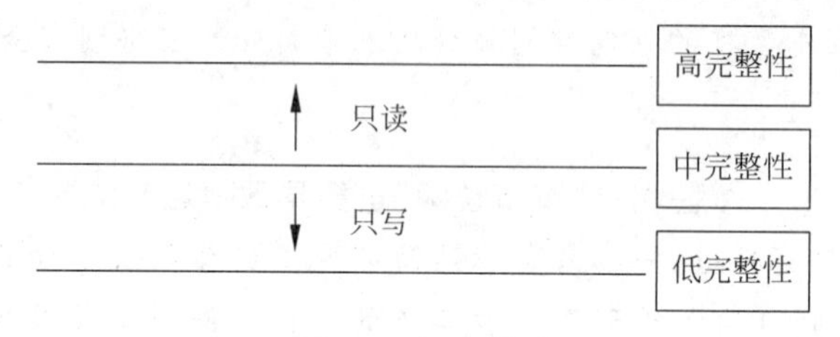

图 8-4 Biba 模型

① 当完整性级别为“中完整性”的主体访问完整性级别为“高完整性”的客体时,主体对客体只可读不可写,也不能调用主体的任何程序和服务。

② 当完整性级别为“中完整性”的主体访问完整性级别为“中完整性”的客体时,主体对客体可写可读。

③ 当完整性级别为“中完整性”的主体访问完整性级别为“低完整性”的客体时,主体对客体可写不可读。

与 Biba 模型相对的是 BLP 模型。BLP 模型是在 1973 年由 D. Bell 和 J. La Padula 在 *Mathematical Founda-ons and Model* 中提出并加以完善,它根据军方的安全政策设计,解决的本质问题是对具有密级划分信息的访问控制,是第一个用比较完整的形式化方法对系统安全进行严格证明的数学模型,被广泛用于描述计算机系统的安全问题。

这里需强调的是机密性保护和完整性保护从策略上是冲突的,并且没办法调和。BLP 模型共有三条公理、十条规则。其中,关于读和写有两条,一条是“读”的要求:一个低安全级别(保密级别)的主体不可以读高于它安全(保密级别)级别的数据,现实社会中也是如此,一个文件只传达到县(处)、团级,那么副县、处、团以下的人员,就无权读这个文件。同时,还要受到客体属主所授权限的限制。另一条是关于“写”的要求:一个高安全(保密)级别的主体,不可以将高级(密级)别的数据,写入到低安全级(保密)别的客体中。这两条,都是保证数据不泄露的要求。

而对于完整性保护来说,读写的规则恰好与机密性保护是相反的,向上是可以读的,但是不可以写,向下是可以写的。

图 8-5 中给出了 BLP 模型与 Biba 模型的读写规则的冲突示意。

同样,对于剩余信息保护来说,对于机密性保护,这是必须采取的措施,否则就泄密了。

对于机密性和完整性要求同样高的数据,一定要优先考虑机密性保护的问题,因为机密性是与实时性相伴的,一旦泄露秘密,就无法挽回了。而完整性保护,就需要采用其他方法进行补救了。如数据的备份覆盖。对于较低安全等级的系统中的数据,也要考虑数据的安全属性。对于控制信号与指令这类的特殊数据,既要考虑数据完整性保护问题,更要考虑实时可用的问题,它的可用性是有实时性要求的。并且这类数据是有顺序的,时间的错位和顺

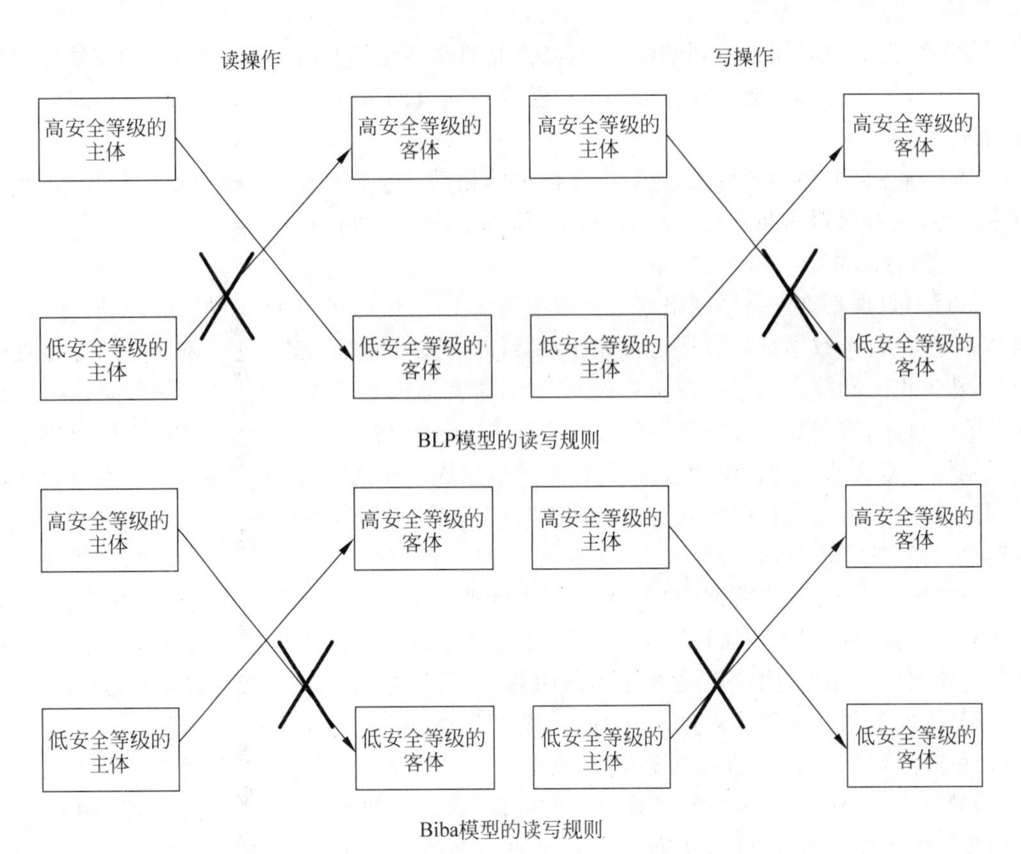

图 8-5　机密性保护与完整性保护读写规则的冲突

序的错误都可能带来可怕的后果。

8.2.3　物联网数据的状态

为什么要谈物联网数据的状态呢？因为不同的状态，安全需求是不一样的。根据雄安新区网络安全首席顾问陆宝华的相关论述，数据有三种状态，分别是静态、动态和执行态。

(1) 静态数据

静态数据是指在外部存储器中的数据，这种状态是数据持续时间最长的状态，但无论是将主机箱内的硬盘摘除，还是利用 U 盘、光盘等可移动介质的外部存储器，数据都有可能离开原来的物联网系统。对于在外部存储器上的数据，特别是移动介质中的数据，必须考虑这些数据离开原来的物联网系统，原来计算环境上制定的安全策略，对于新的计算环境来说，则不一定有效了。如果没有有效的保护手段，数据就可能被泄露或者是被篡改。静态数据多为标签类、地址类数据，如 RFID 产生的数据、物联网终端的 MAC 地址、IP 地址等。一般用结构性、关系型数据库来存储静态数据。一般说来，静态数据会随着传感器和控制设备数量的增多而增加。

(2) 动态数据

动态数据是在信道中的“流”的状态。而物联网中的“信道”可能是一台物理机中的本地信道，也可以是网络中的网络信道。对于信道中的数据，广义上的“搭线窃听”“插入重放”是可能做到的，特别是在无线信道环境下，信道是相对开放的，那么上述的攻击就相对更容易了。动态数据是以时间为序列的数据，其特点是每个数据都与时间一一对应，动态数据通常采用时序数据库方式存储。动态数据不仅随设备数量的增加而增加，还会随着时间的流逝而增加。

对于静态数据和动态数据，进行安全保护的相关技术比较成熟，如访问控制技术、密码技术等等，还有保驾的漏洞检测技术、恶意代码检测技术、可信计算等。

(3) 执行态数据

执行态数据是雄安新区网络安全首席顾问陆宝华于 2015 年正式提出的，当时称为“数据暂态”。执行态数据是指数据在内部存储器，即内存中的“暂态”数据。对于执行态数据的安全，从理论上和技术上关注得相对要少一些，研究的人也较少。实际上，执行态数据是最脆弱的。首先，这些数据必须是在明文的状态下，才能被授权用户合法使用，授权用户是无法识别任何密文的，那么“读”“写”操作也就无法完成。而此时，如果有木马程序在监控所使用的这段内存，那么内存中的数据就完全被“读”出了。同时，木马还可以对加/解密过程进行监控，再长的密钥，再强的算法，一旦加/解密过程被监控，密钥一样会被窃取。特别是现在的一些木马高手，制作所谓的“内存马”根本就不让木马程序保存在任何外部存储器中，对这些外部存储器使用的任何检测手段，都没有办法发现这类的木马，因为它根本就没存储在外部存储器中。此外，内存就是半导体存储器，而任何存储器都会有对数据痕迹的保留效应，即删除的数据并不是真删除，只是标注，就算是每一个存储单元都被清除了，仍然会有相应的痕迹保留(例如 P-N 结有电容效应，数据一旦被写入磁介质内，都会留下难以磨灭的磁痕迹，像牛皮糖一样牢牢地“霸占”着宝贵的磁带/磁盘空间)。数据恢复技术就是利用了这一原理。等级保护的标准中，从第二级开始，就有客体重用的要求。就是要防止当一个用户从系统中退出后，当前的用户会将上一个用户的相关数据进行恢复，包括个人的登录数据(用户名和密码)和相关的业务数据。

8.2.4 物联网数据特点

在分析物联网数据安全之前，先谈谈其特点，主要有比特化、海量性、流动快、易复制、不排他、时效好和关联强。其中，比特化是物联网时代有别于其他时代数据最基本的特征，由此派生出其他特点，如图 8-6 所示。

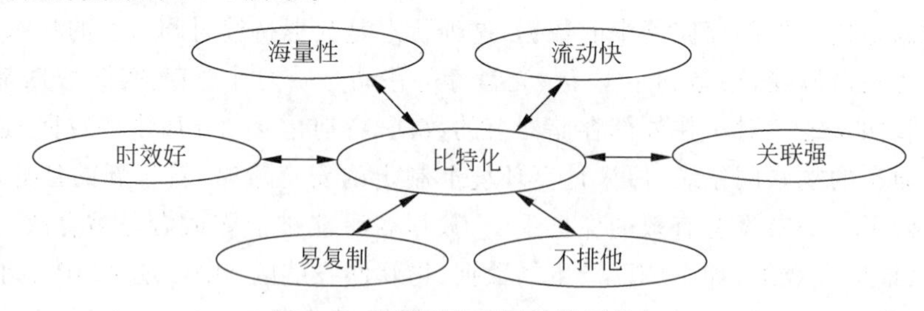

图 8-6 物联网应用层的数据特点

1. 比特化

比特化也称为“数字化”“电子化”。比特是指二进制中的一位，是信息的最小单位。比特有别于物理世界原子的最显著特点是没有重量和尺寸，易于流通和复制。物联网的数据是以“比特”形式进行感知、传输、存储、加工与处理的，默认是在计算机科学中的数据，并没有考虑现实社会中其他领域中的数据。搜狗百科中给这个领域中的数据的定义是:“在计算机科学中,数据的定义是指所有能输入到计算机并被计算机程序处理的符号介质的总称,是用于输入电子计算机进行处理,具有一定意义的数字、字母、符号和模拟量等的通称。”因此,比特化是物联网时代有别于其他时代数据最基本的特征。

2. 海量性

物联网数据统计显示,物联网设备将在接下来的几年中在全球范围内产生成倍增长的数据。市场研究公司 Juniper Research 发布报告预测,全球物联网设备漫游产生的数据量将由 2022 年的 86PB 增长到 2027 年 1100PB,增幅高达 1140%;全球实现数据漫游的物联网连接数将由 2022 年的 3 亿增长到 2027 年的 18 亿,增速为 500%。到 2025 年,物联网设备生成的数据量预计将达到 75.1ZB,相当于 2019 年产出的 422%。根据国际机构的预测,2035 年全球数据量将达到 2142ZB。图 8-7 给出常见物联网应用产生的数据量。

交通工具

摩拜单车 每天可产生2500万订单量

联网汽车 每运行8小时可产生4TB数据

社交媒体

微信 每天有10亿用户登录、发送45亿条消息、拨打4100万次语音电话

推特 每天可发布5000万条消息

YouTube 每分钟上传视频时长可超过400小时

脸书 每天可生成4PB数据,包含100亿条消息、3.5亿张照片和1亿小时视频浏览

电子邮件 每天可收发3000亿封电子邮件

搜索引擎

谷歌 每秒需处理超过40000次搜索

消费购物

淘宝 每天可产生20TB数据

图 8-7 常见物联网应用产生的数据量

常见的数据存储单位有字节(Byte)、千字节(KB)、兆字节(MB)、吉字节(GB)、万亿字节(TB)、千万亿字节(PB)、百亿亿字节(EB)、十万亿亿字节(ZB)、一亿亿亿字节(YB)。它们之间的换算关系与形象化示例如下:

1Byte(1 字节)=8 位(bit);相当于一个英文字母。

1Kilobyte(KB,千字节)=1024B;相当于一则短篇故事的内容。

1Megabyte(MB,兆字节)=l024KB;相当于一则短篇小说的文字内容。

1Gigabyte(GB,吉字节)=1024MB;相当于贝多芬第五乐章交响曲的乐谱内容。

1Terabyte(TB,太字节/万亿字节)=1024GB;相当于一家大型医院中所有的 X 光图片资讯量。

1Petabyte(PB,拍字节/千万亿字节)=1024TB；相当于50%的全美学术研究图书馆藏书资讯内容。

1Exabyte(EB,艾字节/百亿亿字节)=1024PB；5EB相当于至今为止全世界人类所讲过的话语。

1Zettabyte(ZB,泽字节/十万亿亿字节)=1024EB；如同全世界海滩上的沙子数量总和。

1Yottabyte(YB,尧字节/一亿亿亿字节)=1024ZB；相当于7000位人类体内的微细胞总和。

3. 流动快

流动快包含具有流动性和流动速度很快两层意思。

关于流动性,在物联网时代以前,数据一般是静态的,常常集中存放在一个地方,比如中央服务器；人和数据是分割的,需要用到数据的时候才去调用。所以,传统的基于密码学的安全策略是解决当时数据安全问题最重要的方法。安全公司通常有一套加密算法,对数据进行加密后,即使有人获得了数据,也很难破解。设置的密钥越长,数据越难破解。但是在物联网中情况不同了,数据变成了流动的,是由分布区域极广的多种传感器采集、再经各种通信技术传输、经过长途跋涉到达各个物联网应用处理,有时还把物联网应用处理的指令性数据层层传递到执行层,指挥现场各种设备运行。这意味着,数据不再是静态存储在某个地方,而是在不同的业务之间,在不同的存储介质中间,甚至在不同的芯片之间不断地流转。其中任何一个环节被非法入侵、植入后门,或是受到木马病毒攻击,数据都面临被盗走、篡改、破坏的风险。

正如尼葛洛庞帝在《数字化生存》中写道：信息高速公路的含义是以光速在全球传输没有重量的比特。"比特"形式的数据能以极高速率传输,传播时空障碍完全消失。例如,目前以5G为代表的现代通信技术平均传输速度可以达到1Gbps,峰值速率甚至可以达到10Gbps。未来6G网络可以做到峰值1000Gbps,这使得数据在产生之时起,就可以低时延流通到世界任何地方。

4. 易复制

物联网中以"比特"形式的数据可以以近乎为零的极低成本进行无损耗、无限量地快速复制。虽然近年来数字水印技术、数字版权管理技术、数据加密技术、数据脱敏技术、安全协议和网络安全技术和物理封锁等技术能够防止数据无成本地快速复制,但在现有技术水平下,给物联网中体量巨大的每份数据都应用上述技术也是不现实的,所以将导致诸多数据安全问题。

5. 不排他

物联网时代数据的不排他性意味着对于同一数据,不排除被多个主体同时拥有,而不像其他商品和服务那样,在特定的环境下,只允许一方拥有。但这只有在数据比特化的物联网时代,数据的传输和复制都极容易的前提下,才广泛存在。例如,很多物联网中数据都被广泛存储在多个物联网应用的平台上,很难确定哪个平台是这份数据的生产者,或第一拥有者。任何一方在使用数据的过程中,也不影响其他方的使用。这也导致在进行数据安全维护时出现权责不清等问题。

6. 时效好

时效性也称为保鲜性。物联网中数据的新鲜程度与当前时刻距离数据生成时刻的远近成反比，新鲜度越高，说明当前时刻距离数据生成时刻越近，反之越远。例如，在没有智能手机和车联网的年代，城市交管中心收集到的路况信息最快也要滞后 20 分钟。随着物联网在城市交通管理应用，城市交管中心能根据遍布在城市大街小巷的各种感知设备，如摄像头、车载系统等，实时感知路况信息和人员流动信息，给用户带来出行便利。在军事领域，战场情况瞬息万变，必须在最短的时间内对军事指挥决策、目标打击指示、损伤效果评估等作出最准确的判断。因此，对军事物联网数据的实时性提出了很高的要求。军事包以德循环(OODA 理论)，即观察(Observation)、判断(Orientation)、决策(Decision)、执行(Action)，是指一个指挥链的循环周期，任何一方指挥链的周期越短，就越容易抢得战场上的先机、取得胜利。如今包括美国在内的军事强国，为什么能够在战争中屡屡得胜，甚至以绝对的优势取得胜利，无外乎就是有信息化的武器装备和实时作战指挥系统。随着智能微尘等军事物联网的广泛应用，将瞬息万变的战场态势及时传回指挥中心，将为掌握战争的主动权赢得最佳时机。

7. 关联强

物联网中同一实体或不同实体的数据在时空上并不相互独立，存在很强的关联性，具体可分为时间关联性和流程关联性。

时间关联性，即同一时刻的数据照相，数据是同一时刻系统产生的，它反映的是系统这一时刻的状态，从数据世界角度看，这个系统就是这一时刻的数据集合。数据照相体现的是系统静态展示；时间戳是这类数据关键的因素，因此要求各个数据获取的时间戳必须相同。但是时间戳是目前很多数据所缺失的，也是物联网实施中需要关注和解决的问题之一。

流程关联性，即一个点的数据经过一定时间后影响第二个点数据的产生，它体现的是系统动态展示。数据之间的流程关联性需要模型提供，并在实施中进行修正。

物联网雏形阶段，即自动化阶段，数据流是通过感知-传输-处理-控制，按既定路线实现小范围内设备的自动化控制。如图 8-8 所示，物联网在智能家居的应用中，通过 1500W 的加热器工作 30min，预期调温效果是将室内温度从 18℃升至 22℃。但实际情况是 1500W 的加热器工作 30min 后，温度仅提升到了 19℃，根据这一信息的相关性，智能家居系统给出参考提示：窗户坏了。这种关联性为数据推理和数据挖掘提供便利的同时，也暴露了巨大

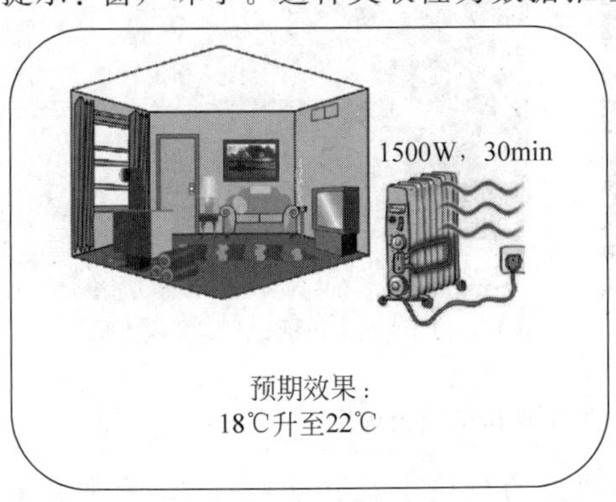

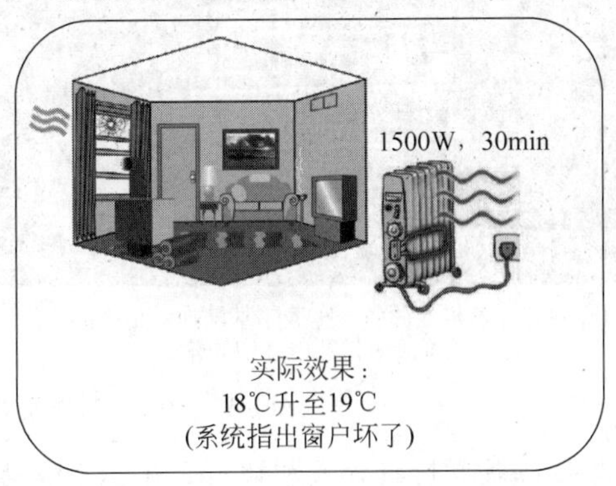

图 8-8　数据关联性实例

安全隐患。例如,虽然设备状态监测数据能预判设备的运行情况和可能出现的故障点,也可能被不法分子利用来对设备进行针对性破坏。军需物资的物流配送可视化虽然能较准确预测货物的到达时间,但也暴露了运输的路况、相关道路信息和部队部署等信息。因此,关联性强是诱发物联网数据安全问题突出的一个主要原因。

*案例

电量-种植大麻的关联

毒品一直是美国社会的毒瘤。过去,美国警方缉毒的重点是切断南美洲的毒品供应。但后来他们发现,这样不行,因为有些能提炼毒品的植物,比如大麻,可以在家里种。有人就买下豪宅,外边的花园里种上鲜花,里边装上LED灯,种盆栽大麻。每年卖大麻的钱除了给豪宅分期付款,攒起来还够给第二座豪宅付首付。警察即使怀疑也不能轻易进去搜查。但是到了大数据时代,通过分析智能电表收集的用电量,就能抓住很多在家里种大麻的人。

*案例

运动软件,缘何成为泄密工具

知己知彼,百战不殆。在任何一场战争中,情报工作都是打胜仗的前提条件。随着互联网的发展,情报获取方式也在不断更新换代。最近,一款用于记录健身者运动轨迹的软件——Strava,就向人们展示了一个获取情报的新途径。

2017年11月,Strava用两年时间积累的用户数据,制作发布了一幅“全球运动热力地图”。2018年1月28日,一名20岁的澳大利亚学生纳森·鲁泽研究这份热力地图后(如图8-9所示),通过分析特定区域的一些运动轨迹,找到了美俄等国设在叙利亚、伊拉克和阿富汗等国的基地,有的基地从未向外界公布过。纳森·鲁泽公布他的“发现”后,越来越多的基地通过这种途径被“挖掘”出来,其中包括美国中央情报局在索马里摩加迪沙的基地、俄罗斯在叙利亚的赫梅米姆空军基地等。而且,从热力地图的轨迹中,能看到的不仅仅是基地的位置,基地内部的人员轨迹也清晰可见,专业人士可以从中研究出这些军事设施的运转方式。

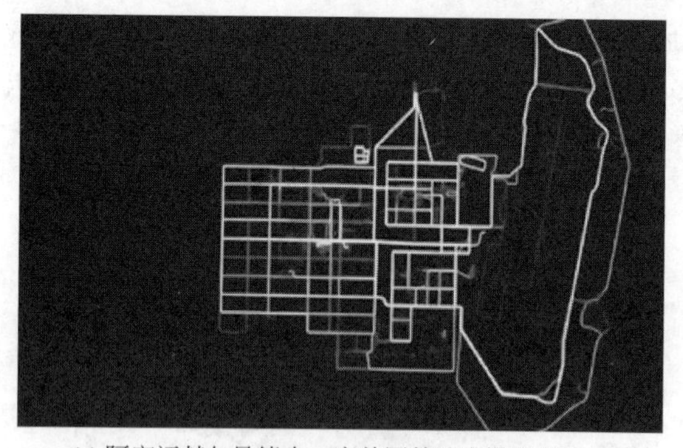

(a) 阿富汗赫尔曼德省一座美军基地内慢跑者的运动轨迹清晰勾勒出基地的轮廓

(b) 公布的地图中包括的阿富汗坎大哈的空军基地

图8-9 Strava制作发布的全球运动热力地图

与传统获取情报方式相比,从Strava运动软件的轨迹中获取这些信息,并没有使用任何隐蔽手段。Strava软件在设计之初就将数据分享作为它的核心功能之一,在积累了2700

万用户之后，其相关产品被美国国防部采购并作为减肥器材下发部队。但没想到的是，软件的轨迹信息竟然泄露了军事机密。据报道，美国国防部长马蒂斯对此大为震怒，正在考虑直接禁止美国士兵在军队中使用手机等电子设备，以免造成新的泄密事件。

施耐德说，尽管“斯特瓦拉”地图上显示的大部分军事基地已不是秘密，但那些热力点却无意间透露出更多信息，比如战区驻军的行动路线、频率及物资运输路线，大大增加了士兵遭遇袭击的危险。他说：“如果热力点连接成的轨迹呈直线状，说明那可能是士兵的巡逻路线；如果呈蛛网状，那可能是物资运输路线；亮点集中的区域，则可能是基地内的生活区或工作区。（热力点）不仅标记出建筑所在地和规模，连可能驻扎的人数都暴露了。敌人完全可以利用这些信息对士兵进行伏击。”前英国军官尼克·沃特斯通过热力地图，找到了自己当年在阿富汗服役时驻扎过的基地，随后气愤地在“推特”上发文，批评这是军队“在作战安全和人员安全方面的重大失败”，他指出“巡逻路线、各自独立的巡逻基地及其他信息，都可能成为可供（袭击）活动使用的情报”。

美国中央司令部新闻官在一份声明中承认，军方此前没有意识到运动软件中存在的潜在危险。“快速发展的创新科技改善了我们的生活质量，但同时也对军事安全和人员保护带来潜在挑战。”

互联网的出现极大地改变了人们获取信息的方式，其自身的迭代发展也日益丰富着人们的信息获取途径。Strava 这类运动软件的出现，是互联网发展至移动互联网的结果。而在物联网大潮中，这类基于手环的应用只能算是“开胃菜”，越来越多的智能软硬件将向人们提供新的认识世界的途径。“知”的方式发生变化，对军队而言，也就意味着战场的作战“环境”发生了变化。在这个瞬息万变的世界里，快速而又便捷地获取各类信息，在方便自己的同时，也方便了“敌人”。如何在新的形势下做到“知己知彼”，如何应对信息攻防可能面临的新挑战，已成为摆在世界所有军队面前的共同问题。毕竟，在这样的大趋势面前，谁也不可能把自己胜利的希望寄托在“对手”对这些变化视而不见上。

“一旦技术上的进步可以用于军事目的并且已经用于军事目的，它们便立刻几乎强制地，而且往往是违反指挥官的意志而引起作战方式上的改变甚至变革。”恩格斯的话提醒每一位军人，面对这样的挑战，必须重新审视每一个细微的环节，从战场上的需求倒推保密上的要求，在互联网时代找到切实可行的应对之策（《解放军报》2018 年 2 月 8 日）。

请结合上述案例，从物联网安全角度谈谈你对恩格斯的话的理解。

严守安全底线，保密就是保打赢

如今，对公开来源情报的搜集越来越成为各国情报部门的一门重要功课，互联网被视为取之不尽的“情报宝藏”。据称，各国情报机构获得的情报中有 80%左右来源于公开信息，其中又有近一半来自于互联网。由此可见，军人在上网冲浪、收发电子邮件或与朋友聊天时，须时刻提醒自己不要“忘形”，以防自己或单位的秘密信息泄露到互联网上。另外，军人在尝试新型电子产品或软件时也应谨慎进行选择，尤其是要格外注意那些会提供位置信息的设备和应用程序，避免将敏感信息上传至互联网。

综上，物联网时代数据的比特化、海量性、流动快、易复制、不排他、时效好和关联强，为数据分布式、多副本存储创造了条件，造就了“一数据多副本”的独特现象，同时也给数据安全提出了更高的要求。所以,物联网中的数据安全保护,不再是针对某一个点进行了,比如只针对数据存储这一个环节进行加密保护,防止数据泄露就结束了,而是要考虑数据感知、传输、处理的物联网全生命周期。这就要求,每一个业务、每一台服务器,甚至每一台终端,都要相应地部署数据安全的措施,比如,制定策略、硬件保护、软件保护等。所有的环节都要考虑数据保护。数据安全的保护,也不再只是保护存储在某个地方的静态数据,而变成了一种体系化的、全流程的数据保护。

8.2.5 物联网数据安全威胁

基于上述物联网数据的特点,物联网数据主要面临以下安全威胁。

(1) 物联网数据存在跨网域、跨平台、跨区域、跨境等流转需求,但对于敏感数据没有明确和统一的定义与管理规范,在网络流量中捕捉敏感数据难度大,存在敏感数据违规传输、泄露、虚假注入和篡改等现象。

*案例

警惕随手拍发照片泄密

2018年,中国国防报刊发了题目为《警惕随手拍发照片泄密》的文章,文章如下:

日前,一位网友随手拍发的一段被称为"阎良又堵飞机"的视频,在互联网引发军迷高度关注。从视频中看,飞机的机头雷达整流罩,驾驶舱窗户、雨刷、起落架舱、机尾等部分的细节清晰可见。如果是新型战机,则有泄密之嫌。

打开互联网,人们经常可以看见军迷网友随手拍发各种在建新型武器装备的照片,如新航母、新型驱逐舰、新型战机、新型坦克等下水、试飞、试验的图片,对于那些绞尽脑汁获取中国军队情报的境外间谍来说,这可谓如获至宝,真是踏破铁鞋无觅处,得来全不费功夫。这些照片也许是军迷网友随意拍发的,却无意间泄露了国家军事秘密,危害了国家安全。虽然,部分照片发布者为了防止泄密,还特意对照片进行了模糊处理,但是一张照片包含的信息不仅仅是画面,还有Exif信息以及他们想象不到的数据。

世界各国军队因随意拍发照片而带来的严重破坏不胜枚举。2007年,美军士兵用智能手机随意拍发一张照片,导致美军基地部署状况被泄露,让对手利用这些信息对美军基地发起袭击,最终造成4架阿帕奇直升机被摧毁。就这样,一张不经意的照片引发了价值2亿美元的损失。另外,美军在吸取教训严禁士兵随意拍发照片上网的同时,充分利用敌人无意发布的照片进行定位,实施精确打击。2015年,美军公布了一个案例,美军依据网络照片成功定位了他们找寻了很久的敌对势力总部,在照片上传22h之后,美军飞机发射了3枚带有GPS制导系统的导弹一举摧毁了敌方总部。在此之前,美军费尽周折也无法掌握这个信息。

俄罗斯国防部对俄军士兵随意拍发照片上网也高度关注并规定:2018年1月起所有的俄罗斯军人,其中包括义务兵和合同兵禁止在社交网站上上传照片和视频。俄罗斯国防部称,2016年俄海军士兵在"库兹涅佐夫"号航母上拍摄的照片和视频就引发了泄密危机,这些照片和视频清晰地展现了俄罗斯航母的一些细节,对于他国的情报机构来说,这些不需要任何成本的照片是不可多得的。

除了照片本身画面泄露一些机密信息,现在的智能手机都具备将定位信息写入照片的功能，这个功能一般情况下都是默认开启，通过分析照片，很容易就可以获得拍照地点的精确定位。俄罗斯之前在这方面吃过亏，2014年西方国家就是根据俄罗斯士兵拍摄的照片，准确地判断俄罗斯军队已经进入乌克兰东部。虽然俄罗斯军方对此极力否认，但是这样无意的泄密事件让俄军非常尴尬。目前，在俄乌冲突中，发生多起因手机拍照泄密而导致俄高级将领牺牲、俄兵营被袭等事件。

什么是Exif？可交换图像文件格式（英语：Exchangeable image file format，官方简称Exif），是专门为数码相机的照片设定的，可以记录数码照片的属性信息和拍摄数据，主要包括拍摄时的光圈、快门、ISO值、拍摄日期等各种与当时摄影条件相关的信息，相机品牌型号，色彩编码，拍摄时录制的声音文件甚至全球定位系统（GPS）等信息。

请根据上述案例思考：物联网时代，我军的保密工作做得怎样？我军会不会在战时出现像俄军这样的情况？

*案例

从泄密照片到神秘卫星

从泄密照片到神秘卫星——揭秘美国“锁眼”间谍卫星（中国国防报 2019-09-10）

2019年8月30日，美国总统特朗普在“推特”上发布一张伊朗霍梅尼太空中心运载火箭发射失败后的照片，并在配文中幸灾乐祸地表示，美国与这起事故无关，向伊朗致以“最美好的祝愿”和“好运”等。然而，这张卫星照片本身引起外界高度关注，有业内专家分析认为，这张照片分辨率如此之高，是商业卫星无法做到的，目前普通商业卫星仅能提供46cm左右的分辨率，而这张卫星照片的分辨率高达10～15cm。随后各国军迷们展开行动，有网友根据这张图片中发射台的位置、大小、影子角度等细节，推算出图片来自一颗代号USA-224号军事侦察卫星，这颗卫星被认为是目前在轨的美军“锁眼”间谍卫星之一。

据查证，USA-224号卫星是第15颗“锁眼”KH-11间谍卫星（如图8-10所示），隶属美国国家侦察局，该卫星于2011年1月20日发射升空，任务是接替USA-161号卫星，目前为止，该卫星的在轨任务和轨道细节仍处于保密中。发射后不久，USA-224号卫星便进入近地点251km、远地点1023km和倾角97.9°的轨道，有专业人士指出，这是一颗正常运行的“锁眼”KH-11间谍卫星的典型特征。

图8-10 “锁眼”USA-224号间谍卫星

解锁“锁眼”：“锁眼”KH-11间谍卫星是美国第一颗光学数字成像间谍卫星，以取代前一代的KH-8和KH-9返回式光学卫星。“锁眼”KH-11间谍卫星使用电荷耦合器摄像机拍摄地物场景图像，并将拍摄的照片实时传输回地面，不用像返回式卫星那样等到返回舱回来后才能取出胶卷进行研判，因此具有更好的情报及时性。“锁眼”KH-11 间谍卫星外形呈圆筒状，内装有巨大的光学镜片，筒身两侧是太阳能帆板。该卫星长 19.5m，星体直径 3m，早期型号重约 12 吨，后期型号从 17t 到 19.6t 不等，接近一艘宇宙飞船的质量。卫星上配备一套动力推进系统，用于轨道调整，以增加卫星的在轨寿命，其中部分型号卫星还可以与航天飞机对接以获取燃料，不过随着美国航天飞机全部退役，这种补给方式随之中断。“锁眼”KH-11 间谍卫星的核心是一套高精度光学镜面，其中主镜直径达 2.4m。加工如此大直径的高精度光学镜片，技术要求非常高，为此美国国家侦察局专门开发出一项计算机控制镜面抛光技术。副镜是一副卡塞格伦反射望远镜系统，这是一套可移动拍摄系统，允许从卫星的不同角度拍摄图像。“锁眼”KH-11 间谍卫星每 5s 拍摄一次图像，其主镜在可见光下(即波长为 500nm)的衍射极限分辨率约为 0.05 弧秒，即从轨道高度 250km 处可以观测地面 6cm 左右的目标，甚至可以看清楚地面汽车的车牌。拍摄到的照片需要通过中继卫星传回，这些中继卫星在莫尼亚轨道和地球静止轨道上运行。到目前为止，“锁眼”KH-11 间谍卫星仍然属于保密程度非常高的一种卫星，该型卫星的首星于 1976 年 12 月 19 日发射升空，最新一颗 USA-290 号卫星于 2019 年 1 月 19 日发射升空，下一颗卫星预计在 2020 年发射，届时，“锁眼”家族将拥有 18 颗卫星。

请为祖国保密！

随着智能手机使用普及化，移动互联网飞速发展，人人都是发声筒和传播者，可以随时拍照片上传网络。为此，我们要绷紧保密这根弦，切勿将无意看到的新型武器装备或关键信息设施拍照上传互联网，不经意间泄露了国家军事机密，不仅危害国家安全，还会受到刑事处罚。网络已成为军事信息泄露的重要渠道，而大部分的泄露是“无意的”。有军事发烧友出于猎奇与炫耀心理，将一些部队现役装备车辆和演习场景拍照传至网络，引起大量的转发分享，有户外爱好者随手将涉足过的地方甚至是军事禁区拍照定位分享至网络，也有军人直播自己的生活区域。这些人认为自己不处在要害部位，不掌握核心机密，且网络安全是技术部门和专业人员的事情，因此主动防护的意识不强。殊不知，这些指尖上不经意的滑动，就很有可能将不法分子千方百计想要得到的信息“拱手相送”。

西方军事家若米尼认为，至少有一千种精神与物质的因素与战争直接相关。历史上，一张风景照、一幅导游图、一条新闻稿、一个通信地址……这些日常生活中司空见惯的信息，却能在战争中发挥出奇的效果。

1983 年 10 月，突然接到转向格林纳达执行登陆作战任务命令的美国第六舰队，虽然事先毫无准备，但凭借当地向游客出售的十分清晰和详细的导游图，顺利完成了登陆作战任务。格林纳达人为发展自己的旅游业而制作的精美旅游图，却成为了引狼入室的向导、诱发战争灾难的“内奸”。

谋成于密而败于泄。军事秘密特别是核心机密，往往事关一个国家的底牌、命门，一旦失守将满盘皆输。从这个意义上讲，保密就是保安全、保打赢，绝不是一句戏言。

在由大向强阔步前行的征程上，我们需要一个和平安宁的国际国内环境。然而，我国周边安全形势并不乐观。敌对势力对我国军事机密的窥探、窃取一刻也没有停止过，并且花样不断翻新、手段不断升级。尽管我们远离了战场的厮杀，但随着网络社会化、社会网络化程度的日益加深，围绕军事信息夺取与反夺取、防护与反防护的对抗会更加激烈。面对严峻的挑战，我们的安全保密工作必须做到有备无患、万无一失。

机事不密则害成。传播精彩，谨防泄密。面对潜藏在信息之中的“潘多拉魔盒”，脑子里一定要绷紧保密这根弦。平时多一些保密意识、多一分防范责任，战时就少一些损失、多一分打赢胜算。互联网时代，严守用网保密规定，提高网络保密意识，应成为每一位公民义不容辞的责任和义务。

（2）数据访问、存储、共享、披露、修改、删除等缺少全流程安全规范，存在非法访问、无序存储、违规共享、非法篡改、恶意披露与删除等问题。例如，2010 年国际上发生的针对核电站的“震网”攻击，通过劫持和伪造恶意控制指令，破坏离心机的正常运行，同时窃取和重置离心机正常运行时的系统数据，躲避系统的运行监控，最终造成大量离心机损毁的严重后果。仅 2021 年，我国数据泄漏文件所占比例进一步上升，占所有数据安全事件类型的 84%，其中以获利为目的的数据泄漏事件占比为 80%。勒索攻击、数据损毁、数据篡改文件占比分别为 11%、3%、2%，如图 8-11 所示。

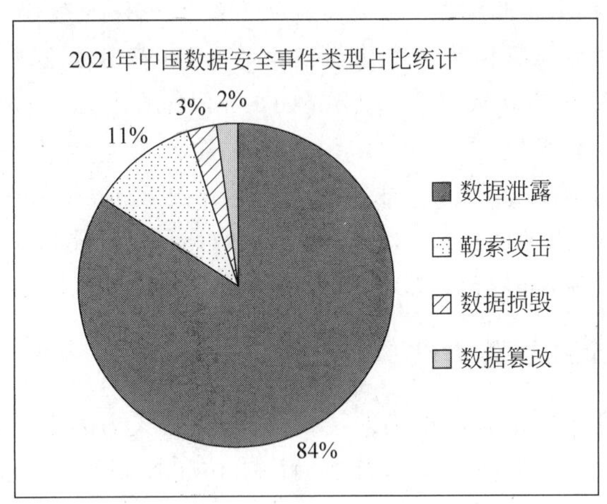

图 8-11　2021 年中国数据安全事件类型占比统计

数据来源：《2021 年度数据泄漏态势分析报告》、中商产业研究院整理

（3）在智能化趋势下，基于智能技术的数据伪造给信息安全带来新的挑战。以图像识别为例，通过智能技术可对人脸等图像识别数据进行虚假生成或干扰，造成人类和物联网机器感知系统判断出错，引发个人隐私受到侵犯以及商业诈骗等问题，甚至引发社会危机。

*案例

神奇贴纸骗过 AI!

人类被“隐形”，智能监控的危机来了？

摄像头用 AI 识别图像和视频中的人脸和身体正变得越来越常见，小到超市、办公室，大到自动驾驶、智慧城市，能够快速抓取人体、识别人脸的智能摄像头正变得无处不在。2019 年一组研究团队设计了一张特别的彩色图案，只要将这块 40cm×40cm 的神奇贴纸挂在身上，就可以避开 AI 摄像头的监控。如图 8-12(a)所示。右边的人身上挂了一块彩色贴纸，这张贴纸成功欺骗了 AI 系统，使他即便正面摄像头，也没有像左边的人那样被 AI 系统

检测出来(粉色框)。当右边的人将贴纸反转过来,立即被检测出,如图 8-12(b)所示。等右边的人将贴纸交给左边的人后,AI 瞬间就检测不出左边的人。

(a)

(b)

图 8-12　神奇贴纸骗过 AI

研究人员指出,该技术可用于“恶意绕过监视系统”,允许入侵者“通过在他们的身体前面拿着一块小纸板朝向监控摄像头做些偷偷摸摸的行为(而不被发现)”。

这个团队来自比利时鲁汶大学(Katholieke Universiteit Leuven),他们发表了一篇论文,名为《欺骗自动监控摄像头:针对攻击人类监控的对抗补丁(Fooling automated surveillance cameras: Adversarial patches to attack person detection)》。论文上署名的三位研究人员 Simen Thys、Wiebe Van Ranst 和 Toon Goedeme 使用了流行的 YOLOv2 开源对象识别探测器进行了演示,他们通过用一些技巧成功骗过了探测器。

8.2.6　数据安全的保障方法

数据保护根本的方法论是保证正确的授权操作,除去人为因素(尽管大量的安全问题诱因是人为因素)外,主要实现的技术措施有加/解密、访问控制为核心的授权机制、各类的隔离措施、各类的检查方法与保障措施。

1. 访问控制

访问控制是指给某些主体操作客体的权限。所谓主体就是操作行为的发起方,所谓客体就是被操作的对象。访问控制是授权的核心技术,为了保证能够进行授权,就要对访问者进行标识与鉴别;同时,访问行为是需要记录和确认的,这就需要审计;同时还要保证某些主体的匿名访问,对一些客体还需要进行隐藏,这就是所谓匿名与隐藏技术;对于高安全等级来说,还要考虑相应的标签(标准中称之为标记,国外标准中使用的单词是 label);还要我们对资源进行控制,不允许任何一个主体霸占资源,当然也要考虑一些级别高的主体优先使用资源的问题;这些都是安全功能的要求。除了这些要求之外,还要保证主体是在与计算机的内核在打交道,而不是木马在与主体或者计算机内核在打交道,这就是所谓的可信路径的要求;在通信时,还需要在可信的信道中进行传输,这就是可信通路的要求;还要保证所有的通信信道(包括主机内部的通信信道与主机外部的网络通信信道)都是被主体定义过的,而不存在隐蔽信道的问题,这些就是所谓的保证(保障)要求。保障要求,还有更多的要求,如对于软件的开发,从工程上就要有一系列的要求等。

访问控制有两大类，一类是自主访问控制策略，另一类是强制访问控制策略。

(1) 自主访问控制策略

所谓自主就是"我的东西我做主"，由客体的属主自行定义的访问控制策略，创建的文件，允许哪个人"读""写""控制""执行"，是由创建文件的人所决定的。这类自主访问控制，就称为属主型的；除了属主型，还有层次型，层次型就是指高安全级别的用户，可能有权来处置低安全级别用户所属的客体。再有就是这两种控制策略的混合型。自主访问控制有两大类作用，一类是保证低安全等级客体的操作授权，第二类是保证在高安全等级的情况下，要执行强制访问控制，但是强制访问控制是按规则的操作控制，如果这种规则可能存在客体属主意愿的，在强制访问控制基础上，还要加上自主访问控制。必须要强调，在一些低安全等级的系统中，层次型的自主访问控制是要慎重使用的。往往在物联网系统中高安全等级的用户，在现实社会机构中的级别并不高，如一个 Windows 系统中的 Administrator 用户，可能就是某信息中心的管理员，其级别可能就是个营级，而在这个系统中相当多的用户的级别，往往是团级、师级甚至更高。如果这个团级干部，在系统中超大的权限如果是层次型的，他就可能会将师长创建的文件，发送给师长并不想授权的人读或者是写，甚至是控制和执行。

所谓"读"操作可以理解为从物联网系统中向外部的输出，而"写"操作，则是由物联网系统外部向内输入，控制和执行则是在物联网系统内部的各类操作。

(2) 强制访问控制策略

强制访问控制是一个依据规则的访问控制模式，并且要严格地依据客体的安全属性与访问主体相对应，也就是依据属性的级别，来确定相应的操作规则的访问策略。首先要考虑给相应的客体和主体都打上标签，标签必须包含主体或客体的安全属性及相应的等级所属的部门等基本信息，还要考虑标签自身的完整性。

在强制访问体系中，超级用户是不存在的，用户至少分为三类：一类是授权用户，第二类是系统的各类操作用户，第三类是审计用户。授权用户，负责给各类系统的操作用户进行相应的授权，但是授权用户自身不允许给自己授权，也就是说，他是不能进入系统进行操作的。同样，审计用户，只能监控所有人的操作，但是他也不能进入到系统当中。这就是所谓的"三权分立"。

在访问过程中，主体和客体在访问过程中可能会出现角色转换的问题。一个主体对一个客体的访问，并不完全是主体对客体的直接操作，可能还会通过中间环节，这个访问就是一个访问链，所有中间过程中的实体都有主体与客体的双重身份，这些中间的实体，就会出现主/客体角色的转换问题。访问控制是核心的控制类功能，但不是控制的全部，在系统中还有许多的控制措施，包括技术手段和行政手段。如对数据传输路径的控制、在物理环境中对人员的控制等。

访问控制技术并不是对数据本体进行保护，而是通过对数据所在的容器（存储位置）进行保护，不允许未授权用户对容器中的内容进行未授权的操作。但是当数据离开容器后，访问控制技术就失效了。

2. 密码技术

密码技术也是可以解决授权问题的，主体对自己所创建的客体进行了加密，并且是分层加密的，只读有只读的密钥，只写有只写的密钥，那么只有持有相应密钥的主体，才能获取相应的权限,同时密码对数据的保护是对数据本体的保护。无论数据存储在容器中,还是离开了容器,在信道中还是被其他的方式移除到系统之外,数据都会得到很好的保护。

密码技术,不仅可以用于数据的加密,还可以用于对用户进行标识的鉴别,即所谓身份认证,还可以对主体之间的交易行为进行确认,解决抵赖的问题。

密码技术对数据的完整性保护也是有贡献的,但是它的作用不是直接保护,而是用来证明这个数据没有被未授权地改变,即所谓校验技术。

但是,必须看到,密码技术确实不是万能的,用得不恰当还有害,并且入侵者也会利用密码技术来对入侵行为进行保护。如将一个恶意代码加密进行传输,在未解密之前,所有的恶意代码检测技术都不能发现它,只有在它自行解密之后,检测技术才能发现它,而此时后果可能已经产生了。同时,加密了的数据,也可能被入侵者再次加密,而你是没有密钥的,你的数据,你用不了了,勒索病毒不就是用的这一招吗?

现有的加密和解密的过程,需要在物联网系统环境中才能完成。因为现在加/解密的密钥都比较长(64 位、128 位,甚至更长)。这样长的密钥和加/解密运算,靠人工是无法完成的。如果没有包括访问控制技术在内其他技术的保障,加/解密过程就可能被植入的木马所探知,那加密也就没有任何意义了。

3. 隔离技术

隔离技术在现实社会中司空见惯。只有有了相应的隔离措施,才能方便地进行授权控制。例如,单位的营区、我们的家庭、工作单位都会用墙壁和门窗与其他空间进行隔离,新冠疫情期间的居家隔离等。在物联网安全防护中,这种隔离也是必不可少的。

首先是在物联网环境中进行的隔离,操作系统会有指针,将内存划分为系统区、用户区两大区域,用户区是不能进入到系统区的。同时,在用户区,不同的用户,也被隔离在不同的区域,也是不允许跨区的。

在云计算环境下,各个虚拟机之间也是要隔离的。

在网络环境下,划分网段、划分虚拟局域网,都是网络信道的隔离措施。同时,还要考虑到网络边界的隔离防护问题,利用防火墙可以将大量与本系统无关的用户隔离在系统的外部,不允许他们进行访问。

现在有一种观点,提出无边界的防护。由于云网一体化,边界的问题变得非常模糊,这是现实。但是要不要进行分区域保护?要不要人为地为这个域设置一个边界?这是我们应该思考的问题。

4. 检查技术

检查的作用就是对正确授权机制进行保障。在物联网系统中,检查也是非常重要的,检查不仅包括对工作上的检查,还要包括各类的检测、测评、监控、验证等。检查可以分为发现性的检查和验证性的检查两大类。

(1) 发现性的检查

发现性的检查,是依据相应的理论和经验(包括各类测评、检测标准),发现可能存在的问题,如我们的风险评估,发现资产、发现系统存在的脆弱性、发现威胁,都是属于这一类的检查。包括现在常使用的态势感知、入侵检测系统(Intrusion Detection System,IDS)、入侵防御系统(Intrusion-Prevention System,IPS)、恶意代码检测等产品,都是需要这类以发现为目的的检查。

IDS是一种对网络传输进行即时监视，在发现可疑传输时发出警报或者采取主动反应措施的网络安全设备。与其他网络安全设备的不同之处在于，IDS是一种积极主动的安全防护技术。

IPS是电脑网络安全设施，是对防病毒软件和防火墙的补充。IPS是一部能够监视网络或网络设备的网络资料传输行为的计算机网络安全设备，能够及时地中断、调整或隔离一些不正常或是具有伤害性的网络资料传输行为。

(2) 验证性的检查

验证性的检查，也是依据某标准和理论，提出所具备的相应的作用和理论并进行验证。包括各类安全产品的检验都是属于验证性检查。沈昌祥院士的可信计算就属于验证性检查。当证明所有的硬件系统、软件系统都完整的时候，我们就可以认定，我们的系统是可信的。

验证性检查，不仅包括依赖某些技术的检测过程，也包括各类形式化的理论证明，状态机转换原理就依据这一思想，当一个系统初始状态的安全性可以证明，转换条件的安全性也是可以证明的，那么转换后的状态就一定是安全的。在网络空间中，安全的理论证明，现在真正用于实践的还比较少。等级保护的第五级提出了验证的问题，故也把这一级别称之为访问验证保护级，但是实际真正用于第五级的技术和产品还不多见。

8.3 隐私安全

8.3.1 隐私的概念

据文献记载，隐私的词义来源于西方，一般认为最早关注隐私权的文章是美国人沃论(Samuel D・Warren)和布兰戴斯(Louis D・Brandeis)发表的《隐私权》(The Right to Privacy)。中国人民大学王利明教授在《隐私权的新发展》中指出“凡是个人不愿意对外公开的、且隐匿信息不违反法律和社会公共利益的私人生活秘密，都构成受法律保护的隐私”。简单来说，隐私就是公民个人不愿意被外部世界知晓的信息，通常是指数据所有者不愿意被披露的敏感信息(如身体的隐私部位、个人的薪资、病人的患病记录、精确的地理定位、财务账户等)，包括敏感数据以及数据所表征的特性。2002年全国人大起草《民法典草案》，对隐私权保护的隐私做了规定，包括私人信息、私人活动、私人空间和私人的生活安宁等四个方面。

8.3.2 隐私的分类

从隐私所有者的角度而言，隐私可以分为个人隐私和共同隐私两种情形。

1. 个人隐私

任何可以确认特定个人或与可确认的个人相关、但个人不愿被暴露的信息都属于个人隐私，如肖像、身高、体重、性别、身份证号、监控情况、就诊记录、精确的地理位置、财务账户、生活习惯、婚姻状况、就业状况等。

个人隐私的概念中主要涉及4个范畴：

(1) 信息隐私、收集和处理个人数据的方法和规则，如个人信用信息、医疗和档案信息，信息隐私也被认为是数据隐私；

(2) 人身隐私，对涉及侵犯个人物理状况的相关信息，如基因测试等；

(3) 通信隐私，邮件、电话、电子邮件以及其他形式的个人通信的信息；

(4) 空间信息，对干涉自有地理空间的制约，包括办公场所、公共场所，如搜查、跟踪、身份检查等。

2. 共同隐私

不仅包含个人的隐私，还包含所有个人共同表现出来但不愿被暴露的信息。如公司员工的平均薪资、薪资分布、年龄结构等信息。

从隐私覆盖的范围进行分类，隐私可以分为狭义的隐私和广义的隐私两种情形。

(1) 狭义的隐私

狭义的隐私是指以自然人为主体而不包括商业秘密在内的个人秘密。

(2) 广义的隐私

广义的隐私是指主体是自然人与法人，客体包括商业秘密。

8.3.3 侵犯隐私的主要手段

随着物联网的应用日益广泛，物联网在运行过程中收集的大量信息在给人们的生活带来便利的同时，侵犯隐私的安全问题也日益突出，主要体现在以下 11 个方面。

1. 利用监控设备采集敏感信息

大量监控设备，如摄像机、摄像头等，在机场、商场、银行、车站、码头、港口、小区、道路、宾馆、教室等公共场所或家庭等私人空间的使用，在采集人们高度敏感的个人信息时，可能导致人们的一些亲密行为、隐私活动被泄露。《个人信息保护法》第二十八条规定："敏感个人信息是一旦泄露或者非法使用，容易导致自然人的人格尊严受到侵害或者人身、财产安全受到危害的个人信息，包括生物识别、宗教信仰、特定身份、医疗健康、金融账户、行踪轨迹等信息，以及不满十四周岁未成年人的个人信息。"

【思考】 人脸识别门禁系统合法吗？

根据《中华人民共和国个人信息保护法》规定，只有在具有特定的目的和充分的必要性、并采取严格保护措施的情形下，个人信息处理者方可处理敏感个人信息。此外，处理敏感个人信息还应当取得个人的单独同意，向个人告知处理敏感个人信息的必要性以及对个人权益的影响。人脸信息属于敏感个人信息，人脸识别门禁系统在满足上述条件下是合法的，但是如果强制将人脸识别作为进出小区的唯一验证方式的行为是违法的。因此"刷脸"不能强制，非必要不提供。

 *案例

人脸识别第一案

浙江理工大学特聘副教授郭兵因不满杭州野生动物世界采用人脸识别方式入园，而以侵犯隐私权和服务合同违约为由将杭州野生动物世界告上法庭。杭州富阳法院作出一审判决——判决野生动物世界赔偿郭兵合同利益损失及交通费共计 1038 元，删除郭兵办理指纹

年卡时提交的包括照片在内的面部特征信息。

2019 年 4 月，郭兵支付 1360 元购买杭州野生动物世界“畅游 365 天”双人年卡，确定指纹识别入园方式。郭兵与其妻子留存了姓名等，并录入指纹、拍照。同年 7 月、10 月，杭州野生动物世界两次向郭兵发送短信，通知年卡入园识别系统更换事宜，要求激活人脸识别系统，否则将无法正常入园。野生动物世界将年卡用户的入园方式从指纹识别再度升级为人脸识别。郭兵认为人脸信息属于高度敏感个人隐私，不同意接受人脸识别，要求园方退卡。双方协商未果，2019 年 10 月 28 日，郭兵向富阳区人民法院提起诉讼。

社会主义核心价值观——法治

通过知法、懂法，增强学生的法治观念和法律意识，使其勇于拿起法律武器维护合法权益。

军人刷脸支付，叫停！

“咋回事，刷脸支付用不了啦？”近日，记者走进第 72 集团军某旅军营超市，发现原本人气火爆的两台刷脸支付设备已不见踪影。对此，该旅保卫科干事圣世龙解释道，刷脸支付存在失泄密风险，为防患于未然，他们已关停超市的刷脸支付功能。

“官兵只需在支付软件开通刷脸支付功能，不必携带手机就可以购买商品。这本是信息化便利化的体现，但官兵身处军营、身着军装，随意刷脸支付极有可能造成失泄密隐患，甚至暴露部队行动。”圣干事告诉记者，之前演训过程中发生的一件事，曾令他们惊出一身冷汗。

当时，该旅参加跨区红蓝对抗演练，在铁路装载期间，不少官兵利用休息时间前往地方超市购物。由于大家都没有携带手机，不少人全副武装就使用刷脸支付，不仅脸部信息被设备录取，身上的战斗装具等图像也一并被扫描。为防止失泄密、严格落实保密制度，该旅训练督导组当场制止了这种行为。

军队是特殊群体，刷脸支付虽然便捷了生活，但存在网上暴露军人身份信息的安全隐患，甚至可能造成难以挽回的严重后果。演习复盘会上，大家针对此事进行了反思交流，形成共识：三军之事，莫重于密。必须从点滴细节入手，坚决杜绝可能引发失泄密问题的安全隐患。安全保密的屏障，一条缝都不能出现！

“保密就是保胜利、保战斗力。”圣干事介绍，该旅已及时关停军营超市里的刷脸支付设备，向营业员传达了相关保密规定，并下发通知严禁官兵着军装使用刷脸支付。

刷脸支付叫停后，为做好后续保障工作，该旅在军营超市增设了手机扫码窗口和自助结算柜台，为官兵日常购物提供了便利。

《解放军报》2022 年 10 月 31 日

【思考】

请结合上述案例，从物联网安全角度思考军人着军装刷脸支付可能存在的安全隐患。

2. 非法监视

把联网模块/设备安装在各种物体上，如汽车、玩具、家用电器，可用于非法监视。联网模块将使罪犯获得比常规手段更多的信息。例如，罪犯可以通过安装在玩具上的摄像机来监控孩子，通过安装在鞋子上的联网模块监控人们的一举一动，通过连接门锁监控房子主人进入和离开房子的时间。这些威胁并不只是推测。华盛顿大学的副教授 Yoshi Kohno 已经在汽车、医疗设备和儿童玩具的联网模块上发现了“真正的漏洞”。

*案例

对 TRENDnet 公司的诉讼

2013 年，美国联邦贸易委员会向法院提起了对 TRENDnet 公司的诉讼。TRENDnet 公司是一家生产无线摄像头的厂商，这些摄像头可以安装在人们想安装的任何地方，像计算机设备，如智能手机和笔记本电脑发送动作捕捉的视频。起诉书说，TRENDnet 公司生产的无线摄像头缺少合理和适当的安全设置，导致了黑客的攻击。黑客入侵了近 700 个无线摄像头，盗用视频，并把这些摄像头的网络链接张贴出来。美国联邦贸易委员对黑客攻击的结果进行了如下陈述：

“这些被盗用的视频暴露了摄像头使用者的私人领域，使黑客对睡在婴儿床上的婴儿、玩耍的儿童和进行日常活动的成年人进行了非法监视。网络媒体对这种侵犯隐私的行为进行了广泛的报道，其中大多数行为都是截取视频图像，或对被入侵的视频进行超链接。根据摄像机的 IP 地址，新闻报道还描述了被盗用摄像机的地理位置(如城市和州)。”

随后，美国联邦贸易委员会和 TRENDnet 公司达成了调解协议。鉴于 TRENDnet 公司的初犯行为，并没有对其进行罚款处罚，否则每个违规行为的罚金可达 16000 美元。根据协议条款，TRENDnet 公司不能歪曲它的软件是"安全的"，并且要接受为期 20 年的每年一次的安全项目独立评估。起诉 TRENDnet 公司是美国联邦贸易委员会第一次对日常联网产品供应商采取整治措施。

TRENDnet 事件表明，物联网需要规范。作为对这一事件的回应，美国联邦贸易委员会将于 2013 年 11 月在华盛顿举行公开研讨会。研讨会的目的是解决物联网引起的消费者隐私和安全的问题。数字民主中心的执行董事 Jeff Chester 对研讨会和联邦贸易委员的举措发表了看法，“联邦贸易委员会正试图在无处不在的数字数据收集进一步改变我们的生活之前，建立物联网使用的规则。”

3. 利用在线注册、App 等收集隐私信息

物联网应用服务提供商非常注重收集客户信息，用于分析客户群体的特征、行为习惯，消费倾向等，用以针对性地推送广告和产品推广等，催生“千人千面”独特情况出现。因此，用户在使用各种物联网应用服务(如电子平台购物、出行约车、申请电子邮箱、网上购物等)时，往往被要求先注册，用户的个人信息，如手机号、位置信息、家庭地址、工作单位等由此被收集，如图 8-13 所示。2021 年 7 月“滴滴出行”App 存在严重违法违规收集使用个人信息问题。

*案例

“滴滴出行”App 的下架

2021 年 7 月 2 日：网络安全审查办公室关于对“滴滴出行”启动网络安全审查的公告。

原文如下：为防范国家数据安全风险，维护国家安全，保障公共利益，依据《中华人民共和国国家安全法》《中华人民共和国网络安全法》，网络安全审查办公室按照《网络安全审查

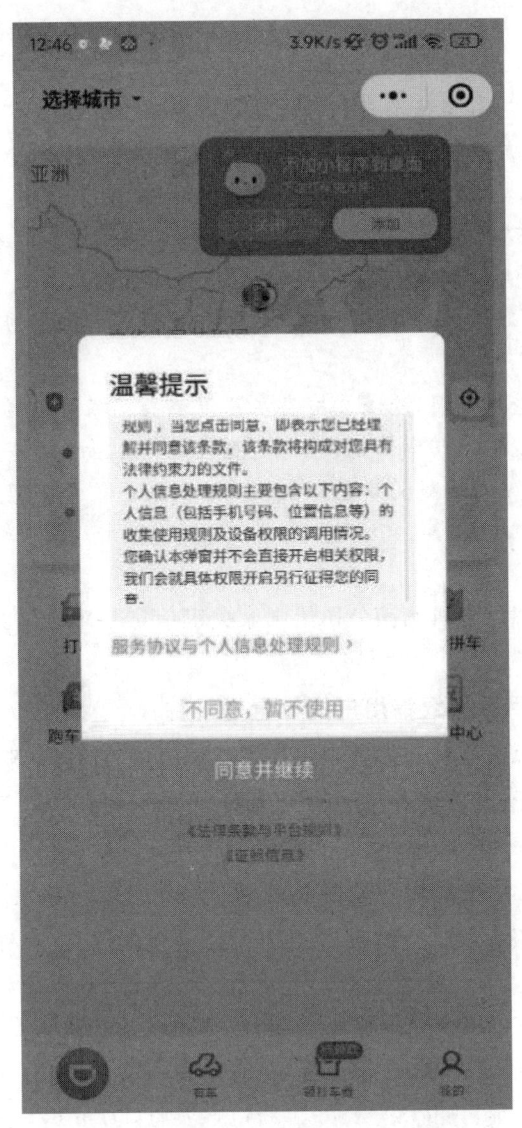

图 8-13　某出行 App 收集的个人信息

办法》，对“滴滴出行”实施网络安全审查。为配合网络安全审查工作，防范风险扩大，审查期间“滴滴出行”停止新用户注册。

2021 年 7 月 4 日：国家互联网信息办公室发布关于下架“滴滴出行”App 的通报。

原文如下：根据举报，经检测核实，“滴滴出行”App 存在严重违法违规收集使用个人信息问题。国家互联网信息办公室依据《中华人民共和国网络安全法》相关规定，通知应用商店下架“滴滴出行”App，要求滴滴出行科技有限公司严格按照法律要求，参照国家有关标准，认真整改存在的问题，切实保障广大用户个人信息安全。

2022 年 7 月 21 日：国家互联网信息办公室有关负责人就对滴滴全球股份有限公司依法作出网络安全审查相关行政处罚的决定答记者问中，明确指出了滴滴公司存在的违法违规行为，其中一项原因就是存在严重违法违规收集使用个人信息问题。

原文如下：“答：经查明，滴滴公司共存在 16 项违法事实，归纳起来主要是 8 个方面。

一是违法收集用户手机相册中的截图信息1196.39万条；**二是**过度收集用户剪切板信息、应用列表信息85.23亿条；**三是**过度收集乘客人脸识别信息1.07亿条、年龄段信息5350.92万条、职业信息1635.36万条、亲情关系信息138.29万条、"家"和"公司"打车地址信息1.53亿条；**四是**过度收集乘客评价代驾服务时、App后台运行时、手机连接桔视记录仪设备时的精准位置(经纬度)信息1.67亿条；**五是**过度收集司机学历信息14.29万条，以明文形式存储司机身份证号信息5780.26万条；**六是**在未明确告知乘客情况下分析乘客出行意图信息539.76亿条、常住城市信息15.38亿条、异地商务/异地旅游信息3.04亿条；**七是**在乘客使用顺风车服务时频繁索取无关的"电话权限"；**八是**未准确、清晰说明用户设备信息等19项个人信息处理目的。

此前，网络安全审查还发现，滴滴公司存在严重影响国家安全的数据处理活动，以及拒不履行监管部门的明确要求，阳奉阴违、恶意逃避监管等其他违法违规问题。滴滴公司违法违规运营给国家关键信息基础设施安全和数据安全带来严重安全风险隐患。因涉及国家安全，依法不公开。"

【思考】

请根据上述案例信息，分析滴滴公司给国家关键信息基础设施和数据带来的安全风险隐患。

4. 利用物联网应用服务跟踪用户的位置或行踪

在诸如约车、地图导航服务等必须用户提供位置信息的物联网服务中，各类物联网应用的服务器端可以非常容易地定位客户端的位置信息，并实时跟踪用户。关于定位安全将在8.2.4节进一步探讨。

5. 利用Cookies文件收集用户的隐私信息

Cookies是物联网服务器端存放在客户端上的一个文件，该文件包含用户所访问的物联网应用和访问时间，甚至含有登录密码等信息。Cookies具有重构用户所从事的网络活动的功能，通过对用户在网络上访问服务器端、浏览的网站和购买产品等行为的跟踪，结合网络注册系统，可以推导出用户的行为习惯、消费情况等个人信息，实现对用户"画像"。例如，智能冰箱能够感知冰箱里储存的产品，牛奶广告商通过冰箱的信息就能知道应该向谁发送广告，在冰箱里放置大量牛奶产品的消费者会比冰箱里没有牛奶产品的消费者收到更多的广告信息。

6. 利用特洛伊木马病毒窃取隐私信息

特洛伊木马病毒具有隐蔽式窃取用户隐私信息并传送至预先设定的特定接收站点的能力，是导致当前电信诈骗泛滥的一种重要的技术手段。当用户从网站下载免费App或软件或点击不明链接时，其中可能包含有特洛伊木马病毒。

7. 利用嵌入式软件收集隐私信息

远程桌面连接等网络服务允许远程运行对方机器上的嵌入式软件或程序，其中潜藏着隐私泄露的风险。

8. 利用网站信标窃取隐私信息

网站信标是被定义在HTML脚本文件的IMG标签中，是大小为1×1的透明图片，用户

在网页上是无法看见的。它通常是被第三方置于网页中用于监控访问网页的用户的行为，如用户点击的内容或统计访问网页的人次等。别有用心的人可以基于网站信标窃取用户隐私。

HTML(Hyper Text Markup Language，超文本标记语言)是一种标记语言。它包括一系列标签.通过这些标签可以将网络上的文档格式统一，使分散的因特网资源链接为一个逻辑整体。HTML 文本是由 HTML 命令组成的描述性文本，HTML 命令可以说明文字、图形、动画、声音、表格、链接等。IMG 标签用于定义 HTML 页面中的图像。

9. 利用篡改网页收集隐私信息

钓鱼网站是当前实施诈骗的一种重要的手段。攻击者通过篡改网页、模仿知名的银行或电商等网站，诱导用户登录这些网站，用户进而按照网站所提供的欺骗性业务流程输入个人信息等，最终导致用户损失钱财或个人隐私被泄露。

10. 利用各类社交/购物平台收集用户隐私信息

随着用户对隐私保护意识的不断提升，尽管大家对于电话、地址、身份证信息等隐私已经格外在意，但用户在使用微信、微博、钉钉、腾讯等各类社交平台和便捷的网上购物平台时，仍会不经意间暴露位置、年龄、职业、性别、爱好、购物习惯等隐性隐私信息。如图 8-14 所示，发原图或暴露隐私的话题就冲上了热搜。由于数据的关联性，当这些信息被不法分子综合利用时，甚至能为每位用户精准画像。

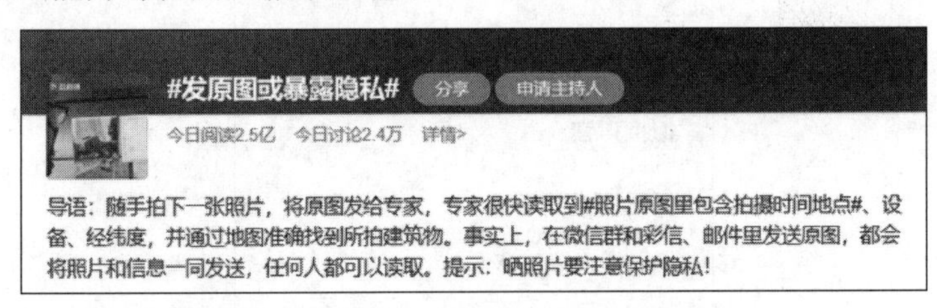

图 8-14　发原图或暴露隐私的话题冲上热搜

* 案例

一张照片能暴露多少隐私

群发送照片原图，真的会泄露你的家庭住址等信息吗？

近日，有媒体报道，随手拍下一张照片，将原图发给专家，专家很快读取到照片原图里包含的拍摄时间、地点、设备和经纬度，并通过地图准确找到所拍建筑物，如图 8-15 所示。如今，任何智能手机拍摄的每张照片都含有详细的 Exif 数据，可以调用 GPS 全球定位系统数据，在照片中记录下位置、时间等信息。比如你在自家窗口拍摄了一张风景图，并发送原图到群里，这就相当于给群里所有的陌生人公布了你家 GPS 位置数据，甚至通过拍摄时间与拍摄角度分析，还可能准确推断出你家的楼层和门牌号。其实除了在群聊中发送原图，用短信、邮件或是其他传输工具发送原图，都会将这些附带信息一并发送，任何人据此信息就能读取其中的机型型号、镜头参数、拍摄时间以及地理位置信息。

如何避免此类问题？一是要建立陌生人群聊中隐私防范意识，尽量不发实拍照片，发送时也尽量不去勾选原图。二是针对这一现象，也有部分手机厂家关注到隐私泄露的风险，在操作系统层面就提供隐私安全抹除的功能，帮助用户更加安全地进行互联网社交。如图 8-16 所示，某智能手机提供了是否保存照片地理位置信息的可选项。

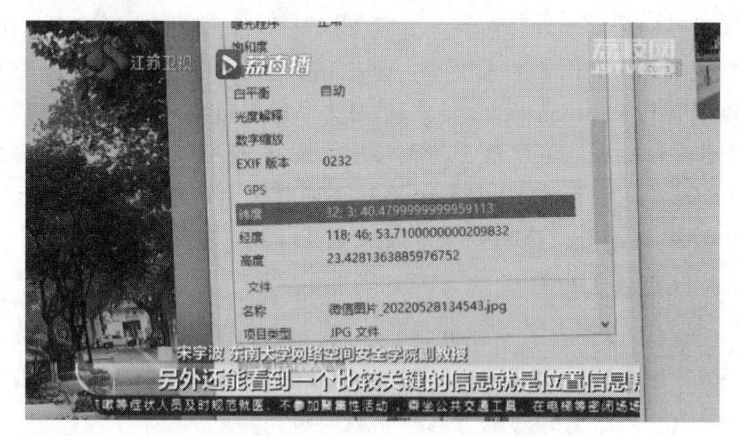

图 8-15 一张照片暴露的隐私

图 8-16 某智能手机提供的是否“保存地理位置信息”的可选项

11. 入侵私生活

联网模块不仅能使罪犯被动地监视他们的受害者，还能使罪犯积极地入侵受害者的私人生活。其原因是，许多联网模块都是安装在可以远程控制的对象上。例如，一个罪犯可以远程控制冰箱、加热器和防盗门的开关。安全研究人员已经发现罪犯能入侵各种联网设备这一安全漏洞。安全公司 Trustwave 的顾问 Daniel Crowley 最近入侵了一个日本公司制造的自动化厕所，Crowley 能远程控制厕所的冲洗，或者播放音乐。李承申是一名安全研究员，在韩国首尔大学攻读博士学位，他说他能通过带有病毒的邮件或网站，控制三星电视机。

被入侵的电视机能够向任何地点的计算机设备播送电视播放的内容，即使是在电视将关闭的时候也可以。黑客攻击和远程控制家用电器可能给受害者带来严重的痛苦。对于一个被黑客攻击家用电器的受害者来说，黑客攻击就像“骚灵”现象。“骚灵”现象在民俗学研究中很常见，它指无法解释的物体移动和声音发出的超自然现象。

案例

家用摄像头的隐患何在

近年来，多种价位、功能各异的家用智能摄像产品不断涌进市场，越来越多的人选择安装家用摄像头来解决小偷“光顾”、车被剐蹭、老幼安全、宠物安全等问题。但与此同时，这些摄像头又给人带来了新的“烦恼”：邻居的日常出行不可避免地入镜、别有用心者借个人安全之由偷拍他人影像、云端存储视频存在被兜售的隐患等。有媒体记者调查后发现，在一些社交平台或贴吧中，经常有诸如“××视频监控流出，速看”等帖子或留言，且配有“可打包购买”或“视频监控出售”等字样。

由此可见，由家用摄像头衍生的法律问题，也需要引起重视。从报道来看，主要是侵犯公民个人信息安全和隐私权。比如，将监控信息上传云端后，相关个人信息被窃取，进而沦为“网络黑市”上待价而沽的物品，让个人信息遭到不法侵犯。又比如，在门口安装一个家用摄像头，本来是为了监控住址周围动静，却将邻居的行动“网罗”其中，将他人行踪等个人隐私“大白于天下”，几乎没有秘密可言，也让他人的家庭成员人身和财产安全处于危险境地。

有人说：“我装个家用摄像头，是为了维护安全，在生命和财产安全面前，就算有侵犯公民个人信息安全和隐私权之虞，也应该有所避让。”这种观点显然是错误的。从逻辑上讲，公民维护自身安全，与保护他人的个人信息和隐私权，两者并不矛盾。在法治社会，若一个人维护自身安全，必须以牺牲他人权利为代价，本身就是不合理，也不合法的。

事实上，完全可以采取更妥当的方式。有关职能部门应加强监管。从源头上看，应该把家用摄像头生产、销售环节规范好。有关部门应当加强监管，对摄像头生产设定技术门槛和配置规范，督促生产商不断提升产品安全性。同时，有必要采取实名制的办法，避免家用摄像头被滥用。对于云存储服务提供者，则应采取有力措施，强化云端数据安全，防止用户信息被泄露。在具体使用过程中，应禁止个人在公共区域安装家用摄像头，不允许家用摄像头的监控延伸至其他住户或公共区域，严格限定家用摄像头的权利边界，确保家用产品仅限于“家用”。从下游看，还应加强对公众的教育，进一步提高用户警觉性，避免权利被暗中侵蚀。

8.3.4　隐私保护的常用方法

隐私保护的目的在于保护用户的隐私不被泄露。没有任何一种隐私保护技术适用于所有应用：根据采用技术的不同，可将隐私保护技术分为匿名处理、数据加密、限制发布、数据失真和联邦学习等五类。

1. 匿名处理

匿名处理，是指隐藏和修改相关的数据，这样，即使攻击者窃取到了数据，也无法准确识别数据内容。在物联网中匿名处理一般采用k-匿名化技术，k-匿名化要求数据在准标识符上不可区分的记录数量达到一定的规模，至少为k。这样，攻击者就无法准确判断出隐私数据属于哪一个个体。由于物联网中存在海量的数据信息，因此，k-匿名化技术适用于物联网的隐私数据安全保护。表8-1给出匿名化前后某学校的学生档案。

表8-1 匿名化前后某学校的学生档案表

(a) 匿名前

序号	姓名	性别	身份证	出生年月	籍贯	专业
1	张三	男	1111111111111111	1890.11	重庆	计算机
2	李四	男	2222222222222222	1989.01	北京	土木工程
3	王红	女	3333333333333333	1990.02	上海	网络工程

(b) 匿名后

序号	姓名	性别	身份证	出生年月	籍贯	专业
1	张三	*	***************	****	重庆	计算机
2	李四	*	***************	****	北京	土木工程
3	王红	*	***************	****	上海	网络工程

2. 数据加密

加密技术有助于隐藏敏感数据。基于数据加密技术的隐私保护多用于分布式应用环境中,如安全多方计算(Secure Multiparty Computation,SMC)。安全多方计算是指在一个互不信任的多用户网络中,各用户能够通过网络来协同完成可靠的计算任务,同时又能保持各自数据的安全性,即能够解决一组互不信任的参与方之间保护隐私的协同计算问题,确保输入的独立性和计算的正确性,同时,不会泄漏输入值给参与计算的其他成员。实现原理上,安全多方计算并非依赖单一的安全算法,而是多种密码学基础工具的综合应用,包括同态加密、差分隐私、不经意传输、秘密分享等,通过各种算法的组合,让密文数据实现跨域的流动和安全计算。图8-17给出了安全多方计算的一种简单实现方案示意图。

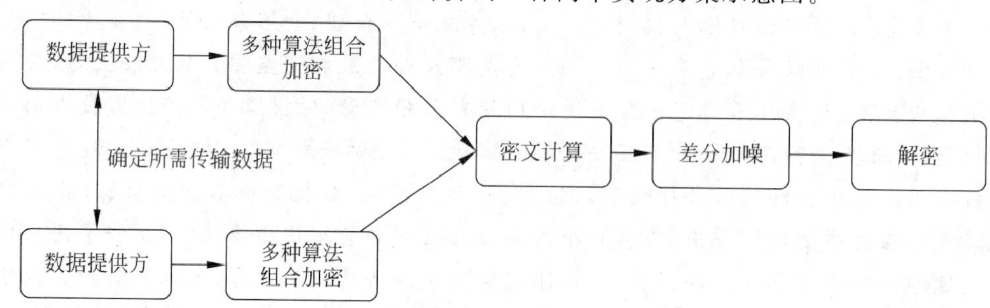

图8-17 安全多方计算实现方案示意图

(1) 同态加密

同态加密(Homomorphic Encryption,HE)是指能够直接使用密文进行特定运算的加密技术,并保证得到的结果与明文计算结果一致。数据进行加减、汇聚时不会发生明文数据的暴露,因此能够大大提高计算方的可靠性。同态加密的优势在于通信量少,不需要多轮通信轮数,且在结果方密钥不泄漏的情况下,计算过程是安全的,因此在安全多方计算、联邦学习等场景中得到了应用。

(2) 差分隐私

差分隐私(Differential Privacy,DP)是指通过添加额外的随机数据"噪声"使真实信息淹没于其中,从而保护隐私的一种技术手段。当恶意用户试图通过差分攻击的手段反推原始数据时，由于噪声的存在，无法确认数据的真假，因此无法顺利还原原始数据。差分隐私的优势在于无须加解密时的巨大算力消耗，技术相对成熟，因此在各种涉及个人隐私的统计类场景中得到广泛应用。

(3) 不经意传输

不经意传输(Oblivious Transfer，OT)由 Rabin 于 1981 年首次提出，也叫作茫然传输协议。其作用是当数据发送方有多份数据时，可通过 OT 算法，来让数据接收方从中选取需要的数据，但无法获取其他的数据，同时数据发送方也无法得知接收方从中获取了哪些数据。因此该算法常用于隐私计算集合求交、联邦学习样本对齐、隐私信息检索等场景。

3. 限制发布

限制发布即有选择、有条件地发布原始数据，不发布或发布低精度的敏感数据，保证对敏感数据及隐私的披露风险在可容许的范围内，以实现隐私保护。访问控制、数据匿名化、数据泛化是实现限制发布的重要途径。具体的隐私保护技术包括基于身体匿名的隐私保护、基于位置的隐私保护、数据关联隐私保护等。

4. 数据失真

数据失真是指使敏感数据失真但同时保持某些数据或数据属性不变、从而实现隐私保护的方法。如采用添加噪声、交换等技术对原始数据进行扰动处理，但保证处理后的数据仍然可以保持某些统计方面的性质，以便进行数据挖掘等操作。当前，基于数据失真的隐私保护技术包括随机化、阻塞、交换、凝聚等。

5. 联邦学习

联邦学习又名联邦机器学习、联合学习。相比于使用中心化方式的传统机器学习，联邦学习实现了在本地原始数据不出库的情况下，通过对中间加密数据的流通和处理，来完成多方联合的学习训练。它一般会利用分布式数据来进行本地化的模型训练，并通过一定的安全设计和隐私算法(例如同态加密、差分隐私等)，将所得到的模型结果通过安全可信的传输通道，汇总至可信的中心节点，进行二次训练后得到最终的训练模型。由于密码学算法的保障，中心节点无法看到原始数据，而只能得到模型结果，因此有效地保证了过程的隐私。联邦学习和安全多方计算的区别，主要在于应用场景有较大不同。联邦学习的实现主要“面向模型”，其核心理念是“数据不动模型动”，而安全多方计算则是“面向数据”，其核心理念是“数据可用不可见”。

8.4 位置安全

位置是人或物体所在或所占的地方、所处的方位。位置的近义词是地址，也指一种空间分布。定位是指确定方位，场所或界限。本节将介绍常用的定位方法和位置服务过程。

8.4.1 定位服务

定位服务即用户获取自己位置的服务，定位服务是基于位置的服务(Location Based Service，LBS)发展的基础，客户端只有获取当前的位置后，才能进行 LBS 的查询。比较常用的定位方式有 GPS 定位、基于第三方定位服务商(Location Provider，LP)所提供的 Wi-Fi

定位、基站定位和蓝牙定位等。

1. GPS 定位

GPS 通过全球 24 颗人造卫星，能够提供三维位置和三维速度等无线导航定位信息。在一个固定的位置完成定位需要 4 颗卫星，客户端首先需要搜索出 4 颗在当前位置可用的卫星，然后 4 颗卫星将其位置和与客户端的距离发送给客户端，最后由客户端的 GPS 芯片计算出客户端的当前位置。GPS 的定位精度较高，一般在 10m 以内，但是其缺点也很明显：①首次搜索卫星时间相对较长；②GPS 无法在室内或建筑物相对密集的场所使用；③使用 GPS 的电量损耗较高；④需要单独的 GPS 模板支持。

2. Wi-Fi 定位

Wi-Fi 定位不仅支持室外定位，也支持室内定位。Wi-Fi 设备分布广泛，每个 Wi-Fi 的 AP 都有全球唯一的 Mac 地址，并且 AP 在一段时间内是不会大幅度移动的，移动设备可以收集到周围的 AP 信号，获取其 Mac 地址和信号强度。通常，LP 会通过现场采集或用户提交的方式建立自己的定位数据库，并对数据库进行定期更新。在定位过程中，LP 会要求移动客户端提交其周围的 AP 集合信息，并将这些信息作为其位置指纹，进而 LP 即可通过与定位数据库进行匹配计算估计出移动客户端当前的位置。Wi-Fi 定位的精度通常在 80m 以内。其示意图如图 8-18 所示。

3. 基站定位

即便不发送 GPS 坐标，携带物联网卡的智能终端也能暴露位置信息。只要终端和信号塔产生通信，其他人便可通过三角定位的方式（在多个信号塔之间对比手机信号强度）来了解终端所处的大致位置。由于需要获取移动网络数据，犯罪分子应当不会使用这种方式，但执法部门有权要求运营商提供相关数据。其示意图如图 8-19 所示。

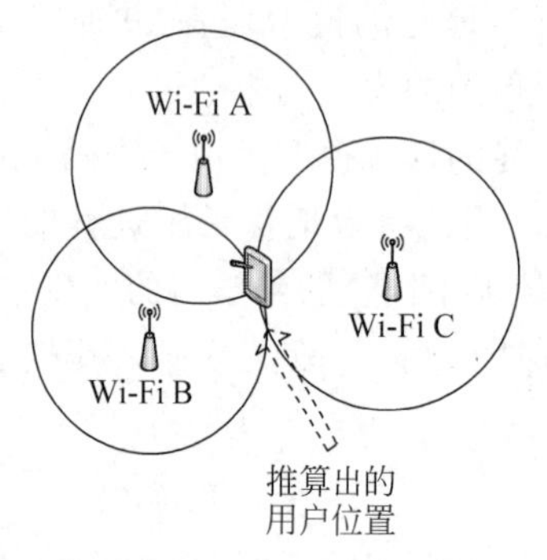

图 8-18 Wi-Fi 定位示意图

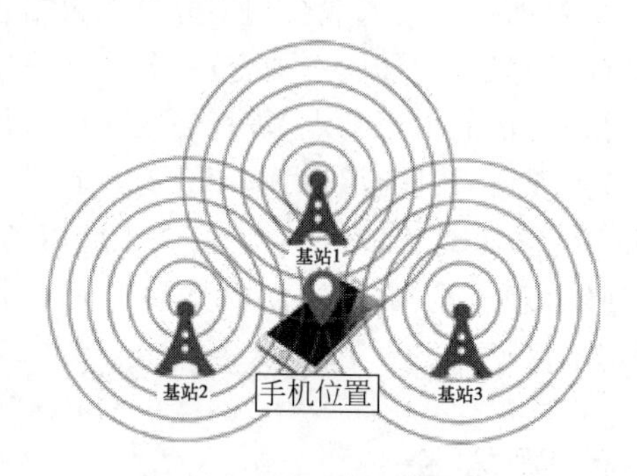

图 8-19 基站定位示意图

4. 蓝牙定位

一般空间内定位一个物体的位置或者坐标，类似室外 GPS 卫星定位，如图 8-20 所示，卫星定位一般最少要 3 颗卫星才能实现，蓝牙也是这个道理，只是这时的“卫星”换成了蓝牙信标（基站）。

8.4.2 基于位置的服务

关于位置服务的定义有很多。1994 年，美国学者 Schilit 首先提出了位置服务的三大目

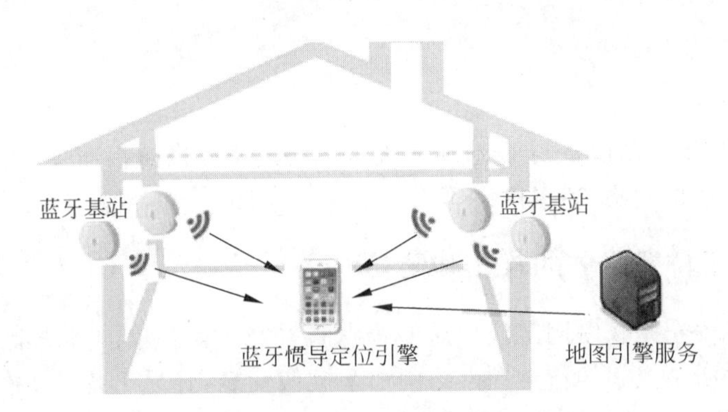

图 8-20　蓝牙定位示意图

标：你在哪里（空间信息）、你和谁在一起（社会信息）、附近有什么资源（信息查询）。这也成为了 LBS 最基础的内容。2004 年，Reichenbacher 将用户使用的 LBS 归纳为五类：定位（个人位置定位）、导航（路径导航）、查询（查询某个人或某个对象）、识别（识别某个人或对象）、事件检查（当出现特殊情况下向相关机构发送带求救或查询的个人位置信息）。

LBS 首先获取移动终端用户的位置信息，然后在地理信息系统（Geographic Information System，GIS）平台的支持下，为用户提供相应服务，是一种增值业务。图 8-21 展示了 LBS 的系统结构，包括定位组件、移动设备、LBS 服务商和通信网络等。

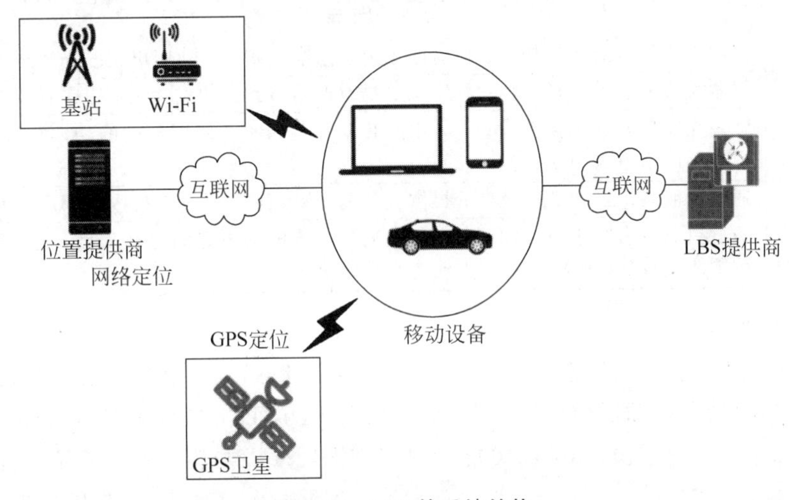

图 8-21　LBS 的系统结构

1. 定位组件

定位组件为确定移动设备的位置提供了基础，移动设备可以通过内置的 GPS 芯片或第三方网络定位提供商追踪其具体位置，并将位置信息传送给应用程序。

2. 移动设备

移动设备是指可以连入网络并传递数据的电子设备，移动设备作为采集位置数据并发送 LBS 请求的基础，通常包括智能手机、笔记本计算机、智能手表和车联网设备等。

3. LBS 服务商

LBS 服务商是指可以为移动设备提供 LBS 服务的第三方，LBS 服务商通常拥有或可以创造基于位置的信息内容。

4. 通信网络

通信网络用于将移动设备与LBS服务商或网络定位提供商相连接，实现它们之间的信息传输，包括无线通信网络、卫星网络等。

8.4.3 基于位置服务的攻击和防护

精度、能耗和安全是物联网定位中需要考虑的主要因素。攻击者可能伪造或篡改定位信息，或者通过窃听节点间的信息在网络中加入虚假信息，轻易干扰节点的定位，从而使节点获得的信息失去意义甚至导致错误的决策。

卫星导航定位被认为是“重大空间基础设施”。据统计，目前GPS在我国导航领域的应用在90%以上，交通、社会公共安全、航空航海、通信、电力、金融、消费电子产品等领域的精准授时都严重依赖于GPS，部分制导武器和公安部门应用也依赖于GPS系统进行导航定位。GPS导航系统的核心技术和资源分配与管理受制于人带来的安全风险与威胁不言而喻。下文重点介绍在位置攻击中常用的GPS欺骗和GPS干扰。有关定位算法的攻击详见表8-2。

表 8-2 针对不同定位算法的攻击模式

定位算法	攻击模式
TOA/TDOA	强制无线信号沿多径传输；提前或延迟发送响应报文；利用更快的介质传输信号
AOA	强制无线信号沿多径传输；利用反射物改变信号到达角度；改变接收者的方位
RSSI	强制无线信号沿多径传输；引入不同传输损耗模型；使用不同的功率传输信号；局部提升周围信道噪声
APIT	通过虫洞攻击扩大邻居范围；提供虚假的单跳距离；通过干扰改变邻居关系
DV-Hop	通过虫洞攻击减小节点间路径长度；通过干扰增加节点间路径长度；通过改变无线电范围改变跳数；通过移除节点改变每跳距离

1. GPS欺骗

随着电子技术的发展，欺骗干扰将逐渐成为卫星导航系统的重要威胁。并且，由于卫星导航系统的应用已深入到社会生活及军事应用的各个方面，卫星导航接收终端因接收到虚假信号而得出错误定时、定位结果将可能导致灾难性后果。尤其在未来导航战背景下，面对敌方有针对性施放的欺骗干扰信号，若没有有效的抗欺骗干扰技术，必将极大限制己方对卫星导航系统的应用，并带来战斗力和人员装备的损失。表8-3给出了国内外卫星导航欺骗式干扰实验测试情况。

表 8-3 国内外卫星导航欺骗式干扰实验测试情况

研究机构	时间	欺骗目标	欺骗终端	测试目标/结果
美国加州大学	2003年	无人车	纯卫星终端	论证GPS信号的脆弱性
意大利都灵理工大学	2010年	卫星接收机	纯卫星终端	虚假卫星信号对接收机载波环、码环的影响
加拿大卡尔加里大学	2012年	卫星接收机	纯卫星终端	虚假卫星信号的接收情况

续表

研究机构	时间	欺骗目标	欺骗终端	测试目标/结果
美国得克萨斯州立大学	2012 年	无人机	INS/GPS 组合终端	论证伊朗捕获美 RQ-170 无人机的可行性
伊朗科技大学	2015 年	卫星软件接收机	纯卫星终端	可将所有的数据处理过程控制在计算机上
韩国汉城大学	2017 年	无人机	纯卫星终端	当欺骗实施知晓无人机的运动状态时可以将无人机精确地欺骗到目标点
北斗开放实验室	2017 年	无人机	纯卫星终端	对黑飞无人机进行电子驱离和迫降捕获
国防科技大学	2022 年	无人机	INS/GPS 组合终端	论证松组合导航模式下无人机实现精确位置欺骗的可行性

*案例

伊朗通过 GPS 诱捕美军无人机

2011 年 12 月 4 日，伊朗宣布捕获一架美军隐形无人侦察机 RQ-170。一名参与的伊朗工程师说：他们利用了无人机导航系统的弱点，首先通过干扰，屏蔽了无人机的通信链路，切断它与地面指控中心的联系以及与 GNSS 卫星之间的数据连接，迫使无人机进入自动驾驶状态；随后，发射导航欺骗信号，重构了 GPS 的坐标，诱导该无人机降落到距美军基地 140km 的伊朗塔巴斯沙漠地区内，而无人机却误认为降落在美军指定的美军基地内。图 8-22 给出了伊朗捕获美军 RQ-170 无人机的模拟过程图。

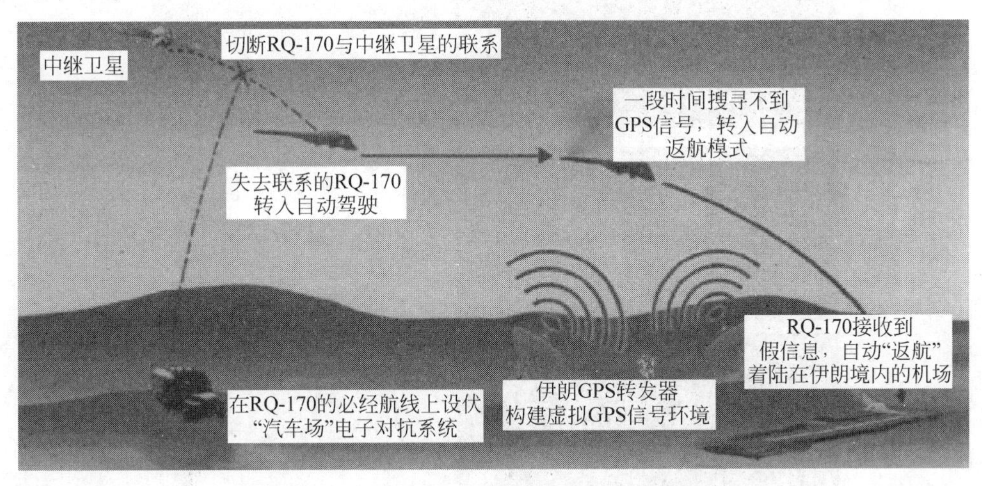

图 8-22　伊朗捕获美军 RQ-170 无人机的模拟过程

2012 年 6 月，德克萨斯州立大学相关技术团队在一个田径场内成功演示了使用硬件成本还不到 1000 美元的 GPS 欺骗设备通过释放欺骗干扰信号实时改变了一架小型无人机飞行路径。后来，该团队在美国白沙导弹靶场再次进行成功演示，这更加刺激了美国政府和军方的神经。2013 年 6 月，该团队为了演示 GPS 欺骗干扰对航海交通工具的安全性威胁，使用民用欺骗干扰设备释放欺骗信号成功欺骗了一艘价值 8000 万美元的私人豪华游艇，在欺骗攻击下该游艇逐渐偏离了预定航线。

(1) GPS 欺骗原理

在正常的运行机制中,GPS 接收器通过一次计算与多个卫星的距离来判断自身位置。每个卫星都配置有原子钟(原子钟是一种计时装置,精度可以达到每 2000 万年才误差 1s,它最初是由物理学家创造出来用于探索宇宙本质的),并时刻向外广播其位置、时间和伪随机噪声码(Pseudo Random Noise Code,PRN 码)。PRN 码是一个具有一定周期的取值 0 和 1 的离散符号串,是由 1023 个正负号组成的签名模式。因为所有 GPS 卫星都使用相同的频率来广播民用信号,所以 PRN 码是用来标识 GPS 卫星信号发射源的,非常重要。PRN 码的构成模式也随时间重复变换,GPS 接收器通过 PRN 码正负号的独特排列方式,来判断和卫星之间的通信传输延迟。GPS 接收器使用这些延迟,配合卫星方位和时间戳,精确测量出自身位置。虽然一个 GPS 接收器使用 3 颗卫星数据就能定位坐标,但为了得到更好更精确的修正位置,必须同时接收 4 颗或更多的卫星信号。

GPS 网络由 31 颗卫星组成,并由美国空军操作控制。这些卫星广播民用和军用两种 PRN 码,其中,民用 PRN 码是不加密且在卫星数据库中公开的,而军用 PRN 码是被加密的,只有当 GPS 接收器具备其密钥才可接收解码数据。通常来说,即使非军用 GPS 接收器接收了军用 GPS 信号,也无法使用这些信号来判断位置。另外,出于安全原因,美国空军频繁变换军用信号接收密钥,因此,只有那些拥有最新密钥的军用 GPS 接收器才能正常接收使用军用信号。PRN 码和 GPS 定位示意图如图 8-23 所示。

在信号传送中,为了向信号接收端确定或表明自身身份,每颗卫星都会发送一个独特PRN码。

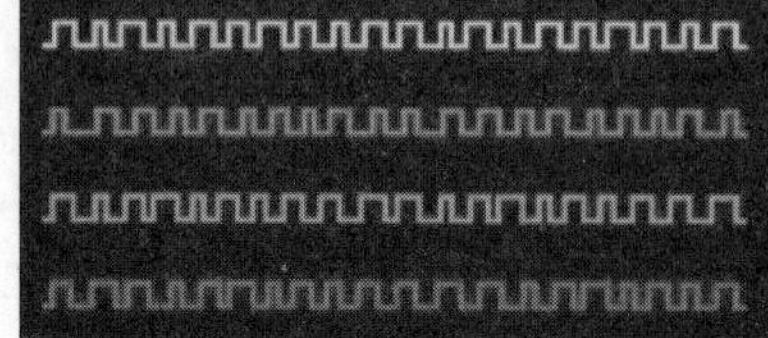

不同卫星发送的每个PRN码都不相同。

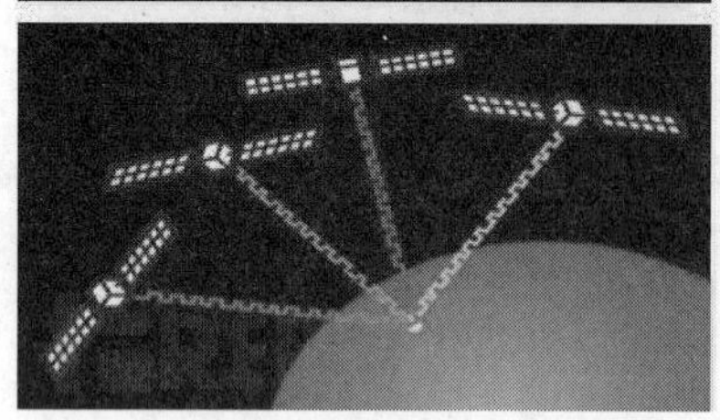

GPS接收器至少需要四颗卫星信号才能确定待准位置。

图 8-23 PRN 码和 GPS 定位示意图

GPS 欺骗原理如图 8-24 所示,是指为误导指定区域内的 GPS 导航定位信号,发射和真实 GPS 信号具有一定相似性的伪导航信号,迫使相关用户接收终端接收解算此类伪导航信号,从而在隐蔽条件下使得用户得到了虚假的位置、速度和时间信息,并无法有效察觉。具体步骤如下:

Step1：GPS 欺骗系统判断出在给定时间区域内攻击目标附近的轨道卫星；

Step2：利用公开数据库中的公式，伪造不同卫星的 PRN 码信息；

Step3：欺骗系统在攻击目标附近，通过广播与卫星信号相同的 PRN 码信息，欺骗攻击目标的 GPS 接收器注册接收这些虚假信号。

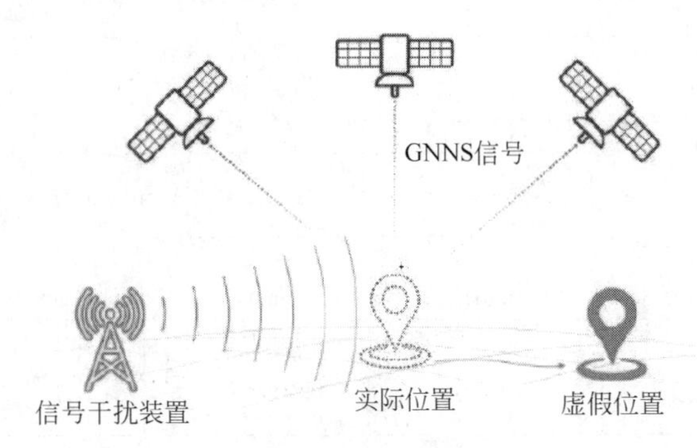

图 8-24　GPS 欺骗原理

需要指出的是，GPS 欺骗与 GPS 干扰不同，GPS 干扰是以大功率干扰机发射不同类型的压制信号，使得目标接收机无法接收到正常的 GPS 信号，用户无法获取导航、定位和授时结果，从而导致 GPS 系统的不可用。GPS 欺骗指的是通过虚假信号诱导 GPS 接收机进行错误的捕获和跟踪，从而在不被察觉的情况下解算出错误的位置、时间和速度信息，达到欺骗用户的目的。由于 GPS 欺骗往往不需要太强的发射功率，隐蔽性好，并能在一定程度上引导相关用户按照错误方式进行导航，这也使得 GPS 欺骗具有较强的生存能力。从某种程度上来讲，GPS 欺骗带来的危害比 GPS 干扰更为严重。

(2) GPS 脆弱性分析

GPS 本身所具有的脆弱性是进行 GPS 欺骗的基础。GPS 的脆弱性主要包括以下三点。

一是导航信号格式公开：GPS 目前使用 L1、L2 和 L5 三个公开频点播放导航信号，各频点的频谱特征、信号调制格式及伪随机码序列均已公开，以 GPS L1 信号为例，其信号参数和特征如表 8-4 所示。由于主要的信号参数都已公开，这意味着对欺骗者而言相关信号已经没有“秘密”，欺骗者往往可以根据相关信号参数和特征进行有针对性的欺骗行动。

表 8-4　GPS L1 信号的信号参数和特征

扩频码类型	C/A 码
调制方式	BPSK
载频	1575.42MHz
扩频码速率	1.023MHz

二是导航数据格式公开：GPS 导航电文数据通常包括星历、历书、卫星钟参数、电离层/对流层等重要参数，如图 8-25 所示。这些参数对于进行准确的用户定位具有非常重要的作用。但为了便于相关用户使用，从一开始就公开了 GPS 导航电文的编排方式、数据定义和应用方法。图 8-26 给出了某免费 App 获得的 GPS 导航电文数据。这也意味着欺骗者往往

可以比较轻松且有针对性地截获和篡改相关导航数据，从而使得相关用户在毫无察觉的情况下接收错误的导航数据进行定位解算，从而起到欺骗的目的。

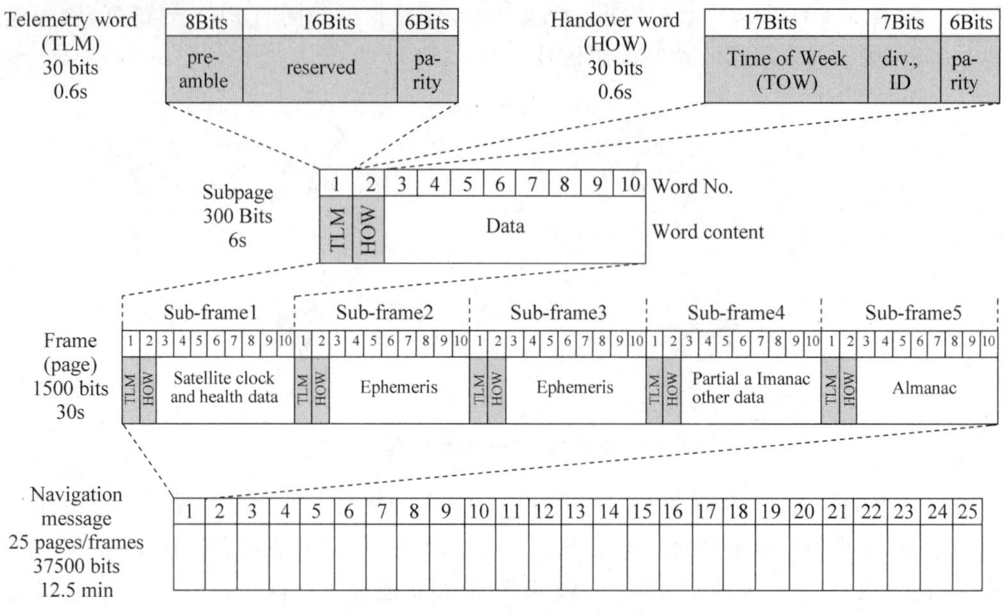

图 8-25 GPS 卫星导航电文结构

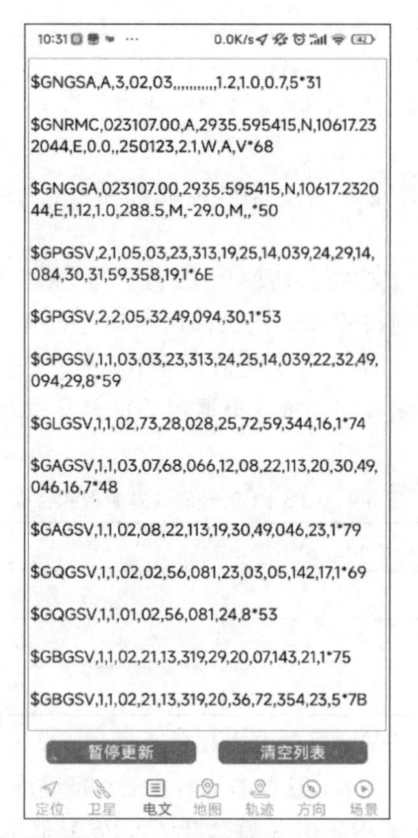

图 8-26 GPS 导航电文实例

GPS 卫星发送的导航电文是每秒 50 位的连续数据流，每颗卫星都同时向地面发送以下信息：系统时间、时钟校正值、自身精确的轨道数据、其他卫星的近似轨道信息、电离层模型参数和协调世界时(Universal Time Coordinated，UTC)数据等系统状态信息。

导航电文用于计算卫星当前的位置和信号传输的时间，从而使 GPS 接收机在接收导航电文后能确定自身的位置。每个卫星独自将数据流调制成高频信号，数据传输时按逻辑分成不同的帧，每一帧有 1500 位，传输时间需 30s。每一帧可分为 5 个子帧，每个子帧有 300 位，传输时间为 6s。每 25 帧构成一个主帧，传输一个完整的历书需要 1 个主帧，也就是需要 12.5min。一个 GPS 接收机要实现其功能至少要接收一个完整的历书。

三是广播信道无保护：为了确保用户使用便利，GPS 采用广播式的通信模式，即向广大用户直接播发导航信号，这一模式实际上使得其通信信道直接暴露在社会空间中，易受干扰、监听和篡改。此外，由于 GPS 信号到达地面时极其微弱(平均信号功率往往在－150～－160dBW)，只需要较低的定向功率即可实现对合法 GPS 信号的干扰和压制，这在客观上也导致 GPS 信号在实际中更加脆弱。

(3) GPS 欺骗技术的主要类别

从目前情况来看，GPS 欺骗技术主要可分为生成式欺骗、转发式欺骗和航迹跟踪式欺骗三大类，其中目前最常用的是前两类。

一是转发式欺骗技术。转发式欺骗是通过转发截获到的真实卫星信号来达到延长信号传播时间进而混淆定位结果的目的。为了让转发式欺骗信号能更易于被目标卫星接收机所捕获，通常情况下转发式欺骗信号往往比真实卫星信号的功率约高 2dB。

按照卫星信号处理的方式不同，转发式欺骗的实现方法有两种，如图 8-27 所示。第一种实现方法采用单接收天线接收区域内所有真实卫星信号，并经过统一延迟和功率放大处理后，利用发射天线再次转发传播；第二种实现方法采用高增益窄波束的阵列天线，使得每个接收天线对应于区域内每颗卫星信号，并对不同的卫星信号附加不同的延迟时间后再进行转发。第二种转发式欺骗方式可以将接收机欺骗至设定位置，但是每个卫星信号的延迟时间在实际操作中很难被精确估算。

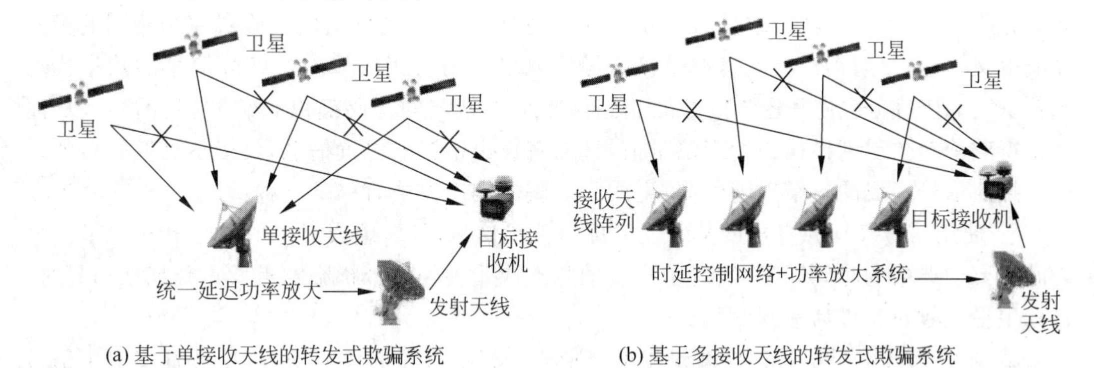

(a) 基于单接收天线的转发式欺骗系统　　(b) 基于多接收天线的转发式欺骗系统

图 8-27　转发式欺骗系统示意图

转发式欺骗即在待欺骗目标周边放置一台 GPS 接收机，在获取真实 GPS 信号的基础上，进行存储并转发至待欺骗对象，从而起到欺骗的效果。通常，由于信号接收、存储、处理和转发等过程中不可避免地会出现信号到达延迟，因此按照延迟中有无人为延迟又可将转发式欺骗分为直接转发式欺骗和延迟转发式欺骗。

直接转发式欺骗，即对真实卫星信号进行接收、放大后直接通过发射天线辐射出去，中间没有人为的选择性延迟。

延迟转发式欺骗是在真实卫星信号的分离处理阶段按照一定算法对不同的卫星信号进行选择性人为延迟，以使欺骗目标生成伪导航星座，从而达到诱骗导航的目的。由于各个卫星信号的延迟量不同，对卫星信号选择性延迟又可以分为各个卫星信号延迟量相同和各个卫星信号延迟量不相同。

由于转发式欺骗是直接转发真实信号，这意味着只要能够接收当前信号即可进行欺骗，因此不需要事先掌握信号伪码结构，尤其是可以不用了解 GPS 的 M(Y)码的具体实现细节，因此可以对军用 GPS 信号进行直接欺骗。(M 码是现代化的 GPS 军用码，P(Y)码是 GPS 卫星中所用的测距码，从性质上讲属于伪随机噪声码。其码元波长约 29.3m，测量精度可达 0.29m，精度比 C/A 码高，故称精码。该测距码又同时调制在 L1 和 L2 两个载波上，可较完善地消除电离层延迟，故用它来测距可获得较精确的结果。P 码是一种结构保密的军用码，美国政府不提供给一般 GPS 民用用户使用。)

但由于转发式欺骗信号到达接收机的时延一定大于真实信号到达的时延，同时，转发式欺骗在欺骗过程中由于不能改变伪码结构只能改变伪距测量值，所以控制的灵活性相对较差。相关研究表明，为了确保转发式欺骗成功，往往需要较为复杂的转发时延控制策略，同时对于转发设备的部署位置也有一定的限制。对于已经实现 GPS 信号稳态跟踪的接收机，转发式欺骗由于其伪码相位时钟滞后于真实信号，因此只有当转发信号与直达信号在目标接收机天线相位中心处的时延小于一个码片时，转发式欺骗才有效。

此外，有研究表明，由于 GPS 接收机一般会接收到多颗卫星信号(一般大于 10 路)，因此在欺骗时往往需要接收并转发多颗卫星信号，而实际中如果采用单站单天线的方式进行转发，往往无法实现同时转发四路以上(不包括四路)卫星信号，同时需要将多路信号在一个转发站进行转发，往往导致转发站体积庞大，转发式欺骗信号也极易被检测出来。因此，转发式欺骗的使用往往受到一定限制。

二是生成式欺骗技术。生成式欺骗是根据截获的真实卫星信号基本特征(包括码结构、调制方式等)产生与真实卫星信号强相关的伪随机码，调制与导航电文格式完全相同的虚假导航电文，再由发射器广播发送携带该虚假导航电文的干扰信号。以虚假信号的功率优势遮蔽真实 GPS 信号，使其逐步跟踪捕获到欺骗信号指定的伪码相位和载波多普勒上，从而使得待欺骗对象得到错误的伪距测量值，进而解算出错误的位置信息，最终达到欺骗目的。

按照信号生成的复杂程度不同，生成式欺骗的实现方法有以下三种：

① 使用信号模拟源直接产生并发射虚假卫星信号，且该虚假卫星信号与真实卫星信号之间不要求严格的时间同步，当处于冷启动状态或受到外界干扰影响需要重新捕获信号时，目标卫星接收机将极易受到欺骗；

② 接收真实卫星信号并对解调出的导航电文进行有目的性的修改，参考真实卫星信号的参数，利用信号模拟源对虚假电文重新扩频后再发射；

③ 依托第二种实现方法，在解析真实卫星信号的前提下依据目标卫星接收机位置，构造与真实卫星信号完全相同但反相的虚假卫星信号，这种生成式欺骗使得虚假卫星信号与真实卫星信号相消，导致目标卫星接收机无法实现定位。生成式欺骗系统示意图如图 8-28 所示。

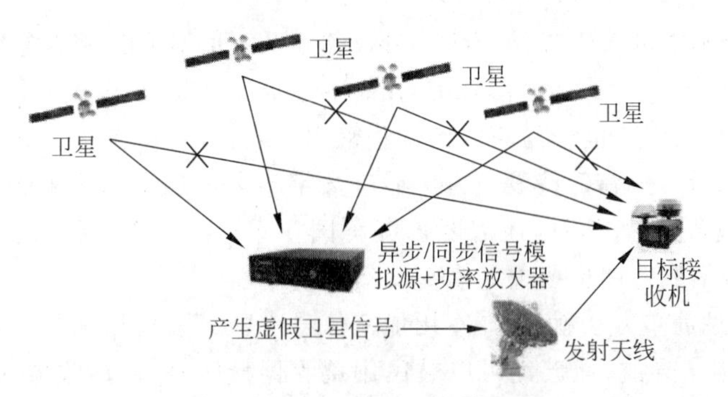

图 8-28 生成式欺骗系统示意图

显然，生成式欺骗要求必须完全掌握 GPS 信号结构，如伪码结构、导航电文等，所以难以对 P(Y)码信号实施生成式欺骗。由于生成式欺骗是利用自身设备生成欺骗信号，并不依赖 GPS 系统，所以欺骗方可以自由决定导航电文和信号发射时间，这就使得欺骗信号既可以滞后也可以超前于真实信号达到接收机。所以生成式欺骗可以通过改变到达实验测量值和篡改卫星星历/历书等多种途径对目标接收机实施欺骗。

此外，由于 GPS 信号实际上是以一定码周期重复进行的直序扩频信号，有研究表明：生成式欺骗信号可以在最长一个伪码周期内（对 GPS L1 信号来说是 1ms）与真实信号自动实现码相位匹配，并通过稍高于真实信号的功率将接收机伪码跟踪环路牵引至跟踪欺骗信号。

同时，由于欺骗信号伪码的周期重复特性，如果在一个伪码周期内欺骗不成功，该欺骗信号还可以自动在下一个伪码周期实施牵引，直至成功引导目标接收机。一旦欺骗信号成功牵引目标接收机伪码跟踪环路，欺骗方则可以通过调整其发射的欺骗信号伪码相位控制目标接收机的定时定位结果，从而达到欺骗目标接收机的目的。

因此，这种方法对于当前接收机所处状态的要求不高，既可以对处于捕获状态的接收机进行欺骗，也可以对处于稳态跟踪状态下的接收机进行欺骗。同时有研究表明，针对实际中带宽有限的真实 GPS 信号，只要欺骗信号功率经多普勒损耗后高于真实信号就能成功牵引接收机伪码跟踪环路，从而成功实施欺骗。因此，生成式欺骗的实用性往往更强。

三是航迹跟踪式欺骗技术。航迹跟踪式欺骗主要针对实时飞行中的空中目标，一般由地面雷达等传感器实时探测跟踪飞行器的飞行轨迹，并通过数据链路将探测到的空中目标位置、速度等运动信息发送到欺骗设备。欺骗设备根据拟合的目标飞行轨迹、接收的卫星信号及欺骗轨迹，计算 GPS 信号应有的传输延迟及延迟变化率等必要参数并生成相关欺骗信号，以使被欺骗目标的 GPS 位置和速度逐步偏离真实值。

这种方法产生的欺骗信号与真实信号相比逼真度更高，不易被惯性导航系统等其他传感器发现，同时由于一般采用多天线方式进行欺骗发射，因此伪装能力更强，更加不易识别。但这种技术往往需要对待欺骗目标尤其是高动态目标的运动情况连续、精确、完整地掌握，并做到不被觉察，同时对于生成信号模拟精度的要求很高，因此在实际中有较大的实现难度。

(4) 应对 GPS 欺骗的策略

防止 GPS 欺骗攻击，有三种主要方式：加密、信号失真检测、波达方向（Direction of Arrival，DOA）感应。单独采用一种方法不可能实现完全防御。

方法一：加密

加密方式为使用者提供了空中认证信号。就像民用 GPS 接收器获取了加密的军用

PRN码后，将完全不能可知或解码，当然，GPS欺骗系统也不可能做到提前伪造合成加密信号。如果要认证每个信号，那么每台民用GPS接收器将要携带类似于军用接收器上的加密密钥，而且要保证攻击者不能轻易获取到这些密钥。或者，接收器可以先接收信号中的不可预测或解码的那部分，之后，等待发送方广播有数字签名的加密密钥来验证信号源。然而，这种方式会产生短暂延迟，而且，还需要掌握美国空军修改GPS网络的信号广播方式，另外，民用GPS接收器制造商也要重新改变设备构造。

当然，另外一种简单方法就是，在军用加密信号中"加载"民用信号。目前，军用信号即使无法被解码和用于导航，但已经可以被民用接收器接收，民用接收器通过观察接收到的PRN码噪声痕迹，能间接验证信号发射源。这种策略还需依赖另外一台安全的民用接收器，这台接收器用以区分验证多个信号的噪声痕迹，否则，攻击者一样可以制造虚假的痕迹。

加密技术的缺点是，所有的加密方式都容易被专门的系统进行信号拦截、传输延迟、信号重放等攻击，这种专门的工具称为信号模拟干扰器Meacon，它可以使用多种天线来模拟不同距离的信号延迟，通过调整延迟距离，攻击者可以轻易欺骗任何GPS接收器。

方法二：信号失真检测

当GPS信号正在被欺骗攻击时，信号失真检测可以根据一个短暂可观测的峰值信号来警告用户，通常，GPS接收器会使用不同策略来追踪接入信号的振幅强度，当一个模拟信号被传输发送时，接收器上显示的是原始信号和假信号的合成，而这种合成将会在拖离期间的振幅中出现一个峰值信号。图8-29是从受害者接收器通道观看的接收器/欺骗攻击序列，其中，黑色虚线曲线表示欺骗信号；蓝色实心曲线表示原始信号和假信号的合成信号；红点表示接收机跟踪点。

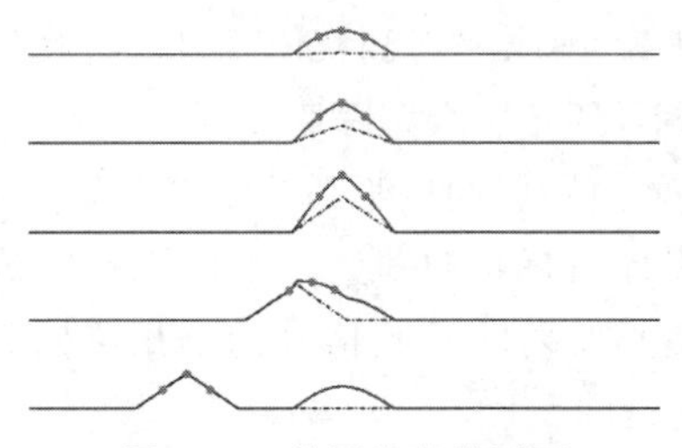

图8-29 信号失真检测图

方法三：DOA感应

DOA指空间中传输的电磁波的到达方向。一台接收机通过同时接收到多个DOA的信号再经过三角测量等方法计算后，就可以确定具体位置。计算DOA的常用技术有到达角度(Angle of Arrival，AOA)、到达时间(Time of Arrival，TOA)、到达时间差(Time Difference of Arrival，TDOA)和到达频率差(Frequency Difference of Arrival，FDOA)等。以AOA为例，其定位原理是通过安装在接收节点上的天线阵列或一组超声波接收机，来检测接收到的特定信号的到达方向(来波方向)，以此计算信号收、发节点之间的相对方位或角度，再通过三角测量法确定接收节点的位置。

在GPS定位中，每个GPS接收机至少要同时接收到来自4颗卫星的信号才能够确定其具体位置，每颗卫星发射的信号到达接收机的DOA各不相同，所以每个接收机附近会存在多个不同DOA信号。在一个GPS欺骗攻击系统中，当攻击者将伪造的被攻击对象(GPS接收机)附近的卫星PRN码发送给被攻击对象时，由于多个欺骗信号源都来自于同一个实施欺骗攻击行为的发射天线，所以每个欺骗信号到达被攻击对象时产生的DOA是相同的。DOA感应正是利用了这一原理和实践经验，当接收机同时接收到来自于同一方向的代表不同卫星的PRN码信号时，就可以检测出该接收机正在遭到GPS欺骗攻击。Psiaki团队利用干涉检测原理，在实验室搭建了一个基于软件接收机的由两个天线组成的GPS欺骗发现系统，通过分辨信号在不同天线之间的变化来确定信号的AOA，用实验验证了DOA感应检测方法的可行性。

此外,美国能源部针对GPS欺骗攻击检测提出了七种简单的策略:

一是监测绝对GPS信号强度:监测和记录平均信号强度,若观察到信号强度比GPS卫星的正常信号大许多个数量级,则可以检测到GPS欺骗攻击;

二是监测相对GPS信号强度:接收器软件可以记录并比较连续时间帧的信号,若相对信号强度发生较大变化,则可能发生欺骗攻击;

三是监测每个接收到的卫星信号的信号强度:分别监测和记录每个GPS卫星的相对和绝对信号强度;

四是监测卫星识别码和接收到的卫星信号数量:GPS欺骗者通常发送包含数十个识别码的信号,而地面上通常仅能接受几颗卫星的合法GPS信号,跟踪接收到的卫星信号数量和卫星识别码将有助于确定欺骗攻击;

五是检查时间间隔:大多数GPS欺骗信号之间的时间是恒定的,而真正的卫星并非如此,跟踪信号之间的时间间隔有助于检测欺骗攻击;

六是进行时间比较:通过比较来自精确时钟与来自GPS信号的时间数据,有助于检查接收到的GPS信号的真实性;

七是执行健全性检查:通过使用加速度计和指南针,可以独立监测和复查GPS接收器报告的位置。

2. GPS干扰

由于来自卫星的无线电信号通常很弱,可以通过发射强信号淹没GPS接收器而实现干扰,使GPS接收器无法检测到合法信号。虽然GPS干扰不能像GPS欺骗那样对GPS接收器进行控制,但是GPS干扰攻击可能导致服务中断,本质上是拒绝服务攻击。

现有应对GPS干扰攻击的方法主要为减少干扰信号、估计合法GPS信号的方法。如使用自适应阵列天线技术和最小均方算法来最大化收集所需信号、抑制干扰信号的机会。自适应阵列天线技术是具有集成信号处理算法的天线阵列,这些算法可以识别空间信号特征,如信号的DOA,并使用它们来计算波束成形向量,以便跟踪和定位天线波束。然后,DOA信息将有助于确定被拒绝或接收的信号。另外一种是抗干扰的Turbo编码方法,对卫星发送的原始GPS数据进行Turbo编码和调制,并通过有噪信道传输。然后,编码后的数据与噪声、干扰信号一起到达GPS接收器,接收端对失真的GPS信号进行解调和Turbo解码,恢复出原始的GPS信号。这项技术有两个主要缺点:首先,方法的有效性随着干扰信号强度的增加而降低;其次,这种方法需要对GPS卫星进行修改。

针对当前的应用现状及存在的安全威胁,结合我国在该领域的研究成果和发展战略,出于个人隐私保护、维护社会安全稳定、基础设施安全乃至于国家安全的高度来看,当前最有效的途径还是通过国产替代,用我国自行研制、独立运行的北斗卫星导航系统逐步代替对GPS的应用。

弘扬北斗精神,争做时代先锋

深邃夜空,斗转星移。北斗星,自古为中华民族定方向、辨四季、定时辰,所以我国全球卫星导航系统以“北斗”命名。昔有指南针，今有北斗卫星导航系统(以下简称“北斗系统”)，这是中华民族创新智慧的跨越时空接力。自主创新是我们攀登世界科技顶峰的必由之路。北斗导航卫星单机和关键元器件国产化率到达100%，标志着我国成为世界上第三个独立拥有全球卫星导航系统的国家。

2020年7月31日，我国的北斗三号全球卫星导航系统正式开通。从1994年“北斗一号系统”开始，历时26年的建设，中国独立的卫星导航终于修成“正果”！“古有北斗七星辨别方向，今有北斗系统定位导航。”这是中国智慧遥隔时空的接力，也是对“两弹一星”、载人航天精神的传承。

26载锻造，玉汝于成。这背后，离不开30余万科研工作者的上下求索，也正是他们用坚韧的意志，培育出了“自主创新、开放融合、万众一心、追求卓越”的新时代北斗精神。

我们为什么要花费这么长的时间来建造这套导航系统呢？这得从20世纪末说起。1993年，我国“银河号”货船在印度洋公海正常行驶时，美国无中生有说“银河号”货船载有化学武器，要登船检查我们的“银河号”货船，并且关闭了公海附近的GPS。“银河号”货船失去了方向感，在公海整整流浪了33天才回到祖国的怀抱。从那时起，中国人就发奋一定要研制出自己的卫星导航系统。

1994年，“北斗一号系统”工程启动。但是，卫星的核心配件——原子钟技术一直没被我们攻破。“北斗人”没日没夜地工作，硬生生“熬”出来了我们自己的原子钟。2020年6月23日，最后一颗北斗组网卫星在西昌发射成功。中国人，终于拥有了自己的“眼睛”。

北斗工程从立项开始，26载风雨兼程，几代北斗人接续奋斗，一次又一次刷新了“中国速度”，展现了“中国精度”，彰显了“中国气度”，这些成绩的取得，离不了“北斗之父”、共和国勋章的获得者孙家栋的付出和努力。

孙家栋带领着北斗人奋斗了一辈子，关于他的感人故事有很多很多，最让人感动的一幕是在北斗卫星发射的时候，卫星和运载火箭已经上了发射架。孙家栋为了保证万无一失，已经八十多岁的老人，自己一个一个台阶，爬到相当于十八层楼高的塔顶上，仰卧在塔架上，用手电筒照射，仔细检查每一个精密的零件。孙家栋带领北斗人精益求精，追求极致的这种精神，保证了北斗卫星发射的圆满成功！

同学们，未来宇宙的步星人必将是你们这一代，希望你们在“自主创新、开放融合、万众一心、追求卓越”北斗精神的鼓励下，勤奋学习，勇于进取，为复兴民族大业积蓄力量，担当强国使命！

8.4.4 基于位置服务的隐私泄露和保护

1. 问题描述

位置隐私是物联网用户的位置信息，是物联网感知信息的基本要素之一，也是物联网提供LBS的前提。位置信息在带来服务便利的同时，也会泄露我们的隐私。在LBS中，用户向服务器端提供自己的位置信息，从而可以得到所需的信息，如搜索离自己最近的加油站或者医院，周边最近的饭店有哪些等。然而，用户在使用LBS应用时，使用前提是必须要输入目前准确的地理位置信息。如果这些隐私信息不做任何加密处理就直接公开给公众，一些不法分子就会利用用户泄露的隐私对用户进行分析，推断出其生活轨迹，使个人隐私信息存在着严重的威胁。个人隐私信息保护的重要性已经被越来越多的人认识到，基于位置的个人隐私信息安全问题也已经成为 LBS 的研究热点。

【思考】 基于位置信息，可以分析出哪些隐私？

*案例

为什么各种 App 都要获取我们的定位信息？

2021 年 1 月份，小米公司公布了一组 MIUI 系统上采集的数据，是各种 App 获取各类权限的次数。其中，最夸张的是定位数据，平均每部小米手机每天会被各类 App 定位 3691 次，也就是说，平均每隔 23s 就被定位一次。实际上，用一个定位信息就可以分析出很多个人隐私，然后就可以通过各种标签给用户分类。

比如说，一个用户在上午 9 点～下午 6 点反复出现的位置，很可能就是他上班的地方。相对来说，晚上 9 点～早上 7 点经常出现的地方，就是他的住处。这个用户每天上下班走过的路程就是通勤路线。如果每天下午 6 点后，用户都要去一个幼儿园和小学，那当然就是有上学的孩子。如果规律性地去医院、养老院，说不定家里有病人。如果他每年都换一个住处，那他很可能是租房的打工者，然后根据租住小区的平均价位，就能知道这个人的经济状况是在提升还是下降。如果他几年都没变，那他很可能就是本地人。本地人和外来打工人的消费习惯就不一样了。很明显，索尼 60 英寸大屏幕电视对打工者来说就不太可能购买，因为这个搬家没法带走。对于电脑来说，打工者就倾向于买笔记本而不是台式机。如果是打工者中住好小区的，就可以推荐更好的笔记本广告给他，甚至是房产广告给他，说不定他首付已经攒够了呢。

同样的道理，工作位置的定位能精确到某个大厦，而大厦的物业费是公开可查的，仅从这个信息就能知道他所在公司经营情况的好坏，就更别提有些大厦就是一个公司包下了的，比如小米公司、腾讯公司，或者政府办公大楼，等等，于是就能更准确地预估一个人的收入情况。

可见，仅仅一个位置信息，就可以把你有没有房产、有没有车、有没有本地户口、有没有孩子轻而易举地分析出来了。

2. 基于位置服务的隐私保护方法

位置隐私保护是为了防止用户的历史位置以及现在的位置被不法分子或不可信的机构在未经用户允许的情况下获取，也是为了阻止不法分子或不可信的机构根据用户位置信息，结合相应的背景知识推测出用户的其他个人隐私情况，如用户的家庭住址、工作场所、工作内容、个人的身体状况和生活习惯等。除了运用 8.3.4 节中的隐私保护方法，下面将重点介绍如下基于位置服务的隐私保护方法。

(1) 基于干扰的位置隐私保护技术

基于干扰的位置隐私保护技术主要使用虚假信息和冗余信息来干扰攻击者对查询用户信息的窃取。根据查询用户信息(身份信息和位置信息)的不同，基于干扰的位置隐私保护技术大致可以分为假名技术、假位置技术这两种。

一是假名技术。

假名是基于干扰的位置隐私保护技术中干扰身份信息的技术之一。用户使用假名来隐藏真实的身份信息，如用户小张所处的位置是(X,Y)，要查询他附近的 KTV，用户小张的查询请求包括：小张，位置(X,Y)，“离我最近的 KTV”。当攻击者截获了这个请求后，可以很轻易地识别出用户的所有信息。而采用假名技术，用户小张使用假名小李，他的查询请求就变成了：小李，位置(X,Y)，“离我最近的 KTV”。这样攻击者就认为处于位置(X,Y)的人是小李，用户成功地隐藏了自己的真实身份。

假名技术通过分配给用户一个不可追踪的标识符来隐藏用户的真实身份，用户使用该标识符代替自己的身份信息进行查询。在假名技术中，用户需要有一系列的假名，而且为了获得更高的安全性，用户不能长时间使用同一个假名。假名技术通常使用独立结构和集中式结构。当在独立结构中使用时，用户何时何地更换假名只能通过自己的计算和推测来确定，这样就可能在同一时刻有两个名字相同的用户定位在不同地点，令服务器和攻击者很轻易地知道用户使用了假名。而在集中式结构中使用时，用户把更换假名的权利交给匿名服务器，匿名服务器通过周围环境和其他用户的信息，能够更好地完成假名的使用。

为了使攻击者无法通过追踪用户的历史位置信息和生活习惯将假名与真实用户相关联，假名也需要以一定的频率定期交换。通常使用假名技术时需要在空间中定义若干混合区，用户可在混合区内进行假名交换，但是不能发送位置信息。

如图 8-30 所示，进入混合区前的假名组合为(User1 User2 User3)，在混合区内进行假名交换，将会产生 6 种可能的假名组合。由于用户在进入混合区前后的假名不同，并且用户的名字为假名的可能性会随着进入混合区的用户数目增加呈指数增长，因此，在混合区模式下，攻击者很难通过追踪的方式将用户与假名关联，进而可起到位置隐私保护的效果。混合区的大小设置与空间部署是假名技术的关键所在，因为在混合区内要求不能提交位置信息，所以混合区过大将会导致服务质量下降，混合区过小将会导致同一时刻区内的用户较少，进行假名交换的效率较低。当混合区内只有一个用户时，将不会发生假名更换，从而增大了被攻击的可能性。

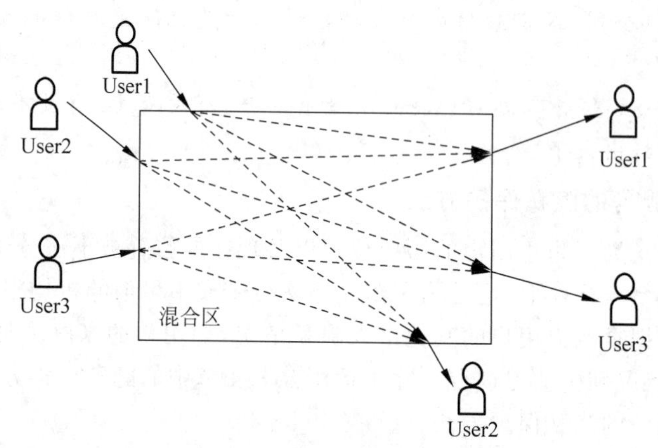

图 8-30 混合区内的假名交换

二是假位置技术。

假位置技术是在用户提交查询信息中，使用虚假位置或者加入冗余位置信息对用户的位置信息进行干扰。假位置技术按照对位置信息的处理结果可分为孤立点假位置和地址集两种。

孤立点假位置是指用户向服务提供者(Service Provider，SP)提交当前位置时，不发送自己的真实位置，而是用一个真实位置附近的虚假位置代替。例如，用户小张所在的位置是

(X,Y)，要查询他附近离他最近的 KTV，用户小张发送的查询请求并不是：小张，位置(X,Y)，“离我最近的 KTV”，而是会采用虚假位置(M,N)代替真实位置，此时他的查询请求就变成了：小张，位置(M,N)，“离我最近的 KTV”。这样，攻击者就会认为处于位置(M,N)处的人是小张，用户小张也就成功地隐藏了自己的真实位置。

地址集则是在发送真实位置的同时，加入了冗余的虚假位置信息形成的。将用户真实的位置隐藏在地址集中，通过干扰攻击者对用户真实位置的判断，达到保护用户位置信息的目的。例如，某部运输车辆所在的位置是(X,Y)，要查询附近离他最近的加油站，某部发送的查询请求中，用一个包含真实位置(X,Y)的集合代替用户所在的位置。因此，他的查询请求就变成了：小张，地址集$\{(X,Y),(X,Y),(X_1,Y_1),(X_2,Y_2),(X_3,Y_3),\cdots\}$，“离我最近的加油站”。这样就可以使攻击者很难从地址集中寻找到用户的真实位置。但地址集的选择非常重要，地址数量过少可能会达不到要求的匿名度，而地址数量过多则会增加网络传输的负载。采用随机方式生成假位置的算法，能够保证多次查询中生成的假位置带有轨迹性。

三是哑元位置技术。

哑元位置技术也是一种假位置技术，通过添加假位置的方式同样可以实现 k-匿名。哑元位置技术要求在查询过程中，除真实位置外还须加入额外的若干个假位置信息。服务器不仅响应真实位置的请求，还响应假位置的请求，以使攻击者无法从中区分出哪个是用户的真实位置。

假设用户的初始查询信息为(user_id locreal)，locreal 为用户的当前位置，那么使用假位置技术后用户的查询信息将变为

$$q^* = (\text{user\_id}, \text{locreal}, \text{dummy\_loc1}, \text{dummy\_loc2}) \tag{8-1}$$

式中，dummy_loc1 和 dummy_loc2 为生成的假位置。

哑元位置技术的关键在于如何生成无法被区分的假位置信息，假若位置出现在湖泊或人烟稀少的大山中，则攻击者可以对其进行排除。假位置可以直接由客户端产生(但客户端通常缺少全局的环境上下文等信息)，也可以由可信第三方服务器产生。

(2) 基于泛化的位置隐私保护技术

泛化技术是指将用户所在的位置模糊成一个包含用户位置的区域，最常用的基于泛化的位置隐私保护技术就是 k-匿名技术。k-匿名是指在泛化形成的区域中，包含查询用户及其他 $k-1$ 个用户。SP 不能把查询用户的位置与区域中其他用户的位置区分开来。因此，匿名区域的形成是决定 k-匿名技术好坏的重要因素，常用集中式结构和 P2P 结构来实现。

k-匿名技术要求发布的数据中包含 k 个不可区分的标识符，使特定个体被发现的概率为 $1/k$。在位置隐私保护中，k-匿名通常要求生成一组包含 k 个用户的查询集，随后用户即可使用查询集所构成的一个共同的匿名区域。图 8-31 展示了用户 User1、User2 和 User3 所构成的匿名区域$((X_1,Y_1),(X_r,Y_r))$。

k-匿名技术中通常要求的参数主要有匿名度 k、最小匿名区域 $A_{\min}$ 和最大延迟时间 $T_{\max}$：

匿名度 k：定义匿名集中的用户数量。匿名度 k 的大小决定了位置隐私保护的程度，更大的 k 值意味着匿名集中包含更多的用户，这会使攻击者更难进行区分。

最小匿名区域 $A_{\min}$：定义要求 k 个用户位置组成空间的最小值。当用户分布较密集时

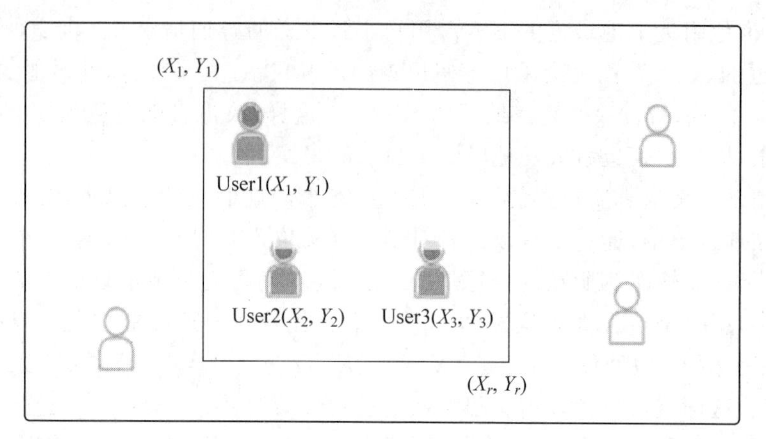

图 8-31 混合区内的假名交换

将导致组成的匿名区域过小，即使攻击者无法准确地从匿名集中区分用户，匿名区域也可能将用户的位置暴露给攻击者。

最大延迟时间 $T_{\max}$：定义用户可接受的最长匿名等待时间。

k-匿名技术在某些场景下仍可能导致用户的隐私信息暴露。例如，当匿名集中用户的位置经纬度信息都可以映射到某一具体的物理场所(如医院)时。对此，增强的 l-多样性、t-closeness 等技术被提出，要求匿名集中用户的位置要相隔得足够远以至不会处于同一物理场所内。

k-匿名技术可以通过匿名服务器来完成匿名集的收集与查询的发送，也可以通过分布式点对点的技术由若干客户端组成对等网络来完成。分为集中式 k-匿名和 P2P 结构下的 k-匿名。

(3) 基于模糊法的位置隐私保护技术

位置混淆技术的核心思想在于通过降低位置精度来提高隐私保护程度。一种模糊法技术可将坐标替换为语义位置，即利用带有语义的地标或者参照物代替基于坐标的位置信息，实现模糊化。也有用圆形区域代替用户真实位置的模糊法技术，此时，将用户的初始位置本身视为一个圆形区域(而不是坐标点)，并提出 3 种模糊方法：放大、平移和缩小。利用这 3 种方法中的一种或两种的组合，可生成一个满足用户隐私度量的圆形区域。

例如，可以将由用户位置的经纬度坐标转换而来的包含该位置的圆形或矩形区域作为用户的位置进行提交。当提交查询时，我们使用圆形区域 C_1 替换用户的真实位置(X,Y)。

此外，还可以采用基于物理场所语义的位置混淆技术，该技术会提交用户所在的场所而不是用户的具体坐标。例如，使用在西安交通大学校园内的语义地点“图书馆”替换我的具体坐标；也可以使用“兴庆公园”内的黑点位置所示用户，发起查询“最近加油站”的位置服务。

混淆技术的关键在于如何生成混淆空间。用户总是在混淆区域的中间位置，或混淆区域中大部分区域是用户无法到达的河流等场所，或混淆区域内人口相对稀疏，这些都会增加攻击者发现用户真实位置的可能性。

大多数模糊法技术无须额外信息辅助，即可在用户端直接实现，因此它们多使用独立结构。

与泛化法不同,多数模糊法技术没有能力对 LBS 返回的结果进行处理,往往会产生比较粗糙的 LBS 结果。例如,使用图 8-32 中兴庆公园模糊化用户请求“最近加油站”时,事实上 S_1 是最近的加油站,当将 C_1 作为其模糊区域时能够寻找到正确结果;但当将隐私程度更高的 C_2 作为模糊区域时,SP 将把 S_2 作为结果返回。所以,虽然 C_2 的半径大于 C_1 的半径,这使得隐私程度提高,但此时 SP 没有最好地满足用户需求。模糊法技术应解决如何在“保证 LBS 服务质量”和“满足用户隐私需求”之间寻求平衡的问题。解决该问题的一种方式是在 SP 和用户之间采用迭代询问的方法,不断征求用户是否同意降低其隐私度量,在有限次迭代中尽可能地提高服务质量。

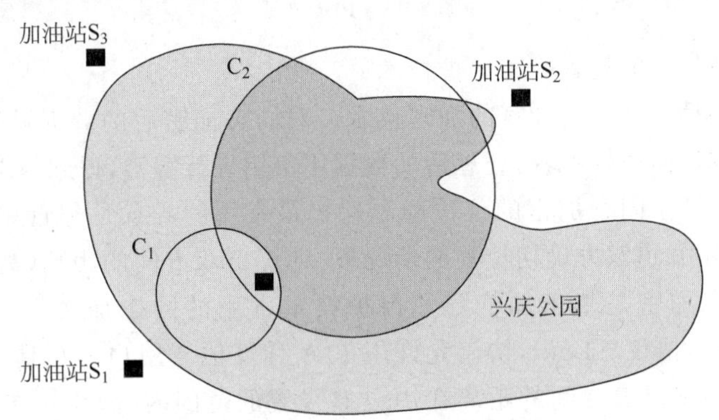

图 8-32 基于模糊法的位置隐私保护技术

(4) 基于加密的位置隐私保护技术

在基于位置的服务中,基于加密的位置隐私保护技术将用户的位置、兴趣点加密后,即会在密文空间内进行检索或者计算,而 SP 则无法获得用户的位置以及查询的具体内容。两种典型的基于加密的位置隐私保护技术分别是基于隐私信息检索(Private Information Retrieval,PIR)的位置隐私保护技术和基于同态加密的位置隐私保护技术。

一是基于 PIR 的位置隐私保护技术。

PIR 是客户端和服务器通信的安全协议,能够保证客户端在向服务器发起数据库查询时,客户端的私有信息不被泄漏给服务器的条件下完成查询并返回查询结果。例如,服务器 S 拥有一个不可信任的数据库 DB,用户 U 想要查询数据库 DB[i]中的内容,PIR 可以保证用户能以一种高效的通信方式获取到 DB[i],同时又不让服务器知道 i 的值。

在基于 PIR 的位置隐私保护技术中,服务器无法知道移动用户的位置以及要查询的具体对象,从而防止了服务器获取用户的位置信息以及根据用户查询的对象来确定用户的兴趣点并推断出用户的隐私信息。其加密思想如图 8-33 所示:用户想要获得 SP 服务器数据库中位置 i 处的内容,用户自己将查询请求加密得到 $Q(i)$,并将其发送给 SP,SP 在不知道 i 的情况下找到 X,将结果进行加密 $R(X,Q(i))$ 并返回给用户,用户可以轻易地计算出 X_i。包括 SP 在内的攻击者都无法通过解析得到 i,因此无法获得查询用户的位置信息和查询内容。

PIR 可以保证用户的请求、信息的检索以及结果的返回都是安全可靠的。但是,PIR 要求 SP 存储整个区域的兴趣点和地图信息,这使存储空间和检索效率受到了极大挑战。如何设计出更合适的存储结构及检索方式是 PIR 要继续研究的重点。

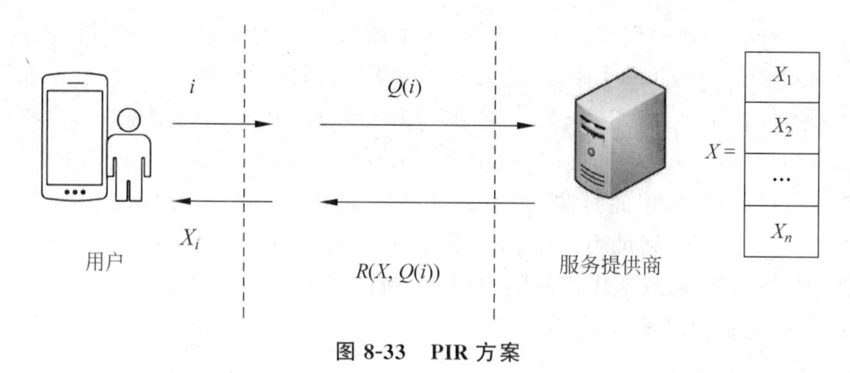

图 8-33　PIR 方案

二是基于同态加密的位置隐私保护技术。

同态加密是一种支持密文计算的加密技术。对同态加密后的数据进行计算等处理，处理的过程不会泄露任何原始内容，处理后的数据用密钥进行解密，得到的结果与没有加密时的处理结果相同。基于同态加密的位置隐私保护最常用的场景是邻近用户相对距离的计算，它能够实现在不知道双方确切位置的情况下，计算出双方间的距离，如微信的"摇一摇"功能。Paillier 同态加密是基于加密隐私保护技术常用的同态加密算法，最为典型的有 Louis 协议和 Lester 协议。Louis 协议允许用户 A 计算他与用户 B 的距离，Lester 协议规定只有当用户 A 和用户 B 之间的距离在用户 B 设置的范围内时，才允许用户 A 计算两者之间的距离。

8.5　云计算安全

8.5.1　云计算概述

1. 云计算的定义

云计算不仅仅是一个产品或一项新技术，还是一种生成并获取计算能力的新方法。2006 年谷歌公司首次提出"云计算"概念。NIST 对云计算的定义是：云计算是一种计算模型，允许无处不在地、方便地、按需地通过网络访问共享可配置的计算资源，如网络、服务器、存储、应用和服务等，这些资源以服务的形式快速地供应和发布，使相应的软硬件资源的管理代价或与服务提供商的互动降低到最低。因此，从狭义上讲，云计算是指 IT 基础设施的交付和使用模式，通过网络以按需、易扩展的方式获得所需的资源(硬件、平台、软件)。从广义上讲，云计算是指服务的交付和使用方式，通过网络以按需、易扩展的方式获得所需的服务。这种服务可以是与软件、互联网相关的，也可以是任意其他的服务。

2. 云计算的基本特征

由以上定义可以看出，NIST 对云计算的定义包含以下五个基本特征：

(1) 按需自助服务。消费者可以按需部署处理能力，如服务器和网络存储，而不需要与每个服务供应商进行人工交互。

(2) 广泛的网络接入。用户通过各种客户端(移动电话、笔记本、计算机等)接入互联网并通过标准方式访问和获得各种资源。

(3) 无关位置的资源池。供应商集中计算资源，以多用户租用模式为所有客户服务，同时，不同的物理和虚拟资源可根据客户需求动态分配。这些资源包括存储、处理器、内存、网络带宽和虚拟机等。用户一般无法知晓和控制资源的确切位置。

(4) 快速弹性。服务供应商可以迅速、弹性地提供计算能力，能够根据突发事件需求快速扩展资源，当事件解决后快速释放资源，使用户可租用资源看起来是无限的，用户可在任何时间租用任何数量的资源。

(5) 按量计费。云服务提供商提供可计量的服务，为相应的服务（如存储、带宽或活动用户账户等）制定抽象的计量能力，用户按使用付费。云服务提供商可监视、控制和优化资源的使用，并为用户提供详细的资源使用数据分析。

3. 云计算的服务模式

云服务指通过网络以按需、易扩展的方式获得所需的服务。这种服务可以是和软件、互联网相关的，也可以是任意其他的服务，它具有超大规模、虚拟化、可靠安全等独特功效。现在的生活里，我们能用得到的，享受到的，不是云和云端，也不是云计算，而是在它们的基础之上提供给用户的“服务”，这就叫“云”服务。例如，我们平时使用的百度、阿里云盘储存资料、文件和爱看的视频，用腾讯和石墨文档来在线编辑，所有的数据都储存在网络里，不再需要U盘的复制，就可以实现随时随地查看文件和资料的状态，这就是最常接触的“云服务”。根据现有云计算的服务状况，云计算的服务模式可以分为三种：基础设施即服务（Infrastructure as a Service，IaaS）、平台即服务（Platform as a Service，PaaS）、软件即服务（Software as a Service，SaaS），如图8-34所示。三种服务模式之间既相互独立又有层次关系。相互独立是因为面对不同类型的用户，它们之间的关系是下端、中端、顶端三个层次。下端是IaaS，其服务主要面向网络工程师；中端是PaaS，其服务主要面向应用开发者；顶端则是SaaS，其服务面向各种应用的用户。

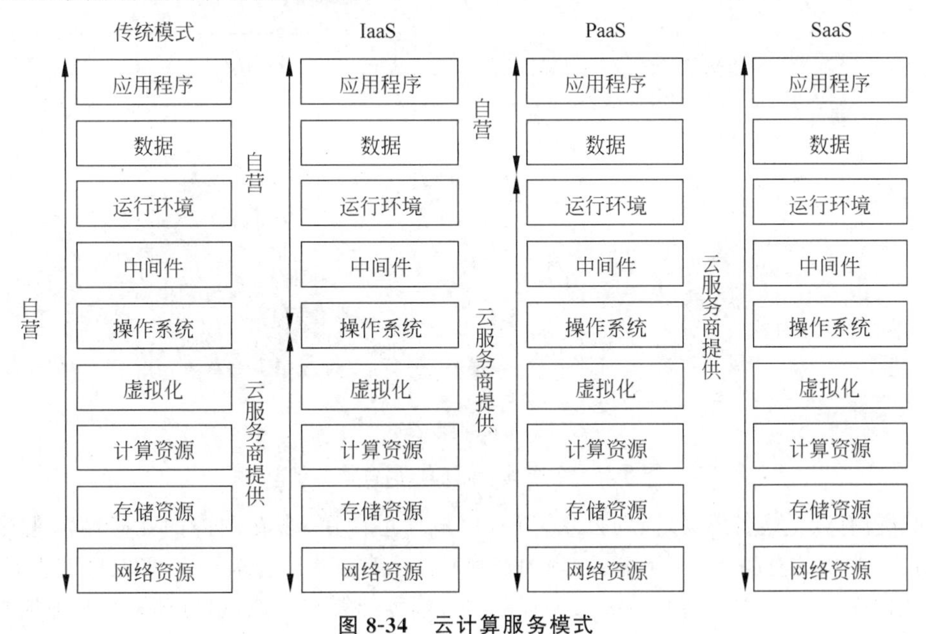

图 8-34 云计算服务模式

(1) IaaS

IaaS通过网络将硬件设备（物理机和虚拟机）、存储空间、网络连接、负载均衡和防火墙等基础设施资源封装成服务供用户使用。也就是云端提供全新的云服务器、云数据库和云存储等基础设施,用这些基础设施具体实现什么功能,是由用户自行开发和使用。而且这些基础设施,相对于传统的物理设备,具有上线速度快、可靠性高和成本低等优势。

（2）PaaS

PaaS 提供用户应用程序的运行环境,是对资源更进一层次的抽象。具有相应能力的中间件服务器及数据库服务器就位于这一层。例如,面向的用户群体是软件开发人员。在写代码的时候,需要部署专门的开发环境,编译环境,测试环境,特别是做大型 App 的时候,相关的环境部署也需要很大的成本、精力与时间,而 PaaS 则可以提供各种需要的环境,软件工程师只需要关注最主要的代码即可,可明显地提高工作效率。

（3）SaaS

SaaS 是一种创新型的、基于 Web 的交付模式,是将某些特定应用软件功能封装成服务并通过因特网提供。即 SaaS 可以提供无须安装便可以直接使用的软件。典型的有在线 Office、腾讯文档等,打开网页就可以像使用本地 Office 一样来编辑文档,无须先购买和安装软件,而且协同办公更加方便和高效。

4. 云计算的部署模型

云计算的部署模型包括公有云、私有云和混合云,示意图如图 8-35 所示。

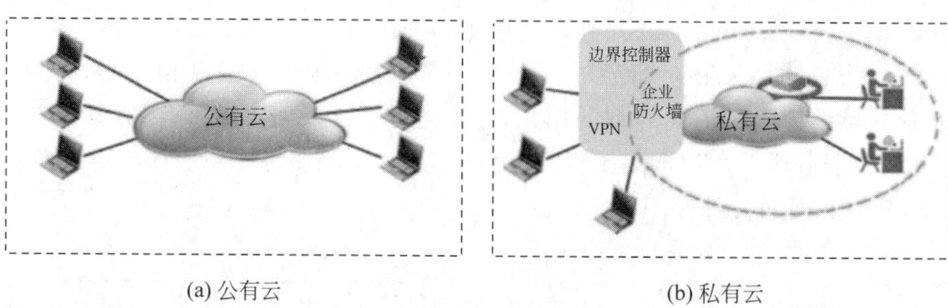

(a) 公有云　　(b) 私有云

(c) 混合云

图 8-35　公有云、私有云、混合云示意图

（1）公有云：顾名思义,面向公众,所有用户均可使用,现在国内的互联网巨头均已部署公有云,典型的有腾讯云、阿里云、华为云、京东云等。使用公有云可实现快速上线 Web 站点,数据库,文件存储等 IT 系统。公有云的云端可部署在本地,也可部署在其他地方。

（2）私有云：面向某大型企业或政府单位的专用云,用到的技术和公有云类似,但是为了数据安全,不希望这些数据和互联网相连,只在企业内网使用,那么这些企业或政府单位就会自建私有云,然后给自己的各级部门来使用。例如,军队相关云服务就是运用私有云。

私有云的云端可部署在本单位内部，也可托管在其他地方。

(3) 混合云：同时使用公有云和私有云，把不敏感的数据比如官方网站、产品论坛等放在公有云上，把涉及核心机密的研发数据、财务数据放在私有云上，这种整体框架称为混合云。私有云和公有云构成的混合云是目前最流行的，兼顾了信息安全和成本。

云到底是个什么东西？其实我们一直在享受云服务。原始人类要喝水时，得去河边或者井里挑水喝；现在由于有自来水厂这个基础设施的存在，人们只需打开水龙头就可以喝上水。自来水厂能够供水给千家万户，是因为人们家里都铺设好了“水管”，打开水龙头就是“获取服务”的一个步骤，喝上水，就是“享受服务”的这个结果。所以，上述故事中的“水管”就好比云计算时代的网络基础，自来水厂提供的水源就是“云”；“云计算”则是水厂的水经过一系列的加工(比如消毒净化等步骤)之后，通过水管到达水龙头之前的这个过程。

8.5.2 云计算安全威胁

本节将结合云安全联盟(Cloud Security Alliance，CSA)推出的最新版本的《云计算的11类顶级威胁》，对当前的云计算面临的安全问题进行介绍。

1. 数据泄露

数据泄露在多次云安全调查中继续保持第一的位置，也是最严重的云安全威胁。由于数据是一项主要资产，云的易用性、配置、弹性、韧性以及适合所有合理需求的多种服务使云数据可能发生泄漏。超过55%的公司至少有一个数据库目前公开暴露在互联网上。许多数据库使用弱密码或不需要身份验证，使其成为攻击者不断扫描互联网搜索此类暴露数据库的易攻击目标。不安全的Elasticsearch服务器可能在8h内被破坏。可能是由于人为错误或滥用导致数据泄露，例如PaaS服务的错误配置。还可能是通过个人云存储应用程序在外部共享的敏感数据或文件暴露。数据泄露是一种涉及敏感、受保护或机密信息的事件。这些数据可能会被组织之外的个人发布、查看、窃取或使用。数据泄露可能是有针对性攻击的主要目标，并且可能是由漏洞利用、配置错误、应用程序漏洞或不良的安全实践造成的。泄露的数据可能涉及任何不打算公开发布的信息，例如个人健康信息、财务信息、个人身份信息(Personally Identifiable Information，PII)、商业秘密和知识产权等。数据泄露场景中，受害者通常不会意识到数据丢失，数据泄露行为可能会严重损害企业的声誉和财务，还可能会导致知识产权损失和重大法律责任。

CSA关于数据泄露威胁的关键要点包括：一是攻击者渴望窃取数据，因此企业需要定义其数据的价值及其丢失的影响；二是明确哪些人有权访问数据是解决数据保护问题的关键；三是可通过互联网访问的数据最容易受到错误配置或漏洞利用的影响。

案例

案例1：2022年4月11日亚马逊公司宣布，最近解决了亚马逊关系型数据库服务(Relational Database Service，RDS)中可能导致内部凭据泄漏的漏洞。

案例2：2021年6月24日，因2019年发生重大用户数据泄露事件，脸书公司在欧洲受到起诉，但该事件直到在黑客论坛上发现它有超过5.33亿个账户信息可供免费下载后才被曝光。

案例3：2019年3月11日，安全研究人员发现，数十家公司无意中泄露了敏感的公司和客户数据,因为员工将公司 Box 存储账号中的文件链接公之于众,他人很容易识别到信息。

针对数据泄露,可以从以下几方面进行相关防范:

① 配置良好的云计算、存储环境(SSPM、CSPM)。

② 启动监控和检测功能,以检测和防止攻击及数据泄露。

③ 对员工进行云存储使用安全意识培训,因为数据分散在不同的位置并由不同的角色控制。

④ 在适当的情况下实施加密,但需要在性能和用户体验之间进行权衡。

⑤ 制定相关的应急措施,并将云服务提供商考虑在内。

2. 配置错误和变更控制不足

配置不当是指计算资产的错误或次优设置,可能使其容易受到意外损坏或外部/内部恶意活动。云资源配置错误是导致数据泄露的主要原因,也可能导致资源删除或修改以及服务中断。常见的错误配置有:①不安全的数据存储元素或容器;②过度的权限;③默认凭据和配置设置保持不变;④禁用标准安全控制;⑤未应用补丁的系统;⑥日志记录或监控已禁用;⑦不受限制地使用端口和服务;⑧无担保的密钥管理;⑨很差的配置或缺乏配置验证。

IaaS 云环境中的变更控制不足可能会导致错误配置,并妨碍纠正错误配置。云环境和云计算方法不同于传统的信息技术,其方式使变更更难控制。传统的变更流程涉及多个角色和批准,因此需要几天或几周才能实现。云计算实践依赖于自动化、角色扩展和访问支持快速变化,因此,传统的控制和变更管理方法在云环境中难以有效。

配置错误和变更控制不足是 CSA 云安全威胁榜单中出现的新威胁,其影响可能会很严重,主要体现在以下方面:①数据泄露,影响数据的机密性;②数据丢失,影响数据的可用性;③数据破坏,影响数据的完整性;④系统性能,如运行中断、业务停顿等;⑤遭遇勒索、违规和罚款或收入损失,使财务受到影响;⑥使用户体验不佳,单位声誉受损失。

案例

案例 1:2022 年 3 月 9 日,据报道,由于客户管理的 ServiceNow ACL 配置错误以及为访客授予过多权限,测试的 ServiceNow 实例中近 70%存在安全问题。

案例 2:2021 年 10 月 4 日,脸书公司拥有的应用程序 Facebook、Instagram、Whatsapp 和 Oculus 下线。错误的更改配置会中断通信,而协调数据中心之间网络流量的主干路由器会导致通信中断。网络流量的中断对数据中心的通信方式产生了级联效应,导致服务停止。此次停机还影响了日常运营中使用的许多内部工具和系统,使问题的诊断和解决变得复杂。

案例 3:2021 年 1 月 7 日,据报道,微软公司错误配置了其自己的 Azure Blob(云)存储桶,其中存储了第三方数据,误披露了来自希望与微软公司合作的公司的 100 多个“募资简报”和源代码,包括创意和知识产权。

案例 4:2018 年 6 月,Kenna Security 公司研究员指出,由于谷歌讨论组配置出错,导致数千家组织机构的某些敏感信息被泄漏。这些受影响的组织机构包括财富 500 强公司、医院、高等院校、报纸和电视台以及美国政府机构等。根据样本统计,约 31%的谷歌讨论组会导致泄露数据。独立研究员 Brain Krebs 上周五发布的分析结果显示,“除了泄露个人信息和金融数据外，配置错误的谷歌讨论组账户有时候还公开检索关于组织机构本身的大量信息，包括员工使用手册链接、人员配备计划、宕机和应用故障报告以及其他内部资源”。研究人员指出，“鉴于这种信息的敏感特征，可能会引发鱼叉式钓鱼攻击、账户接管和多种特定案例的欺诈和滥用情况。”

针对配置错误和变更控制不足的问题，可以从以下几方面进行相关防范：

① 采用可用的技术不断扫描出配置不当的资源，以便实时修复漏洞。

② 变更管理方法必须能够反映持续和动态的业务变化和安全挑战，确保可以使用实时自动验证方法确保许可变更的正确性。

3. 缺乏云安全架构和策略

云安全战略和安全架构包括对云部署模型、云服务模型、云服务供应商(Cloud Service Provider，CSP)、服务区域可用域、特定云服务、一般原则，和预先决定的考虑和选择。此外，身份和访问管理(Identity and Access Management，IAM)的前瞻性设计，以及跨不同云账户、供应商、服务和环境的网络和安全控制也在范围内。很多组织在没有适当的架构和策略的情况下就进入云端。因为最大程度缩短将系统和数据迁移到云所需的时间的优先级要高于安全性。结果，企业往往会选择并非针对它们设计的云安全基础架构和云计算运营策略。这一问题出现在 2020 年云安全威胁清单中，表明更多的企业开始意识到这是一个严重问题。

案例

案例 1：(2021 年 1 月)沃尔玛公司旗下的美国服装店 Bonobos 遭遇了大规模数据泄露，泄露了数百万消费者的个人信息。一个名为 Shiny Hunters 的威胁组织发布了 Bonobos 的完整数据库(70GB 的 SQL 数据库，包含 700 万条用户记录)，包括消费者的地址、电话号码、部分信用卡号码和网站订单。这是由于托管备份文件的外部云备份服务受损。可以选择访问控制、加密、供应商安全、冗余和其他领域限制影响或降低类似违规现象的可能性。

案例 2：(2021 年 7 月 2 日)软件开发商 Kaseya 收到来自客户的报告，建议在 Kaseya 管理的端点上执行异常行为和恶意软件。攻击者可以利用虚拟存储设备(Virtual Storage Appliance，VSA)产品中的零日漏洞绕过身份验证并执行任意命令。这使得攻击者能够利用标准 VSA 产品功能将勒索软件部署到管理服务供应商客户端(即客户端的客户端)的端点。由于对部署在不同环境中的软件进行自动零接触更新的策略，以及特定的关键软件变更管理 SaaS 模型，这一故障影响了许多客户；供应商和消费者可以重新考虑此策略，以限制未来的类似攻击。

针对缺乏云安全架构和策略问题，可以从以下几方面进行相关防范：

① 在迁移到云平台之前，客户必须了解他们所面临的威胁，如何安全地迁移到云平台以及共享责任模型的来龙去脉，确保安全架构符合业务目标。

② 在迁移到云平台之后，应开发和实施安全的架构框架，保持威胁模型为最新，并实施持续的安全监控程序。

4. 身份、凭证、访问和密钥管理不善

大多数云安全威胁以及一般的网络安全威胁都可以与 IAM 问题相关联。根据 CSA 指南，这源于以下原因：不正确的凭证保护；缺乏自动的加密密钥、密码和证书轮换；IAM可扩展性挑战；缺少多因素身份验证；弱密码。

案例

案例1：2021年出现了涉及Twitch、Cosmology Kozmetik、People GIS、Premier Diagnostics、Senior Advisor、Reindeer和Twillo的漏洞，其中大多数攻击是属于内部威胁之一的特权滥用。不监控风险和韧性的公司面临着动态威胁。

案例2：(2021年10月)深入了解世嘉(SEGA)欧洲的云服务器事件，就会发现有两个重要的云配置管理错误——AWS S3存储桶设为公共访问权限、硬编码凭证存储在云中。如果提交了文件到沙盒，AWS和CDN网络中的内容替换就可以避免，从而允许系统有更多时间验证更改并对访问环境进行风险评估。

案例3：(2019年1月—7月)Capital One银行内部违规使用AWS云事件，其中借用动态IAM角色是关键的违规行为。虽然S3存储桶不像其他许多漏洞那样暴露在互联网上，但EC2实例有过多IAM角色可能是罪魁祸首。

针对身份、凭证、访问和密钥管理不善问题，可以从以下几方面进行相关防范：

① 使用安全账户，包括使用双重身份验证。

② 对云计算用户和身份实施严格的IAM制，特别是限制根账户的使用。

③ 根据业务需求和最小特权原则隔离和细分账户、虚拟私有云和身份组。

④ 采用程序化、集中式方法进行密钥轮换和管理；删除未使用的凭据和访问权限。

⑤ 在IAM中使用风险评分可以增强安全态势。使用清晰的风险分配模型、仔细监控和采取适当的行为隔离可以帮助交叉检查IAM系统。跟踪目标访问和风险评分频率对于理解风险背景也至关重要。

⑥ 准确、及时冻结特权账户，删除未使用的凭据和访问特权。避免人员在离职或角色更换后进入。这将减少数据泄漏或受损的可能性。除了取消某些特权账户外，账号角色和职责必须符合对信息“按需所知”的程度。享有特权的人员越多，越会增加数据管理不善或账户乱用的可能性。如设置和取消配置问题、僵尸账户、过多的管理员账户和绕过IAM控制的用户，以及定义角色和特权所面临的挑战。

5. 无安全举措的软件开发流程

软件是复杂的，云技术往往会进一步增加复杂性。这种复杂的情况下可能会出现意外情况，导致漏洞被利用和可能的错误配置。由于云的可访问性，威胁者比以往任何时候都更容易利用这些“特性”。

案例

案例1：(2021年12月9日)Log4Shell漏洞由于Log4j库中的解析错误而允许远程命令代码执行(Remote Command Code Execute，RCE)，可以让攻击者直接向后台服务器远程注入操作系统命令或者代码，从而控制后台系统。

Log4Shell，又称为CVE-2021-4428，是一种影响Apache Log4j2核心功能的高严重性漏洞。该漏洞使攻击者能够实现远程代码执行。这使他们能够：通过受影响的设备或应用程序访问整个网络，运行任意代码，访问受影响的设备或应用程序上的所有数据，删除或加密文件。

案例2：(2021年1月5日)众所皆知的Microsoft Exchange曾经发布的一系列漏洞，如Proxy Oracle、Proxy Shell，为远程代码执行和凭据盗窃提供了多种途径。

案例3：(2021年9月13日)苹果的iOS系统被以色列网络安全企业NSO的Pegasus间谍软件利用了一个允许远程代码执行的零点击漏洞。

针对无安全举措的软件开发流程问题，可以从以下几方面进行相关防范：

① CSP将提供IAM特性，为开发者提供审查工具和实施正确指导。让公司无须自己构建服务，从而释放了资源，可将资源投资于更具影响力的业务优先项目。

② 采用云优先的战略，可以让实体减轻负担CSP面临的维护和安全问题。

③ 通过利用责任共享模型，可以由CSP而非企业负责补丁之类的项目。确保每个开发者都理解由公司与CSP共同承担一些责任。例如，如果报告了Kubernetes的零日漏洞攻击，并且一家公司正在利用CSP的Kubernetes解决方案，则CSP有责任解决该问题。使用云原生技术的Web应用程序出现的业务错误应当由开发人员负责修复。(Kubernetes简称K8s，是谷歌公司开源的一个容器编排引擎，它支持自动化部署、大规模可伸缩、应用容器化管理。在生产环境中部署一个应用程序时，通常要部署该应用的多个实例以便对应用请求进行负载均衡。)

6. 不安全的第三方资源

在云计算应用越来越广泛的世界中，第三方资源可能有不同的含义：来自开源代码、通过SaaS产品和API风险(威胁2)，到CSP提供的托管服务。来自第三方资源的风险也被视为供应链漏洞，因为它们是所交付产品或服务的一部分。这些风险存在于消费的每一种产品和服务中。尽管如此，由于近年来对第三方服务和基于软件的产品越来越依赖，对这些漏洞和可破解配置的攻击也越来越多。事实上，根据科罗拉多州立大学的研究，2/3的违规行为是CSP或第三方漏洞造成的。

因为有的产品或服务可能集合了它们使用的所有其他产品和服务，所以漏洞可以从供应链中的任何一点开始，并从那里扩散。对于恶意黑客来说，这意味着，为了实现目标，他们"只"需要寻找最薄弱的环节作为切入点。在软件领域，使用SaaS和开源进行扩展是一种常见做法。恶意黑客也有机会用同样的漏洞攻击更多的目标。

案例

案例1：(2020年12月13日—2021年4月6日)Solarwinds是一家总部位于美国的网络监控公司。2020年，据报道，数千名政府和私企客户在一次使用不同载体的供应链攻击中受到伤害，从Solarwinds网络和产品进入其客户的网络、接触凭证和私人数据。这次攻击的真正影响仍然未知。由于敏感数据泄漏，一些组织不得不重建其整个网络和服务器。

案例2：(2021年12月)Log4shell是广受欢迎的开源Java日志框架Log4j中发现的一个零日漏洞。该漏洞于2021年11月被披露并于几天后修复。由于该框架的普及，它被认为是有史以来最大的漏洞。攻击者将此漏洞用于加密挖掘、勒索软件攻击、僵尸网络和垃圾邮件。

案例3：(2019年5月—2021年8月)大众汽车的北美子公司遭受了一家供应商造成的数据泄露事件，该供应商将存储服务置于无保护状态近两年。被破坏的数据包括个人识别信息以及一些客户更敏感的财务数据，涉及330万客户。

针对不安全的第三方资源问题，可以从以下几方面进行相关防范：

① 尽管无法防止代码或产品中的漏洞，但可以尝试并正确决定使用哪种产品，比如使用官方支持的产品；聘用拥有合规认证证书、公开谈论安全工作、参与漏洞赏金活动、报告安全问题并快速提供修复、为用户负责的人。

② 了解并跟进所使用的第三方资源。包括开源、SaaS产品、云供应商和托管服务，以及可能已经添加到应用程序中的其他集成。

③ 定期审查第三方资源。如果发现不需要的产品，尽快将其删除，并撤销可能授予这些产品对代码库、基础设置或应用程序的任何访问或权限。

④ 在适合公司规模的范围内渗透测试应用程序，让开发人员重视安全编码，并使用静态应用程序安全测试(Static Application Security Testing，SAST)和动态应用程序安全测试(Dynamic Application Security Testing，DAST)解决方案。

7. 系统漏洞

系统漏洞是目前云服务平台中普遍存在的缺陷。攻击者可能会利用它们破坏数据的机密性、完整性和可用性，从而破坏服务运营。值得注意的是，所有组件都可能包含使云服务易受攻击的漏洞。因此实施针对以下漏洞的安全强化措施对于降低安全风险至关重要。目前，云服务平台中主要有以下4类系统漏洞：

① 零日漏洞——新发现的还未开发出补丁的漏洞。黑客会迅速利用这些漏洞，因为在部署补丁之前没有任何东西可以阻止它们。之前发现的Log4Shell就是一个典型的严重的零日漏洞，影响了广泛使用的基于Java的Log4j日志设施的服务。震网病毒也是利用零日漏洞成功入侵了伊朗核设施。

② 缺少安全补丁——一旦有已知关键漏洞的补丁，应当尽快部署，从而减少系统的攻击面。随着时间的推移，会发现新的系统漏洞，需要提供新的补丁。否则，随着未修补漏洞数量的增加，整体系统安全风险也在增加。

③ 基于配置的漏洞——当使用默认或错误配置的设置部署系统时，就会出现这种漏洞。基于配置的漏洞示例包括使用遗留安全协议、弱加密密码、弱权限和保护不足的系统管理接口。在系统上运行不必要的服务是另一个与配置相关的问题。

④ 弱凭据或默认凭据——因缺乏强身份验证凭据会使潜在的攻击者可以轻松访问系统资源和相关数据。同样地，未安全存储的密码也可能会被黑客窃取并用于入侵系统。

案例

案例1：(2021年12月9日)Log4Shell(CVE-2021-45046)远程代码漏洞，影响了基于Java的日志记录工具Log4j2.0 beta9～2.14.1版本系统的使用。鉴于Java在云系统中的广泛使用，Log4Shell是一个严重威胁。攻击者可以通过向易受攻击的系统提交恶意请求来利用Log4Shell，该请求会导致系统执行任意代码，使攻击者能够窃取信息、启动勒索软件或接管系统的控制权。CISA、FBI、NSA和其他政府组织预计Log4Shell在很长时间都会被利用。

案例2：(2021年8月)云安全公司Wiz的安全研究人员透露，他们可以访问数千名Microsoft Azure客户的数据。Azure的CosmosDB中存在安全漏洞，研究人员将其命名为

ChaosDB，该漏洞允许用户在没有用户凭据的情况下下载、删除或以其他方式操作数据。

案例3：（2021年9月）微软公司的研究人员观察到一个与俄罗斯政府有联系的网络间谍组织部署了一个后门，利用活动目录联合（Active Directory Federation）窃取配置数据库和安全令牌。微软公司将该恶意软件称为Foggy Web，并将其归因于俄罗斯黑客组织APT29（又名Cozy Bear和NOBELIUM）。

案例4：（2021年）根据软件厂商lvanti的《2021勒索软件聚焦年终报告》，与勒索软件攻击相关的漏洞数量从2020年的233个增加到2021年的288个，增长了29%。

针对系统漏洞，可以从以下几方面进行相关防范：

① 虽然系统漏洞是系统组件中的缺陷，但通常是由人为错误引入，因此应加强相关从业人员的安全意识，严守安全纪律。

② 通过常规漏洞检测和补丁部署以及严格的IAM实践，可以极大地降低系统漏洞带来的安全风险。

8. 无服务器和容器工作负载的错误配置和利用

管理和扩展基础设施以运行应用程序对开发人员来说仍然具有挑战性。他们必须为其应用程序承担更多网络责任和安全控制。虽然可以通过使用无服务器和容器化工作负载将部分责任转移给CSP，但对于大多数组织而言，缺乏对云基础设施的控制限制了针对应用程序安全问题的缓解选项和传统安全工具的可见性。因此，建议围绕云卫生、应用程序安全、可观察性、访问控制和机密管理建立强大的组织实践，以减少攻击的爆炸半径。虽然无服务器和容器化工作负载可以显著提高云计算应用的敏捷性、降低成本、简化操作，甚至提高安全性。但在缺乏必要专业知识和尽职调查的情况下，使用这些技术实施的应用程序配置可能会导致重大违规、数据丢失甚至资金枯竭。

案例

案例1：截至2021年，关于拒绝钱包（Denial of Wallet，DoW）攻击的研究越来越多。DoW攻击在功能上类似于DoS攻击。DoS攻击向无服务器应用程序发送大量请求，以影响底层基础结构。但在DoW攻击中，目标是利用无服务器平台的弹性伸缩消费模型，让云客户支付大额费用。这些攻击可以通过并发限制缓解，但这会将攻击向量从DoW转为DoS。

案例2：（2021年）在不同的容器和环境中运行时发现了多个逃逸漏洞，包括CVE-2022-0811（CRI-O容器逃逸漏洞）、CVE-2022-0185（Linux内核缓冲区溢出）和Azurescape漏洞。这些漏洞中的每一个都有可能使攻击者逃离容器环境并获得对容器主机的特权访问。Azurescape漏洞发生时，甚至允许在另一个Azure客户的Azure容器实例环境中运行代码。

案例3：（2022年2月）Cado实验室的研究人员发现了直接针对第一个AWS Lambda的已知恶意软件的证据，他们将该软件命名为Denonia。一些人积极使用Denonia。2022云安全联盟大中华区版权所有的37Denonia是一个用来挖掘Monero加密货币的Lambda函数，通过使用HTTPS上的DNS与C2服务器通信。虽然该恶意软件不会利用Lambda中的任何漏洞进行攻击，并且需要管理权限才能部署，但它是攻击者使用无服务器环境获取经济利益的一个示例，损害了企业的利益。

针对无服务器和容器工作负载的错误配置和利用问题，可以从以下几方面进行相关防范：

① 实施云安全态势管理（Cloud Security Posture Management，CSPM）、云基础设施授权管理（Cloud Infrastructure Entitlements Management，CIEM）和云工作负载保护平台（Cloud Workload Protection Platform，CWPP）实施自动检查，以提高安全可见性、强制合规性并在无服务器和容器工作负载中实现最低权限。

② 投资云安全培训、治理流程和可重用的安全云架构模式，以降低不安全云配置的风险和频率。

③ 在迁移到消除传统安全控制的无服务器技术之前，开发团队应该更加严格地关注强大的应用程序安全性和工程最佳实践。

9. 有组织犯罪、黑客和 APT 攻击

高级持续性威胁（Advanced Persistent Threat，APT）是一个范围很广的术语，是一种入侵者或入侵者团队在网络上进行长期非法攻击以挖掘高度敏感数据的攻击活动，可能包括国家和有组织犯罪团伙。"有组织犯罪"一词是用来描述在实施体现组织个体努力、有计划、有逻辑的行为时，组织所具有的组织水平的方式。APT 领域已经建立了复杂的策略、技术和方案（Tactics，Techniques and Procedures，TTP）实现对目标的攻击。数月仍未在目标网络中发现 APT 组织并不罕见，近段时间他们又横向移动到高度敏感的业务数据或资产，一些 APT 组织历来青睐特定行业或组织，如能源和航空部门。APT 组织可能因各种动机实施恶意活动，如政治或经济活动。

威胁情报机构密切研究 APT 组织，鼓励不同组织和国家多了解 APT 组织及其行为。可以通过模拟报告中描述的 APT 组织的行为，开展红队演练，更好地保护自己。此类网络演习允许开展与 APT 组织相关的各种 TTP 测试以提高其网络检测能力。还应开展威胁搜寻活动，检测其网络中是否存在 APT。

案例

案例：（2022 年 1 月 21 日）黑客组织 LAPSUS＄入侵了英伟达公司的内部网络并窃取了机密数据。该组织没有向英伟达公司勒索数据，而是要求释放对用于加密挖掘的图形处理单元的限制。

针对有组织犯罪、黑客和 APT 攻击问题，可以从以下几方面进行相关防范：

① 对所在组织进行业务影响分析，以了解本单位的信息资产。

② 参加网络安全信息共享小组，了解任何相关的 APT 组织及其 TTP。

③ 进行进攻性安全演习以模拟这些 APT 组织的 TTP，调整安全监控工具以检测任何与 APT 组织相关的 TTP。

10. 不安全的接口和 API

随着云计算、移动互联网、物联网的蓬勃发展，越来越多的应用开发深度依赖于应用程序接口（Application Programming Interface，API）之间的相互调用。《2021 Bots 自动化威胁报告》显示，作为一种轻量化的技术，API 在全球范围内受到企业组织的高度青睐，API 呈现爆发式增长。相比 2021 年，2022 年 API 流量同比增长 4.8 倍，44％的企业正在建造和维护100个或更多的API。为API提供攻击暴露面的缩减、跟踪、配置和保护非常关键。

尤其是当与用户界面相关联时，API漏洞往往是攻击者窃取用户或员工凭据的热门途径。检查API和微服务是否存在由于错误配置、不良的编码习惯、缺乏身份验证和不恰当的授权而导致的漏洞。这些疏忽可能使接口容易受到恶意活动的攻击。常见不安全的接口和API包括：①未经验证的端点；②弱身份认证；③过度的权限；④禁用标准安全控制；⑤未应用补丁的系统；⑥逻辑设计问题；⑦禁用日志记录或监控。API和其他接口的错误配置是导致事件和数据泄露的主要原因，从而可能导致允许过滤、删除或修改资源、调整数据或中断服务。

案例

案例1：(2021年4月28日)据一位安全研究人员报道，益博睿(Experian)的一家合作伙伴网站允许任何人通过提供用户姓名和邮寄地址查询数千万美国人的信用分数。虽然数据集属于信贷机构益博睿，但第三方可以获取相关服务。

案例2：(2021年5月5日)高档互动健身器材公司Peloton中断了用户身份验证和对象级授权，在直接调用时通过API暴露了客户的PII类型数据，包括用户ID、位置、体重、性别、年龄等。

案例3：(2021年4月22日)农业机械、重型设备和草坪护理设备制造商约翰迪尔(John Deere)允许任何人在没有身份验证或速率限制的情况下查询用户名。研究人员很快确定，《财富1000强》中近20%的公司拥有约翰迪尔账户。另外，还发现可以通过车辆识别代码查询API接口从而查找显示设备所有者信息，包括地址和拖拉机名称等数据。

针对不安全的接口和API问题，可以从以下几方面进行相关防范：

① 采用良好的API做法，例如监督库存、测试、审计和异常活动保护等项目；采用能够持续监控异常API流量和近实时修复问题的技术。

② 保护API密钥并避免重用。

③ 考虑采用开放的API框架，例如开放云计算接口(Open Cloud Computing Interface，OCCI)或云基础架构管理接口(Cloud Infrastructure Management Interface，CIMI)。

8.5.3　云计算安全实践

随着物联网的广泛应用和快速发展，无论家用级别还是工业级别的物联网设备都更加智能化，语音控制和远程通知等丰富的功能与云服务密不可分。这也促使了嵌入式设备与云交互更加频繁，云安全问题也随之更加频发。对于物联网云安全来说，不仅存在SQL注入、跨站脚本攻击(Cross Site Script，XSS)、跨站请求伪造(Cross Site Request Forgery，CSRF)等传统Web安全的问题；也会存在贯穿“用户-云-设备”的物联网云平台的权限管理问题，或是第三方云安全问题等。随着物联网安全的研究深入，物联网设备与云结合的网络安全问题也成为热点。本节依照图8-36所示的典型物联网云架构，以边界服务到后端服务的方式介绍物联网云计算安全实践。

SQL注入即是指Web应用程序对用户输入数据的合法性没有判断或过滤不严，攻击者可以在Web应用程序中事先定义好的查询语句的结尾处添加额外的SQL语句，在管理

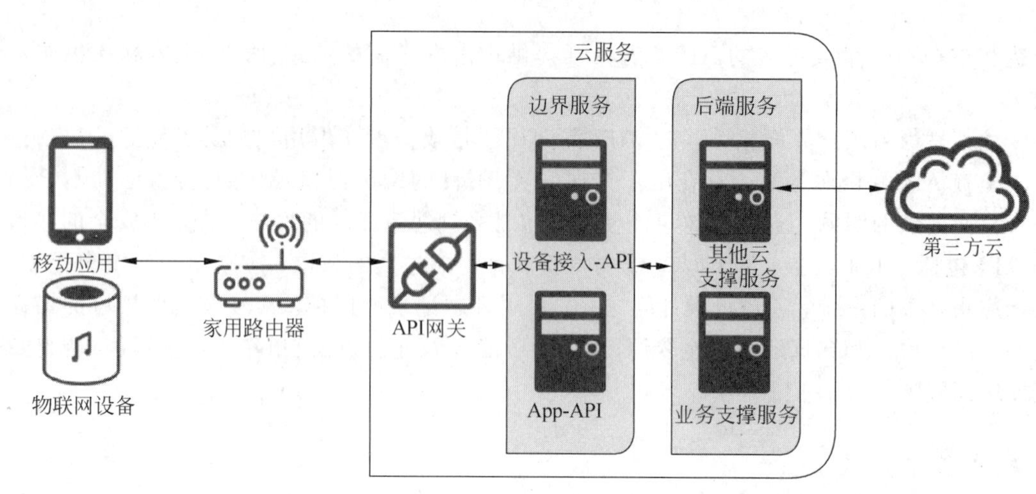

图 8-36　典型物联网云架构

员不知情的情况下实现非法操作，以此来实现欺骗数据库服务器执行非授权的任意查询，从而进一步得到相应的数据信息。

XSS 指利用网站漏洞从用户那里恶意盗取信息。

CSRF 是一种挟制用户在当前已登录的 Web 应用程序上执行非本意的操作的攻击方法。与 XSS 相比，XSS 利用的是用户对指定网站的信任，CSRF 利用的是网站对用户网页浏览器的信任。

1. 云边界服务安全(API 安全)

云服务 API 是软件系统不同组成部分衔接的约定。对于物联网设备来说，云边界服务是设备与云通信交互的接口；对于攻击者来说，边界云服务作为攻击面，是物联网云攻击的入口。

(1) 设备侧接入安全

设备侧接入云安全漏洞的主要原因是机对机(Machine to Machine，M2M)模式下，由于物联网设备与云之间在无人为干预的情况下完成认证接入，因此易出现未授权、硬编码凭证等安全漏洞。

一是云服务未授权和硬编码凭证。

物联网云服务资源一般难以被发现，需要通过固件逆向分析的手段进行安全检测，这也造成物联网云安全性、尤其是设备侧服务安全性较低，并且基于 M2M 模式易产生未授权和硬编码凭证的漏洞。

案例

某品牌路灯控制器具有远程控制功能，通过 MQTT 协议与云保持长连接对话。通过固件分析可以发现，连接云服务存在未授权漏洞，无须用户名和密码就可以直接接入服务，利用 MQTT 协议机制，可以通过监听获取设备敏感信息，也可以通过发布指令控制任意路灯进行开关。

二是云服务采用相同的证书。

物联网设备证书生态并不像浏览器端那么完善，多数为私有证书，管理也不健全，云服务供应链提供商会针对多个云服务采用同一个证书。

案例

某品牌车联网厂商，在多个汽车远程服务提供商(Telematics Service Provider,TSP)服务中采用相同的证书。可通过固件或App逆向获取客户端证书和私钥，从而可以认证连接多个车联网云服务。

三是设备接入逻辑问题——伪造虚假设备替换真实设备。

攻击者可以通过设备身份信息(如设备号)伪造一个虚假设备，频繁与云服务通信，如果云服务无验证和检测策略，伪造的设备就会抢占到接入云，这会造成两种攻击效果：一种是可以收集受害者的控制信息，导致敏感信息泄露；二是上传虚假的数据欺骗云触发其他设备联动操作。

案例

W Zhou团队测试了小米烟雾报警器和Alink智能锁。如果烟雾报警器检测到房间内有浓烟，智能锁将自动解锁，打开门窗。他们使用虚假设备顶替攻击来操纵烟雾报警器的传感器读数，成功解锁了智能锁。

(2) 用户侧认证安全

随着5G的普及，移动应用进入快车道，作为物联网用户侧的外围系统App，与云交互的安全尤为重要。用户侧云服务认证安全缺陷/问题主要是API与App认证的不一致性和设备管理权限存在缺陷导致的。

一是认证管理不严格，未授权访问。

很多时候因为研发分工的需要，导致在App和云服务API的权限管理不一致。这在物联网领域也是适用的，App具有权限限制，而云服务没有严格限制。

案例

某车联网App可以获取车辆位置信息，App具有管理限制，只能获取自己绑定的汽车，而云服务API未进行权限管理，可以通过车辆识别代码(车架号)获取任意实时数据，包括位置、油耗等敏感信息，如图8-37所示。

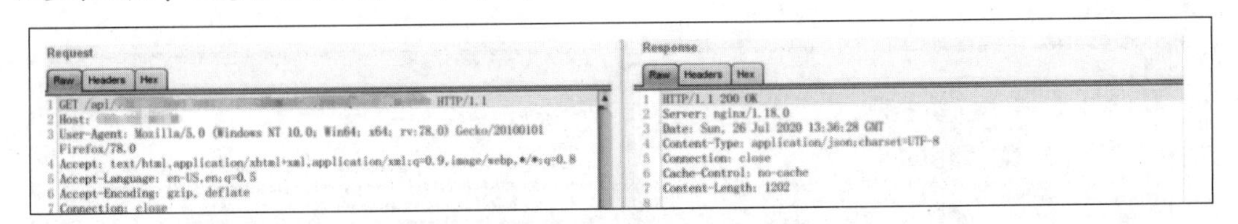

图8-37 某车联网服务未授权获取敏感信息

二是远程设备劫持。

云服务一般通过设备身份信息进行设备与用户的绑定。如果云绑定逻辑不严谨，可以欺骗云服务解除受害者对设备的绑定，然后攻击者绑定该设备，以此劫持设备。

案例

W Zhou团队成功劫持了一台Alink IP摄像头，可以隐蔽地查看受害者的视频，极大地威胁到受害者的隐私。

(3) 业务服务安全

对于物联网业务服务安全,主要存在的问题包括3个方面:通用组件带来的威胁;逻辑问题,包括SQL注入、XSS等常见的Web漏洞;配置错误导致的安全问题。

一是Fastjson系列漏洞。

JSON作为API开发人员最常用的消息结构体,在物联网云开发中也大量使用,并且云服务多数采用Java开发,使用Spring Boot或Spring Cloud技术,这样让Fastjson类型的轻量级组件成为首选。但是Fastjson爆发出一系列反序列漏洞,安全性较为堪忧。

案例

某车联网云服务采用Fastjson组件,检测存在反序列化漏洞。攻击者可以通过该漏洞远程执行,控制该服务器,危害极大,如图8-38所示。

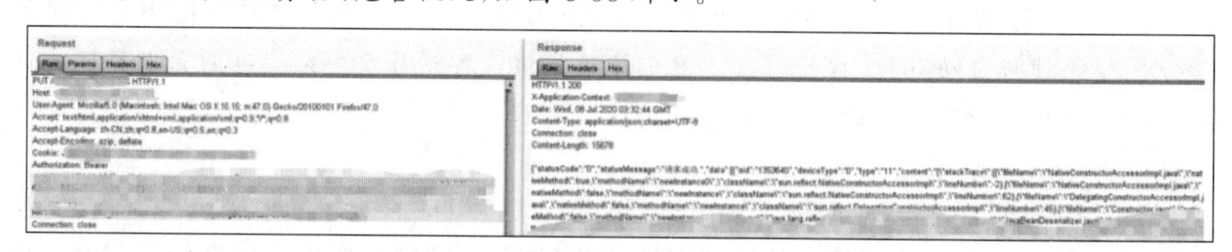

图8-38 某车联网服务Fastjson组件存在漏洞

二是SQL注入漏洞。

在Web安全领域,SQL注入一直是危害最大的漏洞类型,由于物联网设备的开发重心在设备侧,因此很容易忽略云服务安全问题,从而产生漏洞。

案例

某品牌Wi-Fi路由器,通过云服务API检测当前版本是否需要更新,其svn参数存在SQL注入漏洞,并且具有报错显示,可以快速获取数据库敏感信息,包括更新管理系统的管理员用户名和密码,该系统包括700+固件设备信息,100万+更新查新数据,影响面广泛,甚至可以控制更新固件,如图8-39所示。

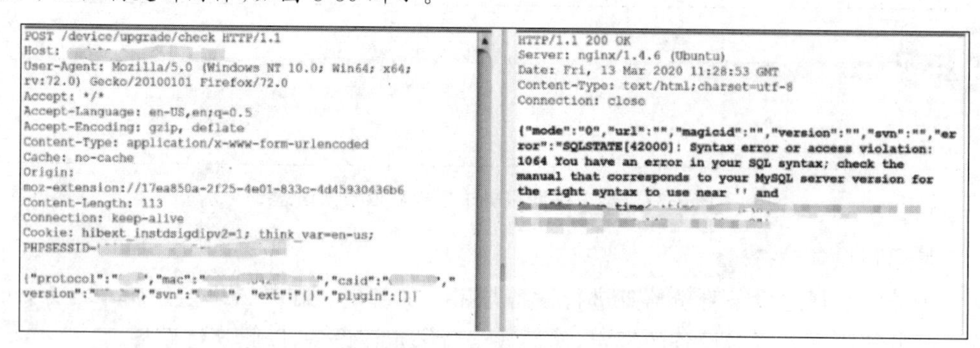

图8-39 某路由云服务存在SQL注入漏洞

三是运维管理系统弱口令。

对设备固件进行逆向分析,可以发现很多设备云端管理系统中,相当一部分存在弱口令问题。由于系统具备设备控制和在线升级功能,因此若被攻击者发现且利用弱口令突破,即可利用固件升级功能分发恶意固件，控制该平台下的所有设备。

2. 云后端服务安全

在智能家居领域，三星、小米、京东等厂商都在打造自己的物联网平台，例如SmartThings这类云平台架构，或是微服务架构，通常通过网关来隔离前后端服务以保证安全性。随着物联网云生态的发展，安全研究也随之深入，云平台权限的缺陷和第三方云服务安全等问题逐渐暴露出来。

(1) 云平台安全

各厂商的云平台通常采用闭源模式来保护服务安全，例如SmartThings将应用程序托管在一个专有的、封闭源代码的云平台后端。但云平台的权限管理、服务隔离等配置不当都会为云平台后端服务带来威胁。

一是权限管理粗粒度。

由于"用户-云-设备"的物联网架构，导致权限问题难以管理，在用户侧App上存在业务过度授权的问题，在云服务则存在访问控制缺陷，这使整个云平台权限难以管理。

案例

密西根大学物联网安全研究团队发现SmartThings平台的权限粗粒度管理问题会造成以下利用效果：通过恶意App解锁门禁；远程修改智能门禁密码；触发烟雾警报器；使智能设备进入假日模式。

二是后端敏感API接口暴露。

很多时候为方便管理会研发日志内存dump等API供运维管理使用。由于运维管理人员的疏忽，会存在这些敏感的API暴露到前端的情况。

案例

某车联网中的证书认证服务管理API暴露到前端，可以直接访问，导致大量敏感信息泄露，甚至可以dump应用栈信息，如图8-40所示。

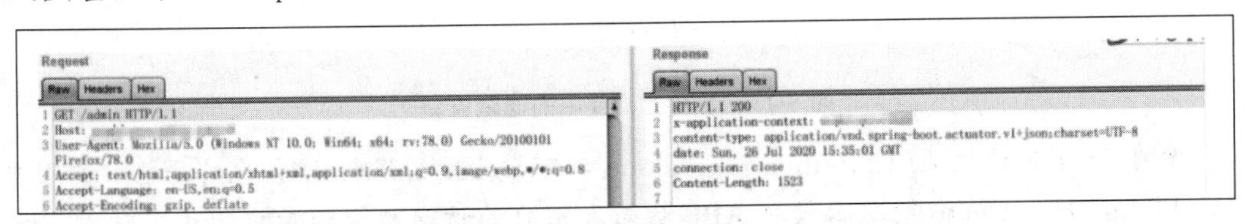

图8-40　某车联网证书认证服务管理API敏感信息泄露

(2) 第三方云安全

IFTTT(一个新生的网络服务平台，通过其他不同平台的条件来决定是否执行下一条命令)平台的流行和物联网中场景互动的需求，促使各个物联网厂商云平台之间发生交互，这些云平台实施跨云设备访问策略来方便用户管理。在这种情况下，不同的云平台之间需要进行分发凭证、设备访问权限分配等操作，但是由于不同的云平台上的安全需求和安全策略各不相同，而目前物联网跨云设备访问机制仍然缺乏标准协议，因此现有的方案存在很多严重的安全缺陷，这些缺陷可能会导致设备的未授权访问和设备冒充等攻击。B Yuan团队对上述问题进行了研究，提出了多个攻击方法。

案例

案例1：泄露设备ID：由于谷歌公司缺乏有关SmartThings设备ID的安全保护，因此Google Home Cloud会向其委托人公开此类ID，这使恶意委托人可以假冒控制该设备（智能锁），如图8-41所示。

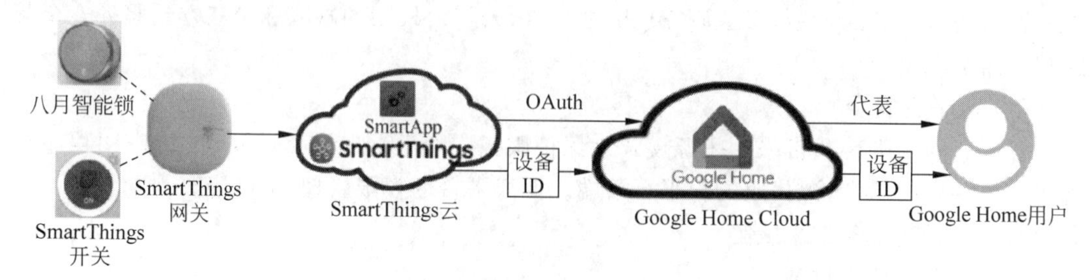

图8-41 泄露设备ID号

案例2：泄露下游云敏感信息：由于IFTTT云与SmartThings云之间缺乏协调，IFTTT泄露了其下游云（SmartThings云）的URL（可以控制设备），如果恶意地受委派用户获取控制URL（如打开智能锁），即使在SmartThings撤销了他的访问权限之后，他依然可以控制设备。

案例3：暴露上游云中的隐藏设备：上下游云之间的安全策略冲突使来自SmartThings云的恶意委托用户能够获得对IFTTT云中隐藏的设备进行未授权访问，如图8-42所示。

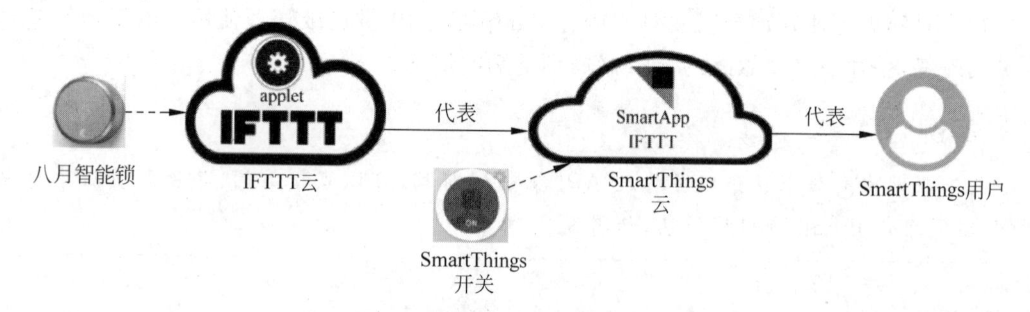

图8-42 暴露上游云中的隐藏设备

案例4：滥用授权API：Philips Hue Cloud不可靠地撤销强制执行，允许恶意授权用户滥用Philips Hue Cloud的跨云授权API，从而在用户的访问被撤销后重新获得对Philips Hue Cloud设备的未授权访问，如图8-43所示。

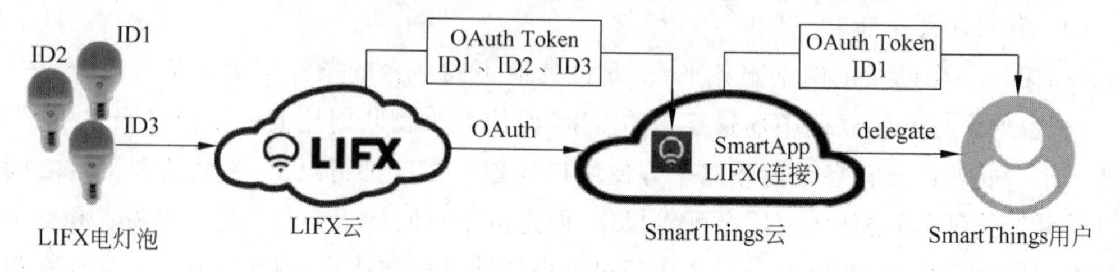

图8-43 滥用授权API

3. 云场景专题——FOTA 安全

(1) FOTA(Firmware Over-The-Air,固件空中下载)

移动终端升级软件的空中下载,指通过云端升级技术,为具有连网功能的设备(如手机、平板电脑、便携式媒体播放器、移动互联网设备等)提供固件升级服务,用户使用网络以按需、易扩展的方式获取智能终端系统升级包,并通过 FOTA 进行云端升级,完成系统修复和优化。随着物联网的快速发展和设备功能更新迭代的需求,FOTA 在智能家居、工业控制和车联网等场景中应用广泛,因为涉及设备系统更新,安全威胁更为突出。

(2) 攻击面

设备固件更新的一般流程如下。

第一步——检测版本:向云服务检测当前版本是否需要更新系统。

第二步——获取链接:若有新版本,获取(推送)更新固件下载链接。

第三步——下载固件:通过链接下载固件,校验安装新固件升级并重启。

通过更新流程可以发现,FOTA 云服务的主要攻击面有通信链路、检测服务和推送服务。

(3) 威胁模型

一是通信链路中间人攻击:固件获取或篡改。

如果云服务通信采用明文传输,则容易受到中间人攻击,攻击者可以获取固件或者对更新固件修改植入恶意程序来破坏和控制设备。

二是伪造虚拟设备欺骗检测服务:获取固件。

物联网检测更新的功能如果没有校验或弱校验,则可以通过伪造设备信息来获取更新信息,这些信息一般包括固件下载链接。

案例

某款路由器在线更新,可以通过修改版本来获取多个固件,如图 8-44 所示。

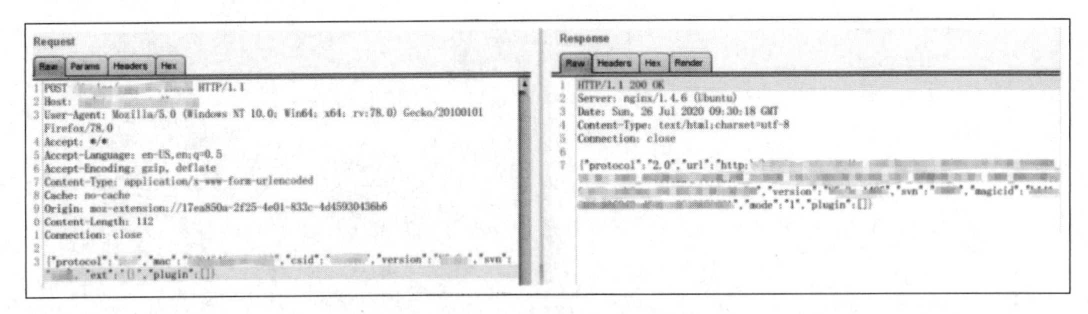

图 8-44　某路由器云更新服务获取固件信息

三是恶意接入推送服务:主动推送恶意固件。

很多物联网设备具有远程推送更新功能,将更新的固件主动推送给设备进行固件更新,这也为攻击者提供了攻击路径,可以通过未授权或弱认证等问题,接入推送服务,给设备安装带有后门的固件。

本章小结

本章对物联网应用层安全进行了详细阐述，结合相关案例，重点对物联网应用层的主要安全问题：数据安全、隐私安全、定位安全和云计算安全进行讨论。

思考与练习

1. 简述物联网应用层所涉及的安全威胁主要来自哪些方面。
2. 试简要阐述云计算面临的主要安全问题有哪些？
3. 对云计算安全作一个简要概述，并分析未来我国云计算发展将面临哪些技术困难？
4. 为什么要禁用特斯拉？尝试从物联网安全的角度分析特斯拉给国家安全带来的威胁？

附录

模2运算

1. 模 2 运算的来历

移位寄存器的每一级只可能有两种不同的存数(或状态),分别用 0 和 1 来表示。这里,0 和 1 不再具有一般数量的含义,而只具有逻辑含义。对于这样一种只包含 0 和 1 两个元素(符号)的集合(叫作二元集)来说,普通的四则运算不再适用,因而必须重新规定一种新的运算规则。所谓模 2 运算就是这样一种新的运算规则。模 2 运算是一种二进制算法,是 CRC 校验技术中的核心部分。与四则运算相同,模 2 运算也包括模 2 加法、模 2 减法、模 2 乘法、模 2 除法四种二进制运算。与四则运算不同的是模 2 运算不考虑进位和借位,模 2 运算是编码理论中多项式运算的基础。模 2 运算在其他数字领域中的应用也很广泛。

2. 模 2 加法

模 2 加法就是 0 和 1 之间的不考虑进位的加法。计算规则如下:

$$0+0=0 \tag{1-1}$$

$$1+0=0+1=1 \tag{1-2}$$

$$1+1=0(!) \tag{1-3}$$

由模 2 加的定义可以得出一个重要结论:**奇数个 1 相加得 1,偶数个 1 相加得 0**。这个结论在奇偶校验中是很有用的。例如[1101]+[111]+[101]=[1111],写成竖式如式(2)所示

$$\begin{array}{r} 1\,1\,0\,1 \\ 1\,1\,1 \\ \oplus \quad 1\,0\,1 \\ \hline 1\,1\,1\,1 \end{array} \tag{2}$$

式(2)中,个位数字共有 3 个 1,所以模 2 加为 1(不进位)。同样地,其他数位上也均有奇数个 1,不同数位之间彼此无关地运算,所以模 2 加法是不进位的加法。

3. 模 2 减法

模 2 减法是一种不考虑借位的减法,计算规则如式(3)所示:

$$0-0=0 \tag{3-1}$$

$$1-1=0 \tag{3-2}$$

$$1-0=1 \tag{3-3}$$

$$0-1=1 \tag{3-4}$$

式(3-4)代表了模 2 减法的特征,从它也可得出 2=0 及+1=−1 的结论。在多位模减法中,每位都按上述定义进行运算,不考虑借位问题。例如:

$$\begin{array}{r} 1\ 0\ 1\ 1\ 0\ 1 \\ (\text{模2})-0\ 0\ 1\ 0\ 1\ 0 \\ \hline 1\ 0\ 0\ 1\ 1\ 1 \end{array} \tag{4}$$

4. 模 2 乘法

一位数的模 2 乘法的计算规则如式(5)所示:

$$\begin{array}{c} 0\times 0=0 \\ 0\times 1=0 \\ 1\times 0=0 \\ 1\times 1=1 \end{array} \tag{5}$$

多位数的模 2 乘法与普通乘法一样演算,如式(6)所示。唯一的区别是,部分积相加时按模 2 加规则,不考虑进位,即奇数个 1 相加得 1,偶数个 1 相加得 0。

$$\begin{array}{r} 1\ 0\ 0\ 1 \\ (\text{模2})\times 1\ 1\ 0\ 1 \\ \hline 1\ 0\ 0\ 1 \\ 1\ 0\ 0\ 1 \\ \oplus 1\ 0\ 0\ 1 \\ \hline 1\ 1\ 0\ 0\ 1\ 0\ 1 \end{array} \tag{6}$$

5. 模二除法

模 2 除法是模 2 乘法的逆运算。如式(7)所示:

$$\begin{array}{rrl} & 1\ 0\ 1 & (\text{商数}) \\ (\text{除数})1\ 0\ 1 \big) & 1\ 0\ 0\ 1\ 1 & (\text{被除数}) \\ & -1\ 0\ 1 & \\ \hline & 1\ 1\ 1 & (\text{部分余数}) \\ & -1\ 0\ 1 & \\ \hline & 1\ 0 & (\text{最后余数}) \end{array} \tag{7}$$

模 2 除法具有下列三个性质:

(1) 当最后余数的位数小于除数位数时,除法停止。

(2) 当被除数的位数小于除数位数时,则商数为 0,被除数就是余数。

(3) 只要被除数或部分余数的位数与除数一样多,且最高位为 1,不管其他位是什么数,皆可商 1。

参考文献

[1] 林嘉燕,李宏达.信息安全基础[M].北京:机械工业出版社,2019.
[2] 陈铁明.网络空间安全通识教程[M].北京:人民邮电出版社.2019.
[3] 王安宇,姚凯.数据安全领域指南[M].北京:电子工业出版社,2022.
[4] 严霄凤.蓝牙安全研究[J].网络安全技术与应用,2013,146(2):51-54,47.
[5] 牛少彰.移动互联网安全[M].北京:机械工业出版社,2022.
[6] 王茂.浅析 Wi-Fi 网络认证机制与安全威胁[J].网络安全技术与应用,2022(10):69-70.
[7] 孙昊,王洋,赵帅,等.物联网之魂:物联网协议与物联网操作系统[M].北京:机械工业出版社,2019.
[8] 孙知信,洪汉舒.NB-IoT 中安全问题的若干思考[J].中兴通讯技术,2017,23(1):47-50.
[9] 陈雪鸿.工业互联网安全防护与展望[M].北京:电子工业出版社,2022.
[10] 钱君生,杨明,韦巍.API 安全技术与实战[M].北京:机械工业出版社,2021.
[11] 袁泉.基于 5G 的智能驾驶技术与应用[M].北京:电子工业出版社,2021.
[12] 清华大学(网络研究院),奇安信集团网络安全联合研究中心.互联网基础设施与软件安全年度发展研究报告(2020)[M].北京:人民邮电出版社,2021.
[13] 王智民.云计算安全:机器学习与大数据挖掘应用实践[M].北京:清华大学出版社 2022.
[14] 李馥娟,王群.GPS 欺骗攻击检测与防御方法研究[J].警察技术,2018,166(1):45-48.
[15] 吴巍,许书彬,贾哲学,等.物联网安全与深度学习技术[M].北京:电子工业出版社,2022.
[16] 胡向东.物联网安全——理论与技术[M].北京:机械工业出版社,2017.
[17] 李联宁.物联网安全导论[M].2 版.北京:清华大学出版社,2020.
[18] 桂小林.物联网信息安全[M].2 版.北京:机械工业出版社,2021.
[19] 李永忠.物联网信息安全[M].西安:西安电子科技大学出版社,2016.
[20] 杨奎武,郑康锋,张冬梅,等.物联网安全理论与技术[M].北京:电子工业出版社,2017.
[21] [美]布莱恩.罗素,德鲁.范.杜伦.物联网安全[M].李伟,沈鑫,候敬宜,等译.北京:机械工业出版社,2018.
[22] [美]泰森.T.布鲁克斯.物联网安全与网络保障[M].李永忠,俞小霞,等译.北京:机械工业出版社,2018.
[23] 林美玉,韩海庭,龙承念.物联网安全理论、实践与创新[M].北京:电子工业出版社,2021.
[24] 饶志宏.物联网网络安全及应用[M].北京:电子工业出版社,2020.
[25] 徐文渊,冀晓宇,周歆妍.物联网安全[M].北京:高等教育出版社,2022.
[26] 翁健.物联网安全:原理与技术[M].北京:清华大学出版社,2020.
[27] 武传坤.物联网安全技术[M].北京:科学出版社,2020.
[28] 吴巍,许书彬、贾哲,等.物联网安全与深度学习技术[M].北京:电子工业出版社,2022.
[29] 刘杨,彭木根.物联网安全[M].北京:北京邮电大学出版社,2022.
[30] [美]阿迪蒂亚·古普塔.物联网安全实战[M].舒辉,康绯,杨巨,译.北京:机械工业出版社,2021.

图书资源支持

感谢您一直以来对清华版图书的支持和爱护。为了配合本书的使用，本书提供配套的资源，有需求的读者请扫描下方的“书圈”微信公众号二维码，在图书专区下载，也可以拨打电话或发送电子邮件咨询。

如果您在使用本书的过程中遇到了什么问题，或者有相关图书出版计划，也请您发邮件告诉我们，以便我们更好地为您服务。

我们的联系方式：

清华大学出版社计算机与信息分社网站：https://www.shuimushuhui.com/

地　　址：北京市海淀区双清路学研大厦 A 座 714

邮　　编：100084

电　　话：010-83470236　010-83470237

客服邮箱：2301891038@qq.com

QQ：2301891038（请写明您的单位和姓名）

资源下载：关注公众号“书圈”下载配套资源。

资源下载、样书申请

书圈

图书案例

清华计算机学堂

观看课程直播